国际植物新品种保护联盟
植物品种特异性、一致性和稳定性测试指南
（果树卷二）

农业农村部科技发展中心　编译

中国农业科学技术出版社

图书在版编目（CIP）数据

国际植物新品种保护联盟植物品种特异性、一致性和稳定性测试指南．果树卷．二 / 农业农村部科技发展中心编译．-- 北京：中国农业科学技术出版社，2022.12

ISBN 978-7-5116-6110-4

Ⅰ.①国… Ⅱ.①农… Ⅲ.①植物－品种－测试－指南 ②果树园艺－品种－测试－指南 Ⅳ.① Q94-62 ② S66-62

中国版本图书馆 CIP 数据核字（2022）第 245567 号

责任编辑 费运巧　任玉晶
责任校对 马广洋
责任印制 姜义伟　王思文

出 版 者 中国农业科学技术出版社
北京市中关村南大街 12 号　　邮编：100081
电　　话 （010）82106641（编辑室）（010）82109702（发行部）
（010）82109709（读者服务部）
网　　址 https://castp.caas.cn
经 销 者 各地新华书店
印 刷 者 北京建宏印刷有限公司
开　　本 210 mm × 297 mm　1/16
印　　张 28
字　　数 864 千字
版　　次 2022 年 12 月第 1 版　2022 年 12 月第 1 次印刷
定　　价 108.00 元

编译委员会

主　任：徐利群

副主任：唐　浩　　张秀杰

委　员：杨旭红　　堵苑苑　　李华锋
　　　　蔡彦虹　　任桂娟

编　译　组

主　编：邓　超　　周传猛

副主编：徐振江　　张凯淅　　邓　伟

翻　译：邓　超　　张静茹　　高　玲
　　　　刘迪发　　应东山　　徐　丽

审　校：王　斐　　徐振江　　刘艳芳

目　录

TG/149/2
原文：英文
日期：1994-11-04

国际植物新品种保护联盟
植物品种特异性、一致性和稳定性
测试指南

沙梨

[*Pyrus pyrifolia*（Burm.f.）
Nakai var. *culta*（Mak.）Nakai]

1 指南适用范围

本指南适用于果实生产的沙梨 [*Pyrus pyrifolia*（Burm.f.）Nakai var.*culta*（Mak.）Nakai（Syn.*Pyrus serotina* Rehd.）] 的所有无性繁殖品种。

2 繁殖材料要求

2.1 待测品种繁殖材料的数量和质量要求以及提交的时间和地点由主管机构决定。申请人从测试所在国境外提交繁殖材料的，必须确保符合所有海关规定。提交繁殖材料的数量应不少于 10 株沙梨（*Pyrus pyrifolia*）或主管机构指定的其他砧木作为基砧的一年生嫁接苗。提供的繁殖材料应该外观健康有活力，未受严重病虫害影响。

2.2 提交的繁殖材料不得进行任何处理，除非主管机构允许或要求进行这种处理。如果材料已经处理，必须提供相关处理的详细情况。

3 测试实施

3.1 评价特异性时，测试植株应至少经历 2 个正常结果周期。

3.2 测试通常在 1 个地点进行。如果待测品种有任何重要性状不能在该地点表达，可在另一地点测试。

3.3 应该进行人工授粉和疏果，每花序留 1 个果。测试条件应能保证品种的正常生长。每个试验应保证至少有 6 个植株。只有当环境条件相似时，才能采用分开种植的小区进行观测。

3.4 如有特殊需要，可进行附加测试。

4 观测方法

4.1 测试一致性和稳定性的经验表明，对于沙梨的无性繁殖品种，当提供的植物材料的性状表达状态表现一致，且无突变和混杂时，即符合标准。

4.2 除非另有说明，所有观测应在 20 个植株部位进行，5 株树上每株取 4 个部位。

4.3 对树、叶芽和花芽的所有观测，都应于休眠期在未修剪的枝条上进行。

4.4 对一年生枝的所有观测应于采收前在发育良好的枝条上进行。

4.5 除非另有说明，对叶的所有观测应于果实采收前在生长良好的营养枝中部 1/3 处发育完全的叶片上进行。

4.6 对花序和花的所有观测应于盛花期在花序的第三朵和第四朵完全展开的花上进行。

4.7 除非另有说明，对果实的所有观测应在生理成熟期的果实上进行。

5 品种分组

5.1 待测品种应分组种植以便进行特异性评价。适用于分组的性状是已知在品种内不会出现变异，或者仅发生轻微变异的性状。这些性状的不同表达状态应十分均匀地分布于已知品种库中。

5.2 建议主管机构使用以下性状进行品种分组。

（a）果实：纵切面形状（性状 39）。

（b）果实：果皮盖色（未套袋果实）（性状 46）。

（c）始熟期（性状 70）。

6 性状和符号

6.1 为判定特异性、一致性和稳定性，应使用性状表中以国际植物新品种保护联盟（UPOV）的 3 种工作语言列出的性状。

6.2 为便于电子数据处理，每个性状的表达状态都赋予了相应的代码（1～9）。

6.3 注释

（*）在测试的每一生长时期，对所有品种都要进行测试的、并包含在品种描述中的性状，除非前序性状的表达或区域环境条件所限使其无法测试。

（+）参见第 8 部分性状表解释。

7 性状表

性状编号	英文	中文	标准品种	代码
1.	**Tree：habit**	**树：树姿**		
	fastigiate	帚状		1
	upright	直立	Shinsui	2
	spreading	开张	Niitaka	3
	drooping	下弯	Chôjûrô	4
	weeping	下垂		5
2. （*）	**Tree：vigor**	**树：树势**		
	weak	弱	Yakumo	3
	medium	中	Hôsui，Kôsui，Shinseiki	5
	strong	强	Shinsui	7
3.	**One-year-old shoot：length**	**一年生枝：长度**		
	short	短	Yakumo	3
	medium	中	Chôjûrô，Kôsui，Nijisseiki	5
	long	长	Shinsui	7
4. （*）	**One-year-old shoot：thickness**	**一年生枝：粗度**		
	thin	细	Chôjûrô	3
	medium	中	Hôsui，Kôsui	5
	thick	粗	Nijisseiki，Niitaka	7
5. （*）	**One-year-old shoot：color**	**一年生枝：颜色**		
	greenish brown	泛绿棕色	Hakkô，Tama	1
	brown	棕色	Chôjûrô，Chôju	2
	blackish brown	泛黑棕色	Hôsui，Yakimi	3
	dark purple	深紫色	Oharabeni	4
6.	**One-year-old shoot：length of internode**	**一年生枝：节间长度**		
	very short	极短	Nanseichabo	1
	short	短	Nijisseiki，Shinsui，Shinseiki	3
	medium	中	Kôsui	5
	long	长		7
	very long	极长		9
7. （*）	**One-year-old shoot：number of lenticels**	**一年生枝：皮孔数量**		
	few	少	Chôju	3
	medium	中	Chôjûrô，Kôsui	5
	many	多	Shinkô，Shinseiki	7

续表

性状编号	英文	中文	标准品种	代码
8. (*)	**One-year-old shoot: size of lenticels**	**一年生枝：皮孔大小**		
	small	小	Chôjûrô, Shinseiki	3
	medium	中	Hôsui, Kôsui, Nijisseiki	5
	large	大	Niitaka, Shinsui	7
9.	**One-year-old shoot: pubescence**	**一年生枝：茸毛强度**		
	weak	弱	Chôjûrô, Hôsui, Kôsui, Niitaka	3
	medium	中	Shinkô, Shinsui	5
	strong	强	Nijisseiki, Shinseiki	7
10. (*)	**Branch: number of spurs**	**枝：刺数量**		
	few	少	Kôsui, Shinsui	3
	medium	中	Chôjûrô, Hôsui, Shinseiki	5
	many	多	Nijisseiki, Shinkô	7
11.	**Vegetative bud: shape of tip**	**叶芽：先端形状**		
	pointed	尖	Chôjûrô, Kôsui, Nijisseiki	1
	slightly rounded	钝圆形	Hôsui, Shinkô	2
	strongly rounded	极圆形	Shinsui	3
12.	**Vegetative bud: position relative to shoot**	**叶芽：相对于枝的着生姿态**		
	adpressed	贴生	Kôsui, Shinsui	1
	slightly held out	斜生	Chôjûrô, Hôsui, Nijisseiki	2
	markedly held out	离生	Niitaka, Shinkô	3
13. (*)	**One-year-old shoot: number of axillary flower buds**	**一年生枝：腋花芽数量**		
	few	少	Shinsui	3
	medium	中	Kôsui, Shinseiki	5
	many	多	Chôjûrô	7
14.	**Flower bud: size**	**花芽：大小**		
	small	小	Niitaka	3
	medium	中	Hôsui, Kôsui, Nijisseiki, Shinseiki, Shinsui	5
	large	大	Shinkô	7
15. (*)	**Flower bud: shape**	**花芽：形状**		
	narrow elliptic	窄椭圆形	Hôsui	1
	elliptic	椭圆形	Shinsui	2
	round	圆形	Shinseiki	3
	ovate	卵圆形	Chôjûrô, Kôsui, Niitaka, Nijisseiki	4
16.	**Flower bud: color of scales**	**花芽：鳞片颜色**		
	brown	棕色	Niitaka, NijisseikiShinseiki, Shinsui	1
	red brown	红棕色	Hôsui	2
	purple brown	紫棕色	Kôsui	3

续表

性状编号	英文	中文	标准品种	代码
17. (*)	**Young leaf：color of upper side（newly unfolded）**	**嫩叶：上表面颜色（新展开的叶片）**		
	yellow green	黄绿色	Shinseiki	1
	greenish brown	泛绿棕色	Hakkô，Yakumo	2
	brown	棕色	Chôjûrô，Hôsui，Kôsui，Nijisseiki	3
	red brown	红棕色	Shinsui，Kikusui	4
18. (*)	**Young leaf：pubescence on lower side（as for 17）**	**嫩叶：下表面茸毛（同性状 17）**		
	absent	无	Tosajônishiki	1
	present	有	Nijisseiki	9
19.	**Young leaf：intensity of pubescence on lower side（as for 17）**	**嫩叶：下表面茸毛强度（同性状 17）**		
	weak	弱	Hôsui，Kôsui，Shinsui	3
	medium	中	Chôjûrô	5
	strong	强	Nijisseiki，Shinseiki	7
20. (*) (+)	**Leaf blade：shape**	**叶片：形状**		
	narrow elliptic	窄椭圆形	Niitaka	1
	elliptic	椭圆形	Yakimi	2
	ovate	卵圆形	Chôjûrô，Hôsui，Kôsui，Shinsui	3
	round	圆形	Shinseiki	4
	obovate	倒卵圆形		5
	cordate	心形		6
	broad cordate	阔心形		7
21. (+)	**Leaf blade：shape of top**	**叶片：顶部形状**		
	acuminate	渐尖	Kikusui，Shinkô	1
	acute	锐尖	Hôsui，Nijisseiki，Shinseiki，Shinsui	2
	rounded	圆形	Kôsui，Niitaka	3
22. (+)	**Leaf blade：shape of base**	**叶片：基部形状**		
	attenuate	渐细	Miśhirazu，Hokkaiwase	1
	acute	锐尖	Hôsui，Nijisseiki	2
	rounded	圆形	Chôjûrô，Kôsui，Shinsui	3
	cordate	心形	Yakumo	4
23. (+)	**Leaf blade：incisions of margin**	**叶片：边缘缺刻**		
	serrate	锯齿状	Yakumo	1
	dentate	齿状	Hôsui，Nijisseiki，Shinsui	2
	crenate	圆齿状	Chôjûrô，Kôsui，Niitaka	3
24.	**Leaf：length of blade**	**叶：长度**		
	short	短	Chôjûrô，Hayatama	3
	medium	中	Hakkô，Kôsui	5
	long	长	Kimizukawase	7

续表

性状编号	英文	中文	标准品种	代码
25.	**Leaf: width**	**叶：宽度**		
	narrow	窄		3
	medium	中		5
	broad	宽		7
26.	**Leaf: length of petiole**	**叶：叶柄长度**		
	short	短	Chôjûrô, Hôsui, Kôsui, Nijisseiki Shinsui	3
	medium	中	Yakimi	5
	long	长	Yakumo	7
27.	**Leaf: ratio length of petiole/length of leaf blade**	**叶：叶柄长度 / 叶片长度**		
	small	小	Shinsetsu	3
	medium	中	Hôsui, Kôsui, Shinseiki	5
	large	大	Yakumo	7
28. (*)	**Inflorescence: number of flowers**	**花序：花朵数量**		
	few	少	Hakkô	3
	medium	中	Chôjûrô, Hôsui, Shinsui	5
	many	多	Kôsui, Nijisseiki	7
29. (*)	**Petal: color of outer side just before opening of flower**	**花瓣：外侧颜色（开花前）**		
	white	白色	Niitaka, Shinkô, Shinseiki	1
	light pink	浅粉色	Hôsui, Kôsui, Shinsui	2
	pink	粉色	Chôju, Yakimi	3
	light red	浅红色	Oharabeni	4
30.	**Petal: color of inner side of fully opened flower**	**花瓣：内侧颜色（花完全展开时）**		
	white	白色	Niitaka, Shinseiki	1
	light pink	浅粉色	Hayatama	2
	pink	粉色	Oharabeni	3
31. (*)	**Petal: size**	**花瓣：大小**		
	small	小	Atago, Ishiiwase	3
	medium	中	Chôjûrô, Nijisseiki, Shinsui	5
	large	大	Hôsui, Kôsui	7
32. (*)	**Petal: shape**	**花瓣：形状**		
	elliptic	椭圆形	Kôsui, Tama	1
	round	圆形	Chôjûrô, Nijisseiki	2
	ovate	卵圆形	Hôsui, Shinkô	3
33. (+)	**Petal: number of notches on margin**	**花瓣：边缘缺刻数量**		
	few	少	Niitaka	3
	medium	中	Hôsui, Kôsui, Shinsui	5
	many	多	Chôjûrô, Shinseiki	7

续表

性状编号	英文	中文	标准品种	代码
34. (*)	**Flower: number of petals**	**花：花瓣数量**		
	5 or less than 5	≤5 个	Chôjûrô，Niitaka，Shinseiki	1
	more than 5 up to and including 6	5～6 个（包含 6 个）	Nijisseiki，Shinsui	2
	more than 6 up to and including 7	6～7 个（包含 7 个）	Hôsui	3
	more than 7	>7 个	Hakkô，Kôsui	4
35.	**Flower: pubescence of pedicel**	**花：花梗茸毛强度**		
	weak	弱	Chôjûrô，Niitaka，Shinsui	3
	medium	中	Hôsui，Kôsui	5
	strong	强	Nijisseiki，Shinkô，Shinseiki	7
36. (*)	**Flower: number of stamens**	**花：雄蕊数量**		
	few	少	Chôjûrô	3
	medium	中	Niitaka	5
	many	多	Kikusui，Kôsui	7
37. (*)	**Anther: intensity of red color (before opening)**	**花药：红色程度（裂开前）**		
	light	浅	Kôsui	3
	medium	中	Hakkô，Shinsui，Yakumo	5
	dark	深	Nijisseiki，Shinkô	7
38. (*)	**Anther: pollen**	**花药：花粉**		
	absent	无	Ishiiwase，Kumoi，Niitaka	1
	present	有	Chôjûrô，Hôsui，Kôsui，Nijisseiki，Shinsui	9
39. (*) (+)	**Fruit: shape in longitudinal section**	**果实：纵切面形状**		
	oblate	扁圆形	Kimizukawase，Kôsui Shinsui	1
	round	圆形	Hakkô，Hôsui	2
	broad elliptic	阔椭圆形	Yakumo	3
	spindle-shaped	纺锤形	Okusankichi	4
	broad ovate	阔卵圆形		5
	obovate	倒卵圆形	Imamuraaki	6
40. (+)	**Fruit: depth of stalk cavity**	**果实：梗洼深度**		
	shallow	浅	Yakumo	3
	medium	中	Kôsui，Niitaka，Nijisseiki，Shinsui	5
	deep	深	Chôjûrô，Hôsui	7
41. (+)	**Fruit: width of stalk cavity**	**果实：梗洼宽度**		
	narrow	窄		3
	medium	中	Hôsui，Nijisseiki，Shinseiki	5
	broad	宽	Kimizukawase	7
42. (+)	**Fruit: depth of calyx basin**	**果实：萼洼深度**		
	shallow	浅	Niitaka，Shinkô，Shinseiki	3
	medium	中	Chôjûrô，Hôsui，Kôsui，Nijisseiki	5
	deep	深	Kikusui，Shinsui	7

续表

性状编号	英文	中文	标准品种	代码
43. (+)	**Fruit：width of calyx basin**	**果实：萼洼宽度**		
	narrow	窄		3
	medium	中	Chôjûrô，Hôsui，Nijisseiki，Shinseiki	5
	broad	宽	Kikusui，Niitaka Shinsui	7
44. (*)	**Fruit：persistence of calyx**	**果实：萼片宿存性**		
	weak	弱	Chôjûrô，Hôsui，Kôsui	3
	medium	中	Shinsei，Shinsui	5
	strong	强	Kikusui，Shinkô	7
45. (*)	**Fruit：size**	**果实：大小**		
	very small	极小		1
	small	小	Shinsui	3
	medium	中	Chôjûrô，Kôsui，Nijisseiki	5
	large	大	Hôsui，Shinkô	7
	very large	极大	Atago，Niitaka，Shinsetu	9
46. (*)	**Fruit：over color of skin（non-bagged fruit）**	**果实：果皮盖色（未套袋果实）**		
	light yellow green	浅黄绿色	Yakumo	1
	yellow green	黄绿色	Nijisseiki	2
	yellow brown	黄棕色	Chôju	3
	yellowish red brown	泛黄红棕色	Hôsui，Kôsui，Shinkô，Shinsui	4
	red brown	红棕色	Chôjûrô，Okusankichi	5
47. (*)	**Fruit：size of lenticelles**	**果实：果点大小**		
	small	小	Shinseiki	3
	medium	中	Chôjûrô，Hôsui，Kôsui，Nijisseiki，Shinsui	5
	large	大	Kimizukawase	7
48. (*)	**Fruit：density of lenticelles**	**果实：果点密度**		
	sparse	稀	Hakkô	3
	medium	中	Kôsui，Shinseiki	5
	dense	密	Chôjûrô，Hôsui，Nijisseiki，Shinsui	7
49. (*)	**Only varieties with brownish fruit（sometimes called russeting）：Fruit：surface texture**	**果实：果面质地［仅适用于褐色（也叫果锈）果皮的品种］**		
	smooth	光滑		3
	medium	中	Kôsui，Niitaka，Shinkô，Shinsui	5
	rough	粗糙	Hôsui	7
50. (*)	**Varieties with yellow green fruits only：Fruit：russeting（as for 46）**	**果实：果锈（仅适用于黄绿色果皮的品种）（同性状 46）**		
	weak	弱	Hakkô，Yakumo	3
	medium	中	Nijisseiki	5
	strong	强	Kikusui，Shinseiki	7

续表

性状编号	英文	中文	标准品种	代码
51. (*)	**Fruit: length of stalk**	**果实：果梗长度**		
	short	短	Shinseiki, Shinsui	3
	medium	中	Chôjûrô, Hôsui, Kôsui	5
	long	长	Kikusui, Okusankichi	7
52. (*)	**Fruit: thickness of stalk**	**果实：果梗粗度**		
	thin	细	Hôsui, Shinsui	
	medium	中	Chôjûrô	
	thick	粗	Nijisseiki	
53. (*)	**Fruit: swelling of stalk**	**果实：果梗肉质化**		
	absent	无	Chôjûrô, Hôsui	1
	present	有	Nijisseiki, Shinsui	9
54. (*) (+)	**Fruit: shape of core**	**果实：果心形状**		
	spindle-shaped	纺锤形	Kumoi	1
	broad spindle-shaped	阔纺锤形	Chôjûrô, Hôsui, Nijisseiki, Shinsui	2
	ovate	卵圆形	Yakumo	3
	broad ovate	阔卵圆形	Kôsui	4
55. (*)	**Fruit: ratio diameter of core / diameter of fruit**	**果实：果心直径与果实直径之比**		
	small	小	Kôsui, Shinseiki	3
	medium	中	Chôjûrô, Hôsui, Shinsui	5
	large	大	Shinkô	7
56. (*)	**Fruit: number of locules**	**果实：心室数量**		
	few	少		3
	medium	中	Chôjûrô	5
	many	多	Kôsui	7
57. (*)	**Fruit: color of flesh**	**果实：果肉颜色**		
	white	白色	Atago, Hakkô	1
	yellowish white	泛黄白色	Kosu	2
	whitish yellow	泛白黄色	Chôjûrô, Nijisseiki Shinsui	3
58. (*)	**Fruit: firmness of flesh**	**果实：果肉硬度**		
	soft	软	Hakkô, Hôsui, Kôsui, Nijisseiki	3
	medium	中	Niitaka, Shinkô	5
	firm	硬	Chôjûrô	7
59.	**Fruit: texture of flesh**	**果实：果肉质地**		
	fine	细	Hôsui, Kôsui	3
	medium	中	Shinkô, Shinsui	5
	coarse	粗	Chôjûrô	7
60.	**Fruit: browning of flesh (30 minutes after cutting)**	**果实：果肉褐变（切开后30分钟）**		
	weak	弱		3
	medium	中	Chôjûrô, Hôsui, Kôsui, Nijisseiki, Shinsui	5
	strong	强		7

续表

性状编号	英文	中文	标准品种	代码
61.	**Fruit：total soluble solids**	**果实：可溶性固形物含量**		
	low	低	Kumoi	3
	medium	中	Niitaka，Shinkô	5
	high	高	Hôsui，Shinsui	7
62.	**Fruit：acidity content**	**果实：含酸量**		
	low	低	Kôsui，Niitaka	3
	medium	中	Hôsui，Nijisseiki，Shinsui	5
	high	高	Okusankichi，Shinseiki	7
63.（*）	**Fruit：astringency**	**果实：涩味**		
	absent	无	Hôsui，Kôsui，Nijisseiki	1
	present	有	Imamuraaki	9
64.	**Fruit：juiciness of flesh**	**果实：果肉汁液**		
	low	低		3
	medium	中		5
	high	高	Hôsui	7
65.（*）	**Fruit：size of seed**	**果实：种子大小**		
	small	小	Tama	3
	medium	中	Hôsui，Kôsui，Nijisseiki，Shinsui	5
	large	大	Chôjûrô，Shinseiki	7
66.（*）	**Fruit：shape of seed**	**果实：种子形状**		
	ovate	卵圆形	Hôsui，Nijisseiki，Shinseiki	1
	narrow ovate	窄卵圆形	Shinkô	2
	sickle-shaped	镰刀形		3
67.	**Fruit：number of seeds（under artificial pollination）**	**果实：种子数量（经过人工授粉）**		
	few	少	Kôsui	3
	medium	中	Hôsui，Kikusui	5
	many	多	Chôjûrô，Nijisseiki，Shinsui	7
68.（*）	**Time of beginning of vegatative bud opening（10% of buds open）**	**萌芽期（10% 芽萌动）**		
	early	早		3
	medium	中	Chôju，Shinkô	5
	late	晚	Okusankichi，Yamuko	7
69.（*）	**Time of beginning of flowering（10% of flowers open）**	**始花期（10% 的花盛开）**		
	early	早	Niitaka	3
	medium	中	Chôjûrô，Nijisseiki，Shinsui	5
	late	晚	Kôsui，Okusankichi	7

续表

性状编号	英文	中文	标准品种	代码
70. (*)	**Time of beginning of fruit ripening**	**始熟期**		
	very early	极早		1
	early	早	Shinsui	3
	medium	中	Chôjûrô，Hôsui，Nijisseiki	5
	late	晚	Shinkô	7
	very late	极晚	Okusankichi	9
71.	**Self-compatibility**	**自交亲和性**		
	absent	无	Chôjûrô，Hôsui，Kôsui，Nijisseiki	1
	present	有	Osa-nijisseiki	9
72.	**Browning of core**	**果心褐变**		
	absent or very weak	无或极弱	Chôjûrô，Hôsui，Nijisseiki，Shinsui	1
	weak	弱	Kikusui，Kôsui	3
	medium	中	Kimizukawase	5
	strong	强	Kumoi	7
	very strong	极强		9
73.	**Glassiness of flesh**	**果肉玻璃化**		
	absent or very weak	无或极弱	Kôsui，Shinsui	1
	weak	弱	Kikusui，Nijisseiki	3
	medium	中	Hôsui	5
	strong	强	Chôju，Wasenijisseiki	7
	very strong	极强		9
74. (*)	**Tendency to fruit cracking**	**裂果性**		
	absent	无	Chôjûrô，Hôsui，Nijisseiki	1
	present	有	Ishiiwase，Kôsui	9
75.	**Storage life（under controlled temperature and humidity）**	**贮藏期（温湿度可控条件下）**		
	very short	极短	Shinsui	1
	short	短	Kôsui	3
	medium	中	Hôsui，Shinseiki	5
	long	长	Nijisseiki，Shinsei	7
	very long	极长	Shinsetu	9
76. (+)	**Resistance to black spot（*Alternaria kikuchiana* Tanaka）**	**黑斑病（*Alternaria kikuchiana* Tanaka）抗性**		
	absent or very weak	无或极弱		1
	weak	弱		3
	medium	中	Nijisseiki	5
	strong	强	Shinsui	7
	very strong	极强	Chôjûrô，Hôsui，Kôsui	9

8 性状表解释

性状 20：叶片形状

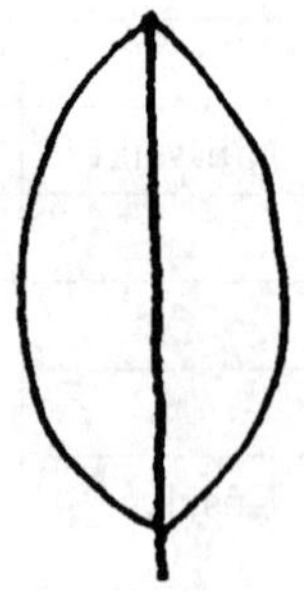

1
窄椭圆形

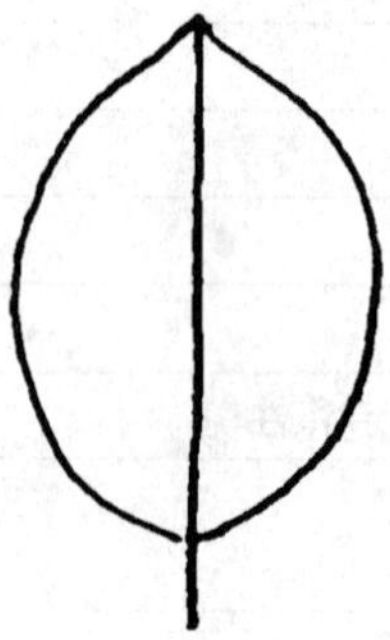

2
椭圆形

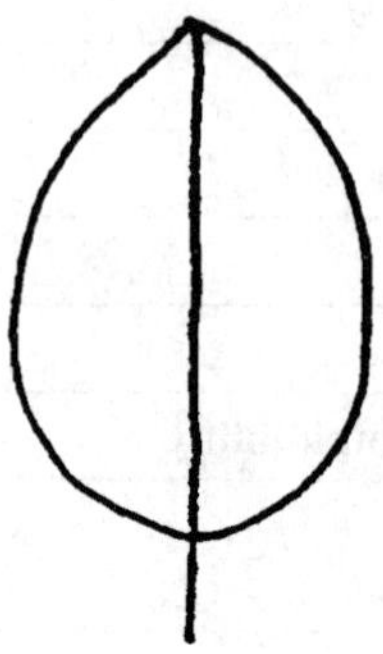

3
卵圆形

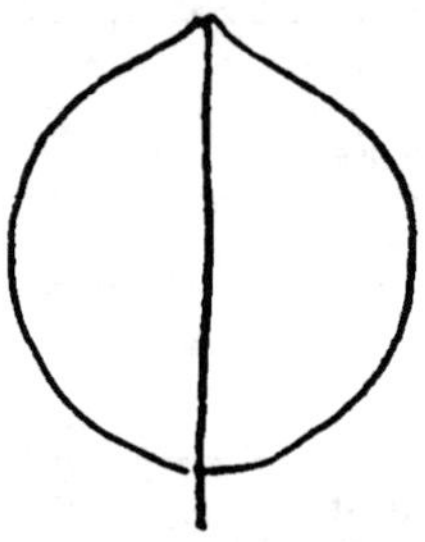

4
圆形

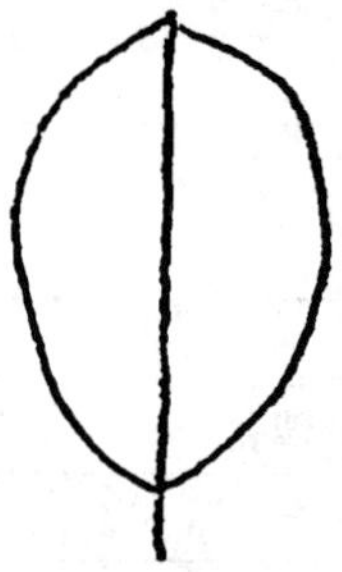

5
倒卵圆形

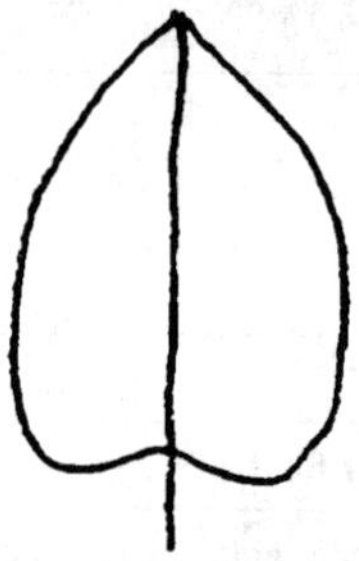

6
心形

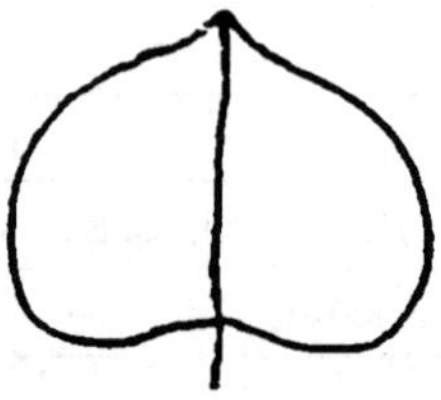

7
阔心形

性状 21：叶片顶部形状

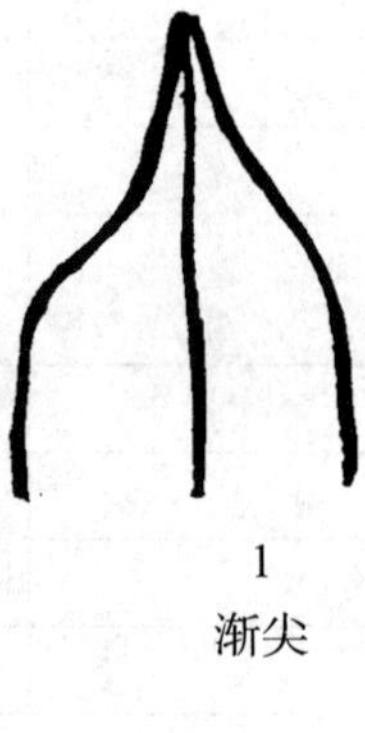

1
渐尖

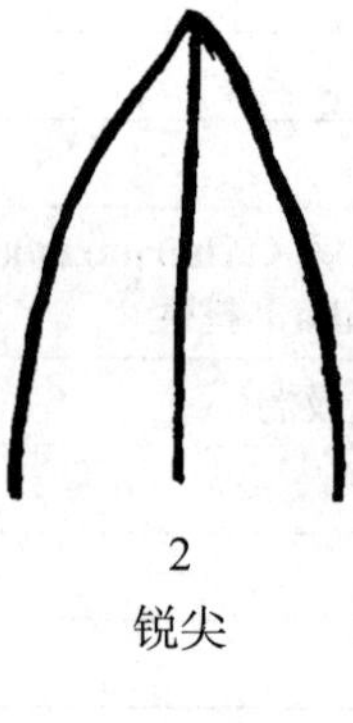

2
锐尖

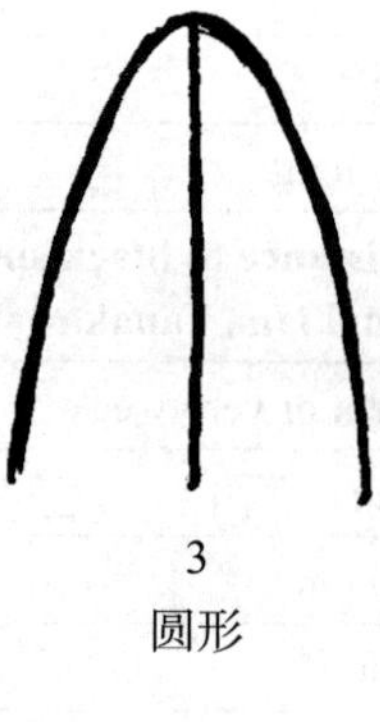

3
圆形

性状 22：叶片基部形状

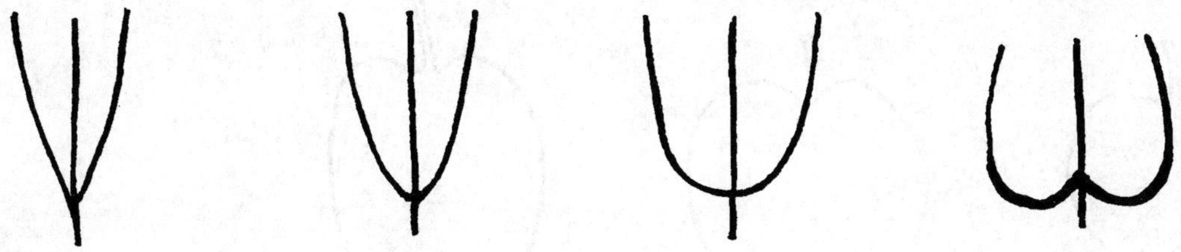

1 渐细　2 锐尖　3 圆形　4 心形

性状 23：叶片边缘缺刻

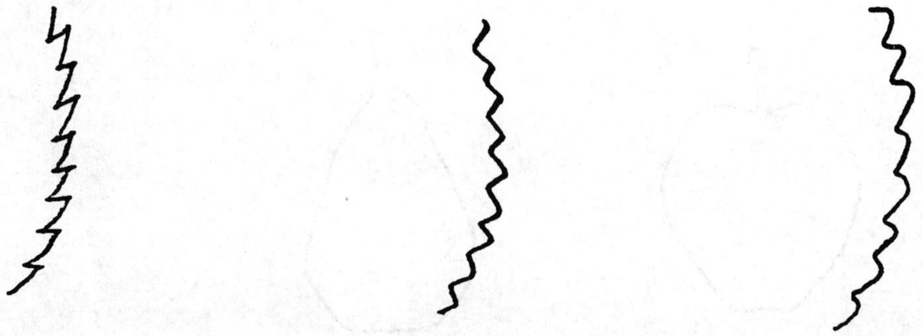

1 锯齿状　2 齿状　3 圆齿状

性状 33：花瓣边缘缺刻数量

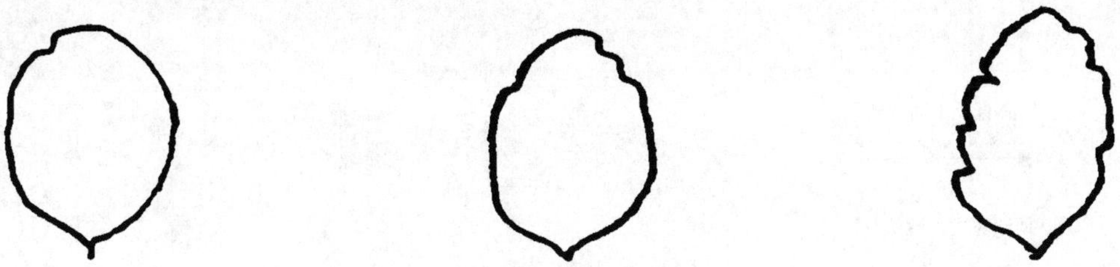

3 少　5 中　7 多

性状 39：果实纵切面形状

1
扁圆形

2
圆形

3
阔椭圆形

4
纺锤形

5
阔卵圆形

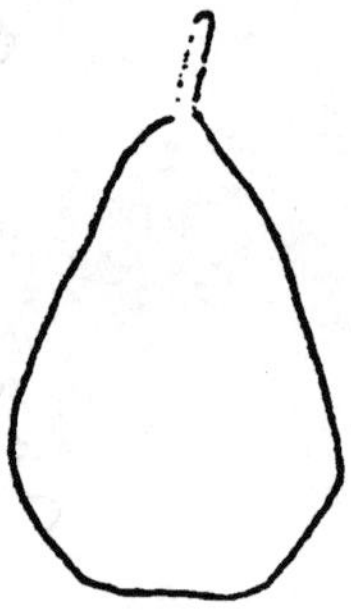

6
倒卵圆形

性状 40 至性状 43：果实梗洼深度（性状 40）、梗洼宽度（性状 41）、萼洼深度（性状 42）、萼洼宽度（性状 43）

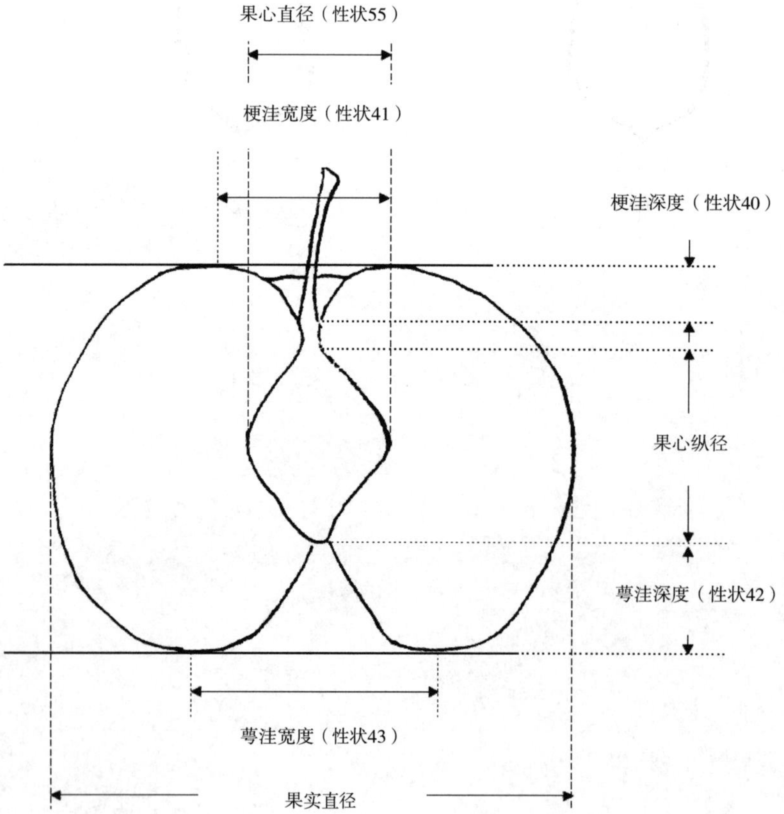

性状 54：果心形状

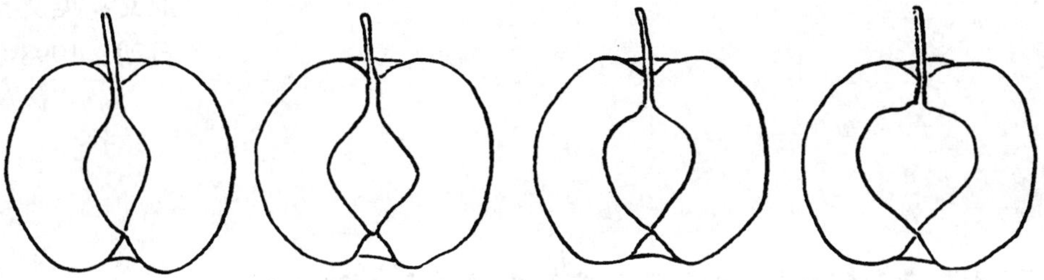

1 纺锤形　　2 阔纺锤形　　3 卵圆形　　4 阔卵圆形

性状 76：黑斑病抗性

植物材料	从枝条顶端至基部方向采集第二片叶至第四片叶（3 片叶）作为样品。新梢顶端刚刚展开的叶片为第一片叶
接种方法	将两张滤纸用灭菌蒸馏水浸湿，放在培养皿中，用塑料网覆盖。将叶片相对独立地摆放在塑料网上，每张叶片滴 4～6 滴孢子悬浮液（每滴约 40 μL）。孢子的浓度调整为 2.5×10^4 个孢子 /mL
温度	恒温 25℃
方法	将培养皿放在恒温培养箱中
时间	4 d
重复次数	3 次
标准品种	中　Nijisseiki　5 强　Shinsui　7 极强　Chôjûrô，Hôsui，Kôsui　9

扫码下载原文

如扫描二维码无法下载指南原文，可能是指南版本有更新，可扫描本书封底二维码查看与本文对应的指南版本

TG/159/3
原文：英文
日期：1998-04-01

国际植物新品种保护联盟

植物品种特异性、一致性和稳定性
测试指南

枇杷

[*Eriobotrya japonica*（Thunb.）Lindl.]

1 指南适用范围

本指南适用于枇杷 [*Eriobotrya japonica*（Thunb.）Lindl.] 的所有无性繁殖品种。

2 繁殖材料要求

2.1 待测品种繁殖材料的数量和质量要求以及提交的时间和地点由主管机构决定。申请人从测试所在国境外提交繁殖材料的，必须确保符合所有海关规定。提交繁殖材料应不少于以下数量。

（a）通过杂交育成的品种：6 株以枇杷（*Eriobotrya japonica*）做砧木的一年生嫁接苗。

（b）通过突变育成的品种：10 株以枇杷（*Eriobotrya japonica*）做砧木的一年生嫁接苗。

2.2 提供的繁殖材料应无病毒、外观健康有活力，未受任何重要病虫害影响。最好不是通过离体繁殖的方式获得。

2.3 提交的繁殖材料不得进行任何处理，除非主管机构允许或要求进行这种处理。如果材料已经处理，必须提供相关处理的详细情况。

3 测试实施

3.1 评价特异性时，测试植株应至少经历 2 个正常结果周期。

3.2 测试通常在 1 个地点进行。如果待测品种有任何重要性状不能在该地点表达，可在另一地点测试。

3.3 果实应进行疏果，每花簇留 3 个或 4 个果，并套纸袋。测试条件应能保证品种的正常生长。通过杂交育成的品种，每个试验应保证至少有 6 个植株，通过突变育成的品种，每个试验保证至少有 10 个植株。只有当环境条件相似时，才能采用分开种植的小区进行观测。

3.4 如有特殊需要，可进行附加测试。

4 观测方法

4.1 所有进行测量、称重或计数的观测，通过杂交育成的品种应在 5 个植株或分别来自 5 个植株的 10 个部位（每株 2 个部位）进行；通过突变育成的品种应在 10 个植株或分别来自 10 个植株的 20 个部位（每株 2 个部位）进行。

4.2 评价一致性时，对通过杂交育成的品种应采用 1% 的群体标准和至少 95% 的接受概率，对通过突变育成的品种应采用 2% 的群体标准和至少 95% 的接受概率。当样本量为 6 个时，最多允许有 1 个异型株；当样本量为 10 个时，最多也允许有 1 个异型株。

4.3 对树的所有观测应于生长期结束后、修剪之前进行。

4.4 对中心枝和侧枝的所有观测应于生长期结束之后、修剪之前，在发育较好的当年生枝上进行。

4.5 对叶的所有观测应在已经木质化的当年生中心枝中部发育完全的叶片上进行。

4.6 对花簇的所有观测应于当年生中心枝上的花刚开的时候（10% 的花簇中有 10% 的花开放时）进行。

4.7 对花的所有观测应于盛花期在当年生中心枝上进行。花期可持续至 90% 的花簇开放时。

4.8 除非另有说明，对果实的所有观测应于食用成熟期（50% 的套袋果实完全着色）在取自 5 个以上果序的中等大小的果实上进行。

5 品种分组

5.1 待测品种应分组种植以便进行特异性评价。适用于分组的性状是已知不会出现变异，或者仅在品种内发生轻微变异的性状。这些性状的不同表达状态应十分均匀地分布于品种库中。

5.2 建议主管机关使用以下性状进行品种分组。

（a）果实：纵切面形状（性状 24）。

（b）果实：果皮颜色（性状 28）。

（c）成熟期（性状 46）。

6 性状和符号

6.1 为评价特异性、一致性和稳定性，应使用性状表中给出的性状及其表达状态。

6.2 为便于电子数据处理，每个性状的表达状态都赋予了相应的代码（数字）。

6.3 注释

（*）在测试的每一生长时期，对所有品种都要进行测试的、并包含在品种描述中的性状，除非前序性状的表达或区域环境条件所限使其无法测试。

（+）见第 8 部分性状表解释。

7 性状表

性状编号	英文	中文	标准品种	代码
1. （*）	**Tree：habit**	**树：姿态**		
	upright	直立	Mogi，Tsukumo	1
	semi-upright	半直立	Nojima-wase	2
	spreading	开张	Tanaka	3
2. （*）	**Tree：vigor**	**树：树势**		
	weak	弱	Morimoto	3
	medium	中	Yukawa	5
	strong	强	Mogi，Tanaka	7
3. （*）	**Central shoot：thickness**	**中心枝：粗度**		
	thin	细	Fukujuin	3
	medium	中	Tanaka	5
	thick	粗	Amakusa-wase，Mogi	7
4. （*）	**Central shoot：number of lateral shoots**	**中心枝：侧枝数量**		
	few	少	Amakusa-wase，Fuku-harawase	3
	medium	中	Mogi，Tanaka	5
	many	多	Champagne	7
5. （*）	**Lateral shoot：length**	**侧枝：长度**		
	short	短	Wase-dai	3
	medium	中	Mogi，Tanaka	5
	long	长	Nagasaki-wase	7

续表

性状编号	英文	中文	标准品种	代码
6 (*)	**Lateral shoot：thickness**	**侧枝：粗度**		
	thin	细	Mogi	3
	medium	中	Tanaka	5
	thick	粗	Amakusa-wase	7
7. (*)	**Leaf blade：length**	**叶片：长度**		
	short	短		3
	medium	中	Mogi，Tanaka	5
	long	长	Nojima-wase	7
8. (*)	**Leaf blade：width**	**叶片：宽度**		
	narrow	窄	Togoshi	3
	medium	中	Mogi，Tanaka	5
	broad	宽	Fukuhara-wase，Yuka-wa	7
9. (*)	**Leaf blade：ratio length/width**	**叶片：长宽比**		
	small	小	Mogi，Obusa	3
	medium	中	Tanaka	5
	large	大	Togosi	7
10.	**Leaf blade：thickness**	**叶片：厚度**		
	thin	薄	Fukujuin	3
	medium	中	Tanaka	5
	thick	厚	Amakusa-wase，Mogi	7
11. (+)	**Leaf blade：shape of tip**	**叶片：尖端形状**		
	sharp acute	锐尖	Togoshi	1
	blunt acute	钝尖	Tanaka	2
	rounded	圆形	Mogi	3
12.	**Leaf blade：shape in cross section**	**叶片：横切面形状**		
	concave	凹	Togoshi，Yukawa	1
	flat	平	Mogi	2
	convex	凸	Kusunoki	3
13.	**Leaf blade：density of serrations of margin**	**叶片：叶齿密度**		
	sparse	疏	Morio-wase	3
	medium	中	Mogi，Tanaka	5
	dense	密	Mizuho，Obusa	7
14. (*)	**Leaf blade：green color of upper side**	**叶片：上表面绿色程度**		
	light	浅	Champagne，Kanton	3
	medium	中	Tanaka	5
	dark	深	Togoshi	7
15.	**Leaf：attitude in relation to shoot**	**叶：相对于枝的着生姿态**		
	upwards	向上	Amakusa-wase	1
	outwards	向外	Mogi，Tanaka	2
	downwards	向下	Wase-dai	3
16. (*)	**Flower cluster：shape**	**花簇：形状**		
	conical	圆锥体	Tsukumo	1
	truncate conical	截头圆锥体	Mogi	2
	cylindrical	圆柱体	Champagne	3

续表

性状编号	英文	中文	标准品种	代码
17. (*)	**Flower cluster：size**	**花簇：大小**		
	small	小	Tsukumo	3
	medium	中	Mogi，Tanaka	5
	large	大	Morio-wase	7
18. (*) (+)	**Flower cluster：length of lowest lateral**	**花簇：底端支轴长度**		
	short	短	Kusunoki，Obusa	3
	medium	中	Mogi，Tanaka	5
	long	长	Amakusa-wase	7
19. (*) (+)	**Flower cluster：attitude of lateral in relation to peduncle**	**花簇：支轴相对于花簇梗的着生姿态**		
	upwards	向上	Amakusa-wase	1
	outwards	向外	Mogi	2
	downwards	向下	Tanaka	3
20. (*)	**Flower cluster：number of flowers**	**花簇：花数量**		
	few	少	Yukawa	3
	medium	中	Nagasaki-wase，Obusa	5
	many	多	Mogi，Tanaka	7
21. (*)	**Flower：size**	**花：大小**		
	small	小	Mogi，Nagasaki-wase	3
	medium	中	Tsukumo，Yukawa	5
	large	大	Tanaka，Obusa	7
22. (*)	**Petal：color**	**花瓣：颜色**		
	white	白色	Ikeda	1
	yellowish white	泛黄白色	Mogi，Tanaka	2
	yellow	黄色	Champagne	3
23. (*)	**Fruit：size**	**果实：大小**		
	small	小	Fukujuin，Kanton	3
	medium	中	Mogi	5
	large	大	Tanaka	7
24. (*) (+)	**Fruit：shape in longitudinal section**	**果实：纵切面形状**		
	elliptic	椭圆形	Muroto-wase	1
	broad elliptic	阔椭圆形	Ono-wase	2
	round	圆形	Gold nugget	3
	oblate	扁圆形	Kanton，Toi	4
	broad obovate	阔倒卵圆形	Tanaka	5
	obovate	倒卵圆形	Mogi	6
25. (*) (+)	**Fruit：shape in cross section**	**果实：横切面形状**		
	round	圆形	Mogi，Toi	1
	slightly angular	圆稍有棱角	Mizuho，Yukawa	2
	strongly angular	圆明显有棱角	Obusa	3
26. (+)	**Fruit：shape at stalk end**	**果实：果基形状**		
	acute	锐尖	Mogi	1
	obtuse	钝尖	Nagasaki-wase，Obusa	2
	rounded	圆形	Toi	3

续表

性状编号	英文	中文	标准品种	代码
27. (*) (+)	**Fruit：shape of apex**	**果实：先端形状**		
	depressed	凹	Obusa	1
	flat	平	Mogi，Tanaka	2
	raised	凸	Muroto-wase	3
28. (*)	**Fruit：color of skin**	**果实：果皮颜色**		
	white	白色	Toi	1
	yellowish white	泛黄白色	Shiromogi	2
	yellow	黄色	Adeance	3
	orange yellow	橙黄色	Obusa，Tanaka	4
	orange	橙色	Gold nugget	5
29. (*) (+)	**Fruit：aperture of eye**	**果实：萼孔**		
	closed	闭合	Nojima-wase	1
	slightly open	稍开	Mogi	2
	fully open	全开	Gold nugget，Satomi	3
30. (*) (+)	**Fruit：length of sepal**	**果实：萼片长度**		
	short	短	Nagasaki-wase	3
	medium	中	Mogi，Tanaka	5
	long	长	Morimoto	7
31. (*) (+)	**Fruit：width of sepal at its base**	**果实：萼片基部宽度**		
	narrow	窄	Tanaka	3
	medium	中	Mogi，Obusa	5
	broad	宽	Morimoto	7
32. (*) (+)	**Fruit：diameter of core at base of calyx tube**	**果实：萼筒基部孔宽度**		
	small	窄	Morio-wase，Nojima-wase	3
	medium	中	Mogi	5
	large	宽	Obusa，Tanaka	7
33. (*) (+)	**Fruit：depth of calyx tube**	**果实：萼筒深度**		
	shallow	浅	Kusunoki，Toi	3
	medium	中	Mogi，Tanaka	5
	deep	深	Mizuho，Tsukumo	7
34. (*)	**Fruit：adherence of skin（pealing from stalk end）**	**果实：果皮粘连度（从果柄端剥皮）**		
	weak	弱	Tsukumo	3
	medium	中	Mogi	5
	strong	强	Ono-wase	7
35. (*)	**Fruit：thickness of flesh**	**果实：果肉厚度**		
	thin	薄	Amakusa-wase	3
	medium	中	Mogi，Tanaka	5
	thick	厚	Morimoto	7

续表

性状编号	英文	中文	标准品种	代码
36. (*)	**Fruit: color of flesh**	**果实：果肉颜色**		
	white	白色	Kanton	1
	yellowish white	泛黄白色	Champagne	2
	yellow	黄色		3
	orange yellow	橙黄色	Mizuho, Mogi, Tanaka	4
	orange	橙色	Gold nugget	5
37.	**Fruit: firmness of flesh**	**果实：果肉硬度**		
	soft	软	Kanton, Toi	3
	medium	中	Mogi, Yukawa	5
	firm	硬	Obusa, Tanaka	7
38.	**Fruit: total soluble solids of juice**	**果实：可溶性固形物含量**		
	low	低	Fukujuin	3
	medium	中	Mogi, Tanaka	5
	high	高	Kusunoki, Toi	7
39.	**Fruit: acid content of juice**	**果实：果汁含酸量**		
	low	低	Mogi	3
	medium	中	Tanaka	5
	high	高	Fukujuin	7
40.	**Fruit: average number of seed**	**果实：种子数量**		
	less than three	少于 3 个		1
	three to five	3～5 个	Mogi, Tanaka	2
	more than five	多于 5 个	Mizuho	3
41. (*)	**Fruit: weight of seeds compared to fruit**	**果实：种子相对于果实的重量**		
	low	低	Mogi, Obusa	3
	medium	中	Nagasaki-wase, Tanaka, Yukawa	5
	high	高	Mizuho	7
42. (*) (+)	**Fruit: shape of seed**	**果实：种子形状**		
	elliptic	椭圆形	Mogi, Tanaka	1
	round	圆形	Toi	2
	obovate	倒卵圆形	Nagasaki-wase	3
43.	**Time of leaf bud burst (20%～30% burst)**	**叶芽萌芽期（20%～30% 萌芽）**		
	early	早		3
	medium	中	Tanaka	5
	late	晚	Togoshi	7
44. (*)	**Time of beginning of flowering**	**始花期**		
	early	早	Morio-wase	3
	medium	中	Mogi, Tanaka	5
	late	晚	Obusa	7
45. (*)	**Duration of flowering**	**花期长度**		
	short	短	Champagne	3
	medium	中	Mogi, Tanaka	5
	long	长	Obusa	7

续表

性状编号	英文	中文	标准品种	代码
46. (*)	**Time of maturity**	**成熟期**		
	very early	极早	Amakusa-wase，Morio-wase	1
	early	早	Nagasaki-wase	3
	medium	中	Mogi	5
	late	晚	Tanaka	7
	very late	极晚	Morimoto	9
47.	**Fruit bearing on central shoots：ratio number of bearing central shoots/total number of central Shoots**	**中心枝结果：结果中心枝数量与所有中心枝数量之比**		
	small	小	Kanton，Toi	3
	medium	中	Mogi	5
	large	大	Mizuho，Morimoto，Tanaka	7
48.	**Fruit bearing on lateral shoots：ratio number of bearing lateral shoots/total number of lateral shoots**	**侧枝结果：结果侧枝数量与所有侧枝数量之比**		
	small	小	Kanton，Toi	3
	medium	中	Mogi，Tanaka	5
	large	大	Amakusa-wase	7
49.	**Fruit bearing on fruit spurs：ratio number of bearing fruit spurs/total number of fruit Spurs**	**短枝结果：结果短枝数量与所有短枝数量之比**		
	small	小	Toi	3
	medium	中	Mogi	5
	large	大	Mizuho	7

8 性状表解释

性状 11：叶片尖端形状

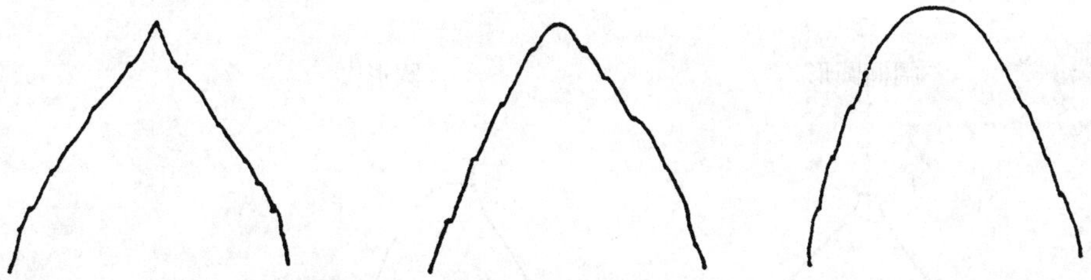

1 锐尖　　2 钝尖　　3 圆形

性状 18：花簇底端支轴长度

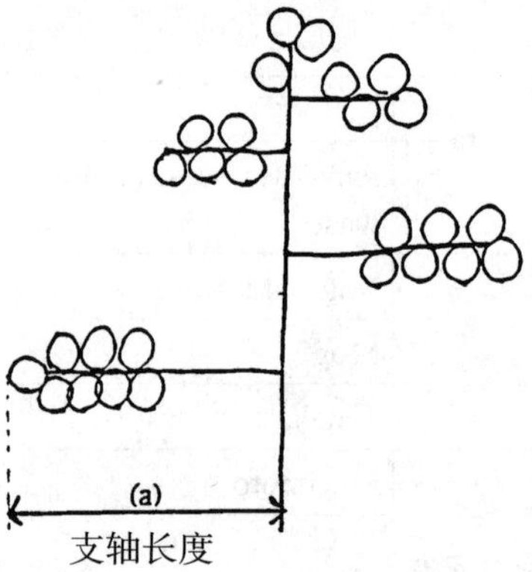

性状 19：花簇支轴相对于花簇梗的着生姿态

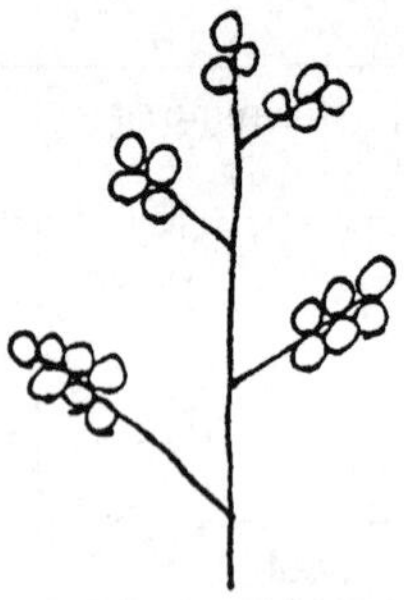

1
向上

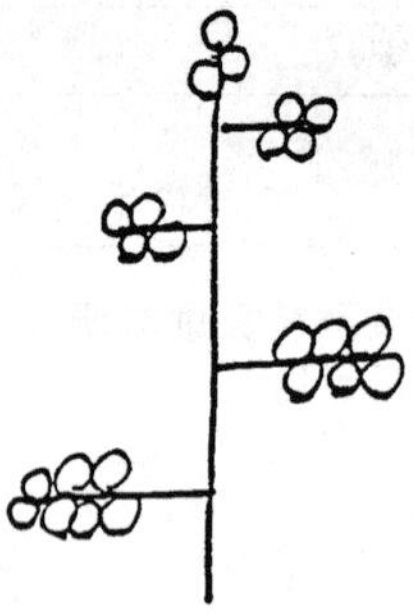

2
向外

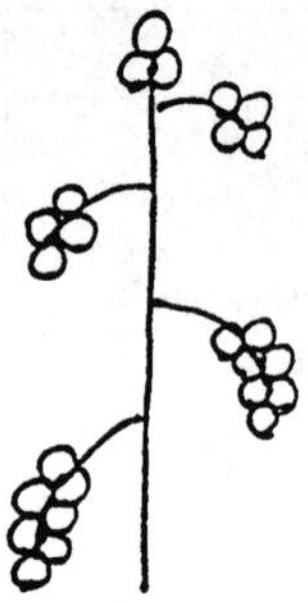

3
向下

性状 24：果实纵切面形状

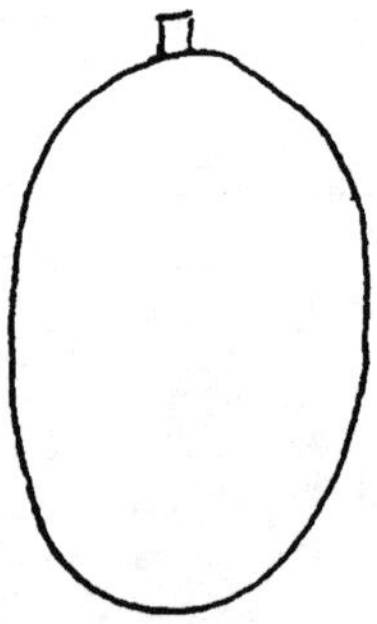

1
椭圆形

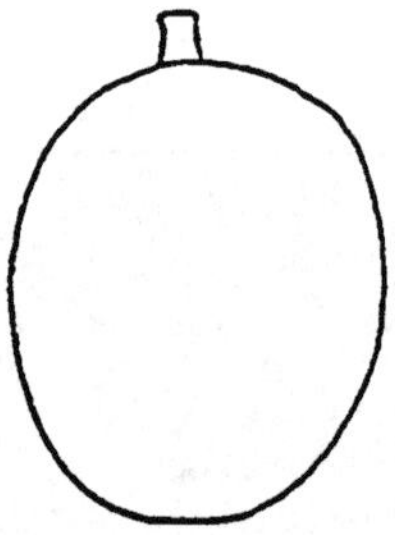

2
阔椭圆形

3
圆形

4
扁圆形

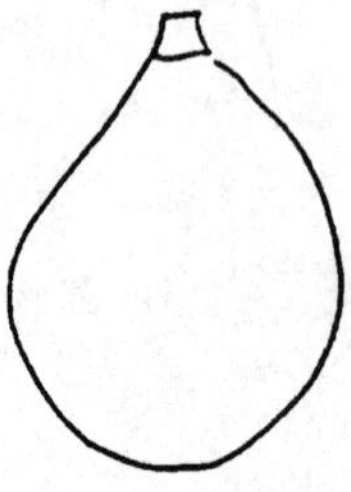

5
阔倒卵圆形

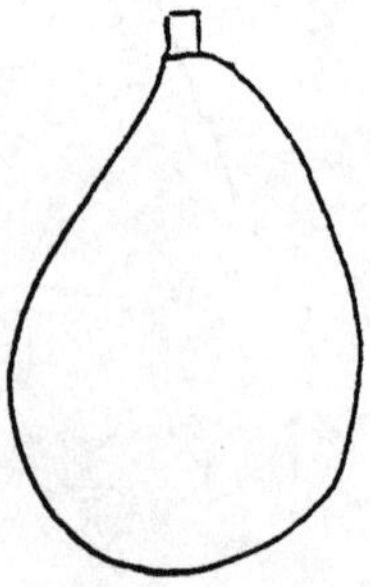

6
倒卵圆形

性状 25：果实横切面形状

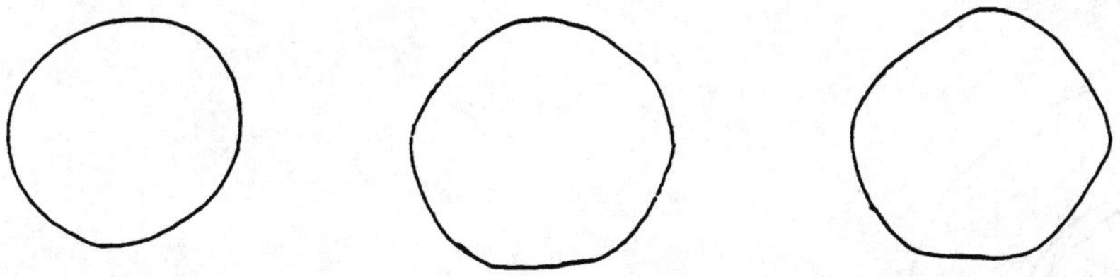

1	2	3
圆形	圆稍有棱角	圆明显有棱角

性状 26：果实果基形状

1	2	3
锐尖	钝尖	圆形

性状 27：果实先端形状

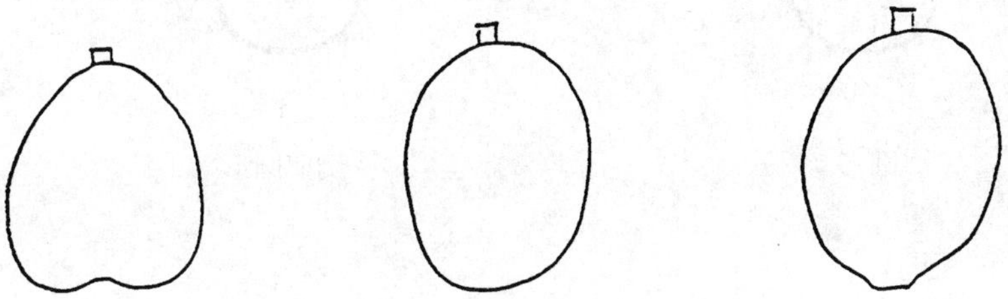

1	2	3
凹	平	凸

性状 29：果实萼孔

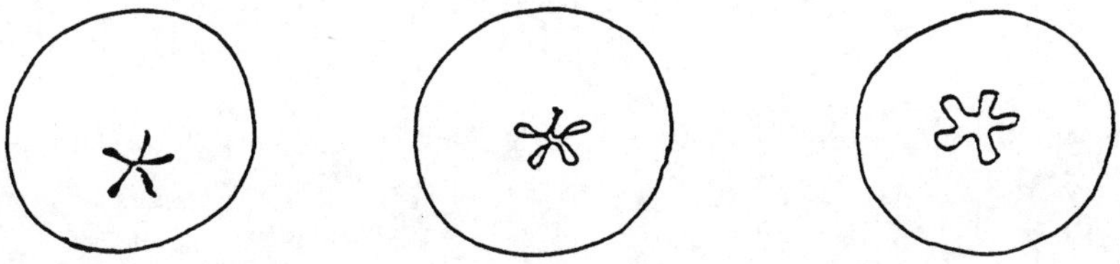

1	2	3
闭合	稍开	全开

性状 30 和性状 31：果实萼片长度和基部孔宽度

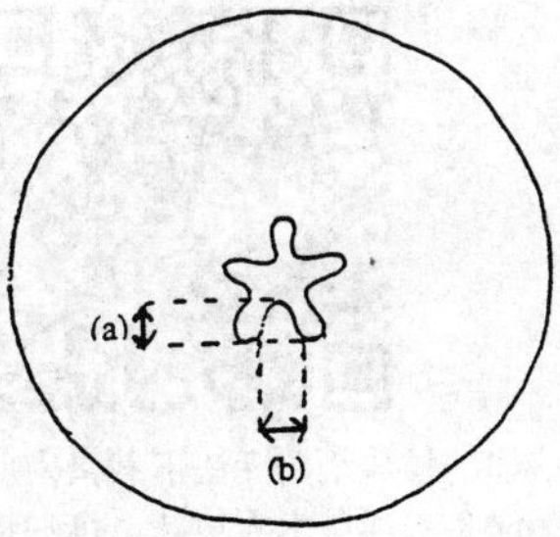

a—萼片长度；b—基部宽度。

性状 32 和性状 33：果实萼筒基部宽度和萼筒深度

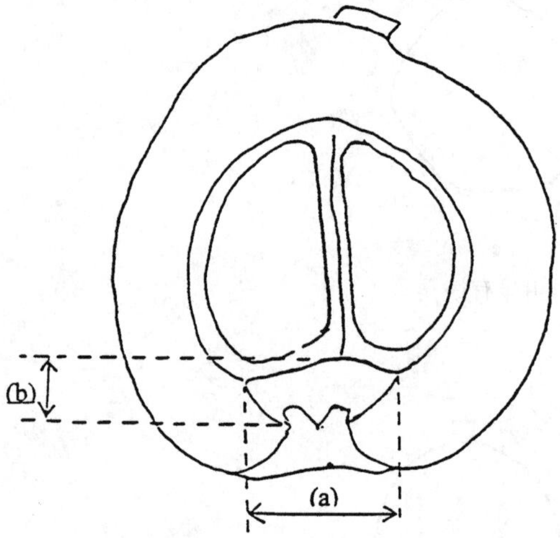

a—萼筒基部宽度；b—萼筒深度。

性状 42：果实种子形状

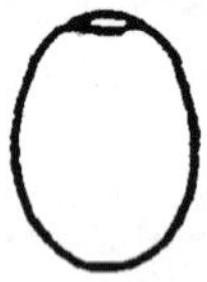

1
椭圆形

2
圆形

3
倒卵圆形

扫码下载原文

如扫描二维码无法下载指南原文，可能是指南版本有更新，可扫描本书封底二维码查看与本文对应的指南版本

TG/160/3
原文：英文
日期：1998-04-01

国际植物新品种保护联盟
植物品种特异性、一致性和稳定性测试指南

梅

（*Prunus mume* Sieb. et Zucc.）

1 指南适用范围

本测试指南适用于梅（*Prunus mume* Sieb.et Zucc.）的所有无性繁殖果用品种及其杂交种。

2 繁殖材料要求

2.1 待测品种测试所需繁殖材料的数量和质量以及繁殖材料提交的时间和地点由主管机构决定。申请人从测试所在国境外提交繁殖材料的，必须确保符合海关规定。提交的繁殖材料的应不少于以下数量。

（a）杂交种：6 株一年生以梅为砧木的嫁接苗。

（b）突变品种：10 株一年生以梅为砧木的嫁接苗。

2.2 提供的繁殖材料应没有病毒且外观健康有活力，未受到任何严重病虫害。最好不是通过离体繁殖的方式获得。

2.3 提交的植物材料不应进行任何处理，除非主管机构允许或要求进行这种处理。如果材料已经处理，必须提供处理的详细情况。

3 测试实施

3.1 为了评价特异性，待测植株应当在正常结果条件下测试至少 2 个生长周期。

3.2 测试一般在 1 个地点进行。如果供试品种有任何重要的性状不能在该地表达，该品种可在另一地点测试。

3.3 授粉树应提前种植。应进行疏果，每个果枝留 2～3 个果实。对于一年生枝条，5 cm 留 1 个果实。试验条件应能确保品种的正常生长。每个试验应至少包括由杂交育成的品种 6 个植株或由突变选育的品种 10 个植株。只有在当环境条件相似时，才能使用分开种植的小区进行观测。

3.4 如有特殊需要，可进行附加测试。

4 观测方法

4.1 所有涉及测量、称重或计数的观测，对于杂交育成品种，应在 5 个植株或分别来自 5 个植株的 10 个部位进行（每个植株 2 个部位）上进行，对于突变选育品种，应在 10 个植株或分别来自 10 个植株的 20 个部位进行（每个植株 2 个部位）上进行。

4.2 评价一致性时，对于杂交育成的品种，应采用 1% 的群体标准和 95% 的接受概率；对于突变选育的品种，应采用 2% 的群体标准和 95% 的接受概率。当样本量为 6 个时，最多允许 1 个异型株；当样本量为 10 个时，最多允许 1 个异型株。

4.3 所有对植株的观测应在修剪前的休眠季节进行。

4.4 所有对一年生枝条的观测应在休眠季节的发育良好的枝条上进行。

4.5 除非另有说明，所有对叶片的观测应在当年生营养枝中部发育完全的叶片上进行。

4.6 所有对花的观测应在盛花期的果枝上进行。

4.7 除非另有说明，所有对果实的观测应在生理成熟的果实上进行。

4.8 坚果上的所有观察，都应该排除果皮，并应在收获后立即在生理成熟的坚果上进行。

4.9 所有对核果的观测，应在去除果肉，干燥后进行。

5 品种分组

5.1 收集的品种应分组种植以便进行特异性评价。适用于分组的性状是已知在品种内不会出现变异或者仅发生轻微变异的性状。这些性状的不同表达状态应十分均匀地分布于已知品种库中。

5.2 建议主管机关用以下性状进行品种分组。

（a）植株：花芽主要位置（性状 3）。

（b）果实：大小（性状 23）。

（c）花期（80% 的花开放）（性状 37）。

（d）生理成熟期（性状 39）。

6 性状和符号

6.1 为评价特异性、一致性和稳定性，应使用性状表中给出的性状及其表达状态。

6.2 为便于电子数据处理，每个性状的表达状态都赋予了相应的代码（数字）。

6.3 注释

（*）除非前序性状的表达或区域环境条件所限使其无法测试，在测试的每一生长时期，对所有品种都要进行测试的、总要包含在品种描述中的性状。

（+）参见第 8 部分性状表的解释。

7 性状表

性状编号	英文	中文	标准品种	代码
1. （+）	**Tree：habit**	**植株：树姿**		
	upright	直立	Bungo	1
	semi-upright	半直立	Gessekai，Oshuku	2
	semi-upright to spreading	半直立到开张		3
	spreading	开张	Shirokaga，Tamaume	4
	drooping	下弯		5
2. （*）	**Tree：vigor**	**植株：树势**		
	weak	弱	Rinshu	3
	medium	中	Nanko	5
	strong	强	Shirokaga	7
3. （*）	**Tree：predominant distribution of flower buds**	**植株：花芽主要位置**		
	on spurs only	仅在果枝上		1
	on spurs and one-year-old shoots	在果枝和一年生枝条上		2
4.	**One-year-old shoot：thickness**	**一年生枝：粗度**		
	thin	细	Kaoume，Naniwa	3
	medium	中	Nanko	5
	thick	粗	Bungo，Natsuka	7
5.	**One-year-old shoot：length of internode**	**一年生枝：节间长度**		
	short	短	Nanko	3
	medium	中	Oshuku，Yoseibai	5
	long	长	Rinshu	7

续表

性状编号	英文	中文	标准品种	代码
6. (*)	**One-year-old shoot：color**	**一年生枝：颜色**		
	green	绿色	Tamaume	1
	light red	浅红色	Nanko	2
	reddish brown	泛红棕色	Bungo	3
7. (*)	**Young leaf：color**	**幼叶：颜色**		
	light green	浅绿色	Ryukyokoume，Tamaume	1
	medium green	中等绿色	Taihei	2
	dark green	深绿色	Bungo，Rinshu	3
	red	红色	Kojiro，Nanko	4
8.	**Leaf blade：length**	**叶片：长度**		
	short	短	Ryukyokoume	3
	medium	中	Gyokuei，Nanko	5
	long	长	Shirokaga，Yoseibai	7
9.	**Leaf blade：width**	**叶片：宽度**		
	narrow	窄		3
	medium	中		5
	broad	宽		7
10. (*)	**Leaf blade：ratio length/width**	**叶片：长宽比**		
	small	小	Bungo	3
	medium	中		5
	large	大	Yakushiume	7
11. (+)	**Leaf blade：length of tip**	**叶片：尖端长度**		
	short	短	Bungo，Yakushiume	3
	medium	中	Koshushinko	5
	long	长	Koshusaisho，Shirokaga	7
12. (+)	**Leaf blade：shape of base**	**叶片：基部形状**		
	acute	锐尖	Ishikawaomiume	1
	obtuse	钝尖	Nanko，Shirokaga	2
	rounded	圆形	Bungo	3
13. (*)	**Leaf blade：pubescence**	**叶片：茸毛**		
	absent or very weakly expressed	无或极少	Koshusaisho，Nanko	1
	weakly expressed	少		2
	strongly expressed	多	Bungo	3
14. (+)	**Stipule：shape**	**托叶：形状**		
	lanceolate	披针形	Nanko	1
	semi-palmate	半掌状	Shirokaga	2
	palmate	掌状	Bungo，Ishikawaomiume	3
15. (*)	**Flower：type**	**花：类型**		
	single	单瓣	Koshusaisho，Nanko	1
	semi-double	半重瓣		2
	double	重瓣	Rinshu，Taishoume	3
16. (*)	**Flower：size**	**花：大小**		
	small	小	Kairyouchida，Koshusaisho	3
	medium	中	Gyokuei，Nanko	5
	large	大	Bungo，Shirokaga	7

续表

性状编号	英文	中文	标准品种	代码
17. (*)	**Flower：shape of petal**	**花：花瓣形状**		
	round	圆形	Baigo，Shirokaga，Tamaume	1
	elliptic	椭圆形	Taihei	2
	oblong	长圆形	Koshusaisho，Rinshu	3
18. (*)	**Flower：relative position of petals**	**花：花瓣相对位置**		
	apart	分离	Koshusaisho，Nanko	1
	touching	相接		2
	overlapping	重叠	Shirokaga	3
19. (*)	**Petal：color**	**花瓣：颜色**		
	white	白色	Nanko	1
	light pink	浅粉色	Yoseibai	2
	medium pink	中等粉色	Oshuku	3
	medium red	中等红色	Kobai	4
	dark red	深红色	Kankobai	5
20. (*) (+)	**Pollen：viability**	**花粉：活力**		
	absent or very low	无或极低	Shirokaga	1
	low	低	Kojiro	3
	medium	中	Rinshu，Tamaume	5
	high	高	Kairyouchida，Nanko	7
	very high	极高		9
21. (*)	**Calyx：recurvature of apex**	**花萼：先端反卷程度**		
	absent or very weakly expressed	无或极弱	Nanko，Taihei	1
	weakly expressed	弱		2
	strongly expressed	强	Bungo，Seiyobai	3
22.	**Calyx：color**	**花萼：颜色**		
	green	绿色	Tamaume	1
	green red	绿红色	Nanko，Shirokaga	2
	red	红色	Bungo	3
23. (*)	**Fruit：size**	**果实：大小**		
	very small	极小	Koume	1
	small	小	Ryukyokoume	3
	medium	中	Yoseibai	5
	large	大	Baigo，Shirokaga	7
	very large	极大	Bungo，Taihei	9
24. (*) (+)	**Fruit：shape in longitudinal section (in ventral view)**	**果实：纵切面形状（腹面观察）**		
	elliptic	椭圆形	Taihei	1
	round	圆形	Tamaume	2
	oblate	扁圆形		3
	ovate	卵圆形	Nanko	4
25. (+)	**Fruit：shape of apex**	**果实：先端形状**		
	depressed	扁	Bungo，Taihei	1
	flat	平	Nanko	2
	pointed	尖	Koshusaisho	3

续表

性状编号	英文	中文	标准品种	代码
26.	**Fruit：depth of suture**	**果实：缝合线深度**		
	shallow	浅	Koshusaisho，Nanko	3
	medium	中	Sugita	5
	deep	深	Bungo，Taihei	7
27.	**Fruit：frequency of fruit asymmetric along the suture**	**果实：沿缝合线不对称频率**		
	low	低	Tamaume	3
	medium	中		5
	high	高	Bungo	7
28. (*)	**Fruit：color of skin（sunny side）**	**果实：果皮颜色（向阳面）**		
	light green	浅绿色	Inazumi	1
	medium green	中等绿色	Nanko，Shirokaga	2
	yellow	黄色	Orihime	3
	red	红色	Sumomoume	4
29. (*)	**Fruit：anthocyanin coloration of skin（as for 28）**	**果实：果皮花青苷显色（同性状 28）**		
	absent or very weak	无或极弱	Bungo	1
	weak	弱	Gyokuei，Shirokaga，Tamau-me	3
	medium	中	Nanko	5
	strong	强	Koshushinko	7
	very strong	极强		9
30. (*)	**Fruit：color of flesh**	**果实：果肉颜色**		
	light green	浅绿色	Nanko	1
	yellow	黄色	Orihime	2
	yellow orange	黄橙色	Taihei	3
	red	红色	Sumomoune	4
31. (*)	**Fruit：texture of flesh**	**果实：果肉质地**		
	fine	细	Nanko	3
	medium	中		5
	coarse	粗	Bungo，Seiyobai	7
32. (*) (+)	**Stone：shape（in lateral view）**	**核果：形状（侧视）**		
	elliptic	椭圆形	Kojiro	1
	broad elliptic	阔椭圆形	Nanko，Ryukyokoume	2
	round	圆形	Oshuku	3
	obovate	倒卵圆形		4
33. (+)	**Stone：angle at apex（as for 32）**	**核果：先端角度（同性状 32）**		
	acute	锐角	Taiwanyaseiume	1
	approximately right-angled	近直角	Oshuku	2
	obtuse	钝角	Bungo	3
34. (*)	**Fruit：ratio stone size/fruit size**	**果实：核果大小比**		
	small	小	Oshuku	3
	medium	中	Shirokaga	5
	large	大	Juro，Yoseibai	7

续表

性状编号	英文	中文	标准品种	代码
35.	**Stone: roughness of surface**	**核果：表面粗糙度**		
	smooth	光滑	Koshusaisho, Ryukyokoume	3
	medium	中	Shirokaga	5
	rough	粗糙	Bungo, Taihei	7
36. (*)	**Stone: adherence to flesh**	**核果：果肉附着度**		
	absent or very weakly expressed	无或极弱		1
	weakly expressed	弱	Bungo	2
	strongly expressed	强	Nanko, Shirokaga	3
37. (*)	**Time of flowering (80% of flowers open)**	**花期（80% 花开放）**		
	early	早	Ryukyokoume	3
	medium	中	Nanko	5
	late	晚	Bai, Oshuku	7
38. (*)	**Time of leaf bud burst (10% of buds burst)**	**叶芽萌发期（10% 叶芽萌发）**		
	early	早	Kairyouchida	3
	medium	中	Nanko	5
	late	晚	Bungo, Shirokaga	7
39. (*)	**Time of physiological ripeness**	**生理成熟期**		
	very early	极早	Ryukyokoume	1
	early	早	Nanko, Tamaume	3
	medium	中	Oshuku, Yoseibai	5
	late	晚	Gyokuei, Shirokaga	7
	very late	极晚		9
40.	**Time of leaf fall (80% of leaves fall)**	**落叶期（80% 叶脱落）**		
	early	早		3
	medium	中	Nanko, Ryukyokoume, Tamaume	5
	late	晚	Shirokaga	7
41. (*)	**Tendency to pre-harvest fruit drop**	**收获前落果性**		
	absent or very low	无或极低		1
	low	低	Nanko, Oshuku, Ryukyokoume	3
	medium	中	Taihei, Tamaune, Yoseibai	5
	high	高	Bungo, Kairyouchida	7
	very high	极高		9
42.	**Frequency of gummy fruits**	**黏性果实出现频率**		
	low	低	Jizoume, Nanko	3
	medium	中	Oshuku, Shirokaga	5
	high	高	Gessekai, Natsuka, Togoro	7
43. (*)	**Plant: self-compatibility**	**植株：自交亲和性**		
	absent	不亲和	Baigo, Nanko	1
	present	亲和	Jizoume, Yoseibai	9

8 性状表解释

性状 1：植株树姿

1
直立

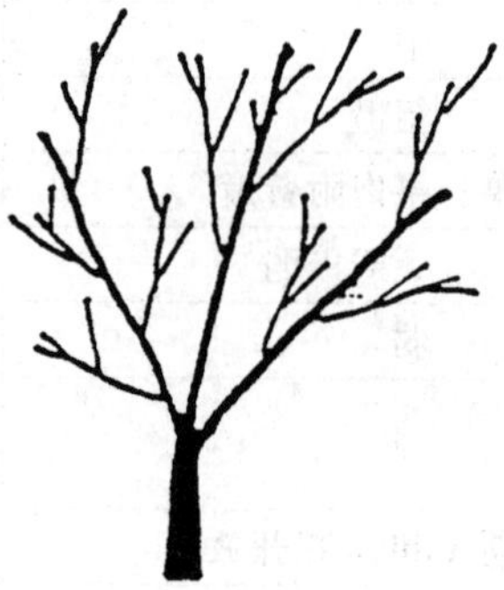

2
半直立

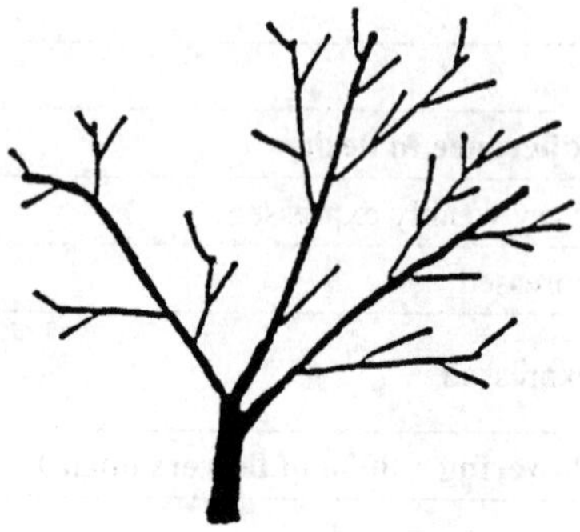

3
半直立到开张

4
开张

5
下弯

性状 11：叶片尖端长度

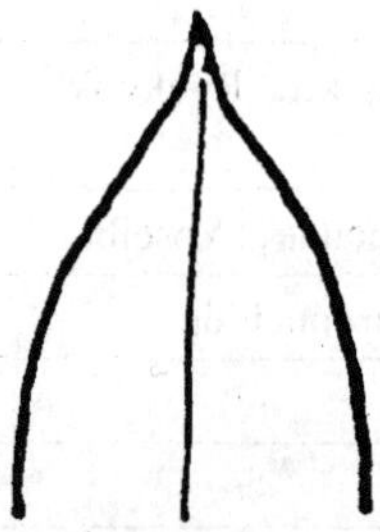

3
短

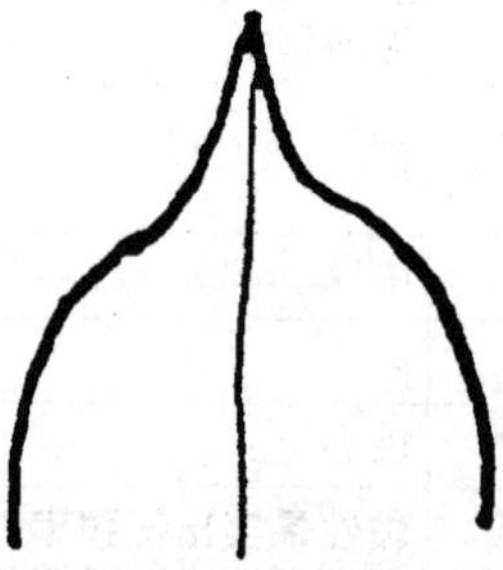

5
中

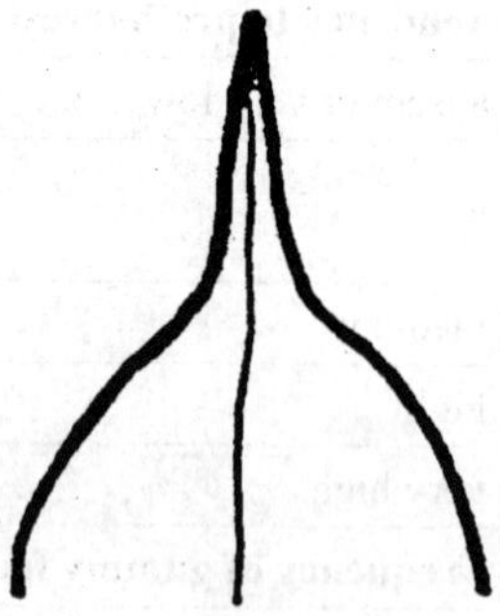

7
长

性状 12：叶片基部形状

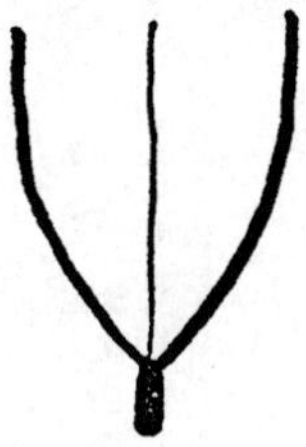
1
锐尖

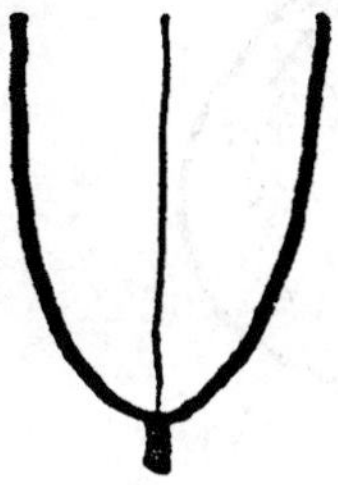
2
钝尖

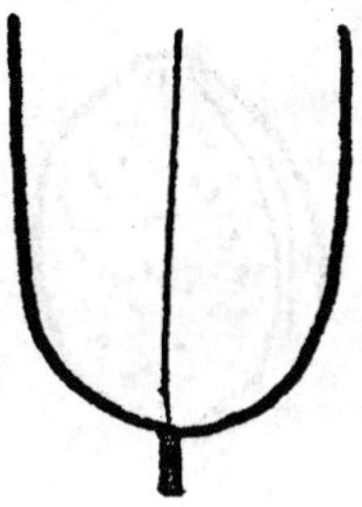
3
圆形

性状 14：托叶形状

1
披针形

2
半掌状

3
掌状

性状 20：花粉活力

花粉活力应当用醋酸胭脂红染色观测。

性状 24：果实纵切面形状（腹面观察）

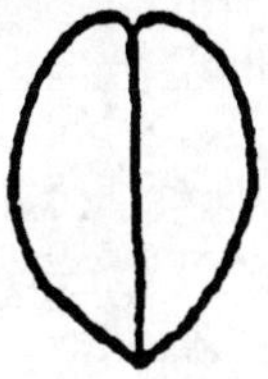
1
椭圆形

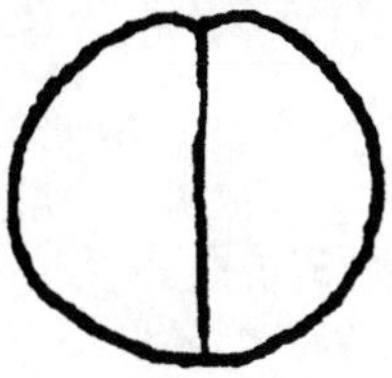
2
圆形

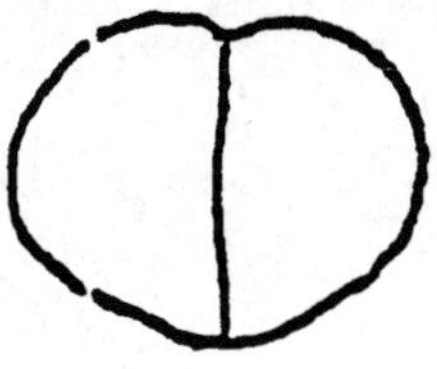
3
扁圆形

4
卵圆形

性状 25：果实先端形状

1
扁

2
平

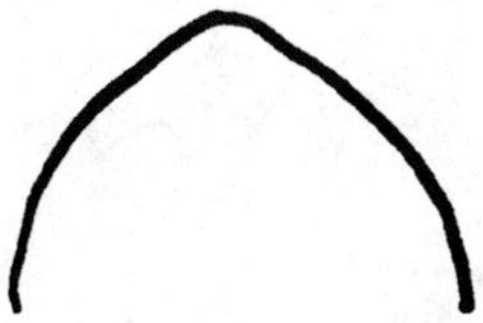
3
尖

性状 32：核果形状（侧视）

1 椭圆形　2 阔椭圆形　3 圆形　4 倒卵圆形

性状 33：核果先端角度（同性状 32）

1 锐角　2 近直角　3 钝角

扫码下载原文

如扫描二维码无法下载指南原文，可能是指南版本有更新，可扫描本书封底二维码查看与本文对应的指南版本

TG/163/4
原文：英文
日期：2015-03-25

国际植物新品种保护联盟
植物品种特异性、一致性和稳定性
测试指南

苹果砧木

UPOV 范围：MALUS

Malus Mill

互用名称 *

植物学名称	英文	法文	德文	西班牙文
Malus Mill.	Apple Rootstock	Porte-greffede pommier	Apfel-Unterlagen	Portainjertos de manzano

* 这些名称在指南开始使用时是正确的，但随后可能会修改更新。读者可登录 UPOV 网站（www.upov.int），获取最新资料。

1 指南适用范围

本指南适用于苹果属（*Malus* Mill.）的所有砧木品种。

2 繁殖材料要求

2.1 待测品种繁殖材料的数量和质量要求以及提交的时间和地点由主管机构决定。申请人从测试所在国境外提交繁殖材料的，还应符合海关规定并满足相关植物检疫的要求。

2.2 提供的繁殖材料可以是一年生自根树或一年生自根压条苗。

2.3 提供的测试材料最小数量为 5 株一年生自根树或 10 株一年生自根压条苗。

2.4 所提供的植物材料应外观健康有活力，未受任何严重病虫害影响。不是直接用离体繁殖方法获得。

2.5 提交的繁殖材料不得进行任何可能影响品种性状表达的处理，除非主管机构允许或要求进行这种处理。如果材料已经处理，必须提供相关处理的详细情况。

3 测试方法

3.1 测试周期

3.1.1 测试周期通常至少为 2 个生长周期。

3.1.2 生长周期是 1 个生长季，从芽萌发开始，开花、果实收获、休眠期结束，直到新一季芽膨大为止。

3.2 测试地点

测试通常在 1 个地点进行。在 1 个以上地点进行测试时，TGP/9《特异性测试》提供了有关指导。

3.3 测试条件

测试的条件应能满足品种正常生长的需要，以确保品种相关性状充分表达和测试的顺利开展。

3.4 试验设计

3.4.1 对于自根树，每个试验至少 5 个植株。

3.4.2 对于压条苗，每个试验至少设计 10 个植株。

3.4.3 试验设计应保证因测量或计数等需要，从小区取走部分植株或植株部位后，不影响生长周期结束前的所有观测。

3.5 附加测试

为测试有关性状，可以进行附加测试。

4 特异性、一致性和稳定性评价

4.1 特异性

4.1.1 一般建议

对于本指南的使用者而言，在判定特异性前参照总则特异性判定的一般原则十分重要。为进一步说明和强调特异性判定，本指南特列出特异性判定的要点。

4.1.2 一致的差异

当观测到的品种之间差异非常明显时，则没有必要种植 1 个以上生长周期。此外，在某些情况下，环境的影响并不意味着需要 1 个以上的生长周期来保证品种间观测到的差异是足够一致的。为确保在种植试验中所观测到的性状差异是足够一致的，可以对性状进行至少 2 个独立生长周期的测试。

4.1.3 明显的差异

决定一个品种间的差异是否明显取决于很多因素，特别应考虑所测性状的表达类型，即该性状是质量性状、数量性状还是假质量性状。因此，在作出关于特异性的判定前，本测试指南的使用者应熟悉总则中的建议。

4.1.4 植株 / 植株部位的测试数量

除非另有说明，在判定特异性时，对于单株的观测，应在 5 个植株或分别来自 5 个植株的部位进行；对于其他观测，应观测试验中的所有植株。观测时应将异型株排除在外。

4.1.5 观测方法

性状表第二列以如下符号（见 TGP/9《特异性测试》第 4 部分“性状观测”）的形式列出了特异性判定时推荐的性状观测方法。

MG：对一批植株或植株部位进行单次测量。

MS：对一定数量的植株或植株部位进行逐一测量。

VG：对一批植株或植株部位进行单次目测。

VS：对一定数量的植株或植株部位进行逐一目测。

观测类型：目测（V）或测量（M）。

目测（V）是一种基于专家判断的观测方法。本文中的目测是指专家的感官观察，因此，也包括闻、尝和触摸。目测也包括专家使用参照物（例如图表，标准品种，并排比较）或非线性的图表（例如比色卡）的观测。测量（M）是一种基于校准的、线性尺度的客观观测，例如，使用尺、秤、色度计、日期和计数等进行观测。

记录类型：群体记录（G）或个体记录（S）。

以特异性为目的的观测，可被记录为一批植株或植株部位的单个记录（G），或者记录为一定数量的单个植株或植株部位的个体记录（S）。多数情况下，群体记录为一个品种提供一个单个记录，因此不可能或者不必要通过逐个植株的统计分析来判定特异性。

如果性状表中提供了不止一种观测方法（如 VG/MG），可以参考 TGP/9《特异性测试》的 4.2 部分选择合适的观测方法。

4.2 一致性

4.2.1 对于本指南的使用者而言，在判定一致性前参照总则一致性判定的一般原则十分重要。但为进一步说明和强调一致性判定，本指南特列出一致性判定的要点。

4.2.2 对于自根树，评价一致性时，应采用 1% 的群体标准和至少 95% 的接受概率。当样本量为 5 时，不允许有异型株。

4.2.3 对于自根压条苗，评价一致性时，应采用 1% 的群体标准和至少 95% 的接受概率。当样本量为 10 个时，允许有 1 个异型株。

4.3 稳定性

4.3.1 在实际操作中，通常不像测试特异性和一致性那样对稳定性进行测试以得到明确结果。经验表明，对许多类型的品种来说，当一个品种表现一致时，可认为其是稳定的。

4.3.2 适当情况下或者有疑问时，稳定性可以采用如下方法测试：测试一批新材料，看其性状表现是否与之前提交的材料表现相同。

5 品种分组和试验组织

5.1 使用分组性状可以帮助选择与申请品种一起进行田间种植试验的已知品种，以及对这些品种进行合适分组以便进行特异性评价。

5.2 分组性状表达状态的数据即使来自不同地点，也可以单独或者与其他此类性状联合使用。

5.2.1 用于特异性测试中筛选排除那些不需要安排在种植试验中的已知品种。

5.2.2 用于组织安排种植试验，使近似品种种植在一起。

5.3 以下性状已被确认为有用的分组性状。

（a）树体：树势（性状 1）。

（b）树体：树姿（性状 4）。

（c）新梢：花青苷显色程度（性状 19）。

（d）叶片：相对于枝的姿态（性状 20）。

（e）叶片：叶缘锯齿（性状 26）。

5.4 总则 TGP/9 中提供了在特异性审查过程中使用分组性状的指导。

6 性状表介绍

6.1 性状类别

6.1.1 标准指南性状

标准指南性状是 UPOV 已同意用于特异性、一致性、稳定性（DUS）审查的性状，UPOV 成员可以从中选择与其特定环境相适应的性状。

6.1.2 星号性状

星号性状（用“*”标记）是测试指南中对于形成国际统一的品种描述十分重要的性状，所有 UPOV 成员都应将其用于 DUS 测试并包含在品种描述中，除非前序性状的表达或区域环境条件所限使其无法测试。

6.2 表达状态及相应代码

6.2.1 为定义性状和统一描述，将每个性状划分为一系列表达状态。每个表达状态赋予一个相应的数字代码，以便于数据记录，以及品种性状描述的建立和交流。

6.2.2 对于质量性状和假质量性状（6.3），性状表中列出了所有表达状态。但对于有 5 个或 5 个以上表达状态的数量性状，可以采用缩略尺度的方法，以缩短性状表格。例如，对于有 9 个表达状态的数量性状，在测试指南的性状表中可采用以下缩略形式。

表达状态	代码
小	3
中	5
大	7

但是应该指出的是，以下 9 个表达状态都是存在的，应采用适宜的表达状态用于品种的描述。

表达状态	代码
极小	1
极小到小	2
小	3
小到中	4
中	5
中到大	6
大	7
大到极大	8
极大	9

6.2.3 TGP/7《测试指南的研制》中提供了表达状态和代码的更详尽的介绍。

6.3 表达类型

总则中对性状表达类型（质量性状、数量性状和假质量性状）进行了解释。

6.4 标准品种

在适当的情况下，标准品种用于校正性状的表达状态。

6.5 注释

（*）星号性状（6.1.2）。

QL：质量性状（6.3）。

QN：数量性状（6.3）。

PQ：假质量性状（6.3）。

MG、MS、VG、VS：观测方法（4.1.5）。

[A]：仅适用于压条苗。

[B]：仅适用于充分生长的树。

（a）～（f）性状表解释（8.1）。

（+）性状表解释（8.2）。

7 性状表

性状编号	观测方法	英文	中文	标准品种	代码
1. （*） （+） QN	VG （a）	**Plant：vigor**	**树体：树势**		
		very weak	极弱		1
		very weak to weak	极弱到弱		2
		weak	弱		3
		weak to medium	弱到中		4
		medium	中		5
		medium to strong	中到强		6
		strong	强		7
		strong to very strong	强到极强		8
		very strong	极强		9
2. QN	[B] VG （a）	**Plant：number of branches**	**树体：枝数量**		
		very few	极少		1
		few	少		2
		medium	中		3
		many	多		4
		very many	极多		5
3. QN	[A] VG （a）	**Plant：number of shoots**	**树体：梢数量**		
		very few	极少		1
		few	少		2
		medium	中		3
		many	多		4
		very many	极多		5
4. （*） （+） PQ	VG （a）	**Plant：habit**	**树体：树姿**		
		upright	直立		1
		upright to spreading	直立到开张		2
		spreading	开张		3
		drooping	下弯		4

续表

性状编号	观测方法	英文	中文	标准品种	代码
5. QN	**[B] VG (a)**	**Plant: number of spines**	**树体：刺数量**		
		absent or few	无或少		1
		medium	中		2
		many	多		3
6. (*) (+) QN	**VG (b)**	**One-year-old shoot: growth pattern**	**一年生枝：生长姿态**		
		straight	平直		1
		moderately wavy	稍有弯曲		2
		strongly wavy	弯曲		3
7. (*) (+) QN	**VG (b)**	**One-year-old shoot: pubescence**	**一年生枝：茸毛**		
		absent or very weak	无或极少		1
		weak	少		2
		medium	中		3
		strong	多		4
		very strong	极多		5
8. (*) QN	**VG (b)**	**One-year-old shoot: glossiness**	**一年生枝：光泽度**		
		absent or weak	无或弱		1
		medium	中		3
		strong	强		5
9. (*) QN	**VG/ MS (b)**	**One-year-old shoot: thickness**	**一年生枝：粗细**		
		thin	细		1
		medium	中		2
		thick	粗		3
10. (*) QN	**VG/ MG (b)**	**One-year-old shoot: length of internodes**	**一年生枝：节间长度**		
		short	短		1
		medium	中		2
		long	长		3
11. (*) QN	**VG (b)**	**One-year-old shoot: number of lenticels**	**一年生枝：皮孔数量**		
		very few	极少		1
		few	少		2
		medium	中		3
		many	多		4
		very many	极多		5
12. QN	**VG (b)**	**One-year-old shoot: size of lenticels**	**一年生枝：皮孔大小**		
		small	小		1
		medium	中		2
		large	大		3
13. (*) PQ	**VG (b)**	**One-year-old shoot: color on sunny side**	**一年生枝：向阳面颜色**		
		greenish brown	泛绿棕色		1
		reddish brown	泛红棕色		2
		medium brown	棕色		3
		dark brown	黑棕色		4
14. (*) QN	**VG (b)**	**One-year-old shoot: size of vegetative bud**	**一年生枝：叶芽大小**		
		small	小		1
		medium	中		2
		large	大		3

续表

性状编号	观测方法	英文	中文	标准品种	代码
15. (+) PQ	VG (b)	**One-year-old shoot: shape of apex of vegetative bud**	**一年生枝：叶芽先端形状**		
		acute	锐尖		1
		obtuse	钝尖		2
		rounded	圆形		3
16. (+) QN	[A] VG (b)	**One-year-old shoot: position of vegetative bud in relation to shoot**	**一年生枝：叶芽相对新梢位置**		
		adpressed	贴生		1
		slightly held out	稍有离生		2
		strongly held out	离生		3
17. (+) QN	VG (b)	**One-year-old shoot: size of vegetative bud support**	**一年生枝：叶芽托大小**		
		small	小		1
		medium	中		2
		large	大		3
18. (*) (+) PQ	VG (c)	**Young shoot: color of upper part**	**新梢：上部颜色**		
		whitish	泛白色		1
		greenish	泛绿色		2
		reddish	泛红色		3
		blackish	泛黑色		4
19. (*) QN	VG (c)	**Young shoot: extent of anthocyanin coloration**	**新梢：花青苷显色程度**		
		absent or very small	无或极小		1
		small	小		2
		medium	中		3
		large	大		4
		very large	极大		5
20. (*) (+) QN	VG (d)	**Leaf blade: attitude in relation to shoot**	**叶片：相对于枝的姿态**		
		upwards	向上		1
		outwards	向外		2
		downwards	向下		3
21. (*) QN	VG/ MS (d)	**Leaf blade: length**	**叶片：长度**		
		short	短		3
		medium	中		5
		long	长		7
22. (*) QN	VG/ MS (d)	**Leaf blade: width**	**叶片：宽度**		
		narrow	窄		3
		medium	中		5
		broad	宽		7
23. (*) (+) QN	VG/ MS (d)	**Leaf blade: ratio length/width**	**叶片：长宽比**		
		very low	极小		1
		low	小		2
		medium	中		3
		high	大		4
		very high	极大		5

续表

性状编号	观测方法	英文	中文	标准品种	代码
24. (*) (+) QN	VG (d)	**Leaf blade: profile in cross section**	**叶片：横截面形状**		
		concave	内卷		1
		flat	平展		2
		convex	外卷		3
25. (+) QN	VG (d)	**Leaf blade: length of tip**	**叶片：尖端长度**		
		short	短		1
		medium	中		2
		long	长		3
26. (*) (+) PQ	VG (d)	**Leaf blade: incisions of margin**	**叶片：叶缘锯齿**		
		crenate	圆齿状		1
		bicrenate	复圆齿状		2
		serrate type 1	锯齿状 1		3
		serrate type 2	锯齿状 2		4
		biserrate	重锯齿状		5
27. QN	VG (d)	**Leaf blade: depth of incisions of margin**	**叶片：叶缘锯齿深度**		
		very shallow	极浅		1
		shallow	浅		2
		medium	中		3
		deep	深		4
		very deep	极深		5
28. (*) QN	VG (d)	**Leaf blade: undulation of margin**	**叶片：叶缘波状**		
		absent or very weak	无或极弱		1
		weak	弱		2
		medium	中		3
		strong	强		4
29. QN	VG (d)	**Leaf blade: pubescence on lower side**	**叶片：下表面茸毛**		
		weak	弱		1
		medium	中		2
		strong	强		3
30. (*) QN	VG (d)	**Leaf blade: glossiness of upper side**	**叶片：上表面光泽度**		
		absent or very weak	无或极弱		1
		weak	弱		2
		medium	中		3
		strong	强		4
31. (*) QN	VG (d)	**Leaf blade: intensity of green color**	**叶片：绿色程度**		
		light	浅		1
		medium	中		3
		dark	深		5
32. (*) QN	VG/ MS (d)	**Petiole: length**	**叶柄：长度**		
		short	短		1
		medium	中		3
		long	长		5

续表

性状编号	观测方法	英文	中文	标准品种	代码
33. (*) (+) QN	VG/ MS (d)	**Petiole：length relative to length of blade**	**叶柄：相对于叶片长度**		
		short	短		1
		medium	中		3
		long	长		5
34. (+) QN	VG (d)	**Petiole：extent of anthocyanin coloration**	**叶柄：花青苷显色程度**		
		small	小		1
		medium	中		2
		large	大		3
35. (*) QN	VG (d)	**Stipule：size**	**托叶：大小**		
		small	小		1
		medium	中		2
		large	大		3
36. (+) QN	[B] VG (e)	**Plant：number of flowers**	**树体：花数量**		
		none or few	无或少		1
		medium	中		2
		many	多		3
37. (+) PQ	[B] VG (e)	**Flower：color at balloon stage**	**花：花蕾颜色**		
		light pink	浅粉色		1
		medium pink	粉色		2
		medium red	红色		3
		dark red	深红色		4
		purple	紫色		5
38. (+) QN	[B] VG (e)	**Flower：arrangement of petals**	**花：花瓣相对位置**		
		free	分离		1
		intermediate	相接		2
		overlapping	重叠		3
39. (+) QN	[B] VG (e)	**Flower：diameter**	**花：花冠直径**		
		very small	极小		1
		small	小		2
		medium	中		3
		large	大		4
40. (+) QN	[B] VG (e)	**Flower：position of stigmas relative to anthers**	**花：柱头相对花药位置**		
		below	低于		1
		same level	平齐		2
		above	高于		3
41. QN	[B] VG (f)	**Fruit：size**	**果实：大小**		
		very small	极小		1
		small	小		3
		medium	中		5
		large	大		7
		very large	极大		9

续表

性状编号	观测方法	英文	中文	标准品种	代码
42. (+) **QN**	**[B]** **VG** (f)	**Fruit：ratio length/width**	**果实：长宽比**		
		very low	极小		1
		low	小		2
		medium	中		3
		high	大		4
43. (+) **PQ**	**[B]** **VG** (f)	**Fruit：shape**	**果实：形状**		
		conic waisted	具腰圆柱形		1
		conic	圆锥形		2
		ovate	卵圆形		3
		oblate	扁球形		4
		circular	圆形		5
		elliptic	椭圆形		6
		oblong	长圆形		7
44. **QN**	**[B]** **VG** (f)	**Fruit：ribbing**	**果实：果棱**		
		absent or very weak	无或极弱		1
		weak	弱		2
		medium	中		3
		strong	强		4
45. **QN**	**[B]** **VG** (f)	**Fruit：crowning at calyx end**	**果实：萼冠强度**		
		absent or very weak	无或极弱		1
		weak	弱		2
		medium	中		3
		strong	强		4
46. (+) **PQ**	**[B]** **VG** (f)	**Fruit：ground color**	**果实：底色**		
		not visible	不可见		1
		whitish yellow	泛白黄色		2
		yellow	黄色		3
		whitish green	泛白绿色		4
		yellow green	黄绿色		5
		green	绿色		6
47. (+) **PQ**	**[B]** **VG** (f)	**Fruit：over color**	**果实：盖色**		
		orange red	橙红色		1
		pink red	粉红色		2
		red	红色		3
		purple red	紫红色		4
		brown red	棕红色		5
48. **QN**	**[B]** **VG** (f)	**Fruit：relative area of over color**	**果实：盖色相对面积**		
		absent or very small	无或极小		1
		small	小		3
		medium	中		5
		large	大		7
		very large	极大		9

续表

性状编号	观测方法	英文	中文	标准品种	代码
49. QN	**[B] VG (f)**	**Fruit：length of stalk**	**果实：果梗长度**		
		very short	极短		1
		short	短		3
		medium	中		5
		long	长		7
		very long	极长		9
50. (+) QN	**[B] VG (f)**	**Fruit：aperture of locules in transverse section**	**果实：心室横切状态**		
		closed or slightly open	闭合或微开		1
		moderately open	半开		2
		fully open	全开		3
51. (*) (+) QN	**MG**	**Time of beginning of bud burst**	**萌芽时间**		
		very early	极早		1
		early	早		3
		medium	中		5
		late	晚		7
		very late	极晚		9
52. (+) QN	**[B] MG**	**Time of beginning of flowering**	**始花期**		
		very early	极早		1
		early	早		3
		medium	中		5
		late	晚		7
		very late	极晚		9

8　性状表解释

8.1　对多个性状的解释

性状表第二列测试性状解释如下。

（a）树体：在休眠季观测。

（b）一年生枝：在休眠季观测一年生枝条中部 1/3 处 。

（c）新梢：在旺盛生长期观测一年生枝上部 1/3 处。

（d）叶片：在生长季观测枝条中部完全成龄的叶片。

（e）花：在充分生长的树上，选取第二个或随后开的完整花，且花药刚开始开裂时观测。

（f）果实：在充分生长的树上观测。在果实成熟时，选取最少 20 个果实样本中的 10 个典型果实进行观测。

8.2　对单个性状的解释

性状 1：树势

树势应对总体的营养生长情况进行评价。

性状 4：树姿

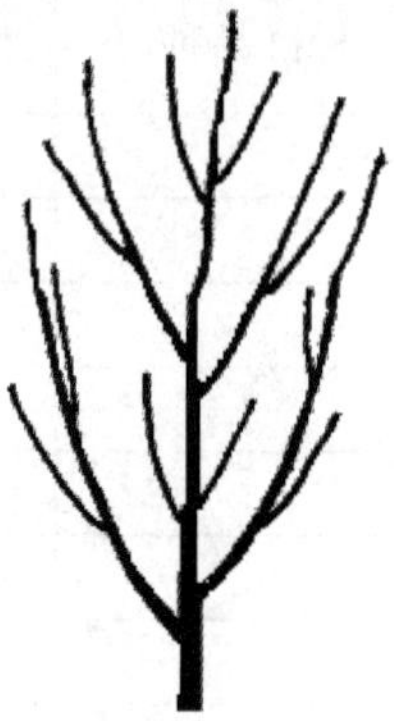

1
直立

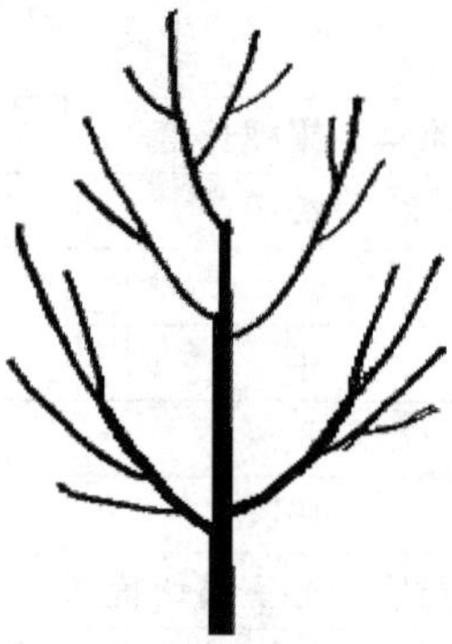

2
直立到开张

3
开张

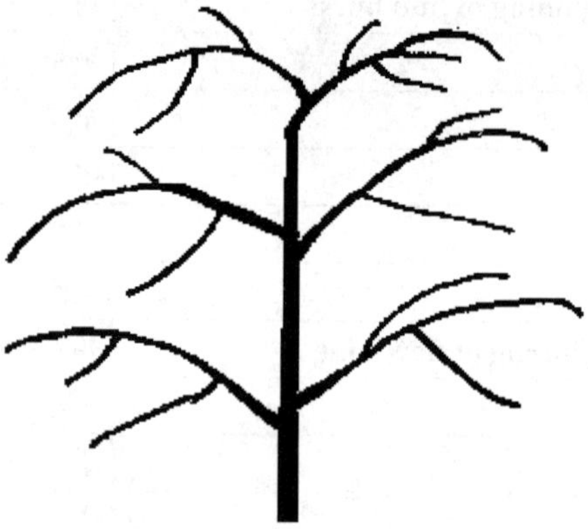

4
下弯

性状 6：一年生枝生长姿态

1
平直

2
稍有弯曲

3
弯曲

性状 7：一年生枝茸毛
观察新梢上半部。

性状 15：一年生枝叶芽先端形状

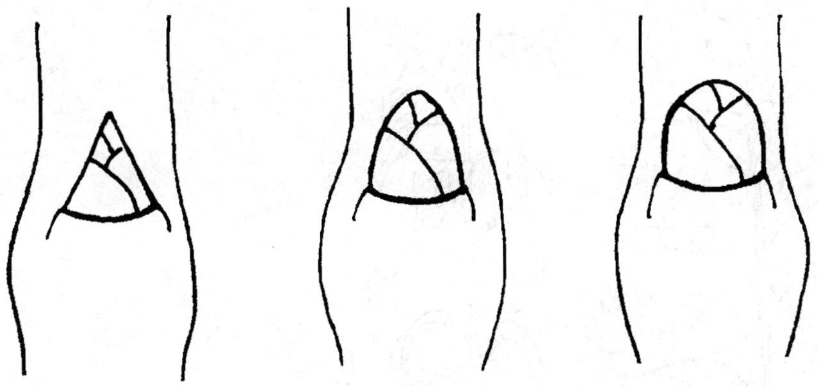

1 锐尖　　2 钝尖　　3 圆形

性状 16：一年生枝叶芽相对新梢位置

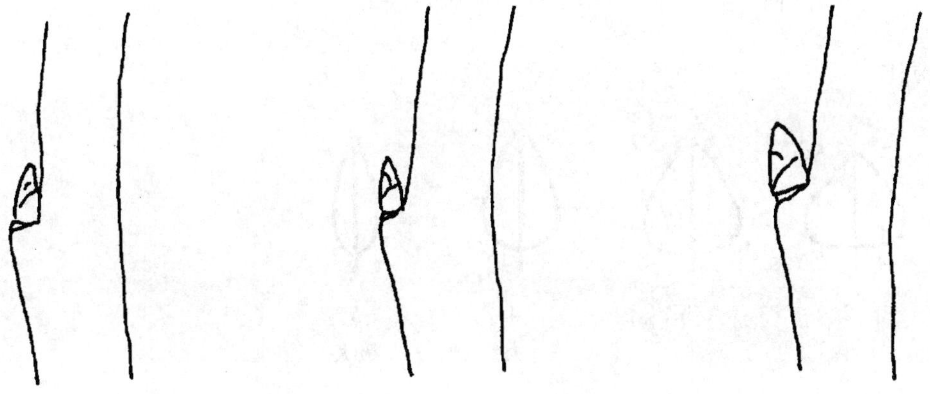

1 贴生　　2 稍有离生　　3 离生

性状 17：一年生枝叶芽托大小

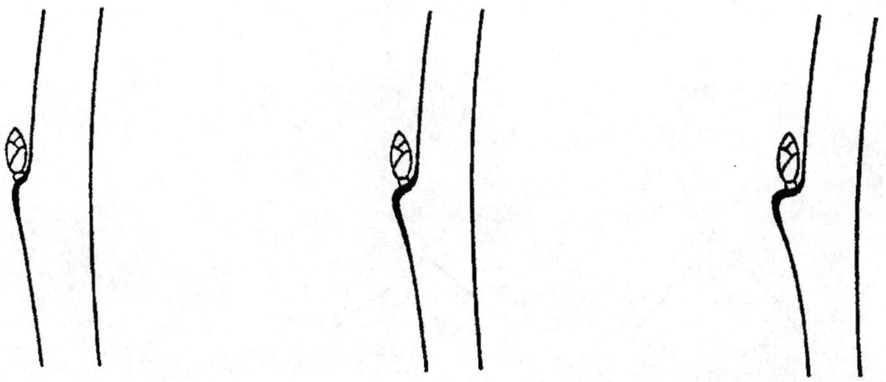

1 小　　2 中　　3 大

性状 18：新梢上部颜色

观察枝条茸毛下的面表皮颜色。

性状 20：叶片相对于枝的姿态

1 向上　　2 向外　　3 向下

性状 23：叶片长宽比

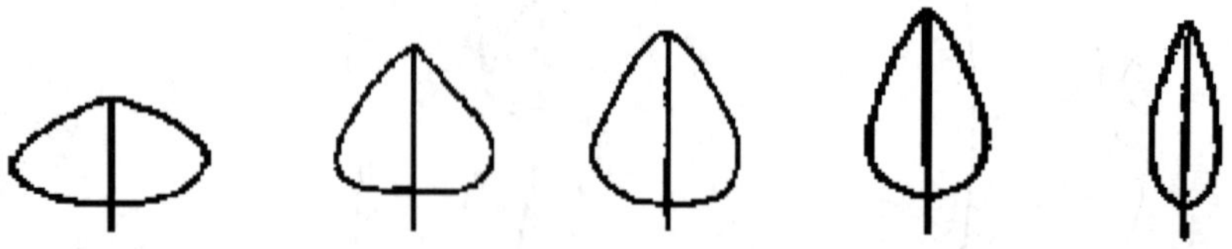

1 极小　　2 小　　3 中　　4 大　　5 极大

性状 24：叶片横截面形状

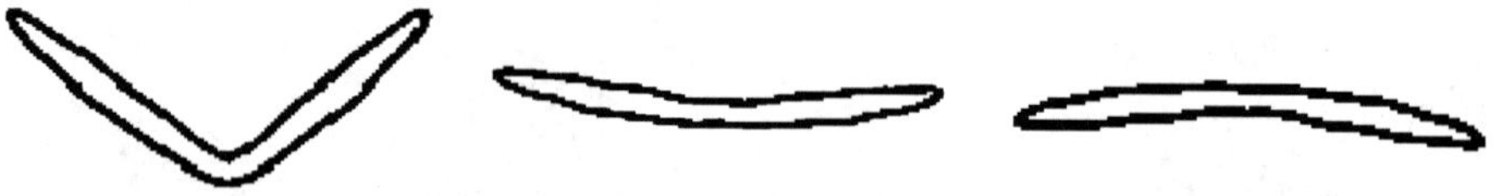

1 内卷　　2 平展　　3 外卷

性状 25：叶片尖端长度

1 短　　2 中　　3 长

性状 26：叶缘锯齿

观察叶片上半部。

1
圆齿状

2
复圆齿状

3
锯齿状 1

4
锯齿状 2

5
重锯齿状

性状 33：叶柄相对于叶片长度

叶柄的长度相较于叶中脉的长度。

性状 34：叶柄花青苷显色程度

花青苷显色从叶柄基部向叶片基部延伸的程度。

性状 36：树体花数量

在花期进行评价。

性状 37：花蕾颜色

花蕾期是花发育过程中的一个时期，花萼完全展开，花瓣可辨认，膨大，但仍封闭着覆盖内部器官。花蕾期通常是开花前 1～2 d。

性状 38：花瓣相对位置

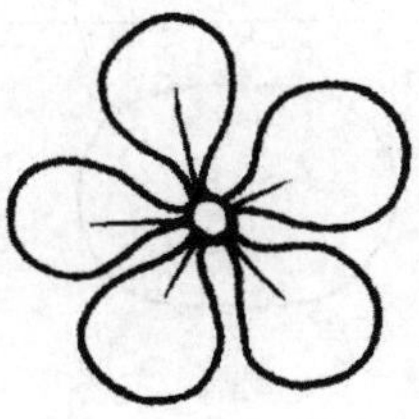

1
分离

2
相接

3
重叠

性状 39：花冠直径

花瓣压到水平状态时观察。

性状 40：柱头相对于花药位置

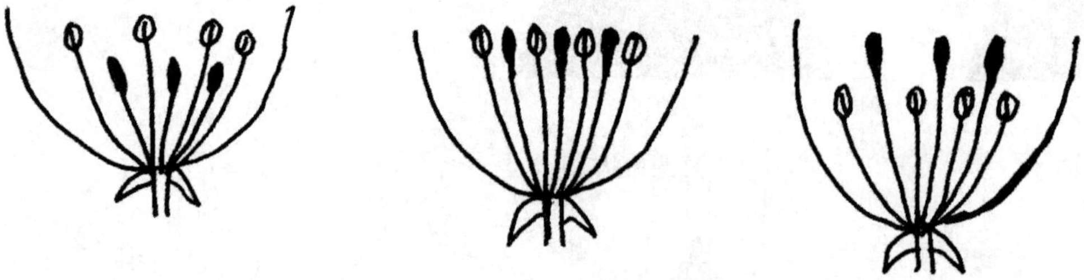

1	2	3
低于	平齐	高于

性状 42：果实长宽比

性状 43：果实形状

<table>
<tr><td rowspan="6">宽（低）←宽（长/宽）→窄（高）</td><td colspan="3">←最宽处位置→</td></tr>
<tr><td colspan="2">中部以下</td><td>中部</td></tr>
<tr><td></td><td></td><td>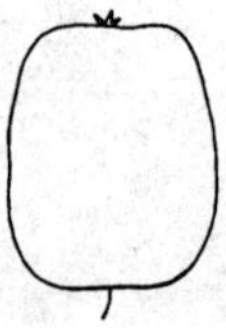
7
长圆形</td></tr>
<tr><td></td><td>
3
卵圆形</td><td>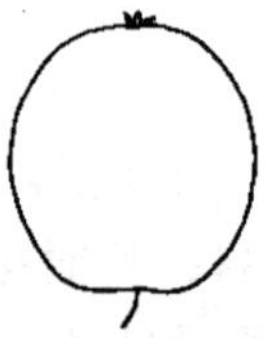
6
椭圆形</td></tr>
<tr><td>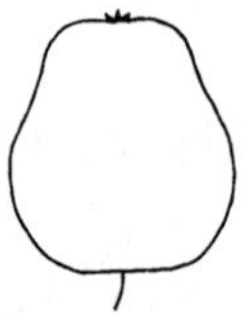
1
具腰圆柱形</td><td>
2
圆锥形</td><td>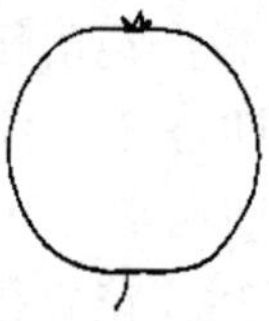
5
圆形</td></tr>
<tr><td></td><td></td><td>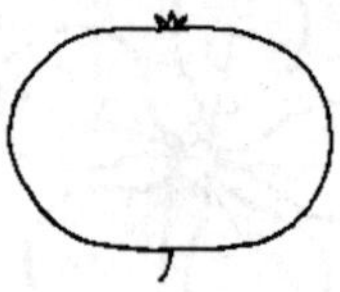
4
扁球形</td></tr>
</table>

性状 46：果实底色

果实底色是果实发育过程中显现的第一个颜色。其他颜色可能随后以斑点、斑块或片状的形式出现。底色在果实表面连续分布。

性状 47：果实盖色

除去果粉后观察。

当果实底色上面出现第二种颜色，如片状颜色时，这种片状颜色被认为是盖色。盖色所占的面积并不一定是最小的。

性状 50：果实心室横切状态

1 闭合或微开

2 半开

3 全开

性状 51：萌芽时间

10% 芽露出绿点时。

性状 52：始花期

5 株树上的花 10% 全部开放的时期。

TG/169/3 Corr.
原文：英文
日期：2000-03-29，
2000-08-16

国际植物新品种保护联盟
植物品种特异性、一致性和稳定性测试指南

梨砧木

（*Pyrus* L.）

1　指南适用范围

本指南适用于梨属（*Pyrus* L.）的所有无性繁殖砧木品种。如果花、果实或种子性状有必要进行特异性评价，可参照西洋梨品种测试指南（TG/15/1）或沙梨品种测试指南（TG/149/2）进行。

2　繁殖材料要求

2.1　待测品种繁殖材料的数量和质量要求以及提交的时间和地点由主管机构决定。申请人从测试所在国境外提交繁殖材料的，必须确保符合所有海关规定。提交繁殖材料的数量应不少于 25 株一年生带根苗木（无病毒）。

2.2　提供的繁殖材料应该无病毒、外观健康有活力，未受任何严重病虫害影响。最好不是通过离体繁殖的方式获得。

2.3　提交的繁殖材料不得进行任何处理，除非主管机构允许或要求进行这种处理。如果材料已经处理，必须提供相关处理的详细情况。

3　测试实施

3.1　测试周期应至少为 2 个生长周期。

3.2　提交的 25 株苗木中，20 株种植于保存圃中，并每年进行回缩修剪；5 株进行种植并长成大树，以保证成年树性状需要进行的特异性测试。

3.3　测试通常在 1 个地点进行。如果待测品种有任何重要性状不能在该地点表达，可在另一地点测试。

3.4　测试条件应能保证品种的正常生长。每个试验应保证有 20 株。只有当环境条件相似时，才能采用分开种植的小区进行观测。

3.5　如有特殊需要，可进行附加测试。

4　观测方法

4.1　所有进行测量、称重或计数的观测应在 10 个植株或分别来自 10 个植株的部位进行。

4.2　评价一致性时，应采用 1% 的群体标准和至少 95% 的接受概率。当样本量为 20 个时，最多允许有 1 个异型株。

4.3　对枝条的所有观测应于休眠期在从母株上剪下的一年生枝条上进行。

4.4　对叶的所有观测应于夏季在枝条中部 1/3 处发育完全的叶片上进行。

5　品种分组

5.1　待测品种应分组种植以便进行特异性评价。适用于分组的性状是已知不会出现变异，或者仅在品种内发生轻微变异的性状。这些性状的不同表达状态应十分均匀地分布于品种库中。

5.2　建议主管机关使用以下性状进行品种分组。

（a）树：枝条习性（性状 3）。

（b）树：枝条形状（性状 4）。

（c）萌芽期（性状 39）。

6 性状和符号

6.1 为评价特异性、一致性和稳定性，应使用性状表中给出的性状及其表达状态。
6.2 为便于电子数据处理，每个性状的表达状态都赋予了相应的代码（数字）。
6.3 注释

（*）在测试的每一个生长时期，对所有品种都要进行测试的、并包含在品种描述中的性状，除非前序性状的表达或区域环境条件所限使其无法测试。

（+）参见第 8 部分性状表解释。

7 性状表

性状编号	英文	中文	标准品种	代码
1. （*）	**Plant：vigor**	**树：树势**		
	weak	弱		3
	medium	中	Daytor	5
	strong	强	Brokmal	7
2.	**Plant：number of shoots**	**树：枝条数量**		
	few	少	Daygon	3
	medium	中	Daytor	5
	many	多	Pyrodwarf	7
3. （*）	**Plant：habit of shoots**	**树：枝条习性**		
	upright	直立	Brokmal	1
	spreading	开张	Daygon	2
	drooping	下弯		3
4. （*） （+）	**Plant：growth of shoot**	**树：枝条形状**		
	straight	直	Daygon	1
	wavy	波浪形	Pyrodwarf	2
	zigzag	“之”字形		3
5.	**Young shoot：anthocyanin coloration of growing tip during rapid growth**	**新梢：快速生长期尖端花青苷显色强度**		
	weak	弱	Daygon	3
	medium	中	Brokmal	5
	strong	强	Daytor	7
6.	**Young shoot：intensity of pubescence of upper third**	**新梢：上部 1/3 茸毛强度**		
	weak	弱	Daynir	3
	medium	中	Daygon	5
	strong	强		7
7. （*）	**Shoot：branching**	**枝条：成枝力**		
	weak	弱	Brokmal	3
	medium	中	Daygon	5
	strong	强	Daynir	7
8.	**Shoot：number of thorns**	**枝条：刺数量**		
	absent or very few	无或极少	Brokmal	1
	few	少	Daygon	3
	medium	中	Daynir	5
	many	多		7
	very many	极多	Pyrodwarf	9

续表

性状编号	英文	中文	标准品种	代码
9.	**Shoot：length**	**枝条：长度**		
	short	短		3
	medium	中	Daytor	5
	long	长	Brokmal	7
10.	**Shoot：glossiness of bark**	**枝条：表皮光泽度**		
	weak	弱		3
	medium	中	Daygon	5
	strong	强	Pyrodwarf	7
11. (+)	**Shoot：length of internode at mid-length**	**枝条：中部节间长度**		
	short	短	Daytor	3
	medium	中	Brokmal	5
	long	长	Daynir	7
12. (*)	**Shoot：number of lenticels**	**枝条：皮孔数量**		
	few	少	Daytor	3
	medium	中	Pyrodwarf	5
	many	多	Daynir	7
13. (*)	**Shoot：size of lenticels**	**枝条：皮孔大小**		
	small	小	Daytor	3
	medium	中	Daynir	5
	large	大	Daygon	7
14. (*)	**Shoot：shape of lenticels**	**枝条：皮孔形状**		
	elliptic	椭圆形	Daygon	1
	broad elliptic	阔椭圆形	Daynir	2
	circular	圆形	Pyrodwarf	3
15.	**Shoot：predominant color on sunny side**	**枝条：向阳面主色**		
	grey brown	灰棕色		1
	medium brown	中等棕色		2
	orange brown	橙棕色		3
	brown red	棕红色		4
	brown purple	棕紫色	Daygon	5
	dark brown	深棕色	Pyrodwarf	6
16.	**Shoot：size of vegetative bud**	**枝条：叶芽大小**		
	small	小	Pyrodwarf	3
	medium	中	Brokmal	5
	large	大	Daygon	7
17.	**Shoot：shape of apex of vegetative bud**	**枝条：叶芽先端形状**		
	acute	锐尖	Pyrodwarf	1
	obtuse	钝尖		2
	rounded	圆形		3
18.	**Shoot：position of vegetative bud relative to shoot**	**枝条：叶芽相对于枝的姿态**		
	adpressed	贴生	Pyrodwarf	1
	slightly held out	斜生	Brokmal	2
	markedly held out	离生		3

续表

性状编号	英文	中文	标准品种	代码
19. (+)	**Shoot：size of bud support**	**枝条：芽托大小**		
	small	小	Daygon	3
	medium	中	Brokmal	5
	large	大	Pyrodwarf	7
20. (+)	**Leaf blade：attitude in relation to shoot**	**叶片：相对于枝的着生姿态**		
	semi-upwards	向上		3
	outwards	向外	Daytor	5
	semi-downwards	向下	Pyrodwarf	7
21. (*)	**Leaf blade：length**	**叶片：长度**		
	short	短	Daytor	3
	medium	中	Daygon	5
	long	长	Brokmal	7
22. (*)	**Leaf blade：width**	**叶片：宽度**		
	narrow	窄	Pyrodwarf	3
	medium	中	Daynir	5
	broad	宽	Brokmal	7
23. (*)	**Leaf blade：ratio length/width**	**叶片：长宽比**		
	small	小	Daygon	3
	medium	中	Brokmal	5
	large	大	Pyrodwarf	7
24. (*)	**Leaf blade：profile in cross section**	**叶片：横截面轮廓**		
	concave	凹	Pyrodwarf	1
	straight	直		2
	convex	凸		3
25. (+)	**Leaf blade：shape of base**	**叶片：基部形状**		
	acute	锐尖		1
	right-angled	直角	Pyrodwarf	2
	obtuse	钝尖	Brokmal	3
	truncate	平截		4
	cordate	心形		5
26. (+)	**Leaf blade：shape of apex（excluding tip）**	**叶片：先端形状（不包括叶尖）**		
	acute	锐尖		1
	right-angled	直角	Daynir	2
	obtuse	钝尖	Brokmal	3
	rounded	圆形		4
27.	**Leaf blade：length of pointed tip**	**叶片：尖端长度**		
	short	短	Daygon	3
	medium	中	Daynir	5
	long	长	Pyrodwarf	7
28. (*) (+)	**Leaf blade：incisions of margin（upper half）**	**叶片：边缘缺刻（上半部）**		
	entire	全缘		1
	crenate	圆齿状	Pyrodwarf	2
	sharp crenate	尖齿状		3
	serrate	锯齿状		4

续表

性状编号	英文	中文	标准品种	代码
29.	**Leaf blade：curvature of longitudinal axis**	**叶片：纵向轴弯曲程度**		
	weak	弱	Daynir	3
	medium	中		5
	strong	强	Brokmal	7
30.	**Leaf blade：glossiness of upper side**	**叶片：上表面光泽度**		
	weak	弱		3
	medium	中	Pyrodwarf	5
	strong	强	Brokmal	7
31.	**Leaf blade：intensity of anthocyanin coloration of main vein（lower side）**	**叶片：主叶脉花青苷显色强度（下表面）**		
	weak	弱	Pyrodwarf	3
	medium	中		5
	strong	强		7
32. （*）	**Leaf blade：color of main vein in comparison with color of leaf blade（upper side）**	**叶片：主叶脉相对于叶片颜色（上表面）**		
	lighter	较浅	Pyrodwarf	1
	same color	相同		2
	darker	较深		3
33. （*）	**Petiole：length**	**叶柄：长度**		
	short	短	Daygon	3
	medium	中	Pyrodwarf	5
	long	长		7
34.	**Leaf：ratio length of blade/length of petiole**	**叶：叶片长度 / 叶柄长度**		
	small	小	Daytor	3
	medium	中	Brokmal	5
	large	大	Daygon	7
35.	**Petiole：angle with shoot**	**叶柄：与枝的角度**		
	small	小	Daygon	3
	medium	中	Brokmal	5
	large	大	Pyrodwarf	7
36.	**Leaf：presence of stipules**	**叶：托叶**		
	absent	无		1
	present	有	Pyrodwarf	9
37.	**Stipule：length**	**托叶：长度**		
	short	短	Pyrodwarf	3
	medium	中	Daynir	5
	long	长	Daygon	7
38.	**Petiole：distance between stipule and basal attachment of petiole**	**叶柄：托叶至叶柄基部的距离**		
	short	短	Daygon	3
	medium	中	Pyrodwarf	5
	long	长		7
39. （*）	**Time of beginning of bud burst**	**萌芽期**		
	early	早		3
	medium	中		5
	late	晚		7

8 性状表解释

性状 4：树枝条形状

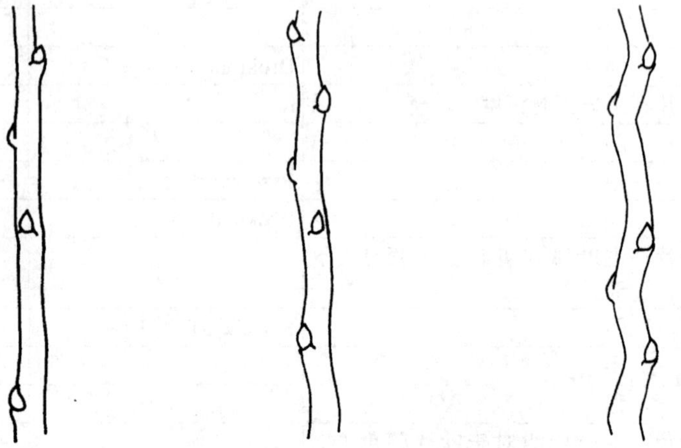

1 直　　2 波浪形　　3 "之"字形

性状 11：枝条中部节间长度

观测应在枝条中部 5 个连续的节间进行。

性状 19：枝条芽托大小

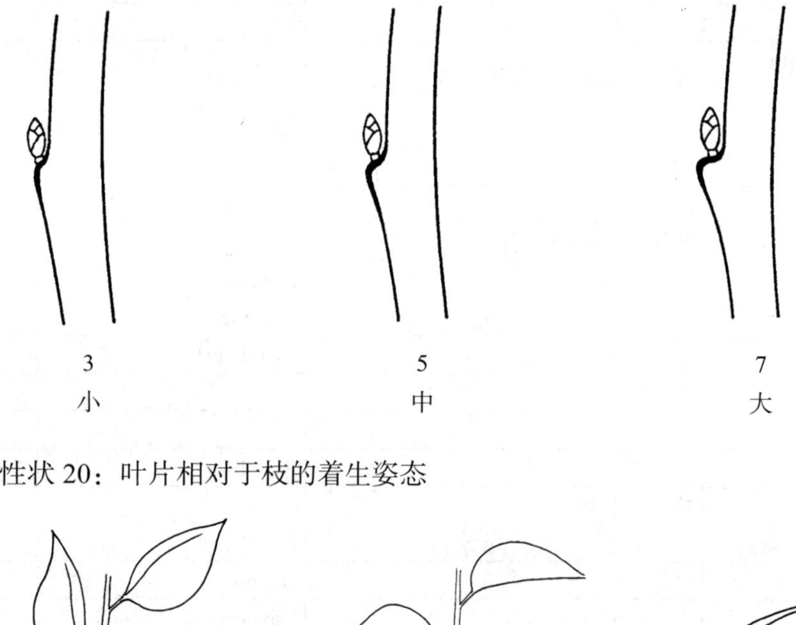

3 小　　5 中　　7 大

性状 20：叶片相对于枝的着生姿态

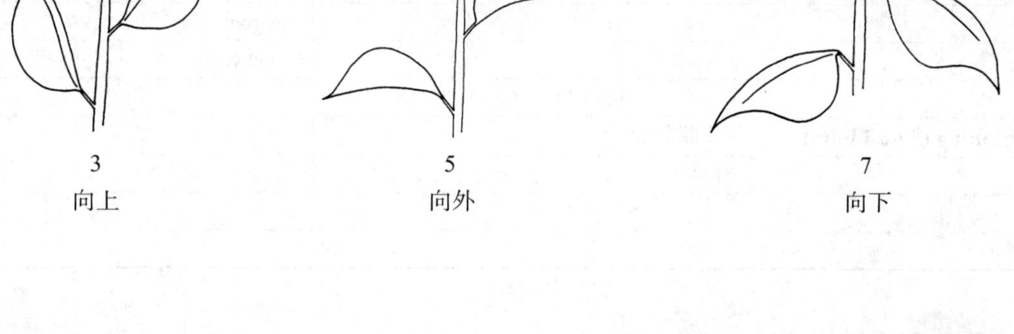

3 向上　　5 向外　　7 向下

性状 25：叶片基部形状

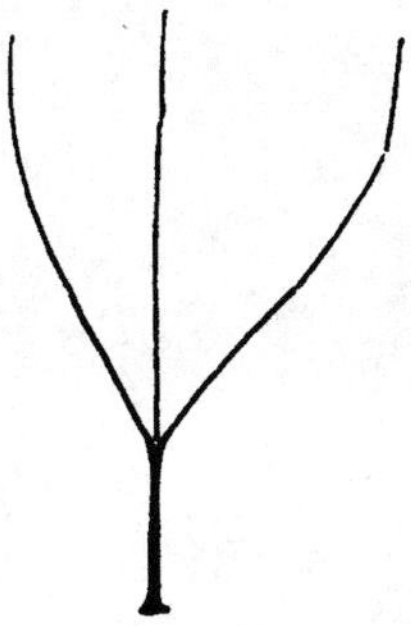

1
锐尖

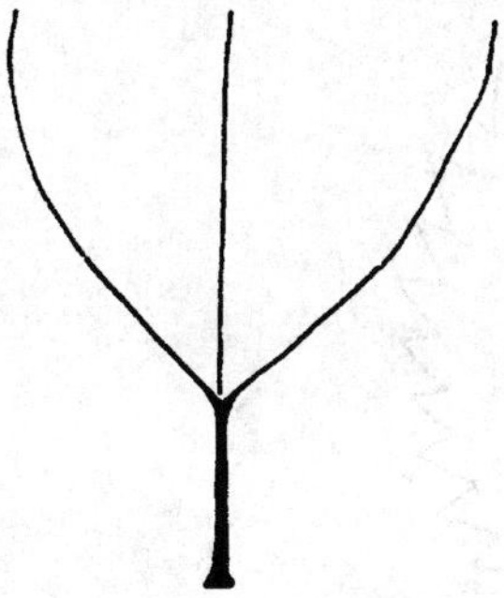

2
直角

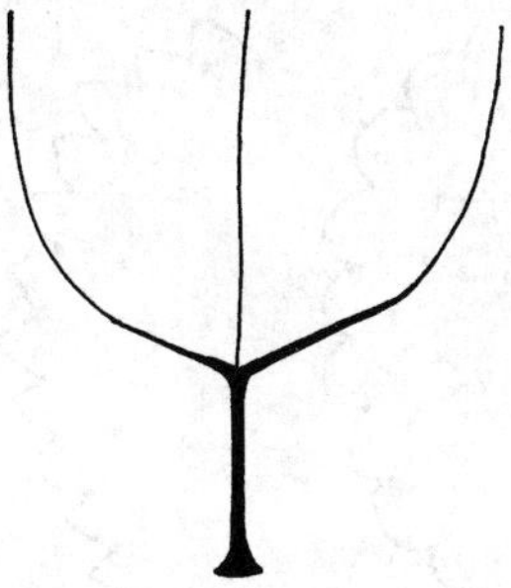

3
钝尖

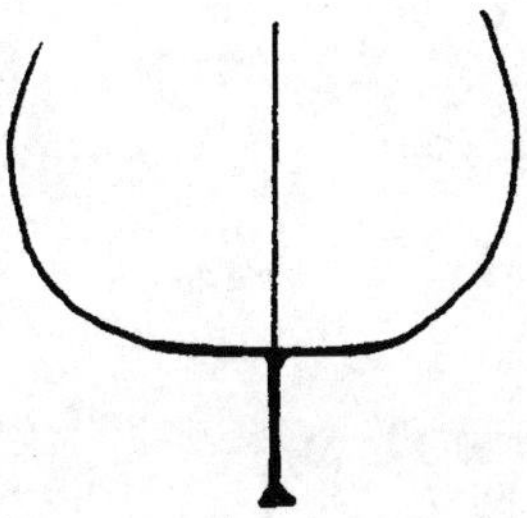

4
平截

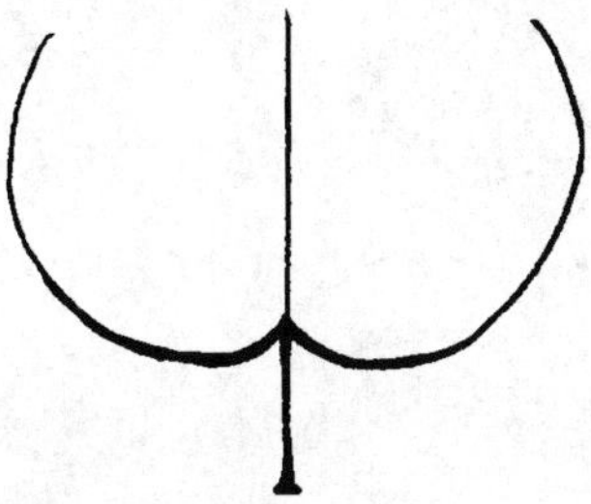

5
心形

性状 26：叶片先端形状（不包括叶尖）

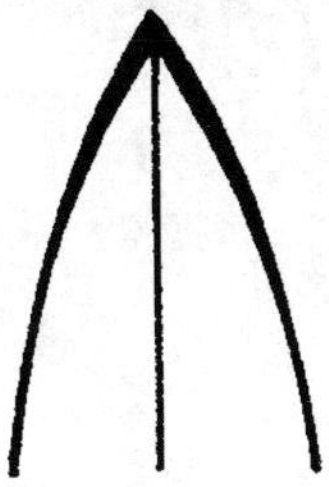

1
锐尖

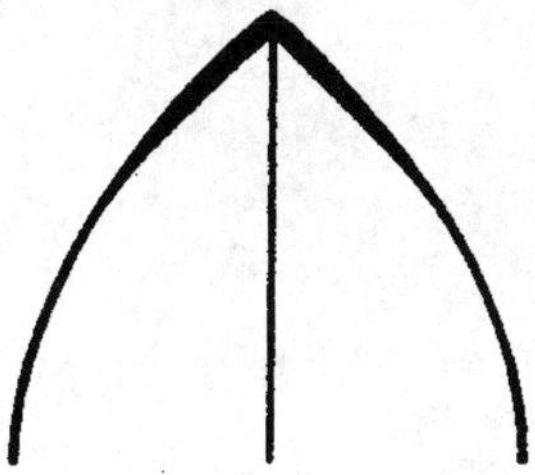

2
直角

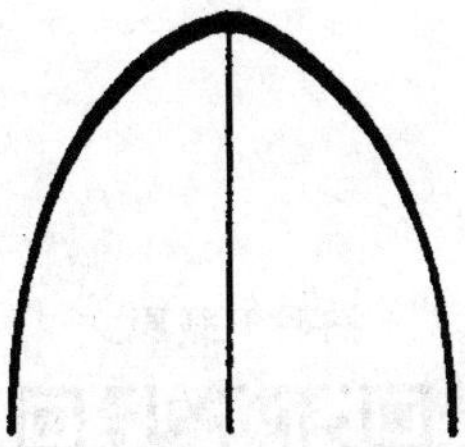

3
钝尖

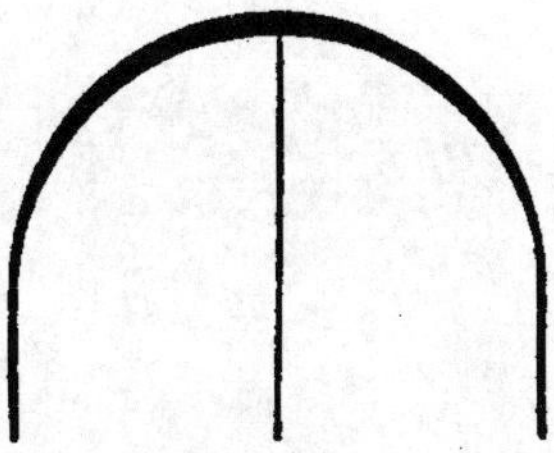

4
圆形

性状 28：叶片边缘缺刻（上半部）

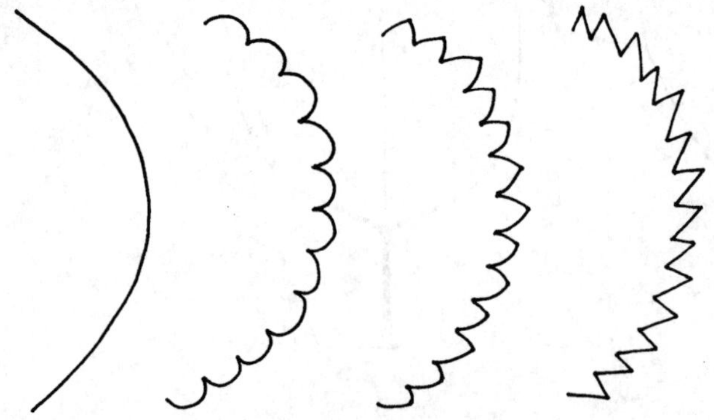

1 全缘　2 圆齿状　3 尖齿状　4 锯齿状

TG/187/2
原文：英文
日期：2014-04-09

国际植物新品种保护联盟
植物品种特异性、一致性和稳定性测试指南

李属砧木

UPOV 代码：PRUNU

Prunus L.

互用名称 *

植物学名称	英文	法文	德文	西班牙文
Prunus L.	Prunus Rootstocks	Porte-greffe de prunus	Prunus-Unterlagen	Portainjertos de prunus

其他相关 UPOV 文件：

TG/35 欧洲甜樱桃
TG/41 欧洲李
TG/53 桃
TG/56 扁桃
TG/70 杏
TG/84 李
TG/160 梅

* 这些名称在指南开始使用时是正确的，但随后可能会修改和更新。建议读者登录 UPOV 网站（www.upov.int），获取最新资料。

1 指南适用范围

1.1 本测试指南适用于李属（*Prunus* L.）所有砧木品种。

1.2 如果需要测试品种的花、果实或者种子，应参考测试指南扁桃（TG/56）、杏（TG/70）、欧洲甜樱桃（TG/35）、欧洲李（TG/41）、李（TG/84）、梅（TG/160）或者桃、油桃（TG/53）。

2 繁殖材料要求

2.1 待测品种繁殖材料的数量和质量要求以及提交的时间和地点由主管机构决定。申请人从测试所在国境外提交繁殖材料的，还应符合海关规定并满足相关植物检疫的要求。

2.2 材料将以自根植株形式提供，按规定方法繁殖。

2.3 申请人提交的植物材料最少应该达到以下数量。

（a）无性繁殖品种：5 个植株。

（b）种子繁殖品种：40 个一年生或两年生植株，和 / 或者足够萌发出 40 个植株的种子。

2.4 植物材料应外观健康有活力，未受到任何严重的病虫害的影响。

2.5 提交的繁殖材料不得进行任何可能影响品种性状表达的处理，除非主管机构允许或要求进行这种处理。如果材料已经处理，必须提供相关处理的详细情况。

3 测试方法

3.1 生长周期

测试的最少周期数量通常为 2 个生长周期。

3.2 测试地点

测试通常在 1 个地点进行。在 1 个以上地点进行测试时，TGP/9《特异性测试》提供了有关指导。

3.3 测试条件

测试的条件应能满足品种正常生长的需要，以确保品种相关性状充分表达和测试的顺利开展。

3.4 试验设计

3.4.1 对于无性繁殖品种，每个试验应保证至少有 5 个植株。

3.4.2 对于种子繁殖品种，每个试验应保证至少有 10 个植株。

3.5 附加测试

为测试有关性状，可以进行附加测试。

4 特异性、一致性和稳定性评价

4.1 特异性

4.1.1 一般建议

对于本指南的使用者而言，在判定特异性前参照总则特异性判定的一般原则十分重要。为进一步说明和强调特异性判定，本指南特列出特异性判定的要点。

4.1.2 一致的差异

当观测到的品种之间的差异非常明显时，则没有必要种植 1 个以上生长周期。此外，在某些情况下，环境的影响并不意味着需要 1 个以上的生长周期来保证品种间观测到的差异是足够一致的。为确保在种植试验中所观测到的性状差异是足够一致的，可以对性状进行至少 2 个独立生长周期的测试。

4.1.3 明显的差异

决定两个品种间的差异是否明显取决于很多因素，特别应考虑所测性状的表达类型，即该性状是质量性状、数量性状还是假质量性状。因此，在作出关于特异性的判定前，本测试指南的使用者应熟悉总则中的建议。

4.1.4 植株 / 植株部位的观测数量

4.1.4.1 对于无性繁殖品种，除非另有说明，在判定特异性时，对于单株的观测，应在 5 个植株或分别来自 5 个植株的部位进行；对于其他观测，应观测试验中的所有植株。观测时应将异型株排除在外。

4.1.4.2 对于种子繁殖品种，除非另有说明，在判定特异性时，对于单株的观测，应在 10 个植株或分别来自 10 个植株的部位进行；对于其他观测，应观测试验中的所有植株。观测时应将异型株排除在外。

4.1.5 观测方法

性状表第二列以如下符号（见 TGP/9《特异性测试》第 4 部分“性状观测”）的形式列出了特异性判定时推荐的性状观测方法。

MG：对一批植株或植株部位进行单次测量。

MS：对一定数量的植株或植株部位进行逐一测量。

VG：对一批植株或植株部位进行单次目测。

VS：对一定数量的植株或植株部位进行逐一目测。

观测类型：目测（V）或测量（M）。

目测（V）是一种基于专家判断的观测方法。本文中的目测是指专家的感官观察，因此，也包括闻，尝和触摸。目测也包括专家使用参照物（例如图表，标准品种，并排比较）或非线性的图表（例如比色卡）的观测。测量（M）是一种基于校准的、线性尺度的客观观测，例如使用尺、秤、色度计、日期和计数等进行观测。

记录类型：群体记录（G）或个体记录（S）。

以特异性为目的的观测，可被记录为一批植株或植株部位的单个记录（G），或者记录为一定数量的单个植株或植株部位的个体记录（S）。多数情况下，群体记录为一个品种提供一个单个记录，因此不可能或者不必要通过逐个植株的统计分析来判定特异性。

如果性状表中提供了不止一种观测方法（如 VG/MG），可以参考 TGP/9《特异性测试》的 4.2 部分选择合适的观测方法。

4.2 一致性

4.2.1 对于本指南的使用者而言，在判定一致性前参照总则一致性判定的一般原则十分重要。但为进一步说明和强调一致性判定，本指南特列出一致性判定的要点。

4.2.2 对于无性繁殖品种，评价一致性时，应采用 1% 的群体标准和至少 95% 的接受概率。当样本量为 5 个时，不允许有异型株。

4.2.3 对于种子繁殖品种，评价一致性时，应采用 1% 的群体标准和至少 95% 的接受概率。当样本量为 10 个时，允许有 1 个异型株。

4.3 稳定性

4.3.1 在实际操作中，通常不像测试特异性和一致性那样对稳定性进行测试以得到明确结果。经验表明，对许多类型的品种来说，当一个品种表现一致时，可认为其是稳定的。

4.3.2 适当情况下或者有疑问时，稳定性可以采用如下方法测试：测试一批新材料，看其性状表现是否与之前提交的材料表现相同。

5 品种分组和试验组织

5.1 使用分组性状可以帮助选择与申请品种一起进行田间种植试验的已知品种，以及对这些品种进行合适分组以便进行特异性评价。

5.2 分组性状表达状态的数据即使来自不同地点，也可以单独或者与其他此类性状联合使用：

5.2.1 用于特异性测试中筛选排除那些不需要安排在种植试验中的已知品种。

5.2.2 用于组织安排种植试验，使近似品种种植在一起。

5.3 以下性状已被确认为有用的分组性状：

（a）植株：树势（性状 1）。

（b）叶片：长度（性状 15）。

（c）叶片：形状（性状 18）。

（d）叶片：上表面颜色（性状 22）。

（e）叶片：边缘缺刻（性状 25）。

5.4 总则中提供了在特异性审查过程中使用分组性状的指导。

6 性状表介绍

6.1 性状类别

6.1.1 标准指南性状

标准指南性状是 UPOV 已同意用于 DUS 审查的性状，UPOV 成员可以从中选择与其特定环境相适应的性状。

6.1.2 星号性状

星号性状（用“*”标记）是测试指南中对于形成国际统一的品种描述十分重要的性状，所有 UPOV 成员都应将其用于 DUS 测试并包含在品种描述中，除非前序性状的表达或区域环境条件所限使其无法测试。

6.2 表达状态及相应代码

6.2.1 为定义性状和统一描述，将每个性状划分为一系列表达状态。每个表达状态赋予一个相应的数字代码，以便于数据记录，以及品种性状描述的建立和交流。

6.2.2 对于质量性状和假质量性状（6.3），性状表中列出了所有表达状态。但对于有 5 个或 5 个以上表达状态的数量性状，可以采用缩略尺度的方法，以缩短性状表格。例如，对于有 9 个表达状态的数量性状，在测试指南的性状表中可采用以下缩略形式。

表达状态	代码
小	3
中	5
大	7

但是应该指出的是，以下 9 个表达状态都是存在的，应采用适宜的表达状态用于品种的描述。

表达状态	代码
极小	1
极小到小	2
小	3
小到中	4
中	5
中到大	6
大	7
大到极大	8
极大	9

6.2.3 TGP/7《测试指南的研制》中提供了表达状态和代码的更详尽的介绍。

6.3 表达类型

总则中对性状表达类型（质量性状、数量性状和假质量性状）进行了解释。

6.4 标准品种

适当时，测试指南中提供了标准品种用于校正性状的表达状态（见 8.3 部分标准品种说明）。

6.5 注释

（*）星号性状（6.1.2）。

QL：质量性状（6.3）。

QN：数量性状（6.3）。

PQ：假质量性状（6.3）。

MG、MS、VG、VS：观测方法（4.1.5）。

（a）～（c）性状表解释（8.1）。

（+）性状表解释（8.2）。

7 性状表

性状编号	观测方法	英文	中文	标准品种	代码
1. （*） （+） QN	VG （a）	**Plant：vigor**	**植株：树势**		
		weak	弱	Edabriz，Ferlenain，Pumiselekt	1
		medium	中	Brokforest，GF 305，GM 61/1，Rubira，Ute	3
		strong	强	Alkavo，Hamyra，MF 12/1	5
2. （*） （+） QN	VG （a）	**Plant：habit**	**植株：生长习性**		
		upright	直立	Colt，Prudom	1
		spreading	开张	Gisela 5	3
		drooping	下弯	Prunus besseyi	5
3. （+） QN	VG （a）	**Plant：branching**	**植株：分枝力**		
		weak	弱	Ferciana，MF 12/1	1
		medium	中	Pixy	3
		strong	强	Gisela 5，Myruni	5
4. （+） QN	VG （a）	**One-year-old shoot：thickness**	**一年生枝：粗度**		
		thin	细	Edabriz，Gisela 5，Hamyra	1
		medium	中	Colt，GF 655-2，Pixy	3
		thick	粗	Brooks-60，MF 12/1	5
5. （+） QN	VG/ MS （a）	**One-year-old shoot：length of internode**	**一年生枝：节间长度**		
		short	短	Prudom，Pumiselekt，SL 64	1
		medium	中	Colt，VVA 1	3
		long	长	MF 12/1	5
6. （+） QL	VG （a）	**One-year-old shoot：pubescence**	**一年生枝：茸毛**		
		absent	无	Pixy，Pumiselekt	1
		present	有	SL 64，Ute，VVA 1	9
7. （+） QN	VG （a）	**One-year-old shoot：number of lenticels**	**一年生枝：皮孔数量**		
		few	少	Colt，Fereley	1
		medium	中	Gisela 4，Pixy	2
		many	多	SL 64，Ute	3

续表

性状编号	观测方法	英文	中文	标准品种	代码
8. (+) QN	VG (a)	**One-year-old shoot：anthocyanin coloration of apex**	**一年生枝：先端花青苷显色强度**		
		absent or very weak	无或极弱	MF 12/1	1
		weak	弱	Fereley	2
		medium	中	Pixy	3
		strong	强	Hamyra	4
		very strong	极强	Citation，Ferciana，Rubira	5
9. (+) QN	VG (a)	**One-year-old shoot：position of vegetative bud in relation to shoot**	**一年生枝：叶芽相对枝条的着生姿态**		
		adpressed	贴生	Hamyra	1
		slightly held out	斜生	Gisela 5	2
		markedly held out	离生	MF 12/1	3
10. QN	VG (a)	**One-year-old shoot：size of vegetative bud**	**一年生枝：叶芽大小**		
		small	小	Hamyra，SL 64	1
		medium	中	MF 12/1	3
		large	大	Piku 1	5
11. (*) (+) PQ	VG (a)	**One-year-old shoot：shape of apex of vegetative bud**	**一年生枝：叶芽先端形状**		
		acute	锐尖	Hamyra，Pixy	1
		obtuse	钝尖	Gisela 5	2
		rounded	圆形	MF 12/1，Pumiselekt	3
12. (+) QN	VG (a)	**One-year-old shoot：size of vegetative bud support**	**一年生枝：叶芽托大小**		
		small	小	Hamyra	1
		medium	中	MF 12/1	2
		large	大		3
13. (*) (+) QN	VG (a)	**One-year-old shoot：feathering**	**一年生枝：羽化程度**		
		weak	弱	Felinem，Hamyra，Mayor，Pumiselekt	1
		medium	中	Adefuel，Ute	3
		strong	强	GF 677	5
14. (+) QN	VG (c)	**Young shoot：anthocyanin coloration of young leaf**	**新梢：幼叶花青苷显色强度**		
		absent or weak	无或弱	Edabriz，Fereley	1
		medium	中	GF 655-2，Hamyra，MF 12/1	3
		strong	强	Colt，Ute	5
15. (*) QN	VG/ MS (b)	**Leaf blade：length**	**叶片：长度**		
		very short	极短	Myrobalan B	1
		short	短	Edabriz，Weito T6	3
		medium	中	Piku 1	5
		long	长	MF 12/1	7
		very long	极长	GF 677	9

续表

性状编号	观测方法	英文	中文	标准品种	代码
16. QN	**VG/ MS (b)**	**Leaf blade：width**	**叶片：宽度**		
		very narrow	极窄	GF 677	1
		narrow	窄	Myrobalan B	3
		medium	中	Fereley，Weito T6	5
		broad	宽	Brooks-60，MF 12/1	7
		very broad	极宽	Colt	9
17. (+) QN	**MS/ VG (b)**	**Leaf blade：ratio length/width**	**叶片：长宽比**		
		very small	极小	GF 8-1，GM 61/1，Prudom	1
		small	小	Gisela 5	3
		medium	中	MF 12/1，Pixy	5
		large	大	Piku 3，Pumiselekt	7
		very large	极大	GF 677	9
18. (*) (+) PQ	**VG (b)**	**Leaf blade：shape**	**叶片：形状**		
		broad ovate	阔卵圆形	Edabriz，Gisela 5	1
		medium ovate	中等卵圆形	Greenpac	2
		circular	圆形	Adara，Hamyra，Prudom，SL 64	3
		medium elliptic	中等椭圆形	Colt，Fereley，Pixy	4
		narrow elliptic	窄椭圆形	GF 677，Pumiselekt	5
		obovate	倒卵圆形	Weiroot 158	6
19. (+) QN	**VG (b)**	**Leaf blade：angle at apex**	**叶片：先端角度**		
		acute	锐角	GF 677，Pixy，Pumiselekt	1
		right-angled	直角	Edabriz	2
		obtuse	钝角	Colt，Fereley	3
20. (*) (+) QN	**VG (b)**	**Leaf blade：length of tip**	**叶片：尖端长度**		
		short	短	Fereley	1
		medium	中	GM 61/1	3
		long	长	Colt，Ferlenain	5
21. (*) (+) PQ	**VG (b)**	**Leaf blade：shape of base**	**叶片：叶基形状**		
		acute	锐尖	Colt，Hamyra，Pumiselekt	1
		obtuse	钝尖	MF 12/1，Ferlenain	2
		truncate	平截	GF 655-2，SL 64	3
22. (*) PQ	**VG (b)**	**Leaf blade：color of upper side**	**叶片：上表面颜色**		
		medium green	中等绿色	Gisela 5，Hamyra，Pixy，Pumiselekt	1
		dark green	深绿色	Colt	2
		red	红色	Citation	3
		reddish brown	泛红棕色	Rubira	4
23. QN	**VG (b)**	**Leaf blade：glossiness of upper side**	**叶片：上表面光泽度**		
		absent or weak	无或弱	Hamyra，Weito T 6	1
		medium	中	Fereley，Gisela 5	2
		strong	强	Colt，Ute	3

续表

性状编号	观测方法	英文	中文	标准品种	代码
24. QN	**VG （b）**	**Leaf blade：pubescence of lower side at distal part**	**叶片：下表面远基端茸毛**		
		absent or weak	无或弱	Hamyra	1
		medium	中	Pixy	2
		strong	强	Weito T 6	3
25. （*） （+） QL	**VG （b）**	**Leaf blade：incisions of margin**	**叶片：边缘缺刻**		
		crenate	圆齿状	Pixy	1
		crenate and serrate	圆齿状和锯齿状	Adesoto，GF 1869	2
		serrate	锯齿状	Gisela 5，Hamyra，VVA 1，Wangenheim	3
26. QN	**VG （b）**	**Leaf blade：depth of incisions of margin**	**叶片：边缘缺刻深度**		
		very shallow	极浅		1
		shallow	浅	Edabriz，Pumiselekt	2
		medium	中	Piku 3	3
		deep	深	Colt	4
27. （*） QN	**VG/ MS**	**Petiole：length**	**叶柄：长度**		
		short	短	Piku 3	3
		medium	中	Pixy	5
		long	长		7
28. QN	**VG （b）**	**Petiole：pubescence on upper side**	**叶柄：上表面茸毛**		
		absent or very sparse	无或极稀	Colt，Hamyra，Pumiselekt	1
		sparse	稀	Hamyra	2
		dense	密	Ute，Weito T 6	3
29. （+） QN	**VG （b）**	**Petiole：depth of groove**	**叶柄：凹槽深度**		
		shallow	浅	GF 8-1，MF 12/1	1
		medium	中	Gisela 5，Prudom	2
		deep	深	Myrobalan B	3
30. QN	**VG/ MS （b）**	**Leaf blade：length relative to petiole length**	**叶片：相对于叶柄长度**		
		short	短	Hamyra，Piku 1，Pumiselekt	1
		medium	中	Colt	3
		long	长	Fereley，GF 677，Weito T 6	5
31. QN	**VG/ MS （b）**	**Leaf：length of stipule**	**叶片：叶托长度**		
		very short	极短	Weito T 6	1
		medium	中	Gisela 5，Pixy	2
		very long	极长	MF 12/1	3
32. （*） QL	**VG （b）**	**Leaf：presence of nectaries**	**叶片：蜜腺有无**		
		absent	无	Ferlenain	1
		present	有	GF 677，Pixy，St. Julien A，Weito T 6	9

续表

性状编号	观测方法	英文	中文	标准品种	代码
33. QN	**VG （b）**	**Leaf: predominant number of nectaries**	**叶片：蜜腺主要数量**		
		one	1个	Hamyra，Weiroot 158	1
		two	2个	Gisela 5，Pixy	2
		more than two	2个以上	Weito T 6	3
34. QN	**VG （b）**	**Leaf: position of nectaries**	**叶片：蜜腺位置**		
		predominantly on base of blade	主要分布于叶片基部	Gisela 5	1
		equally on base of leaf blade and on petiole	平均分布于叶片基部和叶柄	Colt，GF 655-2，Prudom	2
		predominantly on petiole	主要分布于叶柄	MF 12/1	3
35. (*) PQ	**VG （b）**	**Nectary: color**	**蜜腺：颜色**		
		green	绿色	Pixy	1
		yellow	黄色	Weito T 6	2
		red	红色	GF 8-1，Weiroot 158	3
		violet	紫罗兰色	Colt	4
36. (*) QL	**VG （b）**	**Nectary: shape**	**蜜腺：形状**		
		circular	圆形	GF 655-2，Gisela 5，Prudom	1
		reniform	肾形	Colt，Pumiselekt	2

8 性状表解释

8.1 对多个性状的解释

性状表第二列包含以下标注的性状应按照下述要求观测。

（a）植株的观测应在休眠期进行。

（b）叶片的观测应在典型一年生枝上部 1/3 处的发育完全的叶片上进行。

（c）对新梢的观测应在快速生长期一年生枝上部 1/3 处进行。

8.2 对单个性状的解释

性状 1：植株树势

树势应于生长期对总体的营养生长情况进行评价。

性状 2：植株生长习性

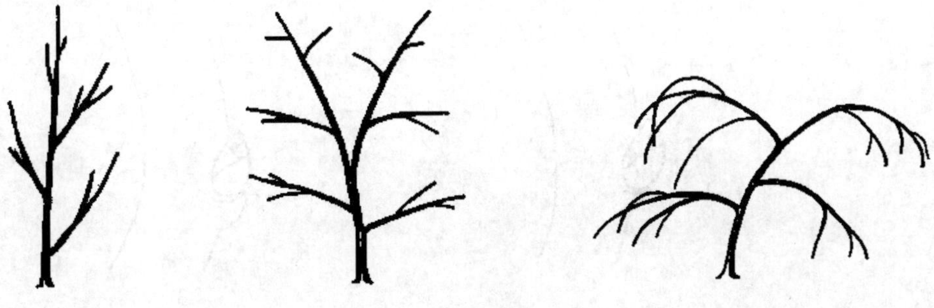

1 直立　2 开张　3 下弯

性状 3：分枝力

现代的李属砧木品种大多通过离体繁殖，这种繁殖方式可能影响个别品种在某个性状的表现，在评价特异性时应特别注意。

性状 4：一年生枝粗度

性状 5：一年生枝节间长度

性状 6：一年生枝茸毛

观测枝条上部 1/3 处。

性状 7：一年生枝皮孔数量

观测枝条中部 1/3 处。

性状 8：一年生枝先端花青苷显色强度

观测枝条向阳面。

性状 9：一年生枝叶芽相对枝条的着生姿态

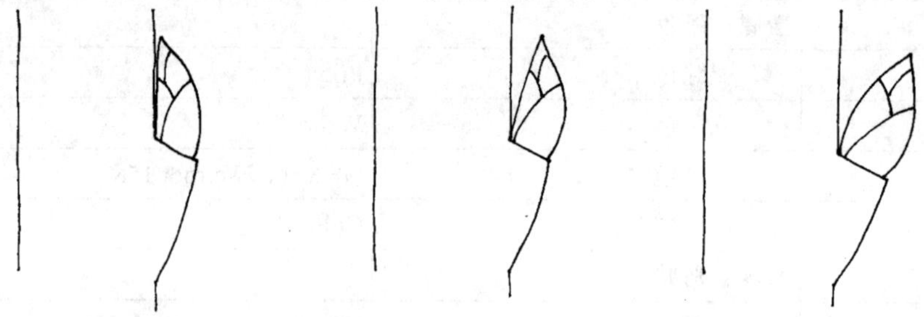

1 贴生　2 斜生　3 离生

性状 11：一年生枝叶芽先端形状

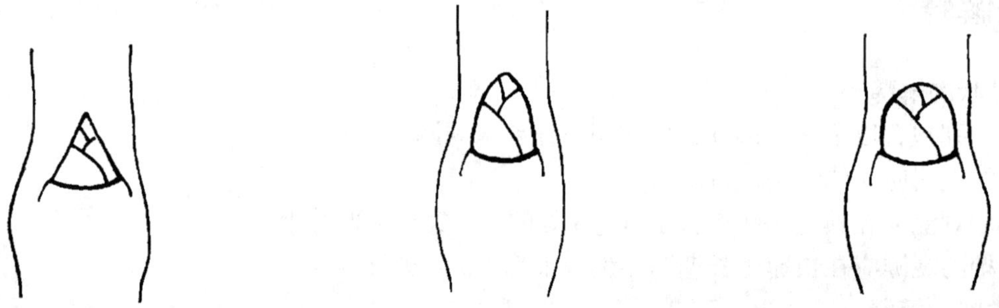

1 锐尖　2 钝尖　3 圆形

性状 12：一年生枝叶芽托大小

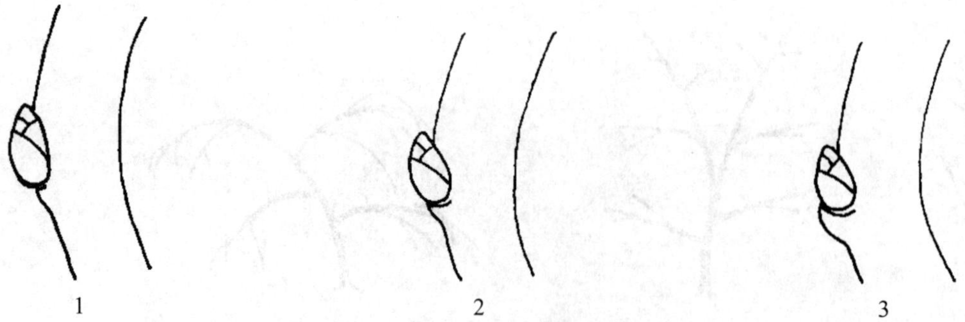

1 小　2 中　3 大

性状 13：一年生枝羽化程度

羽化指当年生枝上出现次生枝。应在夏末评价。

性状 14：新梢幼叶花青苷显色强度

在快速生长期观测。

性状 17：叶片长宽比

性状 18：叶片形状

	最宽的部分		
	中间以下	中间	中间之上
宽（压缩）←长/宽→窄（伸长）	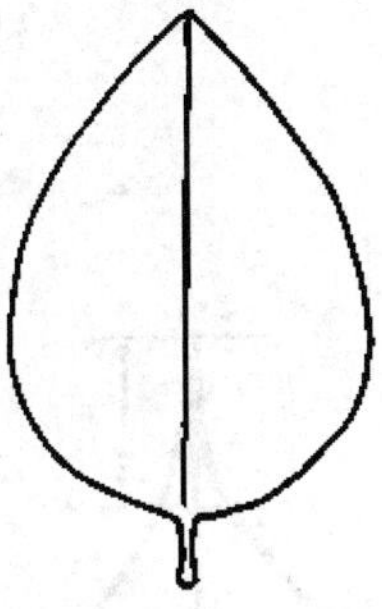 2 中等卵圆形	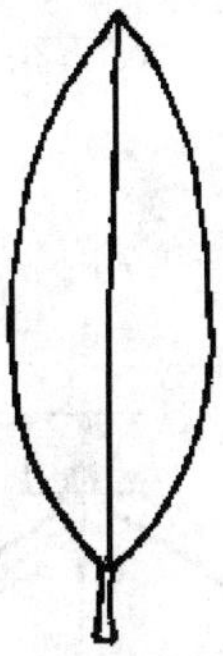 5 窄椭圆形	
	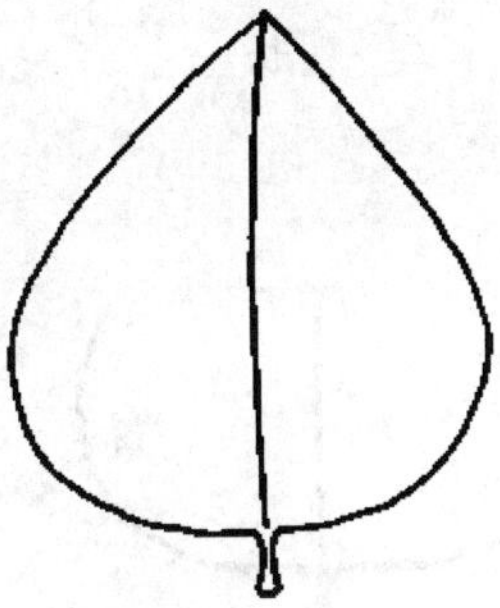 1 阔卵圆形	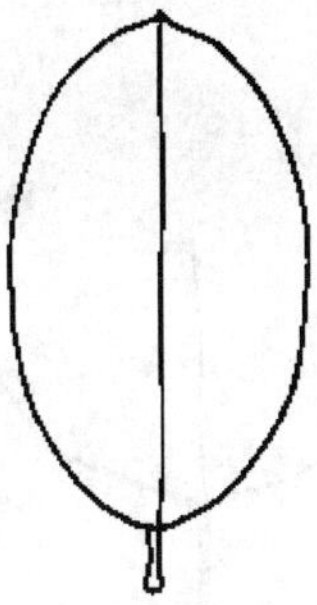 4 中等椭圆形	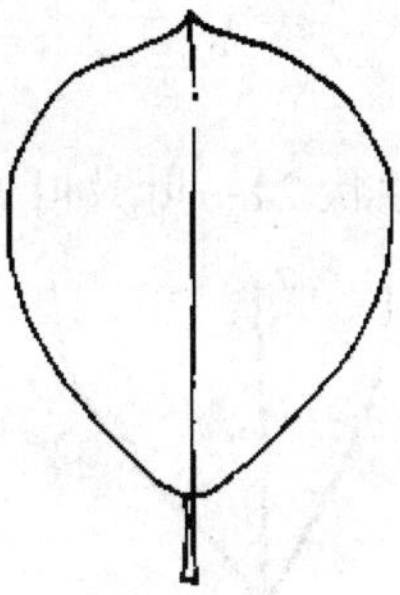 6 倒卵圆形
		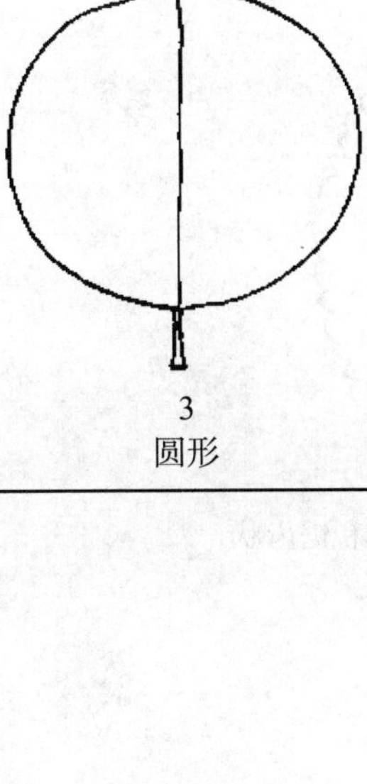 3 圆形	

性状 19：叶片先端角度

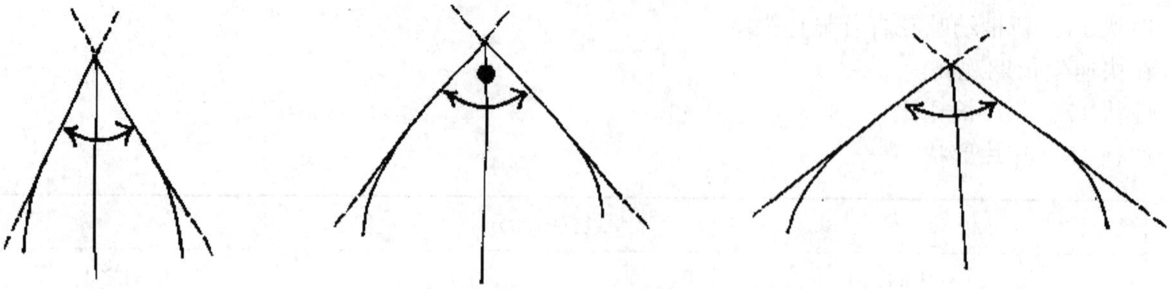

1 锐角　　2 直角　　3 钝角

性状 20：叶片尖端长度

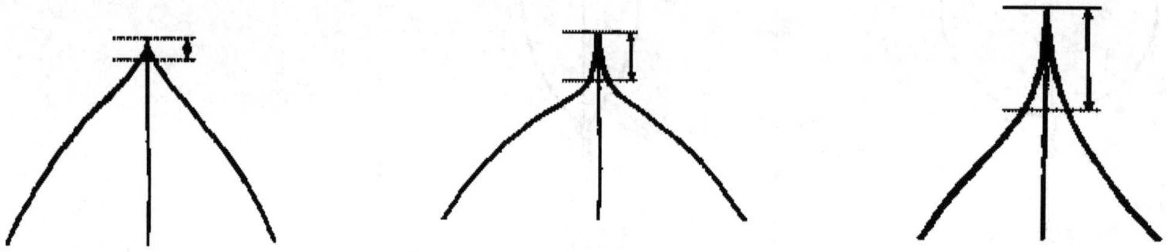

1 短　　3 中　　5 长

性状 21：叶片叶基形状

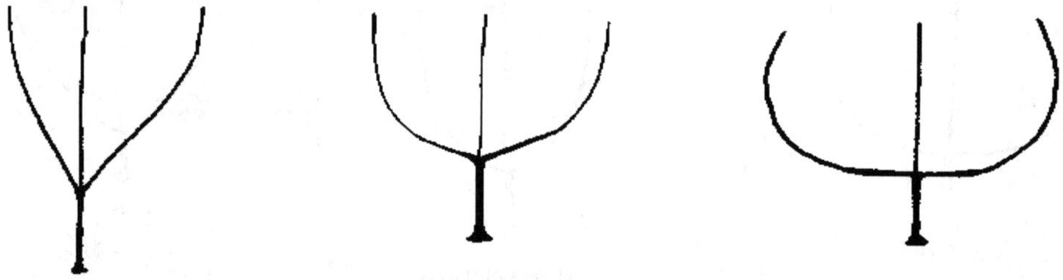

1 锐尖　　2 钝尖　　3 平截

性状 25：叶片边缘缺刻

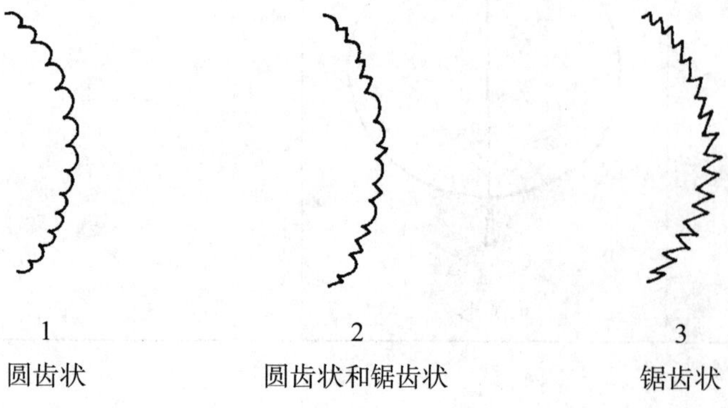

1 圆齿状　　2 圆齿状和锯齿状　　3 锯齿状

性状 29：叶柄凹槽深度

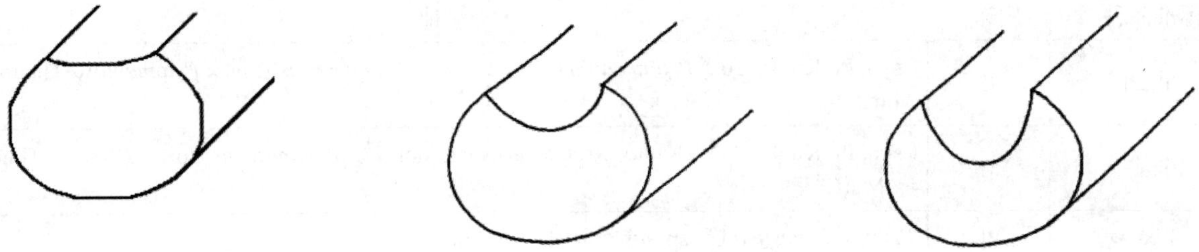

1 浅　　2 中　　3 深

8.3 标准品种解释说明

标准品种	用途 *	种
Adefuel	PL	*Prunus dulcis*（Mill.）D.A. Webb × *P. persica*（L.）Batsch.
Adera	PL	*Prunus cerasifera* Ehrh.，open pollinated
Adesoto	PL	*Prunus domestica* L. ssp. *insititia*（L.）Schneid
Alkavo	C	（syn. Altenweddinger Kaukasische Vogelkirsche）*Prunus avium*（L.）L.
Brokforest	C	（syn. M × M14）*Prunus mahaleb* L. × *P. avium*（L.）L.
Brooks-60	C	（syn. Broksec，M × M60）*Prunus mahaleb* L. × *P. avium*（L.）L.
Citation	AP，PE	*Prunus domestica* L. × *P. persica*（L.）Batsch.
Colt	C	*Prunus avium*（L.）L. × *P. pseudocerasus* Lindl.
Edabriz	C	*Prunus cerasus* L.
Felinem	PL	*Prunus persica*（L.）Batsch. × *P. dulcis*（Mill.）D.A. Webb
Ferciana	PL	（*Prunus cerasifera* Ehrh. × *P. salicina* Lindl.）×（*P. domestica* L. × *P. persica*（L.）Batsch.）
Fereley	PL	（*Prunus salicina* Lindl. × *P. cerasifera* Ehrh.）× *P. spinosa* L.
Ferlenain	PL	*Prunus besseyi* L.H. Bailey × *P. cerasifera* Ehrh.
GF 8-1	PL	*Prunus marianna* ined.
GF 305	PE	*Prunus persica*（L.）Batsch.
GF 655-2	PL	*Prunus domestica* L. ssp. *insititia*（L.）Schneid.
GF 677	PL	*Prunus persica*（L.）Batsch. × *P. dulcis*（Mill.）D.A. Webb
GF 1869	PL	*Prunus domestica*（L.）× *P. persica*（L.）Batsch.
Gisela 4	C	（syn. 473/10）*Prunus avium*（L.）L. × *P. fruticosa* Pall.
Gisela 5	C	（syn. 148/2）*Prunus cerasus* L. × *P. canescens* Bois
GM 61/1	C	*Prunus dawyckensis* Sealy
Greenpac	AL，PE	[*Prunus persica*（L.）Batsch × *P. davidiana*（L.）Batsch.] × [*P. dulcis*（Mill.）D.A.Webb × *P. persica*]
Hamyra	PL	*Prunus cerasifera* Ehrh.
Mayor	PE，PL	*Prunus persica*（L.）Batsch. × *P. dulcis*（Mill.）D.A. Webb
MF 12/1	C	*Prunus avium*（L.）L.
Myrobalan B	PL	*Prunus cerasifera* Ehrh.
Myruni	PL	*Prunus cerasifera* Ehrh.

续表

标准品种	用途 *	种
Piku 1	C	（syn. Pi-Ku 4，20）*Prunus avium*（L.）L. ×（*P. canescens* Bois × *P. tomentosa* Thunb. ex Murr.）
Piku 3	C	（syn. Pi-Ku 4，83）*Prunus. pseudocerasus* Lindl. ×（*P. canescens* Bois × *P. incisa* Thunb. ex Murr.）
Pixy	PL	*Prunus domestica* L. ssp. *insititia*（L.）Schneid.
Prudom	PL	*Prunus domestica* L. ssp. *domestica*
Prunus besseyi	PL	*Prunus besseyi* L.H. Bailey
Pumiselekt	AP，PE	*Prunus pumila* L.
Rubira	PE	*Prunus persica*（L.）Batsch.
SL 64	C	（syn.‘Saint Lucie 64’）*Prunus mahaleb* L.
St. Julien A	PL	*Prunus domestica* L. ssp. *insititia*（L.）Schneid.
Ute	PL	*Prunus domestica* L. ssp. *domestica*
VVA 1	PL	*Prunus cerasifera* Ehrh. × *P. tomentosa* Thunb.
Wangenheim	PL	*Prunus domestica* L. ssp. *domestica*
Weiroot 158	C	*Prunus cerasus* L.
Weito T 6	C，PL	*Prunus tomentosa* Thunb. ex Murr.

*AL 用于扁桃品种嫁接砧木，AP 用于杏品种嫁接砧木，C 用于欧洲甜樱桃品种嫁接砧木，PE 用于桃品种嫁接砧木，PL 用于李品种嫁接砧木。

TG/192/1
原文：英文
日期：2003-04-09

国际植物新品种保护联盟

植物品种特异性、一致性和稳定性
测试指南

观赏苹果

（*Malus* Mill.）

互用名称 *

植物学名称	英文	法文	德文	西班牙文
Malus Mill.	Ornamental Apple	Pommier ornemental	Zierapfel	Manzano ornamental

* 这些名称在指南开始使用时是正确的，但随后可能会修改和更新。建议读者登录 UPOV 网站（www.upov.int），获取最新资料。

1 指南适用范围

本测试指南适用于所有蔷薇科苹果属（*Malus* Mill.）的观赏苹果品种。

2 繁殖材料要求

2.1 待测品种繁殖材料的数量和质量要求以及提交的时间和地点由主管机构决定。申请人从测试所在国境外提交繁殖材料的，还应符合海关规定并满足相关植物检疫的要求。

2.2 繁殖材料应提交 3 年生嫁接苗。

2.3 提交繁殖材料的最少数量为 5 株树。

2.4 提供的繁殖材料应外观健康有活力，未受到任何严重的病虫害的影响。应说明嫁接所用砧木。主管机关可指定嫁接所用砧木。

2.5 提交的繁殖材料不得进行任何可能影响品种性状表达的处理，除非主管机构允许或要求进行这种处理。如果材料已经处理，必须提供相关处理的详细情况。

3 测试方法

3.1 测试周期

测试的最少周期通常是 2 个生长周期。本指南所指的 1 个生长周期是 1 个结果周期。

3.2 测试地点

测试通常在 1 个地点进行。若品种 DUS 测试相关性状无法在该地表达，可在另一地进行测试。

3.3 测试条件

3.3.1 测试的条件应能满足品种正常生长的需要，以确保品种相关性状充分表达和测试的顺利开展。待测品种的植株至少在两个测试周期中都应当能正常结果。

3.3.2 由于日光变化的原因，在利用比色卡确定颜色时，应在一个合适的有人工光源照明的小室或中午无阳光直射的房间内进行。人工光源的光谱分布应符合 CIE“理想日光标准 D6500”，且在《英国标准 950：第 1 部分》规定的允许范围之内。在鉴定颜色时，应将观测部位置于白色背景上。

3.4 试验设计

3.4.1 试验设计应保证因测量或计数等需要，从小区取走部分植株或植株部位后，不影响生长周期结束前的所有观测。

3.4.2 每个试验至少有 5 个植株。

3.5 植株 / 植株部位的观测数量

除非另有说明，所有观测应在 5 个植株或分别来自 5 个植株的部位进行。对植株部位进行观测时，每个植株的观测数量应为 2 个。

3.6 附加测试

为测试有关性状，可以进行附加测试。

4 特异性、一致性和稳定性评价

4.1 特异性

4.1.1 一般建议

对于本指南的使用者而言，在判定特异性前参照总则特异性判定的一般原则十分重要。但为进一步说明和强调特异性判定，本指南特列出特异性判定的要点。

4.1.2 一致的差异

3.1 中建议的最少周期通常能反映性状差异是一致的。

4.1.3 明显的差异

两个品种间的差异是否明显取决于很多因素，特别应考虑所测性状的表达类型，即该性状是质量性状、数量性状还是假质量性状。因此，在作出关于特异性的判定前，本测试指南的使用者应熟悉总则中的建议。

4.2 一致性

4.2.1 对于本指南的使用者而言，在判定一致性前参照总则一致性判定的一般原则十分重要。为进一步说明和强调一致性判定，本指南特列出一致性判定的要点。

4.2.2 一致性判定时，采用 1% 的群体标准和 95% 的接受概率。当样本量为 5 个时，不允许有异型株。

4.3 稳定性

4.3.1 在实际操作中，通常不像测试特异性和一致性那样对稳定性进行测试以得到明确结果。经验表明，对许多类型的品种来说，当一个品种表现一致时，可认为其是稳定的。

4.3.2 适当情况下或者有疑问时，稳定性可以采用如下方法测试：种植该品种的下一代或者测试一批新材料，看其性状表现是否与之前提交的材料表现相同。

5 试验分组和试验组织

5.1 使用分组性状可以帮助选择与申请品种一起进行田间种植试验的已知品种，以及对这些品种进行合适分组以便进行特异性评价。

5.2 分组性状表达状态的数据即使来自不同地点，也可以单独或者与其他此类性状联合使用。

5.2.1 用于特异性测试中筛选排除那些不需要安排在种植试验中的已知品种。

5.2.2 用于组织安排种植试验，使近似品种种植在一起。

5.3 以下性状已被确认为有用的分组性状。

（a）花：类型（性状 6）。

（b）花瓣：内侧边缘区颜色（白色、浅粉红色、深粉红色、红色、紫色）（性状 12）。

（c）展开叶：叶片颜色（性状 16）。

（d）果实：大小（性状 29）。

（e）果实：主色（性状 35）。

5.4 总则中提供了在特异性审查过程中使用分组性状的指导。

6 性状表介绍

6.1 性状类型

6.1.1 标准指南性状

标准指南性状是 UPOV 已同意用于 DUS 审查的性状，UPOV 成员可以从中选择与其特定环境相适应的性状。

6.1.2 星号性状

星号性状（用“*”标记）是测试指南中对于形成国际统一的品种描述十分重要的性状，所有 UPOV 成员都应将其用于 DUS 测试并包含在品种描述中，除非所述性状的表达或区域环境条件所限使其无法测试。

6.2 表达状态及相应代码

为定义性状和统一描述，将每个性状划分为一系列表达状态。每个表达状态赋予一个相应的数字代码，以便于数据记录，以及品种性状描述的建立和交流。

6.3 表达类型

总则中对性状表达类型（质量性状、数量性状和假质量性状）进行了解释。

6.4 标准品种

适当时，测试指南中提供了标准品种用于校正性状的表达状态。

6.5 注释

（*）星号性状（6.1.2）。

QL：质量性状（6.3）。

QN：数量性状（6.3）。

PQ：假质量性状（6.3）。

（a）～（c）性状表解释（8.1）。

（+）性状表解释（8.2）。

7 性状表

性状编号	观测方法	英文	中文	标准品种	代码
1.		**Tree：vigor**	**树：树势**		
		weak	弱	Dorothea	3
		medium	中	Dolgo	5
		strong	强	Jackii	7
2. （*） （+）		**Tree：habit**	**树：姿态**		
		columnar	圆柱形	Maypole	1
		fastigiate	帚形	Laura	2
		upright	直立	Van Eseltine	3
		spreading	开张	Red Glow	4
		drooping	下弯	Elise Rathke	5
		weeping	下垂	Oekonomierat Echtermeyer	6
3. （+）		**Shoot：color**	**枝条：颜色**		
		grey green	灰绿色	Red Sentinel	1
		brown green	棕绿色	Wintergold	2
		brown	棕色	Van Eseltine	3
		red brown	红棕色	Henry F. Dupont	4
		dark red	深红色	Evereste	5
4.		**Inflorescence：type**	**花序：类型**		
		umbellate	伞形花序	Golden Hornet	1
		corymbiform	伞房花序	Charlottae	2
5. （*） （+）		**Unopened flower：color（balloon stage）**	**未开放花：颜色（花蕾期）**		
		white	白色	Malus toringoides	1
		light pink	浅粉色	Charlottae	2
		medium pink	中等粉色	Cowichan	3
		dark pink	深粉色	Malus floribunda	4
		red	红色	Red Glow	5
		purple	紫色		6

续表

性状编号	观测方法	英文	中文	标准品种	代码
6. （*）	（a）	**Flower：type**	**花：类型**		
		single	单瓣	Profusion	1
		semi-double	半重瓣	Malus × scheideckeri	2
		double	重瓣	Nieuwlandiana	3
7. （*）	（a）	**Flower：diameter with petals pressed into horizontal position**	**花：花瓣压到水平位置的直径**		
		small	小	Wintergold	3
		medium	中	Profusion	5
		large	大	Montreal Beauty	7
8. （*）	（a）	**Flower：shape**	**花：形状**		
		flat	平状		1
		shallow cup	浅杯状	Courtarou	2
		deep cup	深杯状	Van Eseltine	3
9. （*）	（a）	**Petal：shape（excluding claw）**	**花瓣：形状（不包括瓣爪）**		
		oblong	长圆形	Charlottae	1
		narrow elliptic	窄椭圆形		2
		elliptic	椭圆形	Makamik	3
		broad elliptic	阔椭圆形	Wynema	4
		circular	圆形	Veitchii	5
		narrow ovate	窄卵圆形	Katherine	6
		ovate	卵圆形	Profusion	7
10. （*）	（a）	**Petals：relative position of margins**	**花瓣：相对位置**		
		free	分离	Makamik	1
		touching	相接	John Downie	2
		overlapping	重叠	Butterball	3
11.	（a）	**Petal：veins**	**花瓣：脉**		
		not prominent	不突出	John Downie	1
		prominent	突出	Almey	2
12. （*）	（a）	**Petal：color of marginal zone of inner side**	**花瓣：内侧边缘区颜色**		
		RHS-Colour Chart（indicate reference number）	RHS 比色卡（注明参考色号）		
13. （*）	（a）	**Petal：color of middle zone of inner side（if different）**	**花瓣：内侧中部颜色（若不同）**		
		RHS-Colour Chart（indicate reference number）	RHS 比色卡（注明参考色号）		
14. （*）	（a）	**Petal：color of basal zone of inner side（if different）**	**花瓣：内侧基部颜色（若不同）**		
		RHS-Colour Chart（indicate reference number）	RHS 比色卡（注明参考色号）		
15. （*）	（a）	**Petal：color of outer side**	**花瓣：外侧颜色**		
		RHS-Colour Chart（indicate reference number）	RHS 比色卡（注明参考色号）		

续表

性状编号	观测方法	英文	中文	标准品种	代码
16. (*)	(b)	**Expanding leaf：color of blade**	**展开叶：叶片颜色**		
		green	绿色	John Downie	1
		reddish green	泛红绿色	Winter Gold	2
		red	红色		3
		reddish brown	泛红棕色	Laura	4
		bronze	深红棕色	Indian Magic	5
		purple	紫色	Royalty	6
17.	(b)	**Leaf blade：ratio length/width (from fourth to sixth fully expanded leaf)**	**叶片：长宽比（完全展开的第四～六片叶）**		
		small	小		3
		medium	中		5
		large	大		7
18. (*)	(b)	**Petiole：length**	**叶柄：长度**		
		short	短		3
		medium	中		5
		long	长		7
19. (*)	(b)	**Leaf blade：lobes**	**叶片：缺刻**		
		absent	无	Dolgo	1
		sometimes present	偶有	Wynema	2
		always present	总有	Nieuwlandiana	3
20. (*)	(b)	**Leaf blade：incisions of margin**	**叶片：边缘缺刻**		
		crenate	圆齿状	Courtabri	1
		serrate	锯齿状	Scarlett	2
21. (*)	(b)	**Leaf blade：glossiness of upper side**	**叶片：上叶面光泽度**		
		weak	弱	Laura	3
		medium	中		5
		strong	强	Scarlett	7
22. (*)	(b)	**Leaf blade：green color of upper side**	**叶片：上表面绿色程度**		
		light	浅	Red Jade	3
		medium	中		5
		dark	深	Red Jewel	7
23. (*)	(b)	**Leaf blade：anthocyanin coloration of upper side**	**叶片：上表面花青苷显色**		
		absent	无	Courtabri	1
		present	有	Royalty	9
24. (*)	(b)	**Leaf blade：intensity of anthocyanin coloration of upper side**	**叶片：上表面花青苷显色强度**		
		weak	弱	Cowichan	3
		medium	中	Baskatong	5
		strong	强	Royalty	7

续表

性状编号	观测方法	英文	中文	标准品种	代码
25.	(b)	**Leaf blade: main color just before leaf fall**	**叶片：即将落叶前主色**		
		yellow	黄色	Malus sargentii	1
		orange	橙色	Scarlett	2
		red	红色	Rosseau	3
		brown	棕色	Royalty	4
		bronze	深红棕色		5
		purple	紫色		6
26. (*)	(b)	**Leaf blade: length (from fourth to sixth fully expanded leaf)**	**叶片：长度（第四～六片完全展开叶）**		
		short	短	Malus floribunda	3
		medium	中	Lemoinei	5
		long	长	Simcoe	7
27. (*)	(b)	**Leaf blade: width (from fourth to sixth fully expanded leaf)**	**叶片：宽度（第四～六片完全展开叶）**		
		narrow	窄	Hopa	3
		medium	中	John Downie	5
		broad	宽	Montreal Beauty	7
28.		**Tree: fruit setting**	**树：坐果**		
		none or very few	无或极少	Malus x atrosanguinea	1
		few	少	Malus x magdeburgensis	3
		medium	中	Makamik	5
		many	多	John Downie	7
		very many	极多	Golden Hornet	9
29. (*)	(c)	**Fruit: size**	**果实：大小**		
		very small	极小	Malus sargentii	1
		small	小	Profusion	3
		medium	中	John Downie	5
		large	大	Wynema	7
		very large	极大	Niedzwetzkyana	9
30. (*) (+)	(c)	**Fruit: shape**	**果实：形状**		
		globose	球状	Winter Gold	1
		globose conical	球状圆锥体	Scarlett	2
		broad globose conical	阔球状圆锥体		3
		flat obloid	平扁球体	Malus x schiedeckeri	4
		obloid	扁球体	Profusion	5
		conical	圆锥体	Eleyi	6
		narrow conical	窄圆锥体	John Downie	7
		truncate conical	截圆锥体	Malus x arnoldiana	8
		ellipsoid	椭球体	Malus baccata var. mandshurica	9
		ellipsoid conical (ovoid)	椭球圆锥体（卵圆）	Dolgo	10
		oblong	长圆状	Veitchii	11
		oblong conical	长圆圆锥体		12
		pyriform	梨形	Malus toringoides	13

续表

性状编号	观测方法	英文	中文	标准品种	代码
31. (*)	(c)	**Fruit: calyx**	**果实：萼片**		
		absent	无	Scarlett	1
		sometimes present	偶有	Golden Hornet	2
		always present	总有	John Downie	3
32.	(c)	**Fruit: length of stalk**	**果实：果梗长度**		
		very short	极短	Redflesh	1
		short	短	Strathmore	3
		medium	中	John Downie	5
		long	长	Evereste	7
		very long	极长	Aldenhamensis	9
33.	(c)	**Fruit: bloom of skin**	**果实：果粉**		
		absent	无	Courtabri	1
		weakly expressed	弱		2
		strongly expressed	强	Dartmouth	3
34.	(c)	**Fruit: glossiness of skin**	**果实：果皮光泽度**		
		absent	无		1
		weakly expressed	弱		2
		strongly expressed	强	Selkirk	3
35. (*)	(c)	**Fruit: predominant color**	**果实：主色**		
		whitish yellow	泛白黄色		1
		yellow	黄色	Golden Hornet	2
		whitish green	泛白绿色		3
		green yellow	绿黄色	White Cascade	4
		medium green	中等绿色	Malus trilobata	5
		orange	橙色	Evereste	6
		light red	浅红色		7
		medium red	中等红色	Red Jade	8
		dark red	深红色	Profusion	9
		purple	紫色	Purple Prince	10
		brownish	泛棕色		11
36.	(c)	**Fruit: color of flesh**	**果实：果肉颜色**		
		white	白色		1
		yellowish white	泛黄白色	Elise Rathke	2
		yellowish	泛黄色	Dolgo	3
		greenish	泛绿色	Charlottae	4
		pink	粉色		5
		red	红色	Laura	6
37. (*)	(c)	**Fruit: persistence**	**果实：留存时间**		
		very short	极短	John Downie	1
		short	短	Dolgo	3
		medium	中	Dorothea	5
		long	长	Makamik	7
		very long	极长	Evereste	9
38.		**Time of beginning of flowering (10% open flowers)**	**始花期（10% 花开放）**		
		early	早	Hopa	3
		medium	中	Lemoinei	5
		late	晚	Wynema	7

8 性状表解释

8.1 对多个性状的解释

性状表第二列包含以下标注的性状应按照下述要求观测。

（a）所有对花的观测应对第二朵或第三朵花完全开放，花药刚开始裂开时进行。

（b）除非另有说明，所有对叶的观测应在夏季，选取树体外围健壮枝条中部 1/3 处的成熟叶上进行。

（c）除非另有说明，对果实的观测应选取 10 个典型果实。应排除末端果。应在果实未受到天气、鸟类等影响造成损害时进行。

8.2 对单个性状的解释

性状 2：树姿态

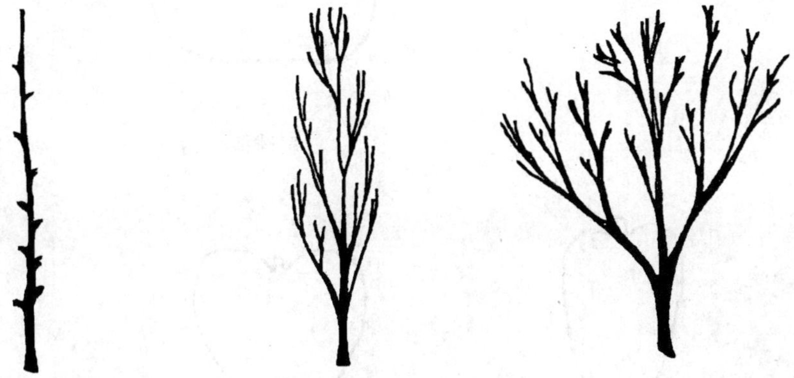

1 圆柱形　　2 帚形　　3 直立

4 开张　　5 下弯　　6 下垂

性状 3：枝条颜色

在夏季树仍在活跃生长时期观测树冠外围当季枝条。

性状 5：未开放花颜色（花蕾期）

在末端花仍在开放时，观测第二朵或第三朵花蕾。

性状 30：果实形状

1
球状

2
球状圆锥体

3
阔球状圆锥体

4
平扁球体

5
扁球体

6
圆锥体

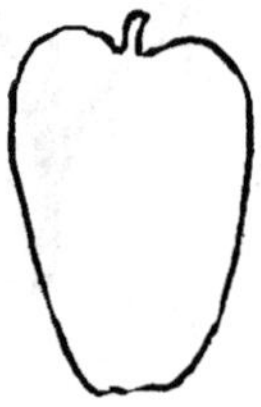

7
窄圆锥体

8
截圆锥体

9
椭球体

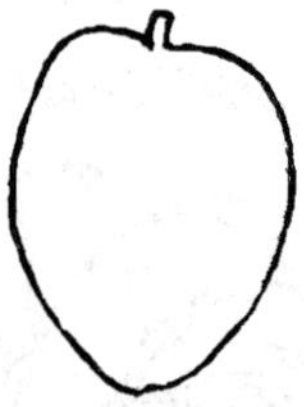

10
椭球圆锥体（卵圆）

11
长圆状

12
长圆圆锥体

13
梨形

扫码下载原文

如扫描二维码无法下载指南原文，可能是指南版本有更新，可扫描本书封底二维码查看与本文对应的指南版本

TG/201/1 Rev. Corr.
原文： 英文
日期： 2003-04-09，
2015-03-25，
2020-02-25

国际植物新品种保护联盟

植物品种特异性、一致性和稳定性测试指南

柑橘属－分组 1：宽皮柑橘

其他相关文件：

TG/202 柑橘属 – 分组 2：甜橙
TG/203 柑橘属 – 分组 3：柠檬和来檬
TG/204 柑橘属 – 分组 4：柚
TG/83 柑橘属 – 分组 5：枳

分组 1- 互用名称和相应亚组列表 *

植物学名	亚组	英文	法文	德文	西班牙文
Citrus amblycarpa（Hassk.）Ochse	HMA				
Citrus benikoji hort. ex Tanaka	PMN				
Citrus chuana hort. ex Tseng	PMN				
Citrus clementina hort. ex Tan.	CLE	Clementine	Clémentinier	Clementine	Clementina
Citrus crenatifolia Lush.	PMN				
Citrus deliciosa Ten.	MMM	Mediterranean Mandarin	Mandarinier	Mandarine	Mandarina común
Citrus depressa Hayata	HMA				
Citrus genshokan（Hayata）hort. ex Tanaka	PMN				
Citrus hainanensis Tanaka	HMA				
Citrus haniana hort. ex Tseng	PMN				
Citrus ichangensis Swing. × *C. reticulata* Blanco	HMR	Ichandarin			
Citrus ichangensis Swing. × *C.unshiu*（Mak.）Marc.	HMR	Ichandarin			
Citrus inflata hort. ex Tanaka	HMA				
Citrus inflatorugosa hort. ex Tanaka	HMA				
Citrus keraji hort. ex Tanaka	HMA				
Citrus leiocarpa hort. ex Tanaka	HMA				
Citrus lycopersicaeformis（Lush.）hort. ex Tanaka	HMA				
Citrus madurensis Lour.	HMA	Calamondin			
Citrus maxima（Burm.）Merr. × *C. ichangensis* Swing.	HMR	Ichangelo			
Citrus nippokoreana Tanaka	HMA				
Citrus nobilis Lour.	HMA				
Citrus oto hort. ex Yu. Tanaka	HMA				
Citrus paratangerina hort. ex Tanaka	PMN				
Citrus platymamma hort. ex Tanaka	PMN				
Citrus pseudo-aurantium hort. ex Yu. Tanaka	HMA				
Citrus pseudosunki hort. ex Tanaka	HMA				
Citrus reshni hort. ex Tanaka	HMA				
Citrus reticulata Blanco	PMN	Tangerine	Mandarinier	Tangerine	Mandarina Ponkan
Citrus reticulata Blanco × *C. paradisi* Macfad	TNL	Tangelo	Tangelo	Tangelo	Tangelo
Citrus reticulata Blanco × *C. sinensis*（L.）Osb.	TNR	Tangor	Tangor	Tangor	Tangor

续表

植物学名	亚组	英文	法文	德文	西班牙文
Citrus reticulata Blanco × *Fortunella* sp.	HMR	Kumandarin			
Citrus suavissima hort. ex Tanaka	PMN				
Citrus succosa hort. ex Tanaka	PMN				
Citrus suhuiensis hort. ex Tanaka	PMN				
Citrus sunki（*Hayata*）hort. ex Tanaka	HMA				
Citrus tangerina hort. ex Tanaka	PMN				
Citrus tardiferax hort. ex Tanaka	PMN				
Citrus tardiva hort. ex Shirai	HMA				
Citrus tarogayo hort. ex Yu. Tanaka	HMA				
Citrus temple hort. ex Y. Tan. × *C. paradisi* Macfad	HMA	Siamelo			
Citrus temple hort. ex Yu. Tanaka	TNR				
Citrus tumida hort. ex Tanaka	HMA				
Citrus unshiu Marcow.	SAT	Satsuma	Satsuma	Satsuma	Satsuma
Citrus yatsushiro hort. ex Tanaka	HMA				
Citrus yuko hort. ex Tanaka	HMA				
Tangelo × C. *paradisi* Macfad	HMA	Tangelolo			
Tangor × C. *temple* hort. ex Y. Tan.	HMA	Tangorgelo			

* 这些名称在指南开始使用时是正确的，但随后可能会修改更新。读者可登录 UPOV 网站（www.upov.int），获取最新资料。

1 指南适用范围

1.1 本指南依据柑橘属测试指南模板制定。性状表选自其附录中的柑橘性状总表。

1.2 本指南适用于芸香科（Rutaceae）柑橘属（*Citrus* L.）以下分组的所有品种，以及其杂交种即分组 1：宽皮柑橘及其杂交种（见分组 1- 互用名称和相应亚组列表）。

1.3 对于柑橘属的种间杂交种，应采用最适合果实整体外观描述的测试指南。但如果该品种无法与其他测试指南所涵盖的所有品种都明显区分时，还应使用这些测试指南对该品种进行审查。

1.4 对于柑橘属的种间杂交种，即便该品种与其他测试指南所涵盖的所有品种都能明显区分，仍有可能需要使用额外的柑橘性状对该品种进行审查。在此情况下，涵盖亲本的测试指南中的性状，以及附录中收录的柑橘性状总表中的性状，可能有助于审查。

2 繁殖材料要求

2.1 待测品种繁殖材料的数量和质量要求以及提交的时间和地点由主管机构决定。申请人从测试所在国境外提交繁殖材料的，还应符合海关规定并满足相关植物检疫的要求。

2.2 繁殖材料以芽条形式提交，芽条茎粗 6～10 mm（一年生），每段芽条采自于果实典型的植株；或者按主管机构要求，提供一年生嫁接苗。对于砧木品种，可能要求提供根插条或种子。

2.3 申请人提交繁殖材料的最小数量为 10 枝芽条，确保足够嫁接 10 个植株；或者按主管机构要求，提交至少 10 株一年生嫁接苗。

2.4 提供的繁殖材料应外观健康有活力，未受到任何严重的病虫害的影响。繁殖材料最好不是通过离体培养获得的。若材料经离体培养获得，申请人须陈述此情况。

2.5 提交的繁殖材料不得进行任何可能影响品种性状表达的处理，除非主管机构允许或要求进行这种处理。如果材料已经处理，必须提供相关处理的详细情况。

3 测试方法

3.1 测试周期

测试的最少周期数量通常为 2 个生长周期。对于本指南而言，1 个生长周期指 1 个结果周期。

3.2 测试地点

测试通常在 1 个地点进行。如果用于该品种 DUS 测试的某些相关性状在该地点不能观测，可在其他符合条件的地点对其进行测试。

3.3 测试条件

3.3.1 测试的条件应能满足品种正常生长的需要，以确保品种相关性状充分表达和测试的顺利开展。对于果树而言，必须满足其至少 2 个结果周期的生长。在每组试验中使用标准砧木是开展果树品种测试的必要条件。

3.3.2 所有观测应在种植后不低于三年生的相同株龄的植株上进行。植株的株龄需要详细说明。

3.4 试验设计

3.4.1 试验设计应保证因测量或计数等需要，从小区取走部分植株或植株部位后，不影响生长周期结束前的所有观测。

3.4.2 每个试验应保证至少有 5 个植株。

3.5 用于观测的植株 / 植株部位数量

除非另有说明，所有测量或计数的观测，应在 5 个植株或从 5 个植株分别取下的植株部位（每个植株取 2 个植株部位）上进行。

3.6 附加测试

为测试有关性状，可以进行附加测试。

4 特异性、一致性和稳定性评价

4.1 特异性

4.1.1 一般建议

对于本指南的使用者而言，在判定特异性前参照总则特异性判定的一般原则十分重要。为进一步说明和强调特异性判定，本指南特列出特异性判定的要点。

4.1.2 一致的差异

3.1 部分建议的最少测试周期总体上反映出，要保证性状的任何差异是充分一致的。

4.1.3 明显的差异

两个品种间的差异是否明显取决于很多因素，特别应考虑所测性状的表达类型，即该性状是质量性状、数量性状还是假质量性状。因此，在作出关于特异性的判定前，本测试指南的使用者应熟悉总则中的建议。

4.2 一致性

对于本指南的使用者而言，在判定一致性前参照总则一致性判定的一般原则十分重要。为进一步说明和强调一致性判定，本指南特列出一致性判定的要点。

一致性判定时，应采用 1% 的群体标准和至少 95% 的接受概率。当样本量为 5 个时，不允许有异型株。

4.3 稳定性

4.3.1 在实际操作中，通常不像测试特异性和一致性那样对稳定性进行测试以得到明确结果。经验表明，对许多类型的品种来说，当一个品种表现一致时，可认为其是稳定的。

4.3.2 适当情况下或者有疑问时，种植该品种的下一世代繁殖材料或者新的实生种苗测试其稳定性，观测其性状表现是否与之前提交的繁殖材料表现相同。

5 品种分组和试验组织

5.1 使用分组性状可以帮助选择与申请品种一起进行田间种植试验的已知品种，以及对这些品种进行合适分组以便进行特异性评价。

5.2 分组性状表达状态的数据即使来自不同地点，也可以单独或者与其他此类性状联合使用。

5.2.1 用于特异性测试中筛选排除那些不需要安排在种植试验中的已知品种。

5.2.2 用于组织安排种植试验，使近似品种种植在一起。

5.3 以下性状已被确认为有用的分组性状。

（a）果实：长度（性状 28）。

（b）果实：直径（性状 29）。

（c）果实：果颈（性状 34）。

（d）果面：主色（性状 61）。

（e）商品果成熟时间（性状 108）。

5.4 总则中提供了在特异性审查过程中使用分组性状的指导。

6 性状表介绍

6.1 性状类型

6.1.1 标准指南性状

标准指南性状是 UPOV 已同意用于 DUS 审查的性状，UPOV 成员可以从中选择与其特定环境相适应的性状。

6.1.2 星号性状

星号性状（用“*”标记）是测试指南中对于形成国际统一的品种描述十分重要的性状，所有 UPOV 成员都应将其用于 DUS 测试并包含在品种描述中，除非所述性状的表达或区域环境条件所限使其无法测试。

6.2 表达状态及相应代码

为定义性状和统一描述，将每个性状划分为一系列表达状态。每个表达状态赋予一个相应的数字代码，以便于数据记录，以及品种性状描述的建立和交流。

6.3 表达类型

总则中对性状表达类型（质量性状、数量性状和假质量性状）进行了解释。

6.4 标准品种

适当时，测试指南中提供了标准品种用于校正性状的表达状态。每个标准品种后面的括号内注明了该品种所属亚组的缩略语。

6.5 注释

（*）星号性状（6.1.2）。

QL：质量性状（6.3）。

QN：数量性状（6.3）。

PQ：假质量性状（6.3）。

[###] 性状在柑橘属性状总表中所对应的编号（以 200 开始）。

（a）～（f）性状表解释（8.1）。

（+）性状表解释（8.2）。

6.6 缩略语

见分组 1- 互用名称和相应亚组列表。

7 性状表

性状编号	观测方法	英文	中文	标准品种	代码
1. QL [201]		**Ploidy**	**倍性**		
		diploid	二倍体		2
		triploid	三倍体		3
		tetraploid	四倍体		4
2. （*） （+） PQ [202]		**Tree：growth habit**	**植株：生长习性**		
		upright	直立	Marisol（CLE）	1
		spreading	开张	Clemenules（CLE）	2
		drooping	下弯	Owari（SAT）	3
3. QN [203]		**Tree：density of spines**	**植株：刺密度**		
		absent or sparse	无或稀少	Owari（SAT）	1
		intermediate	中等	Marisol（CLE）	2
		dense	密集		3

续表

性状编号	观测方法	英文	中文	标准品种	代码
4. QN [204]		**Tree：length of spines**	**植株：刺长度**		
		short	短	Marisol（CLE）	3
		medium	中		5
		long	长		7
5. QN [210]	（a）	**Leaf blade：length（apical leaflet in case of compound leaf）**	**叶片：长度（复叶时为顶端小叶）**		
		short	短	Común（MMN）	3
		medium	中	Nova（HMA）	5
		long	长	Kara（HMA）	7
6. QN [211]	（a）	**Leaf blade：width（as for 5）**	**叶片：宽度（同性状 5）**		
		narrow	窄	Común（MMN）	3
		medium	中	Clemenules（CLE）	5
		broad	宽	Page（HMA）	7
7. QN [212]	（a）	**Leaf blade：ratio length/width（as for 5）**	**叶片：长宽比（同性状 5）**		
		small	小	Orlando（TNL）	3
		medium	中	Fino（CLE）	5
		large	大	Clemenules（CLE）	7
8. QN [217]	（a）	**Leaf blade：shape in cross section（as for 5）**	**叶片：横截面形状（同性状 5）**		
		straight or weakly concave	平展或轻微内凹	Owari（SAT）	1
		intermediate	中度内凹	Minneola（TNL）	2
		strongly concave	重度内凹		3
9. QN [218]	（a）	**Leaf blade：twisting**	**叶片：扭曲**		
		absent or weak	无或弱		1
		intermediate	中		2
		strong	强		3
10. QN [219]	（a）	**Leaf blade：blistering**	**叶片：小泡**		
		absent or weak	无或弱		1
		intermediate	中		2
		strong	强		3
11. QN [220]	（a）	**Leaf blade：green color**	**叶片：绿色程度**		
		light	浅	Nova（HMA）	3
		medium	中	Owari（SAT）	5
		dark	深	Oroval（CLE）	7
12. QN [222]	（a）	**Leaf blade：undulation of margin**	**叶片：边缘波状**		
		absent or weak	无或弱		1
		intermediate	中		2
		strong	强		3
13. PQ [223]	（a）	**Leaf blade：incisions of margin**	**叶片：边缘缺刻**		
		absent	无		1
		crenate	圆齿状		2
		dentate	锯齿状		3
14. （+） PQ [224]	（a）	**Leaf blade：shape of apex**	**叶片：先端形状**		
		acuminate	渐尖		1
		acute	锐尖	Clemenules（CLE）	2
		obtuse	钝尖	Minneola（TNL）	3
		rounded	圆形		4

续表

性状编号	观测方法	英文	中文	标准品种	代码
15. (+) QL [225]	(a)	**Leaf blade: emargination at tip**	**叶片：尖端缺刻**		
		absent	无		1
		present	有		9
16. QN [226]	(a)	**Petiole: length**	**叶柄：长度**		
		short	短	Clemenules (CLE)	3
		medium	中	Fortune (HMA)	5
		long	长	Minneola (TNL)	7
17. QL [227]	(a)	**Petiole: presence of wings**	**叶柄：翼叶有无**		
		absent	无	Clemenules (CLE)	1
		present	有	Owari (SAT)	9
18. QN [228]	(a)	**Varieties with petiole wings present only: Petiole: width of wings**	**叶柄：翼叶宽度（仅适用于叶柄具翼叶品种）**		
		narrow	窄	Owari (SAT)	3
		medium	中		5
		broad	宽		7
19. QN [231]	(b)	**Flower: diameter of calyx**	**花：花萼直径**		
		small	小		3
		medium	中		5
		large	大		7
20. QN [232]	(b)	**Flower: length of petal**	**花：花瓣长度**		
		short	短	Fino (CLE)	3
		medium	中	Ellendale (TNR)	5
		long	长	Owari (SAT)	7
21. QN [233]	(b)	**Flower: width of petal**	**花：花瓣宽度**		
		narrow	窄	Clemenules (CLE)	3
		medium	中	Ellendale (TNR)	5
		broad	宽	Owari (SAT)	7
22. QN [234]	(b)	**Flower: ratio length/ width of petal**	**花：花瓣长宽比**		
		small	小	Wilking (HMA)	3
		medium	中	Fino (CLE)	5
		large	大	Page (HMA)	7
23. QN [235]	(b)	**Flower: length of stamens**	**花：雄蕊长度**		
		short	短	Encore (HMA)	3
		medium	中	Owari (SAT)	5
		long	长	Page (HMA)	7
24. PQ [238]	(b)	**Anther: color**	**花药：颜色**		
		white	白色		1
		light yellow	浅黄色	Owari (SAT)	2
		medium yellow	中等黄色	Fino (CLE)	3
25. (+) QN [239]	(b)	**Anther: viable pollen**	**花药：花粉活力**		
		absent or very low	无或极低	Owari (SAT)	1
		low	低		3
		medium	中	Marisol (CLE)	5
		high	高	Murcott (HMA)	7
		very high	极高	Fortune (HMA)	9

续表

性状编号	观测方法	英文	中文	标准品种	代码
26. QN [240]		**Style：length**	**花柱：长度**		
		short	短	Pixie（HMA）	3
		medium	中	Fino（CLE）	5
		long	长	Owari（SAT）	7
27. QL [243]	（c）	**Infructescence：clustering of fruits**	**果序：果实簇**		
		absent	无		1
		present	有		9
28. （*） QN [244]	（c）	**Fruit：length**	**果实：长度**		
		short	短	Wilking（HMA）	3
		medium	中	Clemenules（CLE）	5
		long	长	Minneola（TNL）	7
29. （*） QN [245]	（c）	**Fruit：diameter**	**果实：直径**		
		small	小	Fino（CLE）	3
		medium	中	Clemenules（CLE）	5
		large	大	Ortanique（TNR）	7
30. （*） QN [246]	（c）	**Fruit：ratio length/diameter**	**果实：长径比**		
		small	小	Encore（HMA）	3
		medium	中	Clemenules（CLE）	5
		large	大	Minneola（TNL）	7
31. （*） QN [247]	（c）	**Fruit：position of broadest part**	**果实：最宽处位置**		
		towards stalk end	近基部		1
		at middle	中部	Clemenules（CLE）	2
		towards distal end	近顶部		3
32. （+） PQ [248]	（b）	**Fruit：shape in transverse section**	**果实：横截面形状**		
		circular	圆形	Ortanique（TNR）	1
		somewhat angular	近角形	Clemenules（CLE）	2
		scalloped	有圆齿		3
33. （*） （+） PQ [249]	（c）	**Fruit：general shape of proximal part（excluding neck，collar and depression at stalk end）**	**果实：果基部整体形状（不包括果颈、颈领和果基凹陷部分）**		
		flattened	平整	Clemenules（CLE）	1
		slightly rounded	略圆	Ortanique（TNR）	2
		strongly rounded	极圆		3
		tapered	锥形		4
34. （*） （+） QL [250]	（c）	**Fruit：presence of neck**	**果实：果颈**		
		absent	无	Clemenules（CLE）	1
		present	有		9
35. QN [251]	（c）	**Necked varieties only：Fruit：length of neck**	**果实：果颈长度（仅适用于有果颈的品种）**		
		short	短		3
		medium	中		5
		long	长		7

续表

性状编号	观测方法	英文	中文	标准品种	代码
36. QN [252]	(c)	**Necked varieties only: Fruit: thickness of neck**	**果实：果颈厚度（仅适用于有果颈的品种）**		
		thin	薄		3
		medium	中		5
		thick	厚		7
37. (*) (+) QL [253]	(c)	**Only varieties without fruit neck: Fruit: presence of depression at stalk end**	**果实：果基凹陷（仅适用于无果颈的品种）**		
		absent	无	Ortanique (TNR)	1
		present	有	Marisol (CLE)	9
38. QN [254]	(c)	**Only varieties without fruit neck: Fruit: depth of depression at stalk end**	**果实：果基凹陷深度（仅适用于无果颈的品种）**		
		shallow	浅		3
		medium	中		5
		deep	深		7
39. (+) QL [255]	(c)	**Fruit: presence of constriction at stalk end**	**果实：果基处缢痕**		
		absent	无	Clemenules (CLE)	1
		present	有		9
40. QN [256]	(c)	**Fruit: expression of constriction at stalk end**	**果实：果基处缢痕程度**		
		weak	弱		3
		medium	中		5
		strong	强		7
41. QN [257]	(c)	**Fruit: number of radial grooves at stalk end**	**果实：果基放射沟纹数量**		
		absent or few	无或少	Nova (HMA)	1
		intermediate	中	Clemenules (CLE)	2
		many	多		3
42. QN [258]	(c)	**Fruit: length of radial grooves at stalk end**	**果实：果基放射沟纹长度**		
		short	短		3
		medium	中		5
		long	长		7
43. QN [259]	(c)	**Necked varieties only: Fruit: depression at stalk attachment**	**果实：果梗连接处凹陷（仅适用于有果颈的品种）**		
		absent or shallow	无或弱		1
		intermediate	中		2
		deep	深		3
44. (+) QL [260]	(c)	**Fruit: presence of collar**	**果实：果基颈领**		
		absent	无	Clemenules (CLE)	1
		present	有		9
45. QN [261]	(c)	**Fruit: height of collar**	**果实：颈领高度**		
		low	低		3
		medium	中		5
		high	高		7
46. QN [262]	(c)	**Fruit: diameter of collar**	**果实：颈领直径**		
		small	小		3
		medium	中		5
		large	大		7

续表

性状编号	观测方法	英文	中文	标准品种	代码
47. QN [263]	（c）	**Fruit：abscission layer between floral disc and fruit**	**果实：花盘与果实之间脱离层**		
		absent or weakly developed	无或轻度发育		1
		intermediate	中度发育		2
		strongly developed	重度发育		3
48. （+） QN [264]	（c）	**Fruit：general shape of distal part（excluding nipple，bulging of navel and depression at distal end）**	**果实：果顶部整体形状（不包括乳突、脐突和果顶凹陷）**		
		flattened	平整	Clemenules（CLE）	1
		slightly rounded	略圆		2
		strongly rounded	极圆		3
49. （*） （+） QL [265]	（c）	**Fruit：presence of depression at distal end**	**果实：果顶凹陷**		
		absent	无	Ortanique（TNR）	1
		present	有	Arrufatina（CLE）	9
50. QN [266]	（c）	**Fruit：depth of depression at distal end**	**果实：果顶凹陷深度**		
		shallow	浅		3
		medium	中		5
		deep	深		7
51. QN [267]	（c）	**Fruit：diameter of depression at distal end**	**果实：果顶凹陷直径**		
		small	小		3
		medium	中		5
		large	大		7
52. （*） QL [270]	（c）	**Fruit：presence of areola**	**果实：果顶印圈**		
		absent	无	Nova（HMA）	1
		incomplete	不完整		2
		complete	完整	Ortanique（TNR）	3
53. （+） QL [271]	（c）	**Fruit：type of areola**	**果实：果顶印圈类型**		
		smooth	光滑		1
		grooved	具沟槽		2
		ridged	嵴状		3
54. QN [272]	（c）	**Fruit：diameter of areola**	**果实：果顶印圈直径**		
		small	小	Arrufatina（CLE）	3
		medium	中	Owari（SAT）	5
		large	大	Ortanique（TNR）	7
55. QN [273]	（c）	**Fruit：diameter of stylar scar**	**果实：花柱痕直径**		
		small	小		3
		medium	中	Clemenules（CLE）	5
		large	大	Fortune（HMA）	7
56. PQ [275]	（c）	**Fruit：persistence of style**	**果实：花柱宿存**		
		none	无		1
		partial	部分		2
		total	全部		3

续表

性状编号	观测方法	英文	中文	标准品种	代码
57. PQ [276]	(c)	**Fruit: presence of navel opening**	**果实：有无开脐**		
		absent	无	Clemenules (CLE)	1
		occasionally present	偶有开脐	Fortune (HMA)	2
		always present	均开脐		3
58. QN [277]	(c)	**Fruit: diameter of navel opening**	**果实：开脐大小**		
		small	小	Ellendale (TNR)	3
		medium	中	Fortune (HMA)	5
		large	大		7
59. QL [279]	(c)	**Fruit: presence of radial grooves at distal end**	**果实：果顶放射沟纹**		
		absent	无		1
		present	有		9
60. QN [280]	(c)	**Fruit: expression of radial grooves at distal end**	**果实：果顶放射沟纹程度**		
		weak	弱		3
		medium	中		5
		strong	强		7
61. PQ [282]	(c) (d)	**Fruit surface: predominant color (s)**	**果面：主色**		
		green	绿色		1
		yellow green	黄绿色		2
		light yellow	浅黄色		3
		medium yellow	中等黄色	Mapo (TNL)	4
		yellow orange	黄橙色		5
		medium orange	中等橙色	Clemenules (CLE)	6
		dark orange	深橙色		7
		orange red	橙红色	Nova (HMA)	8
		red	红色		9
62. (*) QN [285]	(c) (d)	**Fruit surface: glossiness**	**果面：光泽度**		
		absent or very weak	无或极弱	Clemenules (CLE)	1
		weak	弱		3
		medium	中	Afourer (TNR)	5
		strong	强		7
		very strong	极强		9
63. QN [286]	(c) (d)	**Fruit surface: roughness**	**果面：粗糙度**		
		smooth	光滑	Murcott (TNR)	3
		medium	中等	Clemenules (CLE)	5
		rough	粗糙	Temple (HMA)	7
64. PQ [287]	(c) (d)	**Fruit surface: size of oil glands**	**果面：油胞大小**		
		all more or less the same size	大小基本相同		1
		larger ones interspersed by smaller ones	较大油胞间分布小油胞		2
65. QN [288]	(c) (d)	**Fruit surface: size of larger oil glands**	**果面：较大油胞的大小**		
		small	小		3
		medium	中		5
		large	大		7

续表

性状编号	观测方法	英文	中文	标准品种	代码
66. QN [289]	（c）（d）	**Fruit surface：conspicuousness of larger oil glands**	**果面：较大油胞的凸出度**		
		weak	弱	Clemenules（CLE）	3
		medium	中		5
		strong	强	Owari（SAT）	7
67. PQ [290]	（c）（d）	**Fruit surface：presence of pitting and pebbling on oil glands**	**果面：油胞陷点和凸起**		
		pitting and pebbling absent	无陷点和凸起		1
		pitting absent，pebbling present	无陷点，有凸起		2
		pitting present，pebbling absent	有陷点，无凸起		3
		pitting and pebbling present	陷点和凸起均有		4
68. QN [291]	（c）（d）	**Varieties with fruit surface：pitting on oil glands present only：Fruit surface：density of pitting**	**果面：陷点密度（仅适用于油胞有陷点的品种）**		
		sparse	疏		3
		medium	中		5
		dense	密		7
69. QN [293]	（c）（d）	**Varieties with fruit surface：pebbling on oil glands present only：Fruit surface：density of pebbling**	**果面：凸起油胞密度（仅适用于油胞有凸起的品种）**		
		sparse	疏		3
		medium	中		5
		dense	密		7
70. QN [294]	（c）（d）	**Varieties with fruit surface：pebbling on oil glands present only：Fruit surface：degree of pebbling**	**果面：油胞凸起程度（仅适用于油胞有凸起的品种）**		
		weak	弱		3
		medium	中		5
		strong	强		7
71. （*） QN [295]	（e）（f）	**Fruit rind：thickness**	**果皮：厚度**		
		thin	薄	Murcott（TNR）	3
		medium	中	Clemenules（CLE）	5
		thick	厚	Minneola（TNL）	7
72. （*） QN [296]	（c）（d）	**Fruit rind：adherence to flesh**	**果皮：与果肉粘连度**		
		weak	弱	Clemenules（CLE）	3
		medium	中	Fortune（HMA）	5
		strong	强	Ortanique（TNR）	7
73. QN [297]	（c）（d）	**Fruit rind：strength**	**果皮：韧度**		
		weak	弱		3
		medium	中		5
		strong	强		7
74. （*） QN [298]	（c）（d）	**Fruit rind：oiliness**	**果皮：油滑度**		
		dry	干燥		3
		medium	中等	Clemenules（CLE）	5
		oily	油滑	Ortanique（TNR）	7

续表

性状编号	观测方法	英文	中文	标准品种	代码
75. QN [299]	(c) (d)	**Fruit rind：conspicuousness of oil glands on inner surface**	**果皮：内表面油胞凸起**		
		absent or weakly conspicuous	无或轻微凸起		1
		intermediate	中度凸起	Clemenules（CLE）	2
		strongly conspicuous	重度凸起		3
76. PQ [300]	(c)	**Fruit：color of albedo**	**果实：白皮层颜色**		
		greenish	泛绿色		1
		white	白色	Clemenules（CLE）	2
		light yellow	浅黄色	Murcott（TNR）	3
		light orange	浅橙色	Afourer（TNR）	4
		pink	粉色		5
		reddish	泛红色		6
77. QN [301]	(c)	**Fruit：density of albedo**	**果实：白皮层密度**		
		loose	疏松	Clemenules（CLE）	3
		medium	中等	Fortune（HMA）	5
		dense	紧实	Ortanique（TNR）	7
78. (*) QN [302]	(c)	**Fruit：amount of albedo adhering to flesh (strands excluded)**	**果实：橘瓣上附着的白皮层数量（不含橘络）**		
		absent or very small	无或极小	Clemenules（CLE）	1
		small	小		3
		medium	中		5
		large	大		7
		very large	极大		9
79. QL [303]	(c)	**Fruit：presence of albedo strands**	**果实：橘络**		
		absent	无		1
		present	有	Clemenules（CLE）	9
80. QN [304]	(c)	**Fruit：amount of albedo strands**	**果实：橘络数量**		
		small	少		3
		medium	中		5
		large	多		7
81. (*) PQ [307]	(c) (e)	**Fruit：main color of flesh**	**果实：果肉主色**		
		whitish	泛白色		1
		light green	浅绿色		2
		light yellow	浅黄色		3
		medium yellow	中等黄色		4
		light orange	浅橙色		5
		medium orange	中等橙色	Clemenules（CLE）	6
		dark orange	深橙色		7
		red	红色		8
		purple	紫色		9

续表

性状编号	观测方法	英文	中文	标准品种	代码
82. QN [309]	（c） （e）	**Fruit：filling of core**	**果实：果心充实度**		
		absent or very sparse	空或极疏	Fortune（HMA）	1
		sparse	疏		3
		medium	中	Clemenules（CLE）	5
		dense	密	Murcott（TNR）	7
		very dense	极密		9
83. QN [310]	（c） （e）	**Fruit：diameter of core**	**果实：中心柱直径**		
		small	小	Murcott（TNR）	3
		medium	中	Clemenules（CLE）	5
		large	大	Hernandina（CLE）	7
84. QN [311]	（c） （e）	**Fruit：presence of rudimentary segments**	**果实：未发育囊瓣**		
		absent or weak	无或弱	Clemenules（CLE）	1
		intermediate	中		2
		strong	强		3
85. QN [312]	（c） （e）	**Fruit：number of well developed segments**	**果实：发育良好囊瓣数**		
		few	少	Oroval（CLE）	3
		medium	中	Ortanique（TNR）	5
		many	多	Temple（HMA）	7
86. QN [313]	（c） （e）	**Fruit：coherence of adjacent segment walls**	**果实：相邻囊壁粘连性**		
		weak	弱	Clemenules（CLE）	3
		medium	中	Fortune（HMA）	5
		strong	强		7
87. QN [314]	（c） （e）	**Fruit：strength of segment walls**	**果实：囊壁强度**		
		weak	弱	Mapo（TNL）	3
		medium	中	Fino（CLE）	5
		strong	强	Oronules（CLE）	7
88. QN [315]	（c） （e）	**Fruit：length of juice vesicles**	**果实：汁胞长度**		
		short	短	Wilking（HMA）	3
		medium	中		5
		long	长	Clemenules（CLE）	7
89. QN [316]	（c） （e）	**Fruit：thickness of juice vesicles**	**果实：汁胞厚度**		
		thin	薄	Clemenules（CLE）	3
		medium	中		5
		thick	厚	Mapo（TNL）	7
90. QN [317]	（c） （e）	**Fruit：conspicuousness of juice vesicle walls**	**果实：汁胞壁凸出度**		
		low	低		3
		medium	中		5
		high	高		7
91. QN [318]	（c） （e）	**Fruit：coherence of juice vesicles**	**果实：汁胞紧实度**		
		weak	弱		3
		medium	中		5
		strong	强		7

续表

性状编号	观测方法	英文	中文	标准品种	代码
92. (*) PQ [319]	(c)	**Fruit: presence of navel (viewed internally)**	**果实：脐（从内部观测）**		
		absent or very rare	无或鲜有	Clemenules (CLE)	1
		occasionally present	偶有	Nova (HMA)	2
		always present	均有		3
93. QN [320]	(c)	**Fruit: size of navel (viewed internally)**	**果实：脐大小（从内部观测）**		
		small	小		3
		medium	中		5
		large	大		7
94. QN [321]	(c)	**Fruit: juiciness**	**果实：果汁含量**		
		low	低		3
		medium	中	Campeona (HMA)	5
		high	高	Marisol (CLE)	7
95. QN [322]	(c)	**Fruit juice: total soluble solids**	**果汁：可溶性固形物**		
		low	低	Okitsu (SAT)	3
		medium	中	Temple (HMA)	5
		high	高	Honey (HMA)	7
96. QN [323]	(c)	**Fruit juice: acidity**	**果汁：酸度**		
		low	低	Hernandina (CLE)	3
		medium	中	Clemenules (CLE)	5
		high	高	Fortune (HMA)	7
97. QN [324]	(c)	**Fruit: strength of fibre**	**果实：纤维强度**		
		weak	弱		3
		medium	中		5
		strong	强		7
98. (+) QN [325]	(c)	**Fruit: number of seeds (controlled manual self-pollination)**	**果实：种子数量（人工自交授粉）**		
		absent or very few	无或极少	Clemenules (CLE)	1
		few	少		3
		medium	中	Kara (HMA)	5
		many	多		7
		very many	极多	Común (MMN)	9
99. (+) QN [326]	(c)	**Fruit: number of seeds (open pollination)**	**果实：种子数量（自然授粉）**		
		absent or very few	无或极少	Clemenules (CLE)	1
		few	少	Ellendale (TNR)	3
		medium	中		5
		many	多	Común (MMN)	7
100. (*) QL [327]	(f)	**Seed: polyembryony**	**种子：多胚**		
		absent	无	Wilking (HMA)	1
		present	有	Común (MMN)	9
101. QN [328]	(f)	**Seed: length**	**种子：长度**		
		short	短	Temple (HMA)	3
		medium	中		5
		long	长	Campeona (HMA)	7

续表

性状编号	观测方法	英文	中文	标准品种	代码
102. QN [329]	（f）	**Seed：width**	**种子：宽度**		
		narrow	窄	Temple（HMA）	3
		medium	中		5
		broad	宽	Campeona（HMA）	7
103. QL [330]	（f）	**Seed：surface**	**种子：表面**		
		smooth	光滑	Kinow（HMA）	1
		wrinkled	褶皱	Wilking（HMA）	2
104. QN [331]	（f）	**Varieties with seed：surface wrinkled only：Seed：prominence of wrinkles**	**种子：褶皱程度（仅种子表面褶皱品种）**		
		weak	弱		3
		medium	中		5
		strong	强		7
105. PQ [332]	（f）	**Seed：external color**	**种子：外表颜色**		
		greenish	泛绿色	Kara（HMA）	1
		whitish	泛白色		2
		yellowish	泛黄色		3
		pinkish	泛粉色		4
		brownish	泛棕色		5
106. PQ [333]	（f）	**Seed：color of inner seed coat**	**种子：内种皮颜色**		
		white	白色		1
		light yellow	浅黄色		2
		light brown	浅棕色	Murcott（TNR）	3
		medium brown	中等棕色		4
		dark brown	深棕色		5
		red	红色		6
		purple	紫色		7
107. PQ [334]	（f）	**Only varieties with seed：polyembryony present：Seed：color of cotyledons**	**种子：子叶颜色（仅种子为多胚的品种）**		
		white	白色	Murcott（TNR）	1
		cream	奶油色	Kara（HMA）	2
		light green	浅绿色	Común（MMN）	3
		dark green	深绿色		4
108. (*) QN [336]		**Time of maturity of fruit for consumption**	**商品果成熟时间**		
		early	早	Okitsu（SAT）	3
		medium	中	Clemenules（CLE）	5
		late	晚	Murcott（TNR）	7
109. (*) QL [337]		**Fruit：parthenocarpy**	**果实：单性结实**		
		absent	无	Temple（HMA）	1
		present	有	Clemenules（CLE）	9
110. (+) QL [338]		**Plant：self-incompatibility**	**植株：自交不亲和性**		
		absent	无	Ellendale（TNR）	1
		present	有	Clemenules（CLE）	9

8 性状表解释

8.1 对多个性状的解释

性状表第二列包含以下标注的性状应按照下述要求观测。

（a）叶：应在最新抽出的春梢的中部 1/3 选取已没有活跃生长迹象且发育完全的叶片进行观测。

（b）花：除非另有说明，应在该品种盛花期选取顶部的花蕾或花进行观测。对于开放状态花的性状观测应选取当日开放的花进行。

（c）果实：果实的观测应在适度成熟时进行。果实的观测一周一次，且达到成熟时尽可能快地收获。所有观测的果实必须是取自于树的外围，因丛集导致畸形的果实不能作为观测样品。

（d）果实表面和果皮：果实表面和果皮的观测应在介于果实基部和顶端之间的中部进行。果皮油滑性应在果实收获后 3～7 d 内剥皮进行观测。

（e）果肉：应将果实沿中部横切后进行观测。

（f）种子：应观测新鲜的种子。

8.2 对单个性状的解释

性状 2（[202]）：植株生长习性

植株生长习性的观测应在收获后立刻进行。

性状 14（[224]）：叶片先端形状

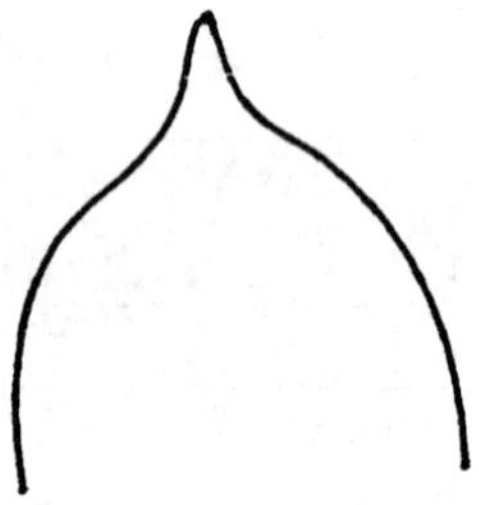

1
渐尖

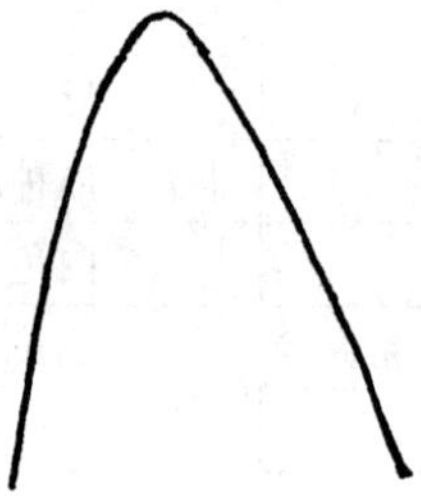

2
锐尖

3
钝尖

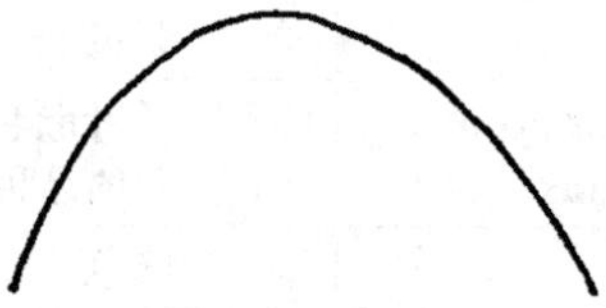

4
圆形

性状 15（[225]）：叶片尖端缺刻

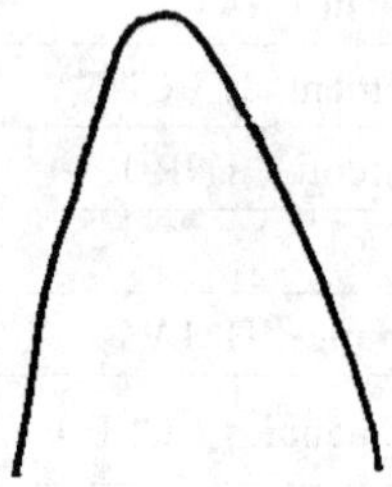

1
无

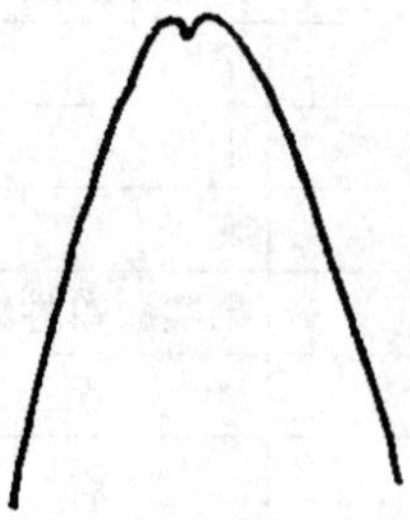

9
有

性状 25（[239]）：花粉活力

确定具活力的花粉百分比的方法如下。

花粉应在花瓣开始打开（但花药闭合）时收集。将花药收集到培养皿中，室温条件下置于硅胶干燥器中，避光 20～48 h。花药打开时，将其移至 8 ℃、70%～80% 相对湿度的环境中放置 1 h。随后，将花粉涂抹至有 2 mL Brewbacker 培养基 * 的载玻片上。最后，将载玻片置于 24 ℃、75% 相对湿度的环境中放置 20 h。

以 2 个不同载玻片上的 15 个双目观察视野中的萌发花粉粒的平均值，计算花粉育性的百分率。

百分率范围与表达状态的关系如下表所示。

标准品种	代码	范围
Owari（SAT）	1	≤7%
	2	＞7≤14%
	3	＞14≤21%
	4	＞21≤28%
Marisol（CLE）	5	＞28≤35%
	6	＞35≤45%
Murcott（HMA）	7	＞45＜55%
	8	＞55＜65%
Fortune（HMA）	9	≥65%

性状 32（[248]）：果实横截面形状

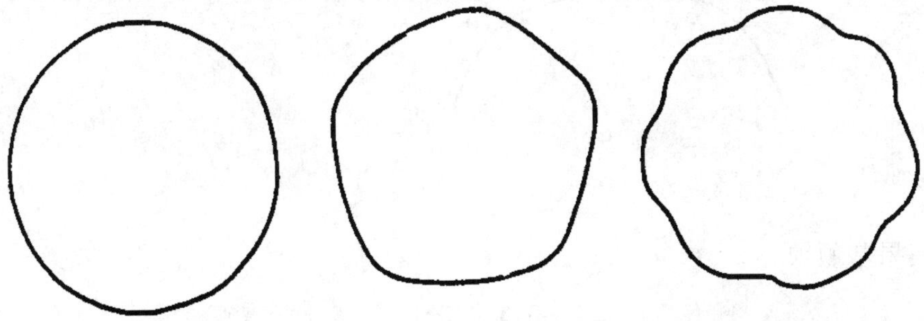

1 圆形　2 近角形　3 有圆齿

性状 33（[249]）：果实果基部整体形状（不包括果颈、颈领和果基凹陷部分）

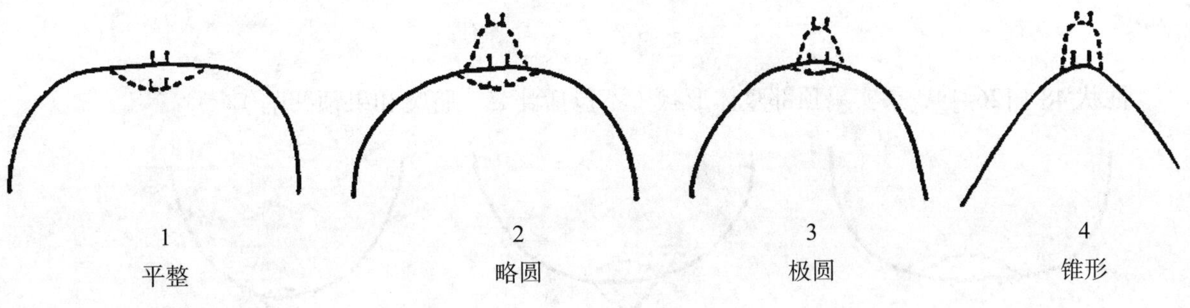

1 平整　2 略圆　3 极圆　4 锥形

* Brewbaker J L, Kwack B H. The essential role of calcium ion in pollen germination and pollen tube growth. American Journal of Botany, 1963, 50: 859-865.

性状 34（[250]）：果实果颈

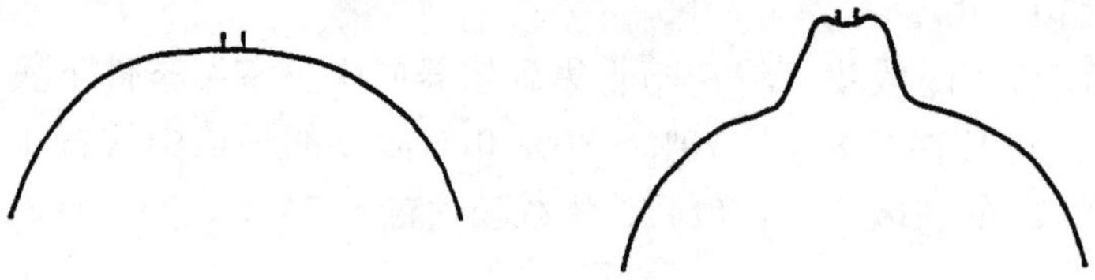

1 无　　9 有

性状 37（[253]）：果实果基凹陷（仅适用于无果颈的品种）

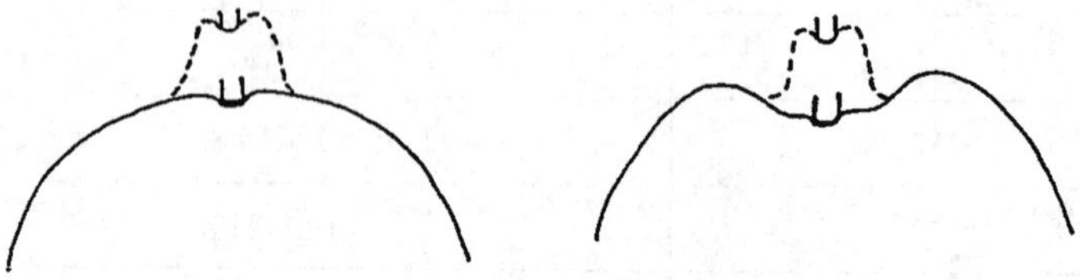

1 无　　9 有

性状 39（[255]）：果实果基处缢痕

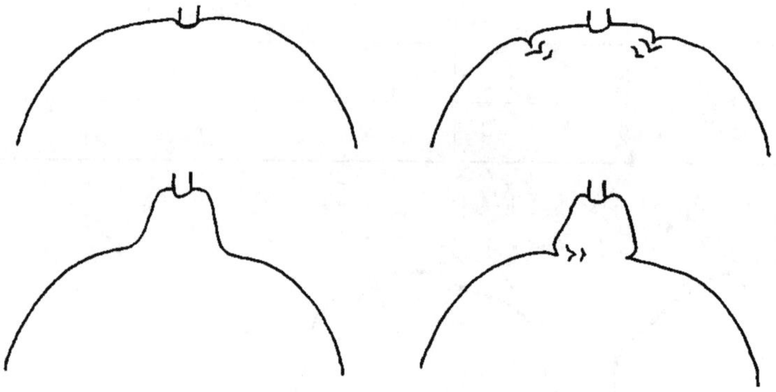

1 无　　9 有

性状 44（[260]）：果实果基颈领

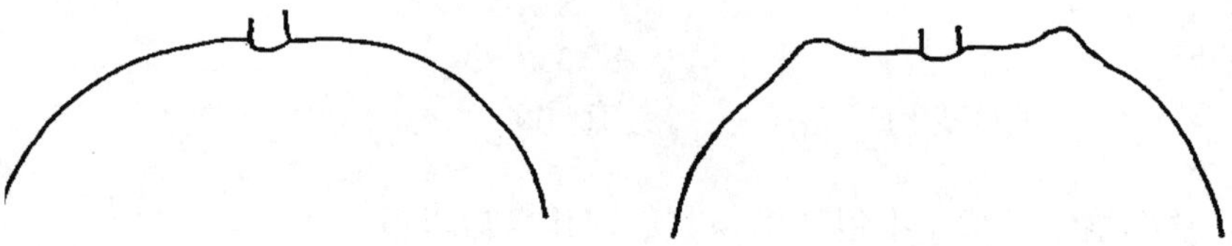

1 无　　9 有

性状 48（[264]）：果实果顶部整体形状（不包括乳突、脐突和果顶凹陷）

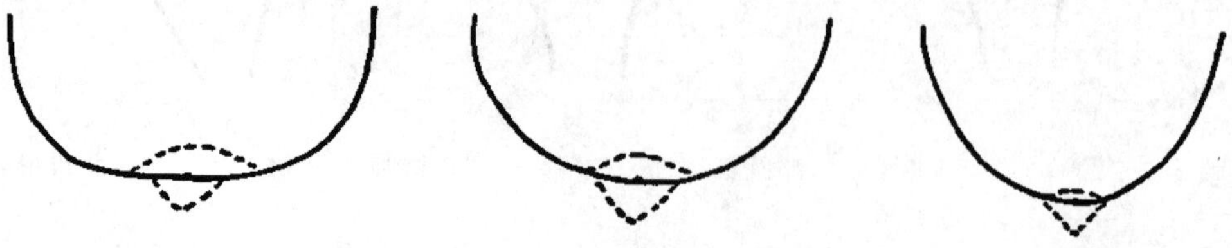

1 平整　　2 略圆　　3 极圆

性状 49（[265]）：果实果顶凹陷

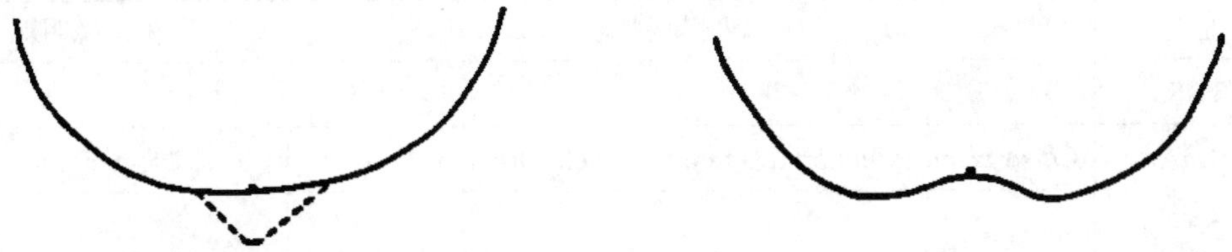

1 无　　9 有

性状 53（[271]）：果实果顶印圈类型

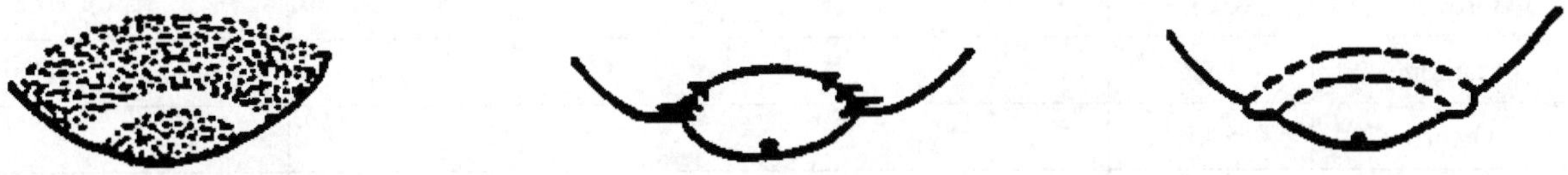

1 光滑　　2 具沟槽　　3 嵴状

性状 98（[325]）：果实种子数量（人工自交授粉）

必须严格人工自交授粉以确保种子产量一致。

性状 99（[326]）：果实种子数量（自然授粉）

自然授粉指在品种内不同植株间进行自然授粉。

性状 110（[338]）：植株自交不亲和性

自交不亲和是指植株自身的或该品种其他植株的花朵的可育花粉不能让其子房受精。

8.3 宽皮柑橘的标准品种清单

品种名称	亚组	观测资料	相关说明
Afourer	TNR		Murcott Afourer
Arrufatina	CLE		
Campeona	HMA	*Citrus nobilis* Lour.	
Clemenules	CLE		Clementina de Nules
Comun	MMN		Wilowleaf，Avana，Mediterranea
Ellendale	TNR		
Encore	HMA	*Citrus nobilis* Lour. × *C. deliciosa* Ten.	
Fino	CLE		Clementina Fina
Fortune	HMA	*Citrus clementina* hort. ex Tan. × *C. tangerina* hort. ex Tan.	
Hernandina	CLE		
Honey	HMA	*Citrus nobilis* Lour. × *C. deliciosa* Ten.	
Kara	HMA	*Citrus unshiu* Marcow. × *C. nobilis* Lour.	
Kinow	HMA	*Citrus nobilis* Lour. × *C. deliciosa* Ten.	
Mapo	TNL		
Marisol	CLE		
Minneola	TNL	*Citrus paradisi* Macfad. × *C. tangerina* hort. ex Tan. Grapefruit Duncan × Mandarin Dancy	Honeybell

续表

品种名称	亚组	观测资料	相关说明
Murcott	TNR		
Nova	HMA	*Citrus clementina* hort. ex Tan. × Tangelo Orlando	Clemenvilla
Okitsu	SAT		
Orlando	TNL	*Citrus paradisi* Macfad. × *C. tangerina* hort. ex Tan. Grapefruit Duncan × Mandarin Dancy	Lake Tangelo
Oronules	CLE		
Oroval	CLE		
Ortanique	TNR		
Owari	SAT		
Page	HMA	Tangelo Minneola × *Citrus clementina* hort. ex Tan.	
Pixie	HMA	*Citrus nobilis* Lour. × *C. tangerina* hort. ex Tan.	
Temple	HMA	*Citrus temple* Ort. ex Yu. Tanaka	
Wilking	HMA	*Citrus nobilis* Lour. × *C. deliciosa* Ten.	

TG/202/1 Rev.
原文：英文
日期：2003-04-09，
2015-03-25，
2019-10-29

国际植物新品种保护联盟
植物品种特异性、一致性和稳定性
测试指南

柑橘属 – 分组 2：甜橙

其他相关文件：

TG/201 柑橘属 – 分组 1：宽皮柑橘
TG/203 柑橘属 – 分组 3：柠檬和来檬
TG/204 柑橘属 – 分组 4：柚
TG/83 柑橘属 – 分组 5：枳

分组 2- 互用名称和相应亚组列表 *

植物学名	亚组	英文	法文	德文	西班牙文
Citrus aurantium L.	SOR	Sour Orange	Bigaradier, Oranger amer	Sauerorange, Bitterorange, Pomeranze	Naranjo agrio, Naranjo amargo
Citrus aurea hort. ex Tanaka	SWO				
Citrus canaliculata hort. ex Yu. Tan	SOR				
Citrus funadoko hort. ex Yu. Tanaka	SWO				
Citrus iriomotensis hort. ex Tanaka	HOR				
Citrus iyo hort. ex Tanaka	SWO				
Citrus luteoturgida hort. ex Tanaka	SWO				
Citrus maderaspatana hort. ex Tan.	SOR				
Citrus myrtifolia Raf.	SOR				
Citrus neoaurantium Tanaka	SOR				
Citrus oblonga hort. ex Yu. Tanaka	SWO				
Citrus papillaris Blanco	HOR				
Citrus pseudopapillaris Tanaka	HOR				
Citrus rokugatsu hort. ex Yu. Tanaka	SOR				
Citrus shunkokan hort. ex Tanaka	SWO				
Citrus sinensis（L.）Osbeck	SWO	Sweet Orange	Oranger doux	Apfelsine	Naranjo dulce
Citrus sinograndis hort. ex Yu. Tanaka	SWO				
Citrus taiwanica Tanaka & Y. Shimada	HOR				
Citrus tamurana hort. ex Tanaka	SWO				
Citrus tankan Hayata	SWO				
Citrus ujukitsu Tanaka	SWO				
Citrus yanbaruensis hort. ex Tanaka	SOR				

* 这些名称在指南开始使用时是正确的，但随后可能会修改更新。读者可登录 UPOV 网站（www.upov.int），获取最新资料。

1 指南适用范围

1.1 本指南依据柑橘属测试指南模板制定。性状表选自其附录中的柑橘性状总表。

1.2 本指南适用于芸香科（Rutaceae）柑橘属（*Citrus* L.）以下分组的所有品种，以及其杂交种即

分组 2：甜橙及其杂交种（见分组 2- 互用名称和相应亚组列表）。

1.3 对于柑橘属的种间杂交种，应采用最适合果实整体外观描述的测试指南。但如果该品种无法与其他测试指南所涵盖的所有品种都明显区分时，还应使用这些测试指南对该品种进行审查。

1.4 对于柑橘属的种间杂交种，即便该品种与其他测试指南所涵盖的所有品种都能明显区分，仍有可能需要使用额外的柑橘性状对该品种进行审查。在此情况下，涵盖亲本的测试指南中的性状，以及附录中收录的柑橘性状总表中的性状，可能有助于审查。

2 繁殖材料要求

2.1 待测品种繁殖材料的数量和质量要求以及提交的时间和地点由主管机构决定。申请人从测试所在国境外提交繁殖材料的，还应符合海关规定并满足相关植物检疫的要求。

2.2 繁殖材料以芽条形式提交，芽条茎粗 6～10 mm（一年生），每段芽条采自于果实典型的植株；或者按主管机构要求，提供一年生嫁接苗。对于砧木品种，可能要求提供根插条或种子。

2.3 申请人提交繁殖材料的最小数量为 10 枝芽条，确保足够嫁接 10 个植株；或者按主管机构要求，提交至少 10 株一年生嫁接苗。

2.4 提供的繁殖材料应外观健康有活力，未受到任何严重的病虫害的影响。繁殖材料最好不是通过离体培养获得的。若材料经离体培养获得，申请人须陈述此情况。

2.5 提交的繁殖材料不得进行任何可能影响品种性状表达的处理，除非主管机构允许或要求进行这种处理。如果材料已经处理，必须提供相关处理的详细情况。

3 测试方法

3.1 测试周期

测试的最少周期数量通常为 2 个生长周期。对于本指南而言，1 个生长周期指 1 个结果周期。

3.2 测试地点

测试通常在 1 个地点进行。如果用于该品种 DUS 测试的某些相关性状在该地点不能观测，可在其他符合条件的地点对其进行测试。

3.3 测试条件

3.3.1 测试的条件应能满足品种正常生长的需要，以确保品种相关性状充分表达和测试的顺利开展。对于果树而言，必须满足其至少 2 个结果周期的生长。在每组试验中使用标准砧木是开展果树品种测试的必要条件。

3.3.2 所有观测应在种植后不低于三年生的相同株龄的植株上进行。植株的株龄需要详细说明。

3.4 试验设计

3.4.1 试验设计应保证因测量或计数等需要，从小区取走部分植株或植株部位后，不影响生长周期结束前的所有观测。

3.4.2 每个试验应保证至少有 5 个植株。

3.5 用于观测的植株 / 植株部位数量

除非另有说明，所有测量或计数的观测，应在 5 个植株或从 5 个植株分别取下的植株部位（每个植株取 2 个植株部件）上进行。

3.6 附加测试

为测试有关性状，可以进行附加测试。

4 特异性、一致性和稳定性评价

4.1 特异性

4.1.1 一般建议

对于本指南的使用者而言，在判定特异性前参照总则特异性判定的一般原则十分重要。但为进一步说明和强调特异性判定，本指南特列出特异性判定的要点。

4.1.2 一致的差异

3.1 中建议的最少测试周期总体上反映出，要保证性状的任何差异是充分一致的。

4.1.3 明显的差异

两个品种间的差异是否明显取决于很多因素，特别应考虑所测性状的表达类型，即该性状是质量性状、数量性状还是假质量性状。因此，在作出关于特异性的判定前，本测试指南的使用者应熟悉总则中的建议。

4.2 一致性

对于本指南的使用者而言，在判定一致性前参照总则一致性判定的一般原则十分重要。但为进一步说明和强调一致性判定，本指南特列出一致性判定的要点。

一致性判定时，应采用 1% 的群体标准和至少 95% 的接受概率。当样本量为 5 个时，不允许有异型株。

4.3 稳定性

4.3.1 在实际操作中，通常不像测试特异性和一致性那样对稳定性进行测试以得到明确结果。经验表明，对许多类型的品种来说，当一个品种表现一致时，可认为其是稳定的。

4.3.2 适当情况下或者有疑问时，种植该品种的下一世代繁殖材料或者新的实生种苗测试其稳定性，观测其性状表现是否与之前提交的繁殖材料表现相同。

5 品种分组和试验组织

5.1 使用分组性状可以帮助选择与申请品种一起进行田间种植试验的已知品种，以及对这些品种进行合适分组以便进行特异性评价。

5.2 分组性状表达状态的数据即使来自不同地点，也可以单独或者与其他此类性状联合使用。

5.2.1 用于特异性测试中筛选排除那些不需要安排在种植试验中的已知品种。

5.2.2 用于组织安排种植试验，使近似品种种植在一起。

5.3 以下性状已被确认为有用的分组性状。

（a）果实：长度（性状 29）。

（b）果实：直径（性状 30）。

（c）果面：主色（性状 51）。

（d）果实：脐（从内部观测）（性状 78）。

（e）商品果成熟时间（性状 93）。

5.4 总则中提供了在特异性审查过程中使用分组性状的指导。

6 性状表介绍

6.1 性状类型

6.1.1 标准指南性状

标准指南性状是 UPOV 已同意用于 DUS 审查的性状，UPOV 成员可以从中选择与其特定环境相适应的性状。

6.1.2 星号性状

星号性状（用“*”标记）是测试指南中对于形成国际统一的品种描述十分重要的性状，所有 UPOV 成员都应将其用于 DUS 测试并包含在品种描述中，除非所述性状的表达或区域环境条件所限使其无法测试。

6.2 表达状态及相应代码

为定义性状和统一描述，将每个性状划分为一系列表达状态。每个表达状态赋予一个相应的数字代码，以便于数据记录，以及品种性状描述的建立和交流。

6.3 表达类型

总则中对性状表达类型（质量性状、数量性状和假质量性状）进行了解释。

6.4 标准品种

适当时，测试指南中提供了标准品种用于校正性状的表达状态。每个标准品种后面的括号内注明了该品种所属亚组的缩略语。

6.5 注释

（*）星号性状（6.1.2）。

QL：质量性状（6.3）。

QN：数量性状（6.3）。

PQ：假质量性状（6.3）。

[###] 性状在柑橘属性状总表中所对应的编号（以 200 开始）。

（a）～（f）性状表解释（8.1）。

（+）性状表解释（8.2）。

6.6 缩略语

见分组 2- 互用名称和相应亚组列表。

7 性状表

性状编号	观测方法	英文	中文	标准品种	代码
1. QL [201]		**Ploidy**	**倍性**		
		diploid	二倍体		2
		triploid	三倍体		3
		tetraploid	四倍体		4
2. （*） （+） PQ [202]		**Tree：growth habit**	**植株：生长习性**		
		upright	直立	Salustiana（SWO）	1
		spreading	开张	Valencia Late（SWO）	2
		drooping	下弯	Washington Navel（SWO）	3
3. QN [203]		**Tree：density of spines**	**植株：刺密度**		
		absent or sparse	无或稀少	Washington Navel（SWO）	1
		intermediate	中等	Valencia Late（SWO）	2
		dense	密集	Navelate（SWO）	3

续表

性状编号	观测方法	英文	中文	标准品种	代码
4. QN [204]		**Tree：length of spines**	**植株：刺长度**		
		short	短		3
		medium	中		5
		long	长		7
5. QN [210]	（a）	**Leaf blade：length（apical leaflet in case of compound leaf）**	**叶片：长度（复叶时为顶端小叶）**		
		short	短	Valencia Late（SWO）	3
		medium	中	Salustiana（SWO）	5
		long	长	Navelate（SWO）	7
6. QN [211]	（a）	**Leaf blade：width（as for 5）**	**叶片：宽度（同性状 5）**		
		narrow	窄	Lanelate（SWO）	3
		medium	中	Salustiana（SWO）	5
		broad	宽	Washington Navel（SWO）	7
7. QN [212]	（a）	**Leaf blade：ratio length/width（as for 5）**	**叶片：长宽比（同性状 5）**		
		small	小	Navelate（SWO）	3
		medium	中	Salustiana（SWO）	5
		large	大	Lanelate（SWO）	7
8. QN [217]	（a）	**Leaf blade：shape in cross section（as for 5）**	**叶片：横截面形状（同性状 5）**		
		straight or weakly concave	平展或轻微内凹	Salustiana（SWO）	1
		intermediate	中度内凹	Washington Navel（SWO）	2
		strongly concave	重度内凹	Sweet Navel（SWO）	3
9. QN [218]	（a）	**Leaf blade：twisting**	**叶片：扭曲**		
		absent or weak	无或弱	Washington Navel（SWO）	1
		intermediate	中		2
		strong	强		3
10. QN [219]	（a）	**Leaf blade：blistering**	**叶片：小泡**		
		absent or weak	无或弱	Washington Navel（SWO）	1
		intermediate	中	Summer Navel（SWO）	2
		strong	强	Navel Mas Baró（SWO）	3
11. QN [220]	（a）	**Leaf blade：green color**	**叶片：绿色程度**		
		light	浅	Valencia Late（SWO）	3
		medium	中	Washington Navel（SWO）	5
		dark	深	Navelina（SWO）	7
12. QN [222]	（a）	**Leaf blade：undulation of margin**	**叶片：边缘波状**		
		absent or weak	无或弱	Washington Navel（SWO）	1
		intermediate	中		2
		strong	强		3
13. PQ [223]	（a）	**Leaf blade：incisions of margin**	**叶片：边缘缺刻**		
		absent	无		1
		crenate	圆齿状		2
		dentate	锯齿状		3
14. （+） PQ [224]	（a）	**Leaf blade：shape of apex**	**叶片：先端形状**		
		acuminate	渐尖		1
		acute	锐尖	Salustiana（SWO）	2
		obtuse	钝尖		3
		rounded	圆形	Navelate（SWO）	4

续表

性状编号	观测方法	英文	中文	标准品种	代码
15. （+） QL [225]	（a）	**Leaf blade：emargination at tip**	**叶片：尖端缺刻**		
		absent	无	Washington Navel（SWO）	1
		present	有		9
16. QN [226]	（a）	**Petiole：length**	**叶柄：长度**		
		short	短	Lanelate（SWO）	3
		medium	中	Valencia	5
		long	长	Navelina（SWO）	7
17. QL [227]	（a）	**Petiole：presence of wings**	**叶柄：翼叶有无**		
		absent	无	Salustiana（SWO）	1
		present	有	Newhall（SWO）	9
18. QN [228]	（a）	**Varieties with petiole wings present only：Petiole：width of wings**	**叶柄：翼叶宽度（仅适用于叶柄具翼叶品种）**		
		narrow	窄	Newhall（SWO）	3
		medium	中		5
		broad	宽		7
19. QN [231]	（b）	**Flower：diameter of calyx**	**花：花萼直径**		
		small	小		3
		medium	中		5
		large	大		7
20. QN [232]	（b）	**Flower：length of petal**	**花：花瓣长度**		
		short	短	Newhall（SWO）	3
		medium	中	Lanelate（SWO）	5
		long	长	Salustiana（SWO）	7
21. QN [233]	（b）	**Flower：width of petal**	**花：花瓣宽度**		
		narrow	窄	Newhall（SWO）	3
		medium	中	Lanelate（SWO）	5
		broad	宽	Salustiana（SWO）	7
22. QN [234]	（b）	**Flower：ratio length/ width of petal**	**花：花瓣长宽比**		
		small	小	Summer Navel（SWO）	3
		medium	中	Washington Navel（SWO）	5
		large	大	Sanguinelli（SWO）	7
23. QN [235]	（b）	**Flower：length of stamens**	**花：雄蕊长度**		
		short	短	Newhall（SWO）	3
		medium	中	Washington Navel（SWO）	5
		long	长	Valencia Late（SWO）	7
24. QL [236]	（b）	**Flower：basal union of stamens**	**花：雄蕊基部联合**		
		absent	无		1
		present	有	Valencia Late（SWO）	9
25. PQ [238]	（b）	**Anther：color**	**花药：颜色**		
		white	白色		1
		light yellow	浅黄色	Washington Navel（SWO）	2
		medium yellow	中等黄色	Valencia Late（SWO）	3

续表

性状编号	观测方法	英文	中文	标准品种	代码
26. (+) **QN** **[339]**	(b)	**Anther: viable pollen**	**花药：花粉活力**		
		absent or low	无或低	Washington Navel (SWO)	1
		medium	中		
		high	高		9
27. **QN** **[240]**	(b)	**Style: length**	**花柱：长度**		
		short	短		3
		medium	中		5
		long	长		7
28. **PQ** **[241]**	(c)	**Style: shape**	**花柱：形状**		
		straight	平直	Washington Navel (SWO)	1
		arched	拱形		9
		kinked	拐折		
29. (*) **QN** **[244]**	(c)	**Fruit: length**	**果实：长度**		
		short	短	Comuna (SWO)	3
		medium	中	Valencia Late (SWO)	5
		long	长	Newhall (SWO)	7
30. (*) **QN** **[245]**	(c)	**Fruit: diameter**	**果实：直径**		
		small	小	Sanguinelli (SWO)	3
		medium	中	Valencia Late (SWO)	5
		large	大	Washington Navel (SWO)	7
31. (*) **QN** **[246]**	(c)	**Fruit: ratio length/diameter**	**果实：长径比**		
		small	小	Salustiana (SWO)	3
		medium	中	Valencia Late (SWO)	5
		large	大	Newhall (SWO)	7
32. (*) **QN** **[247]**	(c)	**Fruit: position of broadest part**	**果实：最宽处位置**		
		towards stalk end	近基部		1
		at middle	中部	Washington Navel (SWO)	2
		towards distal end	近顶部		3
33. (*) (+) **PQ** **[249]**	(c)	**Fruit: general shape of proximal part (excluding neck, collar and depression at stalk end)**	**果实：果基部整体形状（不包括果颈、颈领和果基凹陷部分）**		
		flattened	平整	Salustiana (SWO)	1
		slightly rounded	略圆	Valencia Late (SWO)	2
		strongly rounded	极圆		3
		tapered	锥形		4
34. (*) (+) **QL** **[253]**	(c)	**Only varieties without fruit neck: Fruit: presence of depression at stalk end**	**果实：果基凹陷（仅适用于无果颈的品种）**		
		absent	无	Sanguinelli (SWO)	1
		present	有	Washington Navel (SWO)	9
35. **QN** **[254]**	(c)	**Only varieties without fruit neck: Fruit: depth of depression at stalk end**	**果实：果基凹陷深度（仅适用于无果颈的品种）**		
		shallow	浅	Washington Navel (SWO)	3
		medium	中		5
		deep	深		7

续表

性状编号	观测方法	英文	中文	标准品种	代码
36. QN [257]	(c)	**Fruit：number of radial grooves at stalk end**	**果实：果基放射沟纹数量**		
		absent or few	无或少	Valencia Late（SWO）	1
		intermediate	中	Lanelate（SWO）	2
		many	多		3
37. QN [258]	(c)	**Fruit：length of radial grooves at stalk end**	**果实：果基放射沟纹长度**		
		short	短		3
		medium	中		5
		long	长		7
38. (+) QL [260]	(c)	**Fruit：presence of collar**	**果实：果基颈领**		
		absent	无	Salustiana（SWO）	1
		present	有		9
39. (+) QN [264]	(c)	**Fruit：general shape of distal part（excluding nipple，bulging of navel and depression at distal end）**	**果实：果顶部整体形状（不包括乳突、脐突和果顶凹陷）**		
		flattened	平整	Hamlin（SWO）	1
		slightly rounded	略圆	Valencia Late（SWO）	2
		strongly rounded	极圆		3
40. (*) (+) QL [265]	(c)	**Fruit：presence of depression at distal end**	**果实：果顶凹陷**		
		absent	无	Valencia Late（SWO）	1
		present	有		9
41. (*) QL [270]	(c)	**Fruit：presence of areola**	**果实：果顶印圈**		
		absent	无	Valencia Late（SWO）	1
		incomplete	不完整		2
		complete	完整	Peret（SWO）	3
42. (+) QL [271]	(c)	**Fruit：type of areola**	**果实：果顶印圈类型**		
		smooth	光滑	Peret（SWO）	1
		grooved	具沟槽		2
		ridged	嵴状		3
43. QN [272]	(c)	**Fruit：diameter of areola**	**果实：果顶印圈直径**		
		small	小		3
		medium	中	Peret（SWO）	5
		large	大		7
44. QN [273]	(c)	**Fruit：diameter of stylar scar**	**果实：花柱痕直径**		
		small	小	Salustiana（SWO）	3
		medium	中		5
		large	大		7

续表

性状编号	观测方法	英文	中文	标准品种	代码
45. PQ [275]	(c)	**Fruit: persistence of style**	**果实：花柱宿存**		
		none	无	Valencia Late (SWO)	1
		partial	部分	Sangre Oval (SWO)	2
		total	全部		3
46. PQ [276]	(c)	**Fruit: presence of navel opening**	**果实：有无开脐**		
		absent	无	Ricalate (SWO)	1
		occasionally present	偶有开脐	Navelate (SWO)	2
		always present	均开脐	Washington Navel (SWO)	3
47. QN [277]	(c)	**Fruit: diameter of navel opening**	**果实：开脐大小**		
		small	小	Navelate (SWO)	3
		medium	中	Lanelate (SWO)	5
		large	大	Washington Navel (SWO)	7
48. QN [278]	(c)	**Fruit: bulging of navel**	**果实：脐突程度**		
		absent or weak	无或弱	Washington Navel (SWO)	3
		intermediate	中		5
		strong	强		7
49. QL [279]	(c)	**Fruit: presence of radial grooves at distal end**	**果实：果顶放射沟纹**		
		absent	无	Valencia Late (SWO)	1
		present	有	Salustiana (SWO)	9
50. QL [281]	(c)	**Fruit: color variegation**	**果实：色斑**		
		absent	无		1
		present	有		9
51. (*) PQ [282]	(c) (d)	**Fruit surface: predominant color (s)**	**果面：主色**		
		yellow orange	黄橙色	Pinalate (SWO)	1
		medium orange	中等橙色	Valencia Late (SWO)	2
		dark orange	深橙色	Washington Navel (SWO)	3
		orange red	橙红色	Navelate (SWO)	4
		red	红色	Sanguinelli (SWO)	5
52. QN [286]	(c) (d)	**Fruit surface: roughness**	**果面：粗糙度**		
		smooth	光滑	Sangre Doblefina (SWO)	3
		medium	中等	Valencia Late (SWO)	5
		rough	粗糙		7
53. PQ [287]	(c) (d)	**Fruit surface: size of oil glands**	**果面：油胞大小**		
		all more or less the same size	大小基本相同		1
		larger ones interspersed by smaller ones	较大油胞间分布小油胞		2
54. QN [288]	(c) (d)	**Fruit surface: size of larger oil glands**	**果面：较大油胞的大小**		
		small	小		3
		medium	中		5
		large	大		7

续表

性状编号	观测方法	英文	中文	标准品种	代码
55. QN [289]	（c） （d）	**Fruit surface：conspicuousness of larger oil glands**	**果面：较大油胞的凸出度**		
		weak	弱	Valencia Late（SWO）	3
		medium	中	Bonanza（SWO）	5
		strong	强		7
56. （+） PQ [290]	（c） （d）	**Fruit surface：presence of pitting and pebbling**	**果面：陷点和凸起**		
		pitting and pebbling absent	无陷点和凸起		1
		pitting absent，pebbling present	无陷点，有凸起		2
		pitting present，pebbling absent	有陷点，无凸起		3
		pitting and pebbling present	陷点和凸起均有		4
57. QN [291]	（c） （d）	**Varieties with fruit surface：pitting present only：Fruit surface：density of pitting**	**果面：陷点密度（仅适用于有陷点的品种）**		
		sparse	疏		3
		medium	中		5
		dense	密		7
58. QN [293]	（c） （d）	**Varieties with fruit surface：pebbling present only：Fruit surface：density of pebbling**	**果面：凸起密度（仅适用于有凸起的品种）**		
		sparse	疏		3
		medium	中		5
		dense	密		7
59. QN [294]	（c） （d）	**Varieties with fruit surface：pebbling present only：Fruit surface：degree of pebbling**	**果面：凸起程度（仅适用于有凸起的品种）**		
		weak	弱		3
		medium	中		5
		strong	强		7
60. （*） QN [295]	（c） （d）	**Fruit rind：thickness**	**果皮：厚度**		
		thin	薄	Navelate（SWO）	3
		medium	中	Valencia Late（SWO）	5
		thick	厚	Newhall（SWO）	7
61. QN [297]	（c） （d）	**Fruit rind：strength**	**果皮：韧度**		
		weak	弱		3
		medium	中		5
		strong	强		7
62. PQ [300]	（c）	**Fruit：color of albedo**	**果实：白皮层颜色**		
		greenish	泛绿色		1
		white	白色		2
		light yellow	浅黄色		3
		light orange	浅橙色		4
		pink	粉色		5
		reddish	泛红色		6

续表

性状编号	观测方法	英文	中文	标准品种	代码
63. QL [305]	(c) (e)	**Fruit: differently colored specks in flesh**	**果实：果肉上不同颜色斑点**		
		absent	无	Valencia Late (SWO)	1
		present	有	Sanguinelli (SWO)	9
64. QL [306]	(c) (e)	**Fruit: bicolored segments**	**果实：双色囊瓣**		
		absent	无	Valencia Late (SWO)	1
		present	有	Sanguinelli (SWO)	9
65. (*) PQ	(c) (e)	**Only varieties with Fruit: bicolored segments: present: Fruit: distribution of red coloration**	**果实：红色分布（仅适用于双色囊瓣品种）**		
		evenly distributed	均匀分布	Valencia Late (SWO)	1
		mainly marginate	主要边缘化	Washington Navel (SWO)	2
66. (*) PQ		**Fruit: main color of flesh**	**果实：果肉主色**		
	(c) (e)	light orange	浅橙色		
		medium orange	中等橙色		
		dark orange	深橙色		
		orange red	橙红色		
		red	红色		
67. QL [308]	(c) (e)	**Fruit: bitterness of flesh**	**果实：果肉苦味**		
		absent	无		1
		present	有		9
68. QN [309]	(c) (e)	**Fruit: filling of core**	**果实：果心充实度**		
		absent or very sparse	空或极疏		1
		sparse	疏		3
		medium	中	Washington Navel (SWO)	5
		dense	密	Salustiana (SWO)	7
		very dense	极密		9
69. QN [310]	(c) (e)	**Fruit: diameter of core**	**果实：中心柱直径**		
		small	小	Salustiana (SWO)	3
		medium	中	Valencia Late (SWO)	5
		large	大	Navelate (SWO)	7
70. QN [311]	(c) (e)	**Fruit: presence of rudimentary segments**	**果实：未发育囊瓣**		
		absent or weak	无或弱	Valencia Late (SWO)	1
		intermediate	中		2
		strong	强		3
71. QN [312]	(c) (e)	**Fruit: number of well developed segments**	**果实：发育良好囊瓣数**		
		few	少	Navelate (SWO)	3
		medium	中	Sanguinelli (SWO)	5
		many	多		7

续表

性状编号	观测方法	英文	中文	标准品种	代码
72. QN [313]	(c) (e)	**Fruit: coherence of adjacent segment walls**	**果实：相邻囊壁粘连性**		
		weak	弱	Navelina（SWO）	3
		medium	中	Valencia Late（SWO）	5
		strong	强		7
73. QN [314]	(c) (e)	**Fruit: strength of segment walls**	**果实：囊壁强度**		
		weak	弱	Navelate（SWO）	3
		medium	中	Valencia Late（SWO）	5
		strong	强	Berna（SWO）	7
74. QN [315]	(c) (e)	**Fruit: length of juice vesicles**	**果实：汁胞长度**		
		short	短	Salustiana（SWO）	3
		medium	中		5
		long	长	Washington Navel（SWO）	7
75. QN [316]	(c) (e)	**Fruit: thickness of juice vesicles**	**果实：汁胞厚度**		
		thin	薄		3
		medium	中		5
		thick	厚		7
76. QN [317]	(c) (e)	**Fruit: conspicuousness of juice vesicle walls**	**果实：汁胞壁凸出度**		
		low	低		3
		medium	中		5
		high	高		7
77. QN [318]	(c) (e)	**Fruit: coherence of juice vesicles**	**果实：汁胞紧实度**		
		weak	弱		3
		medium	中		5
		strong	强		7
78. (*) PQ [319]	(c)	**Fruit: presence of navel（viewed internally）**	**果实：脐（从内部观测）**		
		absent or very rare	无或鲜有	Valencia Late（SWO）	1
		occasionally present	偶有		2
		always present	均有	Washington Navel（SWO）	3
79. QN [320]	(c)	**Fruit: size of navel（viewed internally）**	**果实：脐大小（从内部观测）**		
		small	小		3
		medium	中	Washington Navel（SWO）	5
		large	大	Navelate（SWO）	7
80. QN [321]	(c)	**Fruit: juiciness**	**果实：果汁含量**		
		low	低		3
		medium	中	Washington Navel（SWO）	5
		high	高	Salustiana（SWO）	7
81. QN [322]	(c)	**Fruit juice: total soluble solids**	**果汁：可溶性固形物**		
		low	低	Valencia Late（SWO）	3
		medium	中	Washington Navel（SWO）	5
		high	高	Navelate（SWO）	7

续表

性状编号	观测方法	英文	中文	标准品种	代码
82. QN [323]	(c)	**Fruit juice：acidity**	**果汁：酸度**		
		very low	极低	Sucreña (SWO)	3
		low	低		
		medium	中	Washington Navel (SWO)	5
		high	高	Valencia Late (SWO)	7
83. QN [324]	(c)	**Fruit：strength of fibre**	**果实：纤维强度**		
		weak	弱	Salustiana (SWO)	3
		medium	中	Washington Navel (SWO)	5
		strong	强		7
84. (+) QN [326]	(c)	**Fruit：number of seeds (open pollination)**	**果实：种子数量(自然授粉)**		
		absent or very few	无或极少	Salustiana (SWO)	1
		few	少	Valencia Late (SWO)	3
		medium	中		5
		many	多	Pineapple (SWO)	7
85. (*) QL [327]	(f)	**Seed：polyembryony**	**种子：多胚**		
		absent	无		1
		present	有	Valencia Late (SWO)	9
86. QN [328]	(f)	**Seed：length**	**种子：长度**		
		short	短		3
		medium	中		5
		long	长		7
87. QN [329]	(f)	**Seed：width**	**种子：宽度**		
		narrow	窄		3
		medium	中		5
		broad	宽		7
88. QL [330]	(f)	**Seed：surface**	**种子：表面**		
		smooth	光滑		1
		wrinkled	褶皱		2
89. QN	(f)	**Varieties with seed：surface wrinkled only：Seed：prominence of wrinkles**	**种子：褶皱程度(仅适用于种子表面褶皱品种)**		
		weak	弱		3
		medium	中		5
		strong	强		7
[331] 90. PQ [332]	(f)	**Seed：external color**	**种子：外表颜色**		
		greenish	泛绿色		1
		whitish	泛白色	Comuna (SWO)	2
		yellowish	泛黄色		3
		pinkish	泛粉色		4
		brownish	泛棕色		5

续表

性状编号	观测方法	英文	中文	标准品种	代码
91. PQ [333]	（f）	**Seed：color of inner seed coat**	**种子：内种皮颜色**		
		white	白色	Sucreña（SWO）	1
		light yellow	浅黄色		2
		light brown	浅棕色		3
		medium brown	中等棕色	Comuna（SWO）	4
		dark brown	深棕色		5
		red	红色		6
		purple	紫色		7
92. PQ [334]	（f）	**Only varieties with seed：polyembryony present：Seed：color of cotyledons**	**种子：子叶颜色（仅适用于种子为多胚的品种）**		
		white	白色	Comuna（SWO）	1
		cream	奶油色		2
		light green	浅绿色		3
		dark green	深绿色		4
93. (*) QN [336]		**Time of maturity of fruit for consumption**	**商品果成熟时间**		
		early	早	Navelina（SWO）	3
		medium	中	Salustiana（SWO）	5
		late	晚	Valencia Late（SWO）	7
94. (*) QL [337]	（c）	**Fruit：parthenocarpy**	**果实：单性结实**		
		absent	无	Comuna（SWO）	1
		present	有	Washington Navel（SWO）	9
95. (+) QL [338]		**Plant：self-incompatibility**	**植株：自交不亲和性**		
		absent	无	Pineapple（SWO）	1
		present	有		9

8 性状表解释

8.1 对多个性状的解释

性状表第二列包含以下标注的性状应按照下述要求观测。

（a）叶：应在最新抽出的春梢的中部 1/3 选取已没有活跃生长迹象且发育完全的叶片进行观测。

（b）花：除非另有说明，应在该品种盛花期选取顶部的花蕾或花进行观测。对于开放状态花的性状观测应选取当日开放的花进行。

（c）果实：果实的观测应在适度成熟时进行。果实的观测一周一次，且达到成熟时尽可能快地收获。所有观测的果实必须是取自于树的外围，因丛集导致畸形的果实不能作为观测样品。

（d）果实表面和果皮：果实表面和果皮的观测应在介于果实基部和顶端之间的中部进行。

（e）果肉：应将果实沿中部横切后进行观测。

（f）种子：应观测新鲜的种子。

8.2 对单个性状的解释

性状 2（[202]）：植株生长习性

植株生长习性的观测应在收获后立刻进行。

性状 14（[224]）：叶片先端形状

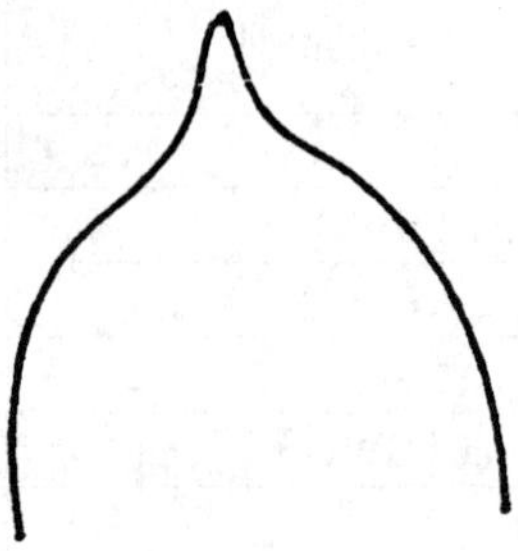

1
渐尖

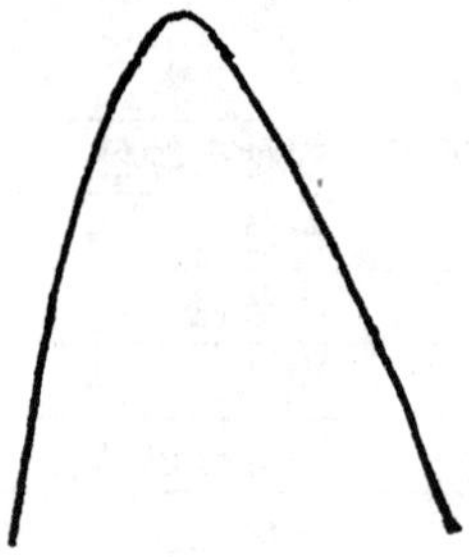

2
锐尖

3
钝尖

4
圆形

性状 15（[225]）：叶片尖端缺刻

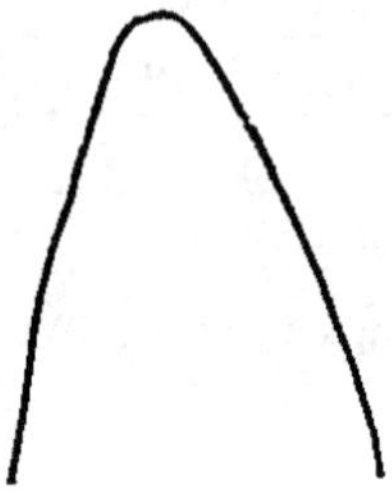

1
无

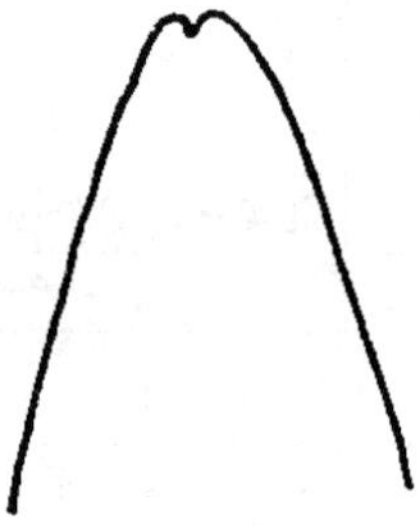

9
有

性状 26（[239]）：花粉活力

花芽发育过程中存在变异。需要在完全开花期间进行观察。根据两年的观察结果，取最高值，因为这表明了授粉的最大潜力。

测定花粉活力百分比的方法如下。

花粉应在花瓣开始打开（但花药闭合）时收集。将花药收集到培养皿中，室温条件下置于硅胶干燥器中，避光 20～48 h。花药打开时，将其移至 8 ºC、70%～80% 相对湿度的环境中放置 1 h。随后，将花粉涂抹至有 2 mL Brewbacker 培养基的载玻片上。最后，将载玻片置于 24 ºC、75% 相对湿度的环境中放置 20 h。

以 2 个不同载玻片上的 15 个双目观察视野中的萌发花粉粒的平均值，计算花粉育性的百分率。

性状 33（[249]）：果实果基部整体形状（不包括果颈、颈领和果基凹陷部分）

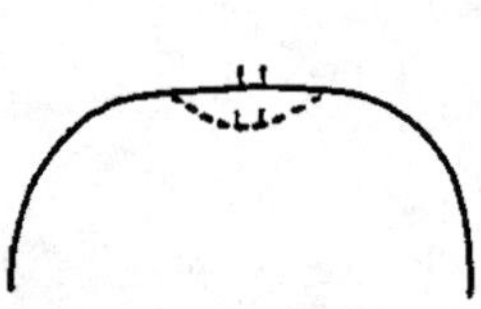

1
平整

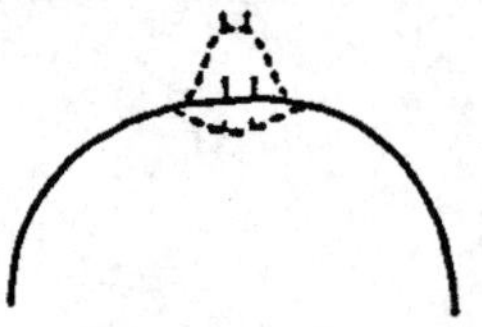

2
略圆

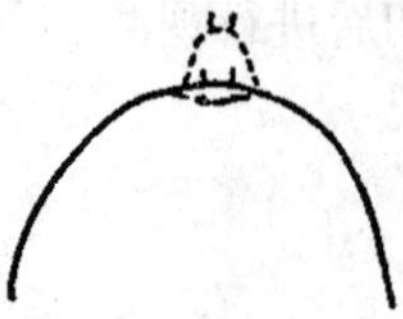

3
极圆

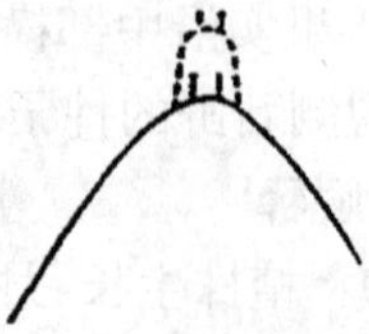

4
锥形

性状 34（[253]）：果实果基凹陷（仅适用于无果颈的品种）

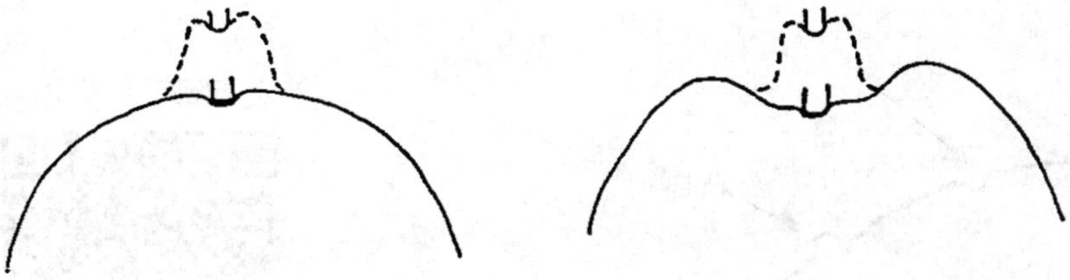

1
无

9
有

性状 38（[260]）：果实果基颈领

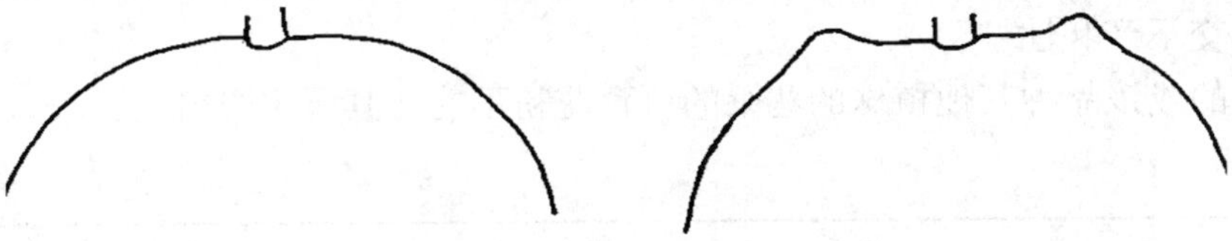

1
无

9
有

性状 39（[264]）：果实果顶部整体形状（不包括乳突、脐突和果顶凹陷）

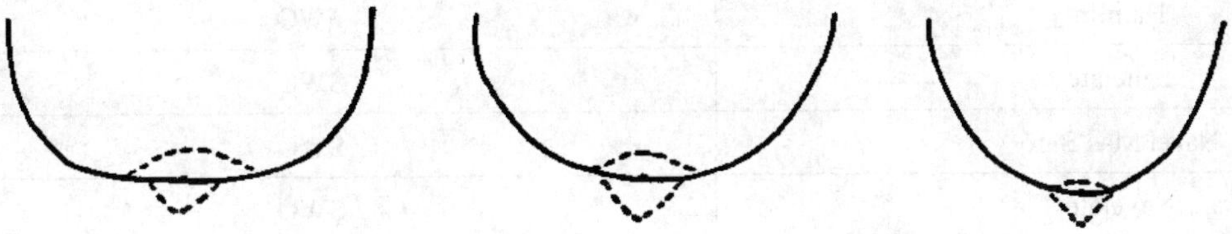

1
平整

2
略圆

3
极圆

性状 40（[265]）：果实果顶凹陷

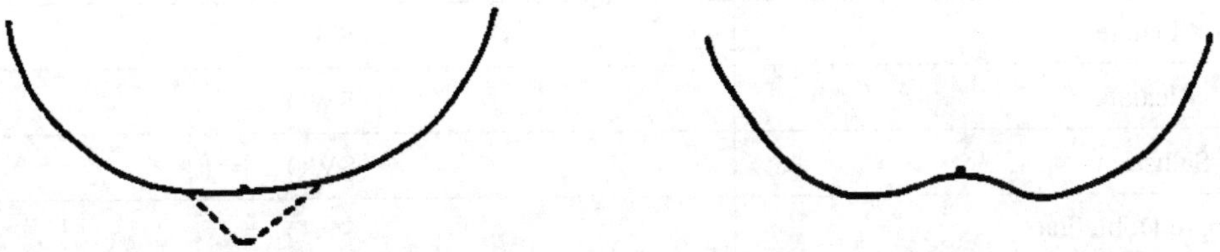

1
无

9
有

性状 42（[271]）：果实果顶印圈类型

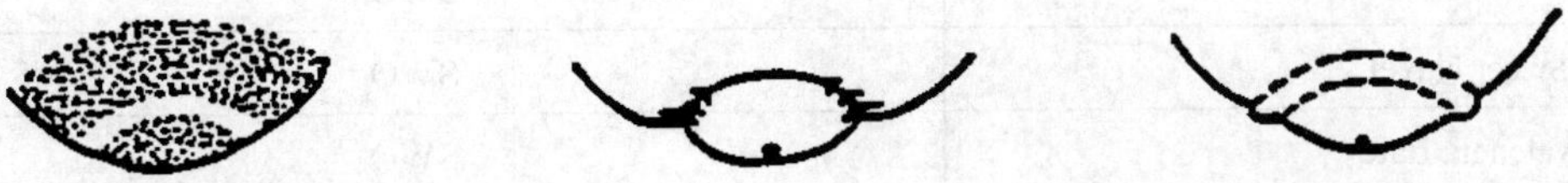

1
光滑

2
具沟槽

3
嵴状

性状 56（[290]）：果面陷点和凸起
在果实中部进行观测。

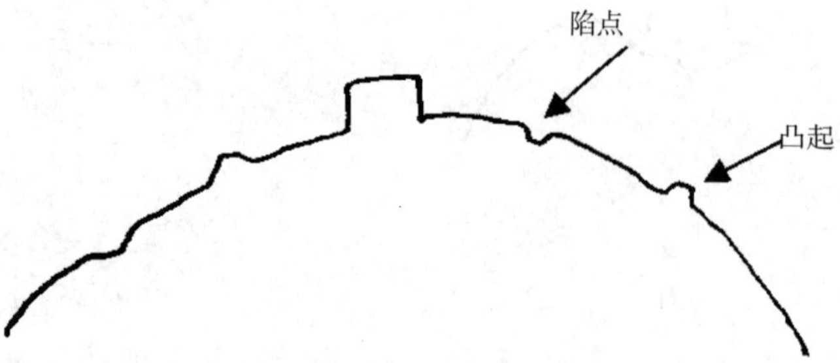

扫码下载原文

如扫描二维码无法下载指南原文，可能是指南版本有更新，可扫描本书封底二维码查看与本文对应的指南版本

性状 84（[326]）：果实种子数量（自然授粉）
自然授粉指在品种内不同植株间进行自然授粉。
性状 95（[338]）：植株自交不亲和性
自交不亲和是指植株自身的或该品种其他植株的花朵的可育花粉不能让其子房受精。

8.3 甜橙的标准品种清单

品种名称	亚组
Bonanza	SWO
Caracara	SWO
Comuna	SWO
Hamlin	SWO
Lanelate	SWO
Navel Mas Baró	SWO
Navelate	SWO
Navelina	SWO
Newhall	SWO
Peret	SWO
Pineapple	SWO
Pinalate	SWO
Ricalate	SWO
Salustiana	SWO
Sangre Doblefina	SWO
Sangre Oval	SWO
Sanguinelli	SWO
Sucreña	SWO
Summer Navel	SWO
Sweet Navel	SWO
Valencia Late	SWO

TG/203/1 Rev. Corr.
原文：英文
日期：2003-04-09，
2015-03-25，
2020-02-25

国际植物新品种保护联盟
植物品种特异性、一致性和稳定性测试指南

柑橘属－分组 3：柠檬和来檬

其他相关文件：

TG/201 柑橘属 – 分组 1：宽皮柑橘
TG/202 柑橘属 – 分组 2：甜橙
TG/204 柑橘属 – 分组 4：柚
TG/83 柑橘属 – 分组 5：枳

分组 3- 互用名称和相应亚组列表 *

植物学名	分组	英文	法文	德文	西班牙文
Citrus assamensis S. Dutta & S.C. Bhattach.	LEM				
Citrus aurantiifolia（Christm.）Swingle	SAL	Mexican Lime	Limettier	Limette	Lima mexicana, Limón mexicano
Citrus aurata Risso	LEM				
Citrus balotina Poit. & Turpin	LEM				
Citrus bergamia Risso & Poit.	SAL				
Citrus davaoensis（Wester）Tanaka	SAL				
Citrus duttae Tanaka	LEM				
Citrus excelsa Wester	SAL				
Citrus hyalopulpa Tanaka	SAL				
Citrus jambhiri Lush.	LEM（RLM）	Rough Lemon	Citronnier	Rauhschalige Zitrone	Limón rugoso
Citrus javanica Blume	SAL				
Citrus karna Raf.	LEM				
Citrus latifolia（Yu. Tanaka）Tanaka	SAL（LAL）	Acid Lime	Limettier	Persische Limette	Lima ácida
Citrus limetta Risso	LEM				
Citrus limettioides Tanaka	SAL（SWL）	Sweet Lime	Limettier	Zitrone	Lima dulce
Citrus limon（L.）Burm. f.	LEM	Lemon	Citronnier	Zitrone	Limón
Citrus limon（L.）Burm. × *C. aurantifolia*（Christm.）Swing.	HLL	Lemonime			
Citrus limonia Osbeck	LEM				
Citrus longilimon Tanaka	LEM				
Citrus longispina Wester	SAL				
Citrus lumia Risso & Poit.	LEM				
Citrus macrolimon Tanaka	LEM				
Citrus megaloxycarpa Lush.	LEM				
Citrus mellarosa Risso	LEM				
Citrus meyeri Yu. Tanaka	LEM				
Citrus montana（Wester）Tanaka	SAL				
Citrus obversa Hassk.	SAL				
Citrus ovata Hassk.	SAL				
Citrus papaya Hassk.	SAL				
Citrus peretta Risso	LEM				
Citrus pseudolimon Tanaka	LEM				
Citrus pseudolimonum Wester	SAL				
Citrus pyriformis Hassk.	LEM				
Citrus rissoi Risso	LEM				
Citrus sarbati Tanaka	LEM				
Citrus webberii Wester	SAL				

* 这些名称在指南开始使用时是正确的，但随后可能会修改更新。读者可登录 UPOV 网站（www.upov.int），获取最新资料。

1　指南适用范围

1.1　本指南依据柑橘属测试指南模板制定。其性状都是选用其附件给出的柑橘属性状总表中所列举的性状。

1.2　本指南适用于柑橘属（芸香科）中列出的一个组的所有品种及其组内杂交种，即组 3：柠檬和来檬及其杂交种（见分组 3– 互用名称和相应亚组列表）。

1.3　对于柑橘属的种间杂交种，应采用最适合果实整体外观描述的测试指南。但如果该品种无法与其他测试指南所涵盖的所有品种都明显区分时，还应使用这些测试指南对该品种进行审查。

1.4　对于柑橘属的种间杂交种，即使使用其他测试指南能够将该品种与其所涵盖的全部品种明显区分开，也可能有必要采用柑橘属的附加性状来观测该品种。对于这种情况，涵盖其亲本的测试指南的性状，或者是附录列出的柑橘属性状总表中的性状可能特别有用。

2　繁殖材料要求

2.1　待测品种繁殖材料的数量和质量要求以及提交的时间和地点由主管机构决定。申请人从测试所在国境外提交繁殖材料的，还应符合海关规定并满足相关植物检疫的要求。

2.2　繁殖材料以芽条形式提交，芽条茎粗 6～10 mm（一年生），每段芽条采自于果实典型的植株；或者按主管机关要求，提供一年生的嫁接苗。对于砧木品种，可能要求提供根插条或种子。

2.3　申请人提交繁殖材料的最小数量为 10 枝芽条，确保嫁接 10 个植株；或者按主管机关要求，提交不少于 10 株一年生的嫁接苗。

2.4　提供的繁殖材料应外观健康有活力，未受到任何严重的病虫害的影响。繁殖材料最好不是通过离体培养获得的。如果材料是经过离体培养获得的，申请人需要陈述此情况。

2.5　提交的繁殖材料不得进行任何可能影响品种性状表达的处理，除非主管机构允许或要求进行这种处理。如果材料已经处理，需要提供相关处理的详细情况。

3　测试方法

3.1　测试周期

测试的最少周期数量通常为 2 个生长周期。根据本测试指南的主旨，1 个生长周期是指 1 个结果周期。

3.2　测试地点

测试通常在 1 个地点进行。如果用于该品种 DUS 测试的某些相关性状在该地点不能观测，可在其他符合条件的地点对其进行观测。

3.3　测试条件

3.3.1　测试的条件应能满足品种正常生长的需要，以确保品种相关性状充分表达和测试的顺利开展。特别的是，对于果树而言，必须满足其至少 2 个结果周期的生长。每组试验中使用的符合规定要求的砧木是开展果树品种测试的必要条件。

3.3.2　所有性状的观测必须在种植后不低于三年生的相同株龄的植株上进行。植株的株龄需要详细说明。

3.4　试验设计

3.4.1　试验设计应保证因测量或计数等需要，从小区取走部分植株或植株部位后，不影响生长周期结束前的所有观测。

3.4.2　每个试验应保证至少有 5 个植株。

3.5 植株 / 植株部位的观测

除非另有说明，所有测量或计数的观测，应观测 5 个植株或分别从 5 个植株上逐一取下 2 个的植株部位。

3.6 附加测试

为测试有关性状，可以进行附加测试。

4 特异性、一致性和稳定性评价

4.1 特异性

4.1.1 一般建议

对于本指南的使用者而言，在判定特异性前参照总则特异性判定的一般原则十分重要。为进一步说明和强调特异性判定，本指南特列出特异性判定的要点。

4.1.2 一致的差异

3.1 部分给出了测试的最少周期的建议，目的在于确保性状的任何差异能够充分一致。

4.1.3 明显的差异

两个品种间的差异是否明显取决于很多因素，特别应考虑所测性状的表达类型，即该性状是质量性状、数量性状还是假质量性状。因此，在作出关于特异性的判定前，本测试指南的使用者应熟悉总则中的建议，这一点很重要。

4.2 一致性

对于本指南的使用者而言，在判定一致性前参照总则一致性判定的一般原则十分重要。为进一步说明和强调一致性判定，本指南特列出一致性判定的要点。

一致性判定时，应采用 1% 的群体标准和至少 95% 的接受概率。当样本量为 5 个时，不允许有异型株。

4.3 稳定性

4.3.1 在实际操作中，通常不像测试特异性和一致性那样对稳定性进行测试以得到明确结果。经验表明，对许多类型的品种来说，当一个品种表现一致时，可认为其是稳定的。

4.3.2 适当情况下或者有疑问时，种植该品种的下一世代繁殖材料或者新的实生种苗测试其稳定性，看其性状表现是否与之前提交的繁殖材料表现相同。

5 品种分组和试验组织

5.1 使用分组性状可以帮助选择与申请品种一起进行田间种植试验的已知品种，以及对这些品种进行合适分组以便进行特异性评价。

5.2 分组性状表达状态的数据即使来自不同地点，也可以单独或者与其他此类性状联合使用。

5.2.1 用于特异性测试中筛选排除那些不需要安排在种植试验中的已知品种。

5.2.2 用于组织安排种植试验，使近似品种种植在一起。

5.3 以下性状已被确认为有用的分组性状。

（a）嫩叶：花青苷显色（性状 5）。

（b）果实：长度（性状 32）。

（c）果实：果颈（性状 37）。

（d）果实：乳突（性状 42）。

（e）果面：主色（性状 49）。

5.4 总则中提供了在特异性审查过程中使用分组性状的指导。

6　性状表介绍

6.1　性状类型

6.1.1　标准指南性状

标准指南性状是 UPOV 已同意用于 DUS 审查的性状，UPOV 成员可以从中选择与其特定环境相适应的性状。

6.1.2　星号性状

星号性状（用“*”标记）是测试指南中对于形成国际统一的品种描述十分重要的性状，所有 UPOV 成员都应将其用于 DUS 测试并包含在品种描述中，除非所述性状的表达或区域环境条件所限使其无法测试。

6.2　表达状态及相应代码

为定义性状和统一描述，将每个性状划分为一系列表达状态。每个表达状态赋予一个相应的数字代码，以便于数据记录，以及品种性状描述的建立和交流。

6.3　表达类型

总则中对性状表达类型（质量性状、数量性状和假质量性状）进行了解释。

6.4　标准品种

适当时，测试指南中提供了标准品种用于校正性状的表达状态。每个标准品种后面的括号内注明了该品种所在组别的缩略语。

6.5　注释

(*) 星号性状（6.1.2）。

QL：质量性状（6.3）。

QN：数量性状（6.3）。

PQ：假质量性状（6.3）。

[###] 性状在柑橘属性状总表中所对应的编号（以 200 开始）。

（a）～（h）性状表解释（8.1）。

（+）性状表解释（8.2）。

6.6　缩略语

见分组 3- 互用名称和相应亚组列表。

7　性状表

性状编号	观测方法	英文	中文	标准品种	代码
1. QL [201]		**Ploidy**	**倍性**		
		diploid	二倍体		2
		triploid	三倍体		3
		tetraploid	四倍体		4
2. (*) (+) PQ [202]		**Tree：growth habit**	**植株：生长习性**		
		upright	直立	Lisbon Frost（LEM）	1
		spreading	开张	Verna（LEM）	2
		drooping	下弯		3
3. QN [203]		**Tree：density of spines**	**植株：刺密度**		
		absent or sparse	无或稀少	Colima 02（SAL）	1
		intermediate	中等		2
		dense	密集		3

续表

性状编号	观测方法	英文	中文	标准品种	代码
4. QN [204]		**Tree: length of spines**	**植株：刺长度**		
		short	短	Eureka（LEM）	3
		medium	中	Fino（LEM）	5
		long	长	Chaparro（LEM）	7
5. （*） QL [206]	（a）	**Young leaf: presence of anthocyanin coloration**	**嫩叶：花青苷显色**		
		absent	无	Flor de Arancio（LEM）	1
		present	有	Verna（LEM）	9
6. QN [207]	（a）	**Young leaf: intensity of anthocyanin coloration**	**嫩叶：花青苷显色强度**		
		weak	弱	Tahiti（LAL）	3
		medium	中	Verna（LEM）	5
		strong	强		7
7. QN [210]	（b）	**Leaf blade: length（apical leaflet in case of compound leaf）**	**叶片：长度（复叶时为顶端小叶）**		
		short	短	Mexicana（SAL）	3
		medium	中	Tahiti（LAL）	5
		long	长	Fino（LEM）	7
8. QN [211]	（b）	**Leaf blade: width（as for 7）**	**叶片：宽度（同性状 7）**		
		narrow	窄	Mexicana（SAL）	3
		medium	中	Tahiti（LAL）	5
		broad	宽	Fino（LEM）	7
9. QN [212]	（b）	**Leaf blade: ratio length/width（as for 7）**	**叶片：长宽比（同性状 7）**		
		small	小		3
		medium	中		5
		large	大		7
10. QN [217]	（b）	**Leaf blade: shape in cross section（as for 7）**	**叶片：横截面形状（同性状 7）**		
		straight or weakly concave	平展或轻微内凹		1
		intermediate	中度内凹		2
		strongly concave	重度内凹		3
11. QN [218]	（b）	**Leaf blade: twisting**	**叶片：扭曲**		
		absent or weak	无或弱	Fino（LEM）	1
		intermediate	中	Eureka（LEM）	2
		strong	强		3
12. QN [220]	（b）	**Leaf blade: green color**	**叶片：绿色**		
		light	浅		3
		medium	中	Fino（LEM）	5
		dark	深		7
13. QN [222]	（b）	**Leaf blade: undulation of margin**	**叶片：边缘波状**		
		absent or weak	无或弱	Fino（LEM）	1
		intermediate	中	Eureka（LEM）	2
		strong	强		3

续表

性状编号	观测方法	英文	中文	标准品种	代码
14. PQ [223]	（b）	**Leaf blade：incisions of margin**	**叶片：边缘缺刻**		
		absent	无		1
		crenate	圆齿状		2
		dentate	锯齿状		3
15. （+） PQ [224]	（b）	**Leaf blade：shape of apex**	**叶片：先端形状**		
		acuminate	渐尖		1
		acute	锐尖		2
		obtuse	钝尖		3
		rounded	圆形		4
16. （+） QL [225]	（b）	**Leaf blade：emargination at tip**	**叶片：尖端缺刻**		
		absent	无		1
		present	有		9
17. QN [226]	（b）	**Petiole：length**	**叶柄：长度**		
		short	短		3
		medium	中	Fino（LEM）	5
		long	长		7
18. QL [227]	（b）	**Petiole：presence of wings**	**叶柄：翼叶有无**		
		absent	无	Colima 02（SAL）， Fino（LEM）	1
		present	有		9
19. QN [228]	（b）	**Varieties with petiole wings present only：Petiole：width of wings**	**叶柄：翼叶宽度（仅适用于叶柄具翼叶品种）**		
		narrow	窄		3
		medium	中		5
		broad	宽		7
20. QL [229]	（c） （d）	**Flower bud：presence of anthocyanin coloration**	**花蕾：花青苷显色**		
		absent	无	Flor de Arancio（LEM）	1
		present	有	Verna（LEM）	9
21. QN [230]	（c） （d）	**Flower bud：intensity of anthocyanin coloration**	**花蕾：花青苷显色强度**		
		weak	弱	Tahiti（LAL）	3
		medium	中		5
		strong	强	Verna（LEM）	7
22. QN [231]	（c）	**Flower：diameter of calyx**	**花：花萼直径**		
		small	小		3
		medium	中		5
		large	大		7
23. QN [232]	（c）	**Flower：length of petal**	**花：花瓣长度**		
		short	短		3
		medium	中		5
		long	长		7

续表

性状编号	观测方法	英文	中文	标准品种	代码
24. QN [233]	（c）	**Flower：width of petal**	**花：花瓣宽度**		
		narrow	窄		3
		medium	中		5
		broad	宽		7
25. QN [234]	（c）	**Flower：ratio length/ width of petal**	**花：花瓣长宽比**		
		small	小		3
		medium	中		5
		large	大		7
26. QN [235]	（c）	**Flower：length of stamens**	**花：雄蕊长度**		
		short	短		3
		medium	中		5
		long	长		7
27. QL [236]	（c）	**Flower：basal union of stamens**	**花：雄蕊基部联合**		
		absent	无	Fino（LEM）	1
		present	有		9
28. PQ [238]	（c）	**Anther：color**	**花药：颜色**		
		white	白色		1
		light yellow	浅黄色		2
		medium yellow	中等黄色	Verna（LEM）	3
29. QL [239]	（c）	**Anther：viable pollen**	**花药：花粉活力**		
		absent	无	Tahiti（LAL）	1
		present	有		9
30. QN [240]	（c）	**Style：length**	**花柱：长度**		
		short	短		3
		medium	中		5
		long	长		7
31. QL [243]		**Infructescence：clustering of fruits**	**果序：果实簇**		
		absent	无	Fino（LEM）	1
		present	有	Eureka（LEM）	9
32. （*） QN [244]	（e）	**Fruit：length**	**果实：长度**		
		short	短	Mexicana（SAL）	3
		medium	中	Tahiti（LAL）	5
		long	长	Eureka（LEM）	7
33. （*） QN [245]	（e）	**Fruit：diameter**	**果实：直径**		
		small	小	Mexicana（SAL）	3
		medium	中	Lunario Ambrojo（LEM）	5
		large	大	Fino（LEM）	7
34. （*） QN [246]	（e）	**Fruit：ratio length/diameter**	**果实：长径比**		
		small	小	Tahiti（LAL）	3
		medium	中	Fino（LEM）	5
		large	大	Verna（LEM）	7
35. （*） QN [247]	（e）	**Fruit：position of broadest part**	**果实：最宽处位置**		
		towards stalk end	近基部		1
		at middle	中部	Fino（LEM）	2
		towards distal end	近顶部		3

续表

性状编号	观测方法	英文	中文	标准品种	代码
36. （+） PQ [249]	（e）	**Fruit：general shape of proximal part（excluding neck，collar and depression at stalk end）**	**果实：近端整体形状（不包括果颈、颈领和果柄处的凹陷部分）**		
		flattened	平整		1
		slightly rounded	略圆		2
		strongly rounded	极圆		3
		tapered	锥形		4
37. （*） （+） QL [250]	（e）	**Fruit：presence of neck**	**果实：果颈**		
		absent	无	Lunario（LEM）	1
		present	有	Verna（LEM）	9
38. QN [251]	（e）	**Necked varieties only：Fruit：length of neck**	**果实：果颈长度（仅适用于有果颈的品种）**		
		short	短	Fino（LEM）	3
		medium	中	Lisbon Frost（LEM）	5
		long	长	Verna（LEM）	7
39. （*） （+） QL [253]	（e）	**Only varieties without fruit neck：Fruit：presence of depression at stalk end**	**果实：果基凹陷（仅适用于无果颈的品种）**		
		absent	无	Lunario（LEM）	1
		present	有	Messina（LEM）	9
40. QN [254]	（e）	**Only varieties without fruit neck：Fruit：depth of depression at stalk end**	**果实：果基凹陷的深度（仅适用于无果颈的品种）**		
		shallow	浅		3
		medium	中		5
		deep	深		7
41. （+） QN [264]	（e）	**Fruit：general shape of distal part（excluding nipple，bulging of navel and depression at distal end）**	**果实：果顶部整体形状（不包括乳突、脐突和果顶凹陷）**		
		flattened	平整	Messina（LEM）	1
		slightly rounded	略圆	Eureka（LEM）	2
		strongly rounded	极圆	Verna（LEM）	3
42. （*） （+） QL [268]	（e）	**Fruit：presence of nipple**	**果实：乳突**		
		absent	无	Mexicana（SAL），Tahiti（LAL）	1
		present	有	Verna（LEM）	9
43. QN [269]	（e）	**Fruit：prominence of nipple**	**果实：乳突明显程度**		
		weak	弱	Messina（LEM）	3
		medium	中	Fino（LEM）	5
		strong	强	Verna（LEM）	7
44. QN [273]	（e）	**Fruit：diameter of stylar scar**	**果实：花柱痕直径**		
		small	小		3
		medium	中		5
		large	大		7

续表

性状编号	观测方法	英文	中文	标准品种	代码
45. PQ [275]	(e)	**Fruit: persistence of style**	**果实：花柱宿存**		
		none	无		1
		partial	部分		2
		total	全部		3
46. QL [279]	(e)	**Fruit: presence of radial grooves at distal end**	**果实：果顶放射沟纹**		
		absent	无		1
		present	有		9
47. QN [280]	(e)	**Fruit: expression of radial grooves at distal end**	**果实：果顶放射沟纹程度**		
		weak	弱		3
		medium	中		5
		strong	强		7
48. QL [281]	(e)	**Fruit: color variegation**	**果实：色斑**		
		absent	无		1
		present	有		9
49. PQ [282]	(e) (f)	**Fruit surface: predominant color (s)**	**果面：主色**		
		green	绿色		1
		yellow green	黄绿色	Tahiti (LAL)	2
		light yellow	浅黄色	Fino (LEM)	3
		medium yellow	中等黄色	Canaria (SWL)	4
		yellow orange	黄橙色	Variegado (LEM)	5
50. (*) QN [285]	(e) (f)	**Fruit surface: glossiness**	**果面：光泽度**		
		absent or very weak	无或极弱		1
		weak	弱	Eureka (LEM)	3
		medium	中		5
		strong	强		7
		very strong	极强		9
51. QN [286]	(e) (f)	**Fruit surface: roughness**	**果面：粗糙度**		
		smooth	光滑	Lunario (LEM)	3
		medium	中等	Fino (LEM)	5
		rough	粗糙	Campisi (LEM)	7
52. PQ [287]	(e) (f)	**Fruit surface: size of oil glands**	**果面：油胞大小**		
		all more or less the same size	大小基本相同		1
		larger ones interspersed by smaller ones	较大油胞间分布小油胞		2
53. QN [288]	(e) (f)	**Fruit surface: size of larger oil glands**	**果面：较大油胞的大小**		
		small	小		3
		medium	中		5
		large	大		7
54. QN [289]	(e) (f)	**Fruit surface: conspicuousness of larger oil glands**	**果面：较大油胞的凸出度**		
		weak	弱		3
		medium	中		5
		strong	强		7

续表

性状编号	观测方法	英文	中文	标准品种	代码
55. PQ [290]	(e) (f)	**Fruit surface：presence of pitting and pebbling on oil glands**	**果面：油胞陷点和凸起**		
		pitting and pebbling absent	无陷点和凸起		1
		pitting absent，pebbling present	无陷点，有凸起		2
		pitting present，pebbling absent	有陷点，无凸起		3
		pitting and pebbling present	陷点和凸起均有		4
56. QN [291]	(e) (f)	**Varieties with fruit surface：pitting on oil glands present only：Fruit surface：density of pitting**	**果面：陷点密度（仅适用于油胞有陷点的品种）**		
		sparse	疏		3
		medium	中		5
		dense	密		7
57. (*) QN [295]	(e) (f)	**Fruit rind：thickness**	**果皮：厚度**		
		thin	薄		3
		medium	中	Messina（LEM），Mexicana（SAL）	5
		thick	厚	Verna（LEM）	7
58. (*) QN [298]	(e) (f)	**Fruit rind：oiliness**	**果皮：油滑度**		
		dry	干燥		3
		medium	中等		5
		oily	油滑		7
59. (*) PQ [307]	(e) (g)	**Fruit：main color of flesh**	**果实：果肉主色**		
		light green	浅绿色	Tahiti（LAL）	1
		light yellow	浅黄色	Eureka（LEM）	2
		medium pink	中等粉色	Variegado（LEM）	3
60. QN [309]	(e) (g)	**Fruit：filling of core**	**果实：果心充实度**		
		absent or very sparse	空或极疏		1
		sparse	疏	Messina（LEM）	3
		medium	中	Lunario（LEM）	5
		dense	密	Eureka（LEM）	7
		very dense	极密	Fino（LEM）	9
61. QN [310]	(e) (g)	**Fruit：diameter of core**	**果实：中心柱直径**		
		small	小	Fino（LEM）	3
		medium	中		5
		large	大	Santa Teresa（LEM）	7
62. QN [311]	(e) (g)	**Fruit：presence of rudimentary segments**	**果实：未发育囊瓣**		
		absent or weak	无或弱		1
		intermediate	中		2
		strong	强		3
63. QN [312]	(e) (g)	**Fruit：number of well developed segments**	**果实：发育良好囊瓣数**		
		few	少		3
		medium	中		5
		many	多		7

续表

性状编号	观测方法	英文	中文	标准品种	代码
64. QN [314]	(e) (g)	**Fruit: strength of segment walls**	**果实：囊壁强度**		
		weak	弱		3
		medium	中		5
		strong	强		7
65. QN [315]	(e) (g)	**Fruit: length of juice vesicles**	**果实：汁胞长度**		
		short	短		3
		medium	中		5
		long	长		7
66. QN [316]	(e) (g)	**Fruit: thickness of juice vesicles**	**果实：汁胞厚度**		
		thin	薄		3
		medium	中		5
		thick	厚		7
67. QN [317]	(e) (g)	**Fruit: conspicuousness of juice vesicle walls**	**果实：汁胞壁凸出度**		
		low	低		3
		medium	中		5
		high	高		7
68. QN [318]	(e) (g)	**Fruit: coherence of juice vesicles**	**果实：汁胞紧实度**		
		weak	弱		3
		medium	中		5
		strong	强		7
69. QN [321]	(e)	**Fruit: juiciness**	**果实：果汁含量**		
		low	低		3
		medium	中		5
		high	高		7
70. QN [322]	(e)	**Fruit juice: total soluble solids**	**果汁：可溶性固形物**		
		low	低		3
		medium	中		5
		high	高		7
71. QN [323]	(e)	**Fruit juice: acidity**	**果汁：酸度**		
		low	低		3
		medium	中		5
		high	高		7
72. QN [324]	(e)	**Fruit: strength of fibre**	**果实：纤维强度**		
		weak	弱		3
		medium	中		5
		strong	强		7
73. (+) QN [325]	(e)	**Fruit: number of seeds (controlled manual self-pollination)**	**果实：种子数量（人工自交授粉）**		
		absent or very few	无或极少	Colima 03 (SAL), Tahiti (LAL)	1
		few	少		3
		medium	中		5
		many	多		7
		very many	极多		9

续表

性状编号	观测方法	英文	中文	标准品种	代码
74. (+) QN [326]	(e)	**Fruit：number of seeds（open pollination）**	**果实：种子数量（自然授粉）**		
		absent or very few	无或极少	Tahiti（LAL）	1
		few	少	Verna（LEM）	3
		medium	中		5
		many	多	Eureka（LEM）	7
75. (*) QL [327]	(h)	**Seed：polyembryony**	**种子：多胚**		
		absent	无		1
		present	有	Eureka（LEM）	9
76. (*) QL [335]		**Flowering habit**	**开花习性**		
		flowering once	一年开花一次	Fino（LEM）	1
		flowering more than once	一年开花多次	Lunario（LEM），Mexicana（SAL）	2
77. (*) QN [336]		**Time of maturity of fruit for consumption**	**商品果成熟时间**		
		early	早	Tahiti（LAL）	3
		medium	中	Fino（LEM）	5
		late	晚	Verna（LEM）	7
78. (*) QL [337]		**Fruit：parthenocarpy**	**果实：单性结实**		
		absent	无		1
		present	有	Tahiti（LAL）	9
79. (+) QL [338]		**Plant：self-incompatibility**	**植株：自交不亲和性**		
		absent	无		1
		present	有	Tahiti（LAL）	9

8 性状表解释

8.1 对多个性状的解释

性状表第二列包含以下标注的性状应按照下述要求观测。

（a）嫩叶：应在生长活跃的春梢上进行嫩叶的观测。

（b）叶片：应在最新抽出的春梢的中部 1/3 处选取已没有活跃生长迹象且发育完全的叶片进行观测。

（c）花：除非另有说明，应在该品种开花盛期选取顶部的花蕾或花进行观测。对于开放的花的性状观测应在开放的当天进行。

（d）花蕾：应在花瓣顶端可见即将开放的花蕾上进行观测。

（e）果实：果实的观测应在适度成熟时进行。果实的观测一周一次，且达到成熟时尽可能快地收获。所有观测的果实必须是取自于树的外围，因丛集导致畸形的果实不能作为观测样品。

（f）果实表面和果皮：果实表面和果皮的观测应在果实中部进行，果实基部和顶端之间。对于果皮油滑性的观测应在收获后 3～7 d 内剥皮的果实上进行。

（g）果肉：应将果实沿中部横切后进行观测。

（h）种子：应观测新鲜的种子。

8.2 对单个性状的解释

性状 2（[202]）：植株生长习性

植株生长习性的观测应在收获后立刻进行。

性状 15（[224]）：叶片先端形状

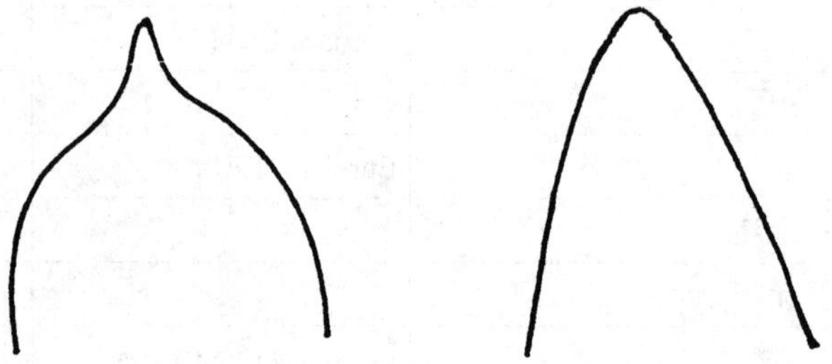

1 渐尖　　2 锐尖

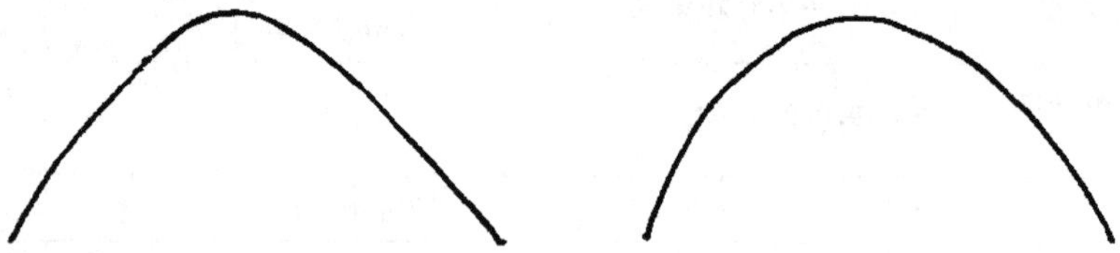

3 钝尖　　4 圆形

性状 16（[225]）：叶片尖端缺刻

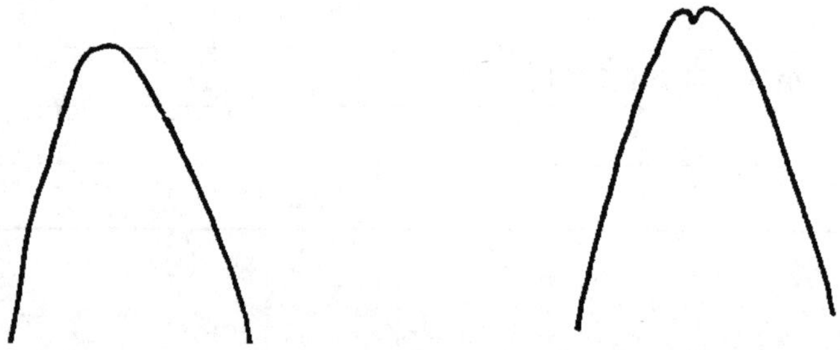

1 无　　9 有

性状 36（[249]）：果实近端整体形状（不包括果颈、颈领和果柄处的凹陷部分）

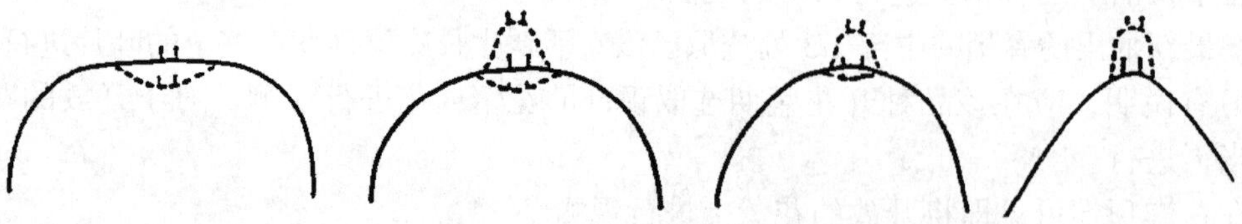

1 平整　　2 略圆　　3 极圆　　4 锥形

性状 37（[250]）：果实果颈

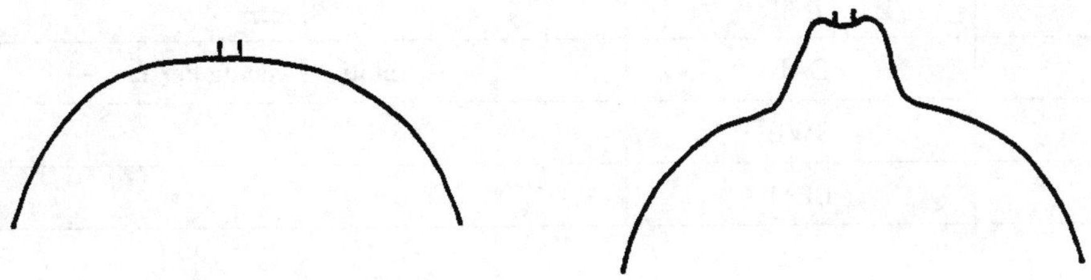

1 无　　9 有

性状 39（[253]）：果实果基凹陷（仅适用于无果颈的品种）

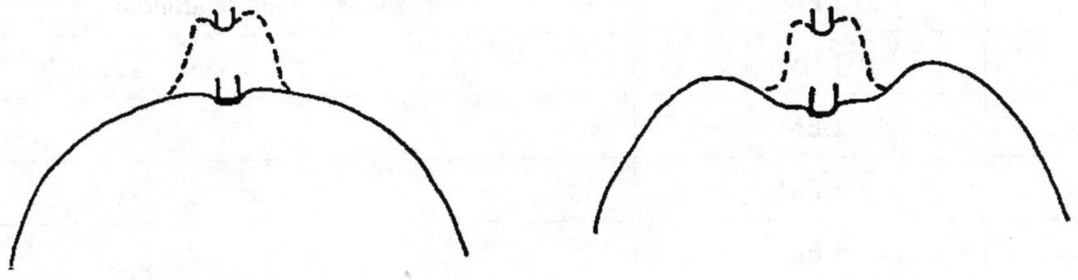

1 无　　9 有

性状 41（[264]）：果实果顶部整体形状（不包括乳突、脐突和果顶凹陷）

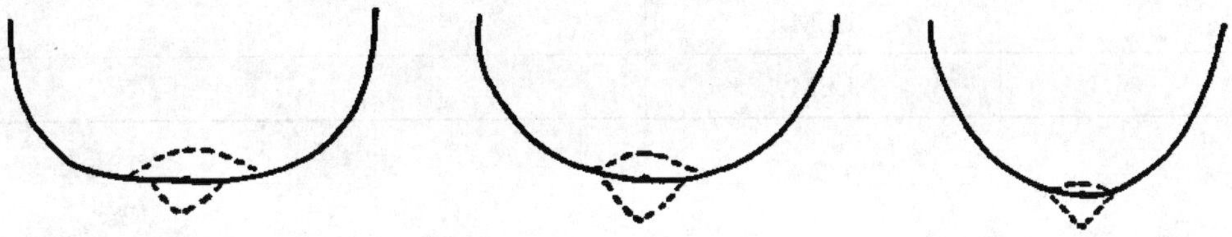

1 平整　　2 略圆　　3 极圆

性状 42（[268]）：果实乳突

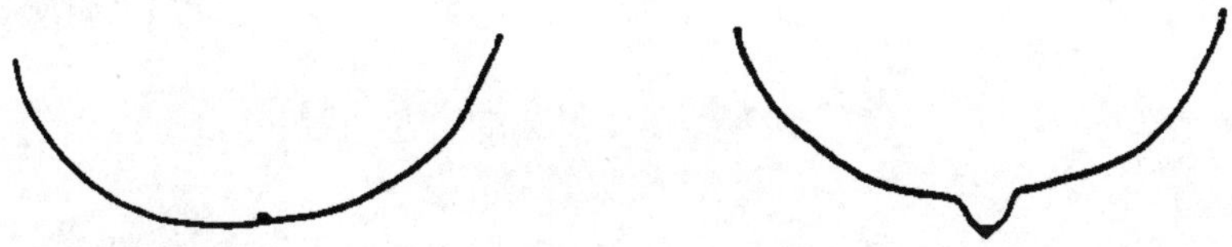

1 无　　9 有

性状 73（[325]）：果实种子数量（人工自交授粉）
人工自授粉是确保持续生产种子的必要条件。
性状 74（[326]）：果实种子数量（自然授粉）
开放自然授粉是在品种内不同植株间进行。
性状 79（[338]）：植株自交不亲和性
自交不亲和是指植株自身的或该品种其他植株的花朵的可育花粉不能让其子房受精。

8.3 柠檬和莱檬的标准品种清单

品种名称	分组	相关指示
Bearss	LAL	Tahiti，Lima de Persia
Canaria	SWL	
Chaparro	LEM	
Colima 02	SAL	
Colima 03	SAL	
Eureka	LEM	
Campisi	LEM	Feminello Campisi
Flor de Arancio	LEM	Feminello Flor de arancio
Fino	LEM	
Lisbon Frost	LEM	
Lunario Ambrojo	LEM	
Messara	LEM	
Messina	LEM	
Mexicana	SAL	
Santa Teresa	LEM	
Variegado	LEM	
Verna	LEM	

扫码下载原文

如扫描二维码无法下载指南原文，可能是指南版本有更新，可扫描本书封底二维码查看与本文对应的指南版本

TG/204/1 Rev. 2
原文：英文
日期：2003-04-09，
2015-03-25，
2019-10-29

国际植物新品种保护联盟

植物品种特异性、一致性和稳定性测试指南

柑橘属 – 分组 4：柚

其他相关文件：

TG/201 柑橘属 – 分组 1：宽皮柑橘
TG/202 柑橘属 – 分组 2：甜橙
TG/203 柑橘属 – 分组 3：柠檬和来檬
TG/83 柑橘属 – 分组 5：枳

分组 4- 互用名称和相应亚组列表*

植物学名	亚组	英文	法文	德文	西班牙文
Citrus ampullacea hort. ex Tan.	GRA				
Citrus anonyma hort. ex Yu. Tan.	GRA				
Citrus asahikan hort. ex Tanaka	GRA				
Citrus aurantiaca hort. ex Tanaka	GRA				
Citrus flavicarpa hort. ex Tanaka	GRA				
Citrus glaberrima hort. ex Tanaka	GRA				
Citrus grandis（L.）Osbeck	PUM	Pummelo, Shaddock	Pamplemoussier	Pampelmuse	Pummelo
Citrus hassaku hort. ex Tanaka	GRA				
Citrus himekitsu Hort. ex Yu. Tan.	GRA				
Citrus hiroshimana hort. ex Yu. Tanaka	GRA				
Citrus intermedia hort. ex Tanaka	GRA				
Citrus iwaikan hort. ex Yu. Tanaka	GRA				
Citrus kotokan Hayata	GRA				
Citrus maxima（Burm.）Merr.	PUM				
Citrus medioglobosa hort. ex Tanaka	GRA				
Citrus miaray Wester	GRA				
Citrus mitsuharu Hort. ex Yu. Tanaka	GRA				
Citrus natsudaidai Hayata	GRA				
Citrus obovoidea hort. ex I. Takah	GRA				
Citrus omikanto hort. ex Yu. Tanaka	GRA				
Citrus otachibana hort. ex Yu. Tanaka	GRA				
Citrus panuban（Wester）Tanaka	PUM				
Citrus paradisi Macfad.	GRA	Grapefruit	Pomelo	Grapefruit	Pomelo, Toronja
Citrus paradisi Macfad. × *C. grandis*（L.）Osbeck	HGP				
Citrus pseudograndis hort. ex Shirai	PUM				
Citrus pseudogulgul hort. ex Shirai	PUM				
Citrus pseudoparadisi hort. ex Yu. Tanaka	GRA				
Citrus rugulosa hort. ex Tanaka	GRA				
Citrus suizabon Tan.	PUM				
Citrus sulcata hort. ex Tak.	GRA				
Citrus tengu hort. ex Tanaka	GRA				
Citrus tosa-asahi hort. ex Yu. Tanaka	GRA				
Citrus truncata hort. ex Tanaka	PUM				
Citrus yamabuki hort. ex Yu. Tanaka	GRA				
Citrus yuge-hyokan hort. ex Yu. Tanaka	GRA				

* 这些名称在指南开始使用时是正确的，但随后可能会修改更新。读者可登录 UPOV 网站（www.upov.int），获取最新资料。

1 指南适用范围

1.1 本指南依据柑橘属测试指南模板制定。性状表选自其附录中的柑橘性状总表。

1.2 本指南适用于芸香科（*Rutaceae*）柑橘属（*Citrus* L.）以下分组的所有品种，以及其杂交种即分组 4：柚及其杂交种（见分组 4- 互用名称和相应亚组列表）。

1.3 对于柑橘属的种间杂交种，应采用最适合果实整体外观描述的测试指南。但如果该品种无法与其他测试指南所涵盖的所有品种都明显区分时，还应使用这些测试指南对该品种进行审查。

1.4 对于柑橘属的种间杂交种，即便该品种与其他测试指南所涵盖的所有品种都能明显区分，仍有可能需要使用额外的柑橘性状对该品种进行审查。在此情况下，涵盖亲本的测试指南中的性状，以及附录中收录的柑橘性状总表中的性状，可能有助于审查。

2 繁殖材料要求

2.1 待测品种繁殖材料的数量和质量要求以及提交的时间和地点由主管机构决定。申请人从测试所在国境外提交繁殖材料的，还应符合海关规定并满足相关植物检疫的要求。

2.2 繁殖材料以芽条形式提交，芽条茎粗 6～10 mm（一年生），每段芽条采自于果实典型的植株；或者按主管机构要求，提供一年生嫁接苗。对于砧木品种，可能要求提供根插条或种子。

2.3 申请人提交繁殖材料的最小数量为 10 枝芽条，确保足够嫁接 10 个植株；或者按主管机构要求，提交不少于 10 株一年生嫁接苗。

2.4 提供的繁殖材料应外观健康有活力，未受到任何严重的病虫害的影响。繁殖材料最好不是通过离体培养获得的。若材料经离体培养获得，申请人需要陈述此情况。

2.5 提交的繁殖材料不得进行任何可能影响品种性状表达的处理，除非主管机构允许或要求进行这种处理。如果材料已经处理，必须提供相关处理的详细情况。

3 测试方法

3.1 测试周期

测试的最少周期数量通常为 2 个生长周期。对于本指南而言，1 个生长周期指 1 个结果周期。

3.2 测试地点

测试通常在 1 个地点进行。如果用于该品种 DUS 测试的某些相关性状在该地点不能观测，可在其他符合条件的地点对其进行测试。

3.3 测试条件

3.3.1 测试的条件应能满足品种正常生长的需要，以确保品种相关性状充分表达和测试的顺利开展。对于果树而言，必须满足其至少 2 个结果周期的生长。在每组试验中使用标准砧木是开展果树品种测试的必要条件。

3.3.2 所有观测应在种植后不低于三年生的相同株龄的植株上进行。植株的株龄需要详细说明。

3.4 试验设计

3.4.1 试验设计应保证因测量或计数等需要，从小区取走部分植株或植株部位后，不影响生长周期结束前的所有观测。

3.4.2 每个试验应保证至少有 5 个植株。

3.5 用于观测的植株 / 植株部位数量

除非另有说明，所有测量或计数的观测，应在 5 个植株或从 5 个植株分别取下的植株部位（每个植株取 2 个植株部位）上进行。

3.6 附加测试

为测试有关性状，可以进行附加测试。

4 特异性、一致性和稳定性评价

4.1 特异性

4.1.1 一般建议

对于本指南的使用者而言，在判定特异性前参照总则特异性判定的一般原则十分重要。为进一步说明和强调特异性判定，本指南特列出特异性判定的要点。

4.1.2 一致的差异

3.1 中建议的最少测试周期总体上反映出，要保证性状的任何差异是充分一致的。

4.1.3 明显的差异

两个品种间的差异是否明显取决于很多因素，特别应考虑所测性状的表达类型，即该性状是质量性状、数量性状还是假质量性状。因此，在作出关于特异性的判定前，本测试指南的使用者应熟悉总则中的建议。

4.2 一致性

对于本指南的使用者而言，在判定一致性前参照总则一致性判定的一般原则十分重要。为进一步说明和强调一致性判定，本指南特列出一致性判定的要点。

一致性判定时，应采用 1% 的群体标准和至少 95% 的接受概率。当样本量为 5 个时，不允许有异型株。

4.3 稳定性

4.3.1 在实际操作中，通常不像测试特异性和一致性那样对稳定性进行测试以得到明确结果。经验表明，对许多类型的品种来说，当一个品种表现一致时，可认为其是稳定的。

4.3.2 适当情况下或者有疑问时，种植该品种的下一世代繁殖材料或者新的实生种苗测试其稳定性，观测其性状表现是否与之前提交的繁殖材料表现相同。

5 品种分组和试验组织

5.1 使用分组性状可以帮助选择与申请品种一起进行田间种植试验的已知品种，以及对这些品种进行合适分组以便进行特异性评价。

5.2 分组性状表达状态的数据即使来自不同地点，也可以单独或者与其他此类性状联合使用。

5.2.1 用于特异性测试中筛选排除那些不需要安排在种植试验中的已知品种。

5.2.2 用于组织安排种植试验，使近似品种种植在一起。

5.3 以下性状已被确认为有用的分组性状。

（a）果实：长度（性状 33）。

（b）果实：直径（性状 34）。

（c）果面：主色（性状 50）。

（d）果实：果肉主色（性状 67）。

（e）商品果成熟时间（性状 92）。

5.4 总则中提供了在特异性审查过程中使用分组性状的指导。

6 性状表介绍

6.1 性状类型

6.1.1 标准指南性状

标准指南性状是 UPOV 已同意用于 DUS 审查的性状，UPOV 成员可以从中选择与其特定环境相适应的性状。

6.1.2 星号性状

星号性状（用“*”标记）是测试指南中对于形成国际统一的品种描述十分重要的性状，所有 UPOV 成员都应将其用于 DUS 测试并包含在品种描述中，除非所述性状的表达或区域环境条件所限使其无法测试。

6.2 表达状态及相应代码

为定义性状和统一描述，将每个性状划分为一系列表达状态。每个表达状态赋予一个相应的数字代码，以便于数据记录，以及品种性状描述的建立和交流。

6.3 表达类型

总则中对性状表达类型（质量性状、数量性状和假质量性状）进行了解释。

6.4 标准品种

适当时，测试指南中提供了标准品种用于校正性状的表达状态。每个标准品种后面的括号内注明了该品种所属亚组的缩略语。

6.5 注释

（*）星号性状（6.1.2）。

QL：质量性状（6.3）。

QN：数量性状（6.3）。

PQ：假质量性状（6.3）。

[###] 性状在柑橘属性状总表中所对应的编号（以 200 开始）。

（a）～（h）性状表解释（8.1）。

（+）性状表解释（8.2）。

6.6 缩略语

见分组 4- 互用名称和相应亚组列表。

7 性状表

性状编号	观测方法	英文	中文	标准品种	代码
1. QL [201]		**Ploidy**	**倍性**		
		diploid	二倍体		2
		triploid	三倍体		3
		tetraploid	四倍体		4
2. （*） （+） PQ [202]		**Tree：growth habit**	**植株：生长习性**		
		upright	直立		1
		spreading	开张	Marsh（GRA）	2
		drooping	下弯	Oroblanco（HGP）	3
3. QN [203]		**Tree：density of spines**	**植株：刺密度**		
		absent or sparse	无或稀少		1
		intermediate	中等		2
		dense	密集		3

续表

性状编号	观测方法	英文	中文	标准品种	代码
4. QN [204]		**Tree: length of spines**	**植株：刺长度**		
		short	短		3
		medium	中		5
		long	长		7
5. (*) QL [206]	(a)	**Young leaf: presence of anthocyanin coloration**	**嫩叶：花青苷显色**		
		absent	无		1
		present	有		9
6. QN [207]	(a)	**Young leaf: intensity of anthocyanin coloration**	**嫩叶：花青苷显色强度**		
		weak	弱		3
		medium	中		5
		strong	强		7
7. QN [210]	(b)	**Leaf blade: length (apical leaflet in case of compound leaf)**	**叶片：长度（复叶时为顶端小叶）**		
		short	短		3
		medium	中		5
		long	长		7
8. QN [211]	(b)	**Leaf blade: width (as for 7)**	**叶片：宽度（同性状 7）**		
		narrow	窄		3
		medium	中		5
		broad	宽		7
9. QN [212]	(b)	**Leaf blade: ratio length/width (as for 7)**	**叶片：长宽比（同性状 7）**		
		small	小		3
		medium	中		5
		large	大		7
10. QN [217]	(b)	**Leaf blade: shape in cross section (as for 7)**	**叶片：横截面形状（同性状 7）**		
		straight or weakly concave	平展或轻微内凹		1
		intermediate	中度内凹		2
		strongly concave	重度内凹		3
11. QN [218]	(b)	**Leaf blade: twisting**	**叶片：扭曲**		
		absent or weak	无或弱		1
		intermediate	中		2
		strong	强		3
12. QN [219]	(b)	**Leaf blade: blistering**	**叶片：小泡**		
		absent or weak	无或弱		1
		intermediate	中		2
		strong	强		3
13. QN [220]	(b)	**Leaf blade: green color**	**叶片：绿色程度**		
		light	浅		3
		medium	中		5
		dark	深		7
14. QN [221]	(b)	**Leaf blade: pubescence on lower side**	**叶片：下表面茸毛**		
		absent or weak	无或弱		
		intermediate	中		
		strong	强		

续表

性状编号	观测方法	英文	中文	标准品种	代码
15. QN [222]	（b）	**Leaf blade：undulation of margin**	**叶片：边缘波状**		
		absent or weak	无或弱		1
		intermediate	中		2
		strong	强		3
16. PQ [223]	（b）	**Leaf blade：incisions of margin**	**叶片：边缘缺刻**		
		absent	无		1
		crenate	圆齿状		2
		dentate	锯齿状		3
17. （+） PQ [224]	（b）	**Leaf blade：shape of apex**	**叶片：先端形状**		
		acuminate	渐尖		1
		acute	锐尖		2
		obtuse	钝尖		3
		rounded	圆形		4
18. （+） QL [225]	（b）	**Leaf blade：emargination at tip**	**叶片：尖端缺刻**		
		absent	无		1
		present	有		9
19. QN [226]	（b）	**Petiole：length**	**叶柄：长度**		
		short	短		3
		medium	中		5
		long	长		7
20. QL [227]	（b）	**Petiole：presence of wings**	**叶柄：翼叶**		
		absent	无		1
		present	有		9
21. QN [228]	（b）	**Varieties with petiole wings present only：Petiole：width of wings**	**叶柄：翼叶宽度（仅适用于叶柄具翼叶品种）**		
		narrow	窄		3
		medium	中		5
		broad	宽		7
22. QL [229]	（c）（d）	**Flower bud：presence of anthocyanin coloration**	**花蕾：花青苷显色**		
		absent	无		1
		present	有		9
23. QN [230]	（c）（d）	**Flower bud：intensity of anthocyanin coloration**	**花蕾：花青苷显色强度**		
		weak	弱		3
		medium	中		5
		strong	强		7
24. QN [231]	（c）	**Flower：diameter of calyx**	**花：花萼直径**		
		small	小	Nelruby（GRA），Star Ruby（GRA）	3
		medium	中	Oroblanco（HGP）	5
		large	大	Pomelit（PUM）	7

续表

性状编号	观测方法	英文	中文	标准品种	代码
25. QN [232]	(c)	**Flower: length of petal**	**花：花瓣长度**		
		short	短	Marsh (GRA), Nelruby (GRA), Ruby Henninger (GRA)	3
		medium	中		5
		long	长	Melogold (HGP), Pomelit (PUM)	7
26. QN [233]	(c)	**Flower: width of petal**	**花：花瓣宽度**		
		narrow	窄		3
		medium	中		5
		broad	宽	Melogold (HGP), Pomelit (PUM)	7
27. QN [234]	(c)	**Flower: ratio length/ width of petal**	**花：花瓣长宽比**		
		small	小		3
		medium	中		5
		large	大		7
28. QN [235]	(c)	**Flower: length of stamens**	**花：雄蕊长度**		
		short	短		3
		medium	中		5
		long	长		7
29. PQ [238]	(c)	**Anther: color**	**花药：颜色**		
		white	白色		1
		light yellow	浅黄色		2
		medium yellow	中等黄色		3
30. (+) QL [339]	(c)	**Anther: pollen viability**	**花药：花粉活力**		
		absent or low	无或低		1
		medium	中		
		high	高		9
31. QN [240]	(c)	**Style: length**	**花柱：长度**		
		short	短		3
		medium	中		5
		long	长		7
32. QL [243]		**Infructescence: clustering of fruits**	**果序：有无**		
		absent	无		1
		present	有		9
33. (*) QN [244]	(e)	**Fruit: length**	**果实：长度**		
		short	短	Ray Ruby (GRA)	3
		medium	中	Pomelit (PUM)	5
		long	长		7
34. (*) QN [245]	(e)	**Fruit: diameter**	**果实：直径**		
		small	小		3
		medium	中	Melogold (HGP)	5
		large	大	Chandler (PUM)	7
35. (*) QN [246]	(e)	**Fruit: ratio length/diameter**	**果实：长径比**		
		small	小	Oroblanco (HGP)	3
		medium	中	Melogold (HGP)	5
		large	大		7

续表

性状编号	观测方法	英文	中文	标准品种	代码
36. (*) QN [247]	(e)	**Fruit：position of broadest part**	**果实：最宽处位置**		
		towards stalk end	近基部		1
		at middle	中部	Marsh（GRA）	2
		towards distal end	近顶部	Melogold（HGP）	3
37. (*) (+) PQ [249]	(e)	**Fruit：general shape of proximal part（excluding neck，collar and depression at stalk end）**	**果实：果基部整体形状（不包括果颈、颈领和果基凹陷部分）**		
		flattened	平整	Oroblanco（HGP）	1
		slightly rounded	略圆	Marsh（GRA），Red-blush（GRA）	2
		strongly rounded	极圆		3
		tapered	锥形		4
38. (*) (+) QL [253]	(e)	**Only varieties without fruit neck：Fruit：presence of depression at stalk end**	**果实：果基凹陷（仅适用于无果颈的品种）**		
		absent	无		1
		present	有	Ray Ruby（GRA）	9
39. QN [254]	(e)	**Only varieties without fruit neck：Fruit：depth of depression at stalk end**	**果实：果基凹陷深度（仅适用于无果颈的品种）**		
		shallow	浅	Nelruby（GRA），Ruby Henninger（GRA）	3
		medium	中	Ray Ruby（GRA）	5
		deep	深		7
40. QN [257]	(e)	**Fruit：number of radial grooves at stalk end**	**果实：果基放射沟纹数量**		
		absent or few	无或少	Pomelit（PUM），Rio Red（GRA）	1
		intermediate	中	Oroblanco（HGP）	2
		many	多		3
41. QN [258]	(e)	**Fruit：length of radial grooves at stalk end**	**果实：果基放射沟纹长度**		
		short	短	Oroblanco（HGP），Rio Red（GRA）	3
		medium	中		5
		long	长		7
42. (+) QN [264]	(e)	**Fruit：general shape of distal part（excluding nipple，bulging of navel and depression at distal end）**	**果实：果顶部整体形状（不包括乳突、脐突和果顶凹陷）**		
		flattened	平整	Melogold（HGP），Ray Ruby（GRA）	1
		slightly rounded	略圆	Marsh（GRA），Red-blush（GRA）	2
		strongly rounded	极圆		3
43. (*) (+) QL [265]	(e)	**Fruit：presence of depression at distal end**	**果实：果顶凹陷**		
		absent	无	Oroblanco（HGP），Star Ruby（GRA）	1
		present	有	Melogold（HGP）	9

续表

性状编号	观测方法	英文	中文	标准品种	代码
44. QN [266]	(e)	**Fruit: depth of depression at distal end**	**果实：果顶凹陷深度**	**Melogold (HGP)**	
		shallow	浅	Oroblanco (HGP)	3
		medium	中		5
		deep	深		7
45. QN [267]	(e)	**Fruit: diameter of depression at distal end**	**果实：果顶凹陷直径**		
		small	小	Oroblanco (HGP)	3
		medium	中		5
		large	大		7
46. (*) QL [270]	(e)	**Fruit: presence of areola**	**果实：果顶印圈**		
		absent	无	Marsh (GRA), Pomelit (PUM)	1
		incomplete	不完整		2
		complete	完整		3
47. (+) QL [271]	(e)	**Fruit: type of areola**	**果实：果顶印圈类型**		
		smooth	光滑	Flame (GRA), Rio Red (GRA)	1
		grooved	具沟槽		2
		ridged	嵴状		3
48. QN [272]	(e)	**Fruit: diameter of areola**	**果实：果顶印圈直径**		
		small	小		3
		medium	中		5
		large	大		7
49. QN [273]	(e)	**Fruit: diameter of stylar scar**	**果实：花柱痕直径**		
		small	小		3
		medium	中		5
		large	大		7
50. PQ [282]	(e) (f)	**Fruit surface: predominant color (s)**	**果面：主色**		
		yellow green	黄绿色		1
		greenish yellow	泛绿黄色	Tahiti (PUM)	2
		light yellow	浅黄色	Melogold (HGP), Oroblanco (HGP), Pomelit (PUM)	3
		medium yellow	中等黄色	Marsh (GRA)	4
		light pink	浅粉色	Ruby Henninger (GRA)	5
		medium pink	中等粉色	Oran Red (GRA)	6
		dark pink	深粉色	Star Ruby (GRA)	7
		yellowish orange	泛黄橙色		8
51. (*) QN [285]	(e) (f)	**Fruit surface: glossiness**	**果面：光泽度**		
		absent or very weak	无或极弱		1
		weak	弱		3
		medium	中		5
		strong	强		7
		very strong	极强		9

续表

性状编号	观测方法	英文	中文	标准品种	代码
52. QN [286]	（e）（f）	**Fruit surface：roughness**	**果面：粗糙度**		
		smooth	光滑	Marsh（GRA）	3
		medium	中等	Oroblanco（HGP）	5
		rough	粗糙	Tahiti（PUM）	7
53. PQ [287]	（e）（f）	**Fruit surface：size of oil glands**	**果面：油胞大小**		
		all more or less the same size	大小基本相同	Melogold（HGP）	1
		larger ones interspersed by smaller ones	较大油胞间分布小油胞	Star Ruby（GRA）	2
54. QN [288]	（e）（f）	**Fruit surface：size of larger oil glands**	**果面：较大油胞的大小**		
		small	小	Marsh（GRA）	3
		medium	中	Ruby Henninger（GRA）	5
		large	大	Melogold（HGP）	7
55. QN [289]	（e）（f）	**Fruit surface：conspicuousness of larger oil glands**	**果面：较大油胞的凸出度**		
		weak	弱	Marsh（GRA）	3
		medium	中	Ray Ruby（GRA），Ruby Henninger（GRA）	5
		strong	强	Chandler（PUM），Star Ruby（GRA）	7
56. PQ [290]	（e）（f）	**Fruit surface：presence of pitting and pebbling on oil glands**	**果面：油胞陷点和凸起**		
		pitting and pebbling absent	无陷点和凸起		1
		pitting absent，pebbling present	无陷点，有凸起	Tahiti（PUM）	2
		pitting present，pebbling absent	有陷点，无凸起	Marsh（GRA）	3
		pitting and pebbling present	陷点和凸起均有		4
57. QN [291]	（e）（f）	**Varieties with fruit surface：pitting on oil glands present only：Fruit surface：density of pitting**	**果面：陷点密度（仅适用于油胞有陷点的品种）**		
		sparse	疏		3
		medium	中	Ray Ruby（GRA）	5
		dense	密		7
58. QN [292]	（e）（f）	**Varieties with fruit surface：pitting on oil glands present only：Fruit surface：depth of pitting**	**果面：陷点深度（仅适用于油胞有凸起的品种）**		
		shallow	浅	Marsh（GRA）	3
		medium	中	Ray Ruby（GRA）	5
		deep	深		7
59. QN [293]	（e）（f）	**Varieties with fruit surface：pebbling on oil glands present only：Fruit surface：density of pebbling**	**果面：凸起油胞密度（仅适用于油胞有凸起的品种）**		
		sparse	疏		3
		medium	中		5
		dense	密		7

续表

性状编号	观测方法	英文	中文	标准品种	代码
60. QN [294]	(e) (f)	**Varieties with fruit surface: pebbling on oil glands present only: Fruit surface: degree of pebbling**	**果面：油胞凸起程度（仅适用于油胞有凸起的品种）**		
		weak	弱	Star Ruby（GRA）	3
		medium	中		5
		strong	强	Tahiti（PUM）	7
61. (*) QN [295]	(e) (f)	**Fruit rind: thickness**	**果皮：厚度**		
		thin	薄		3
		medium	中	Flame（GRA）	5
		thick	厚	Oroblanco（HGP）	7
62. (*) QN [296]	(e) (f)	**Fruit rind: adherence to flesh**	**果皮：与果肉粘连度**		
		weak	弱		3
		medium	中		5
		strong	强		7
63. PQ [300]	(e)	**Fruit: color of albedo**	**果实：白皮层颜色**		
		white	白色	Marsh（GRA），Melogold（HGP），Oroblanco（HGP）	1
		light pink	浅粉色	Ray Ruby（GRA），Redblush（GRA），Ruby Henninger（GRA）	2
		pink	粉色	Star Ruby（GRA）	3
64. QL [305]	(e) (g)	**Fruit: differently colored specks in flesh**	**果实：果肉上不同颜色斑点**		
		absent	无	Marsh（GRA）	1
		present	有		9
65. QL [306]	(e)	**Fruit: bicolored segments**	**果实：双色囊瓣**		
		absent	无	Marsh（GRA），Star Ruby（GRA）	1
		present	有	Pomelit（PUM）	9
66. QL [306.1]	(e)	**Only varieties with Fruit: bicolored segments: present: Fruit: distribution of red coloration**	**果实：红色分布（仅适用于双色囊瓣品种）**		
		evenly distributed	均匀分布		
		mainly marginate	主要边缘化		
67. (*) PQ [307]	(e) (g)	**Fruit: main color of flesh**	**果实：果肉主色**		
		greenish yellow	泛绿黄色	Marsh（GRA），Melogold（HGP），Oroblanco（HGP）	1
		light green	浅绿色	Tahiti（PUM）	2
		light pink	浅粉色	Ray Ruby（GRA），Redblush（GRA），Ruben（GRA），Ruby Henninger（GRA）	3
		medium pink	中等粉色	Henderson（GRA）	4
		dark pink	深粉色	Star Ruby（GRA）	5
		whitish and pink	泛白色和粉色	Pomelit（PUM）	6
		orange	橙色		

续表

性状编号	观测方法	英文	中文	标准品种	代码
68. QL [308]	（e） （g）	**Fruit：bitterness of flesh**	**果实：果肉苦味**		
		absent	无		1
		present	有		9
69. QN [309]	（e） （g）	**Fruit：filling of core**	**果实：果心充实度**		
		absent or very sparse	空或极疏		1
		sparse	疏	Ray Ruby（GRA），Ruben（GRA）	3
		medium	中	Nelruby（GRA），Star Ruby（GRA）	5
		dense	密	Tahiti（PUM）	7
		very dense	极密		9
70. QN [310]	（e） （g）	**Fruit：diameter of core**	**果实：中心柱直径**		
		small	小		3
		medium	中	Henderson（GRA），Ray Ruby（GRA）	5
		large	大	Chandler（PUM）	7
71. QN [311]	（e） （g）	**Fruit：presence of rudimentary segments**	**果实：未发育囊瓣**		
		absent or weak	无或弱		1
		intermediate	中		2
		strong	强		3
72. QN [312]	（e） （g）	**Fruit：number of well developed segments**	**果实：发育良好囊瓣数**		
		few	少		3
		medium	中		5
		many	多		7
73. QN [314]	（e） （g）	**Fruit：strength of segment walls**	**果实：囊壁强度**		
		weak	弱		3
		medium	中		5
		strong	强		7
74. QN [315]	（e） （g）	**Fruit：length of juice vesicles**	**果实：汁胞长度**		
		short	短		3
		medium	中		5
		long	长		7
75. QN [316]	（e） （g）	**Fruit：thickness of juice vesicles**	**果实：汁胞厚度**		
		thin	薄		3
		medium	中		5
		thick	厚		7
76. QN [317]	（e） （g）	**Fruit：conspicuousness of juice vesicle walls**	**果实：汁胞壁凸出度**		
		low	低		3
		medium	中		5
		high	高		7
77. QN [318]	（e） （g）	**Fruit：coherence of juice vesicles**	**果实：汁胞紧实度**		
		weak	弱		3
		medium	中		5
		strong	强		7

续表

性状编号	观测方法	英文	中文	标准品种	代码
78. QN [321]	(e)	**Fruit: juiciness**	**果实：果汁含量**		
		low	低		3
		medium	中		5
		high	高		7
79. QN [322]	(e)	**Fruit juice: total soluble solids**	**果汁：可溶性固形物**		
		low	低		3
		medium	中		5
		high	高		7
80. QN [323]	(e)	**Fruit juice: acidity**	**果汁：酸度**		
		low	低		3
		medium	中		5
		high	高		7
81. QN [324]	(e)	**Fruit: strength of fibre**	**果实：纤维强度**		
		weak	弱		3
		medium	中		5
		strong	强		7
82 (+) QN [326]	(e)	**Fruit: number of seeds (open pollination)**	**果实：种子数量（自然授粉）**		
		absent or very few	无或极少		1
		few	少		3
		medium	中		5
		many	多		7
83. (*) QL [327]	(h)	**Seed: polyembryony**	**种子：多胚**		
		absent	无		1
		present	有		9
84. QN [328]	(h)	**Seed: length**	**种子：长度**		
		short	短	Flame (GRA)	3
		medium	中	Nelruby (GRA)	5
		long	长	Chandler (PUM), Pomelit (PUM), Tahiti (PUM)	7
85. QN [329]	(h)	**Seed: width**	**种子：宽度**		
		narrow	窄		3
		medium	中	Henderson (GRA)	5
		broad	宽		7
86. QL [330]	(h)	**Seed: surface**	**种子：表面**		
		smooth	光滑		1
		wrinkled	褶皱		2
87. QN [331]	(h)	**Varieties with seed: surface wrinkled only: Seed: prominence of wrinkles**	**种子：褶皱程度（仅适用于种子表面褶皱品种）**		
		weak	弱		3
		medium	中		5
		strong	强		7

续表

性状编号	观测方法	英文	中文	标准品种	代码
88. PQ [332]	（h）	**Seed：external color**	**种子：外表颜色**		
		greenish	泛绿色		1
		whitish	泛白色		2
		yellowish	泛黄色		3
		pinkish	泛粉色		4
		brownish	泛棕色		5
89. PQ [333]	（h）	**Seed：color of inner seed coat**	**种子：内种皮颜色**		
		white	白色		1
		light yellow	浅黄色	Nelruby（GRA），Star Ruby（GRA）	2
		light brown	浅棕色	Oroblanco（HGP）	3
		medium brown	中等棕色	Pomelit（PUM）	4
		dark brown	深棕色		5
		red	红色	Marsh（GRA），Nelruby（GRA），Ruby Henninger（GRA）	6
		purple	紫色		7
90. PQ [334]	（h）	**Only varieties with seed：polyembryony present：Seed：color of cotyledons**	**种子：子叶颜色（仅适用于种子为多胚的品种）**	Melogold（HGP），Pomelit（PUM）	
		white	白色		1
		cream	奶油		2
		light green	浅绿色		3
		dark green	深绿色	Melogold（HGP），Pomelit（PUM）	4
91. (*) QL [335]		**Flowering habit**	**开花习性**		
		flowering once	一年开花一次		1
		flowering more than once	一年开花多次		2
92. (*) QN [336]		**Time of maturity of fruit for consumption**	**商品果成熟时间**		
		early	早	Marsh（GRA）	3
		medium	中		5
		late	晚		7
93. (*) QL [337]		**Fruit：parthenocarpy**	**果实：单性结实**		
		absent	无		1
		present	有		9
94. (+) QL [338]		**Plant：self-incompatibility**	**植株：自交不亲和性**		
		absent	无		1
		present	有		9

8 性状表解释

8.1 对多个性状的解释

性状表第二列包含以下标注的性状应按照下述要求观测

（a）嫩叶：应在生长活跃的春梢上进行嫩叶的观测。

（b）叶：应在最新抽出的春梢的中部 1/3 处选取已没有活跃生长迹象且发育完全的叶片进行观测。

（c）花：除非另有说明，应在该品种盛花期选取顶部的花蕾或花进行观测。对于开放状态花的性状观测应选取当日开放的花进行。

（d）花蕾：应在花瓣顶端可见即将开放的花蕾上进行观测。

（e）果实：果实的观测应在适度成熟时进行。果实的观测一周一次，且达到成熟时尽可能快地收获。所有观测的果实必须是取自于树的外围，因丛集导致畸形的果实不能作为观测样品。

（f）果实表面和果皮：果实表面和果皮的观测应在介于果实基部和顶端之间的中部进行。

（g）果肉：应将果实沿中部横切后进行观测。

（h）种子：应观测新鲜的种子。

8.2 对单个性状的解释

性状 2（[202]）：植株生长习性

植株生长习性的观测应在收获后立刻进行。

性状 17（[224]）：叶片先端形状

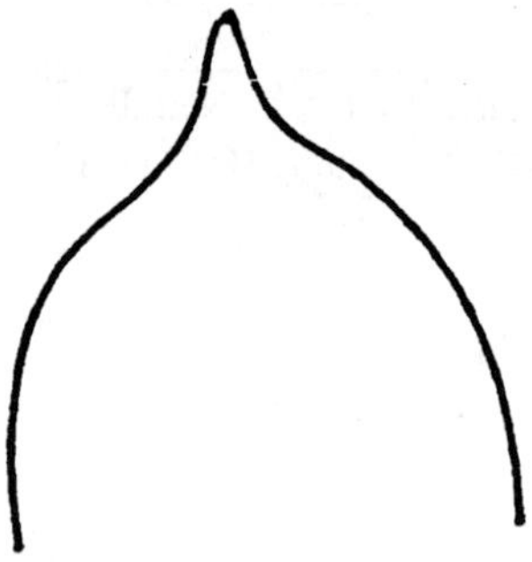

1
渐尖

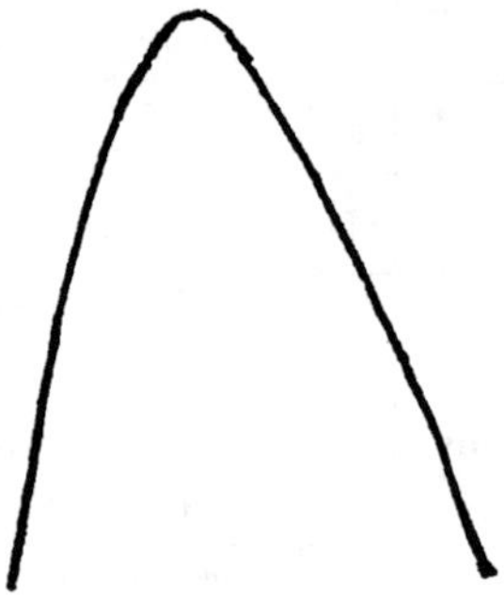

2
锐尖

3
钝尖

4
圆形

性状 18（[225]）：叶片尖端缺刻

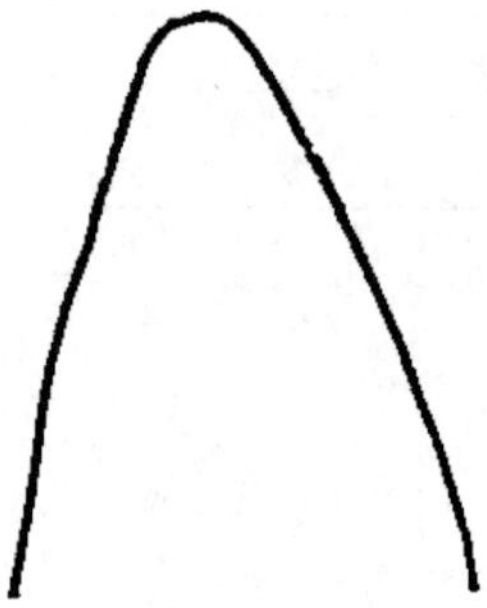

1
无

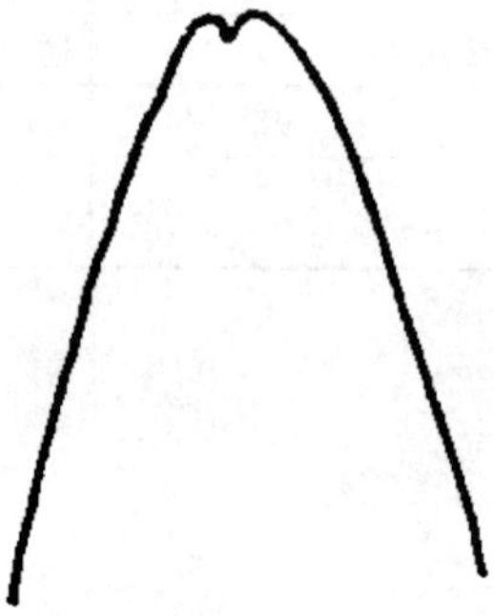

9
有

性状 30（[239]）：花粉活力

花芽发育过程中存在变异。须在完全开花期间进行观察。根据两年的观察结果，取最高值，因为这表明了授粉的最大潜力。

测定花粉活力百分比的方法如下。

花粉应在花瓣开始打开（但花药闭合）时收集。将花药收集到培养皿中，室温条件下置于硅胶干燥器中，避光 20～48 h。花药打开时，将其移至 8 ºC、70%～80% 相对湿度的环境中放置 1 h。随后，将花粉涂抹至有 2 mL Brewbacker 培养基的载玻片上。最后，将载玻片置于 24 ºC、75% 相对湿度的环境中放置 20 h。

以 2 个不同载玻片上的 15 个双目观察视野中的萌发花粉粒的平均值，计算花粉育性的百分率。

性状 37（[249]）：果实基部整体形状（不包括果颈、颈领和果基凹陷部分）

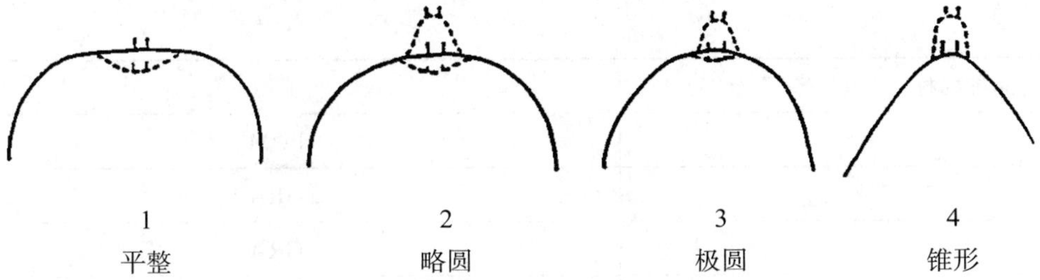

性状 38（[253]）：果实果基凹陷（仅适用于无果颈的品种）

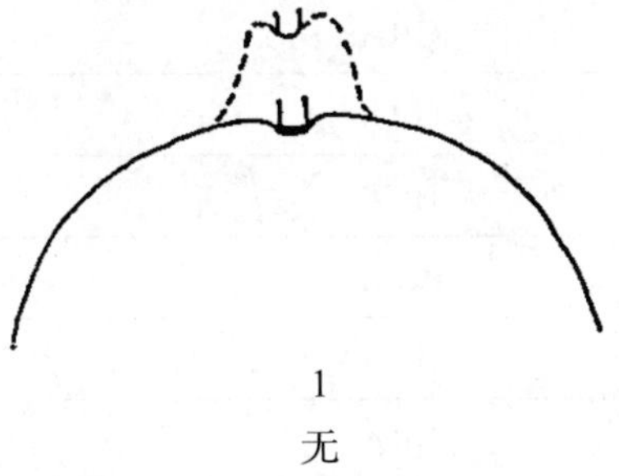

性状 42（[264]）：果实果顶部整体形状（不包括乳突、脐突和果顶凹陷）

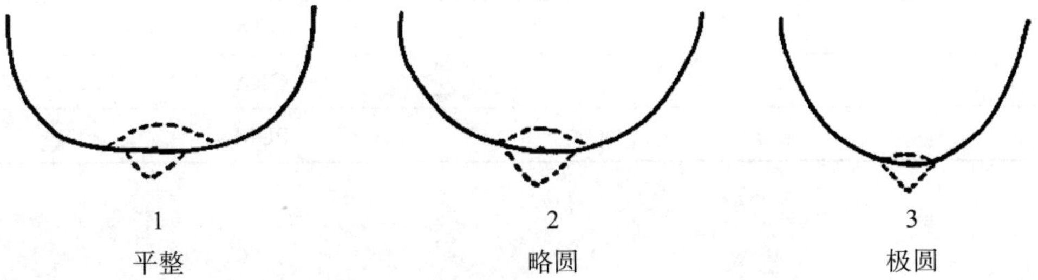

性状 43（[265]）：果实果顶凹陷

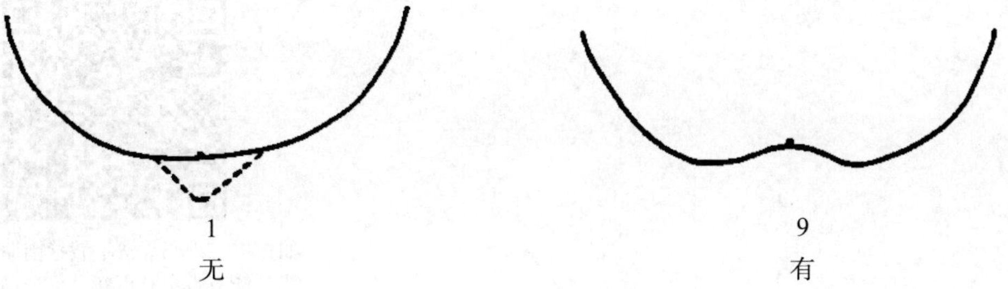

性状 47（[271]）：果实果顶印圈类型

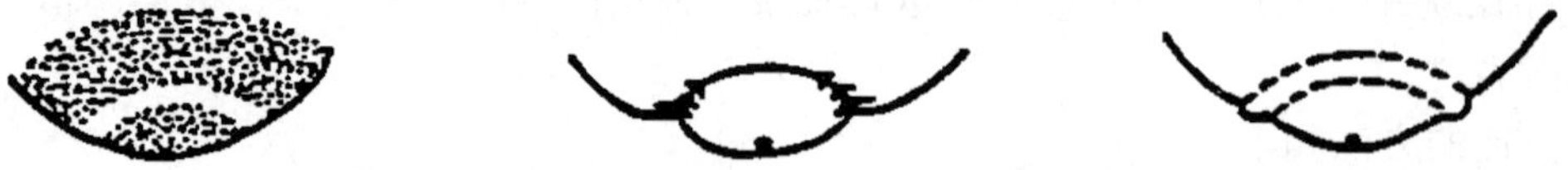

1 光滑　　2 具沟槽　　3 嵴状

性状 82（[326]）：果实种子数量（自然授粉）

自然授粉指在品种内不同植株间进行自然授粉。

性状 94（[338]）：植株自交不亲和性

自交不亲和是指植株自身的或该品种其他植株的花朵的可育花粉不能让其子房受精。

8.3 柚的标准品种清单

品种名称	亚组
Chandler	PUM
Flame	GRA
Henderson	GRA
Marsh	GRA
Melogold	HGP
Nelruby	GRA
Oran Red	GRA
Oroblanco	HGP
Pomelit	PUM
Ray Ruby	GRA
Redblush	GRA
Rio Red	GRA
Ruben	GRA
Ruby Henninger	GRA
Star Ruby	GRA
Tahiti	PUM

扫码下载原文

如扫描二维码无法下载指南原文，可能是指南版本有更新，可扫描本书封底二维码查看与本文对应的指南版本

TG/208/1
原文：英文
日期：2003-04-09

国际植物新品种保护联盟
植物品种特异性、一致性和稳定性
测试指南

番荔枝

（*Annona cherimola* Mill.）

互用名称 *

植物学名称	英文	法文	德文	西班牙文
Annona cherimola Mill.	Annona, Cherimoya, Custard Apple	Chérimolier	Cherimoya	Chirimoyo

* 这些名称在指南开始使用时是正确的，但随后可能会修改和更新。读者可登录 UPOV 网站（www.upov.int），获取最新资料。

1 指南适用范围

本指南适用于番荔枝（*Annona cherimola* Mill.）及其杂交种的所有品种。

2 繁殖材料要求

2.1 待测品种繁殖材料的数量和质量要求以及提交的时间和地点由主管机构决定。申请人从测试所在国境外提交繁殖材料的，还应符合海关规定并满足相关植物检疫的要求。

2.2 繁殖材料以嫁接于番荔枝砧木上一年生接穗的形式提交。

2.3 申请人提交繁殖材料的最小数量为 8 株一年生接穗。

2.4 提供的繁殖材料应外观健康有活力，未受到任何严重病虫害的影响。最好不是通过离体繁殖的方式获得。如果是通过离体繁殖的方式获得，申请人必须说明该事实。

2.5 提交的繁殖材料不得进行任何可能影响品种性状表达的处理，除非主管机构允许或要求进行这种处理。如果材料已经处理，必须提供相关处理的详细情况。

3 测试方法

3.1 生长周期

测试的最少周期数量通常为 2 个生长周期。根据该测试指南的目的，1 个生长周期是指 1 个结果周期。

3.2 测试地点

测试通常在 1 个地点进行。如果该品种的任何用于 DUS 测试的相关性状在该地点不能观测，则该品种可能需要在另外的地方进行测试。

3.3 测试条件

测试的条件应能满足品种正常生长的需要，以确保品种相关性状充分表达和测试的顺利开展。尤其是，必须确保每个生长周期果树都能正常结果。

3.4 试验设计

3.4.1 每个试验应保证至少有 5 个植株。

3.4.2 试验设计应保证因测量或计数等需要，从小区取走部分植株或植株部位后，不影响生长周期结束前的所有观测。

3.5 植株 / 植株部位的观测数量

除非另有说明，所有需要测量或计数的观测都应在 5 个植株或分别从 5 个植株取下的植株部位上进行。当观测植株部位时，每个植株部位的取样数量为 2 个。

3.6 附加测试

为测试有关性状，可以进行附加测试。

4 特异性、一致性和稳定性评价

4.1 特异性

4.1.1 一般建议

对于本指南的使用者而言，在判定特异性前参照总则特异性判定的一般原则十分重要。为进一步说明和强调特异性判定，本指南特列出特异性判定的要点。

4.1.2 一致的差异

在 3.1 部分中推荐了测试的最少周期，总体上要求性状的任何差异是足够一致的。

4.1.3 明显的差异

两个品种间的差异是否明显取决于很多因素，特别应考虑所测性状的表达类型，即该性状是质量性状、数量性状还是假质量性状。因此，在作出关于特异性的判定前，本测试指南的使用者应熟悉总则中的建议。

4.2 一致性

4.2.1 对于本指南的使用者而言，在判定一致性前参照总则一致性判定的一般原则十分重要。为进一步说明和强调一致性判定，本指南特列出一致性判定的要点。

4.2.2 对于一致性判定，采用 1% 的群体标准和至少 95% 的接受概率。当样本量为 5 个时，不允许有异型株。

4.3 稳定性

4.3.1 在实际操作中，通常不像测试特异性和一致性那样对稳定性进行测试以得到明确结果。经验表明，对许多类型的品种来说，当一个品种表现一致时，可认为其是稳定的。

4.3.2 适当情况下或者有疑问时，需要种植该品种的下一代或一批新种苗进一步测试其稳定性，看其性状表现是否与之前提交的种子表现相同。

5 品种分组和试验组织

5.1 使用分组性状可以帮助选择与申请品种一起进行田间种植试验的已知品种，以及对这些品种进行合适分组以便进行特异性评价。

5.2 分组性状表达状态的数据即使来自不同地点，也可以单独或者与其他此类性状联合使用。

5.2.1 用于特异性测试中筛选排除那些不需要安排在种植试验中的已知品种。

5.2.2 用于组织安排种植试验，使近似品种种植在一起。

5.3 以下性状已被确认为有用的分组性状。

（a）果实：侧面形状（性状 29）。

（b）果实：表面缝合线（性状 33）。

（c）果实：表面瘤状突起（性状 34）。

5.4 总则中提供了在特异性审查过程中使用分组性状的指导。

6 性状表介绍

6.1 性状类型

6.1.1 标准指南性状

标准指南性状是 UPOV 已同意用于 DUS 审查的性状，UPOV 成员可以从中选择与其特定环境相适应的性状。

6.1.2 星号性状

星号性状（用“*”标记）是测试指南中对于形成国际统一的品种描述十分重要的性状，所有 UPOV 成员都应将其用于 DUS 测试并包含在品种描述中，除非所述性状的表达或区域环境条件所限使其无法测试。

6.2 表达状态及相应代码

为定义性状和统一描述，将每个性状划分为一系列表达状态。每个表达状态赋予一个相应的数字代码，以便于数据记录，以及品种性状描述的建立和交流。

6.3 表达类型

总则中对性状表达类型（质量性状、数量性状和假质量性状）进行了解释。

6.4 标准品种

适当时，测试指南中提供了标准品种用于校正性状的表达状态。

6.5 注释

（*）星号性状（6.1.2）。

QL：质量性状（6.3）。

QN：数量性状（6.3）。

PQ：假质量性状（6.3）。

（a）～（d）性状表解释（见 8.1）。

（+）性状表解释（8.2）。

7 性状表

性状编号	观测方法	英文	中文	标准品种	代码
1. QN	（a）	**Shoot：length of internode**	**枝条：节间长度**		
		short	短	Big Sister，Villapark	3
		medium	中	Bay Ott，Honey Hart	5
		long	长	Mariella，Pierce，White	7
2. PQ	（a）	**Shoot：color**	**枝条：颜色**		
		greyish green	灰绿色	Big Sister，Chaffey	1
		grey	灰色	Bay Ott，Honey Hart	2
		brown	棕色	African Pride，Fino de Jete	3
3. QL	（a）	**Shoot：pubescence**	**枝条：茸毛**		
		absent	无	African Pride，Gefner	1
		present	有	Bay Ott，Big Sister	9
4. QN	（b）	**Leaf blade：length**	**叶片：长度**		
		short	短	African Pride，Gefner	3
		medium	中	El Bumpo，Villapark	5
		long	长	Booth，Mariella	7
5. QN	（b）	**Leaf blade：width**	**叶片：宽度**		
		narrow	窄	African Pride，Gefner	3
		medium	中	El Bumpo，Villapark	5
		broad	宽	Booth，Mariella	7
6. QN	（b）	**Leaf blade：ratio length/width**	**叶片：长宽比**		
		small	小	African Pride，Gefner	3
		medium	中	El Bumpo，Villapark	5
		large	大	Booth，Mariella	7
7. （*） （+） PQ	（b）	**Leaf blade：shape**	**叶片：形状**		
		broad ovate	阔卵圆形	Booth，Oakwood	1
		ovate	卵圆形	Miguel，Ott，Pierce	2
		narrow ovate	窄卵圆形	Big Sister，El Bumpo，Villapark	3
		lanceolate	披针形	African Pride	4
8. QN	（b）	**Leaf blade：green color（upper side）**	**叶片：绿色程度（上表面）**		
		light	浅	Mariella，Oakwood	3
		medium	中	Bay Ott，Booth	5
		dark	深	Big Sister	7

续表

性状编号	观测方法	英文	中文	标准品种	代码
9. **QN**	（b）	**Leaf blade：green color（lower side）**	**叶片：绿色程度（下表面）**		
		light	浅		3
		medium	中		5
		dark	深	Bay Ott，Big Sister	7
10. **QL**	（b）	**Leaf blade：pubescence（upper side）**	**叶片：茸毛（上表面）**		
		absent	无	African Pride，Gefner	1
		present	有	Bay Ott，Big Sister	9
11. **QL**	（b）	**Leaf blade：pubescence（lower side）**	**叶片：茸毛（下表面）**		
		absent	无	African Pride，Gefner	1
		present	有	Bay Ott，Big sister	9
12. **QN**	（b）	**Leaf blade：undulation of margin**	**叶片：边缘波状**		
		absent or very weak	无或极弱	African Pride	1
		weak	弱	Pierce	3
		medium	中	White	5
		strong	强	Big Sister	7
13. **QN**	（b）	**Petiole：length**	**叶柄：长度**		
		short	短	Honey Hart	3
		medium	中	Fino de Jete	5
		long	长	Big Sister	7
14. **QN**	（b）	**Petiole：thickness**	**叶柄：粗度**		
		thin	细	Libby，Villapark	3
		medium	中	Big Sister	5
		thick	粗	Bays，Salmon	7
15. **QN**	（c）	**Flowering shoot：density of flowers**	**花枝：花朵密度**		
		sparse	疏	Ott	3
		medium	中	White	5
		dense	密	Big Sister	7
16. **PQ**	（c）	**Petal：color**	**花瓣：颜色**		
		green	绿色	African Pride，Gefner	1
		yellow	黄色	Bay Ott，Big Sister	2
		light brown	浅棕色	El Bumpo，Pierce	3
17. **QN**	（c）	**Petal：length**	**花瓣：长度**		
		short	短	Bays，Pink's Mommoth，Whitew	3
		medium	中	Big Sister，El Bumpo，Sab-or	5
		long	长	Libby，Villapark	7
18. **QN**	（c）	**Petal：width**	**花瓣：宽度**		
		narrow	窄	Honey Hart，White	3
		medium	中	Campus，Mariella，Miguel，Pink's Mommoth	5
		broad	宽	Libby，Villapark	7
19. **QN**	（c）	**Petal：ratio length/width**	**花瓣：长宽比**		
		small	小	Honey Hart，White	3
		medium	中	Campus，Miguel	5
		large	大	Libby，Villapark	7

续表

性状编号	观测方法	英文	中文	标准品种	代码
20. QN	（c）	**Petal：thickness**	**花瓣：厚度**		
		thin	薄	Bays，Campas，Fino de Jete	3
		medium	中	Big Sister，Honey Hart	5
		thick	厚	Libby，Sabor	7
21. QN	（c）	**Peduncle：length**	**花梗：长度**		
		short	短	Campas，Chaffey	3
		medium	中	African Pride，Pink's Mom-moth	5
		long	长	Booth，El Bumpo	7
22. QN	（c）	**Petal：twisting just before anthesis**	**花瓣：扭曲（即将开放时）**		
		weak	弱	White	3
		medium	中	Big Sister	5
		strong	强	Villapark	7
23. QN	（c）	**Petal：curving**	**花瓣：弯曲**		
		weak	弱	Booth，Pierce	3
		medium	中	White	5
		strong	强	Chaffey	7
24. PQ	（c）	**Ovary：shape**	**子房：形状**		
		narrow cordate	窄心形	Booth，Pierce，VillaPark	1
		cordate	心形	Bays，Campas，Spain	2
		broad cordate	阔心形	Chaffey	3
25. QN	（c）	**Ovary：length**	**子房：长度**		
		short	短	African Pride，Gefner	3
		medium	中	Chaffey	5
		long	长	Big Sister	7
26. QN	（c）	**Ovary：width**	**子房：宽度**		
		narrow	窄	African Pride，Gefner	3
		medium	中	Chaffey	5
		broad	宽	Booth	7
27. QN	（d）	**Fruit：length**	**果实：长度**		
		short	短	Chafey	3
		medium	中	Bay Ott	5
		long	长	Big Sister	7
28. QN	（d）	**Fruit：diameter in cross section**	**果实：横切面直径**		
		small	小	Bay Ott，Bays	3
		medium	中	Mariella，Pierce	5
		large	大	Big Sister，Salmon	7
29. (*) (+) PQ	（d）	**Fruit：shape in lateral view**	**果实：侧面形状**		
		circular	圆形	Bay Ott，Chaffey	1
		cordate	心形	Bays，Honey Hart，Pierce，White	2
		conical	圆锥形	El Bumpo，Libby，Mariella，Villapark	3
		broad conical	阔圆锥形	Booth，Campas，Fino de Jete，Miguel，Ott	4
		trapezoidal	梯形	Big Sister	5

续表

性状编号	观测方法	英文	中文	标准品种	代码
30. **QL**	（d）	**Fruit：glossiness of skin**	**果实：表皮光泽**		
		absent	无	Bays，Big Sister	1
		present	有	African Pride，Gefner	9
31. **(*)** **PQ**	（d）	**Fruit：color of skin**	**果实：表皮颜色**		
		pale yellow green	浅黄绿色	Pierce	1
		pale green	浅绿色	Bays，Big Sister，Libby	2
		greyish green	灰绿色	Sabor，Campas，Miguel	3
32. **QN**	（d）	**Fruit：thickness of rind**	**果实：果皮厚度**		
		thin	薄	El Bumpo	3
		medium	中	Big Sister	5
		thick	厚	Bay Ott	7
33. **(*)** **(+)** **QL**	（d）	**Fruit：segmentation of surface**	**果实：表面缝合线**		
		reticulate	网状	Booth，El Bumpo，Ott	1
		overlapping	重叠	Bay Ott，Big Sister，Spain	2
34. **(*)** **(+)** **QN**	（d）	**Fruit：protuberances on surface**	**果实：表面瘤状突起**		
		absent or very small	无或极小	Honey Hart，White	1
		small	小	Big Sister，Libby，Mariella，Villapark	3
		medium	中	El Bumpo，Oakwood	5
		large	大	Miguel，Sabor	7
35. **PQ**	（d）	**Fruit：color of flesh**	**果实：果肉颜色**		
		white	白色	Pierce	1
		cream	奶油色	Villapark	2
36. **QN**	（d）	**Fruit：firmness of flesh**	**果实：果肉硬度**		
		soft	柔软	El Bumpo，Miguel	3
		medium	中等	White	5
		firm	坚硬	African Pride，Pink's Mommoth	7
37. **QN**	（d）	**Fruit：amount of fiber**	**果实：纤维含量**		
		few	少	African Pride，El Bumpo	3
		medium	中	Big Sister，Chaffey，Libby，Miguel	5
		many	多	Bay Ott，Honey Hart，Mariella，White	7
38. **QN**	（d）	**Fruit：amount of stone cell**	**果实：短石细胞含量**		
		few	少	Bay Ott，Honey Hart，Miguel，White	3
		medium	中	Big Sister，Chaffey，Libby	5
		many	多	Booth，Campas，Ott，Sabor	7
39. **QN**	（d）	**Fruit：juiciness of flesh**	**果实：果汁量**		
		low	低	Chaffey，Pierce	3
		medium	中	Bay Ott，Big Sister，Honey Hart	5
		high	高	Booth，El Bumpo，Mariella，Oakwood	7

续表

性状编号	观测方法	英文	中文	标准品种	代码
40. QN	(d)	**Fruit: total soluble solids**	**果实：可溶性固形物**		
		low	低	Pierce, Salmon	3
		medium	中	Big Sister, Libby, Mariella, Pink's mommoth, Ott	5
		high	高	Cumpas, Miguel, Sabor, White	7
41. QN	(d)	**Fruit: acidity**	**果实：酸度**		
		low	低	Big Sister, Campas, Fino de Jete	3
		medium	中	Booth, Miguel	5
		high	高	Bays, El Bumpo	7
42. QN	(d)	**Fruit: aroma**	**果实：香味**		
		weak	弱	Big Sister, Pierce	3
		medium	中	Bay Ott, Bays, El Bumpo	5
		strong	强	Booth, Honey Hart, Sabor, White	7
43. QN	(d)	**Fruit: number of seeds**	**果实：种子数量**		
		few	少	Salmon	3
		medium	中	Fino de Jete	5
		many	多	Big Sister	7
44. QN		**Seed: length**	**种子：长度**		
		short	短	Oakwood, Pierce	3
		medium	中	Mariella	5
		long	长	Big Sister	7
45. QN		**Seed: width**	**种子：宽度**		
		narrow	窄	African Pride, Gefner	3
		medium	中	Bay Ott, Honey Hart	5
		broad	宽	Chaffey, Mariella	7
46. QN		**Seed: ratio length/width**	**种子：长宽比**		
		small	小	Oakwood	3
		medium	中	El Bumpo	5
		large	大	Bay Ott	7
47. QL		**Seed: glossiness**	**种子：光泽**		
		absent	无	Big Sister, White	1
		present	有	African Pride, Pink's Mommoth, Spain	9
48. QN		**Seed: adherence to flesh**	**种子：果肉黏着度**		
		weak	弱	Booth, Campus	3
		medium	中	Big Sister, Chaffey	5
		strong	强	Bay Ott, Bays	7
49. QN		**Time of harvest maturity**	**采收期**		
		early	早	El Bumpo, White	3
		medium	中	Pierce, Chaffey, Mariella	5
		late	晚	African Pride, Big Sister	7

8 性状表解释

8.1 对多个性状的解释

性状表第二列包含以下标注的性状应按照下述要求观测。

（a）枝条：成熟枝条的观测应在休眠期一年生枝条的中部 1/3 处进行。

（b）叶：叶的观测应在当季抽生的枝条的中部 1/3 的完全展开叶上进行。

（c）花：花的观测应当在花瓣展开时进行。

（d）果实：果实的观测应当在收获成熟期的果实上进行。

8.2 对单个性状的解释

性状 7：叶片形状

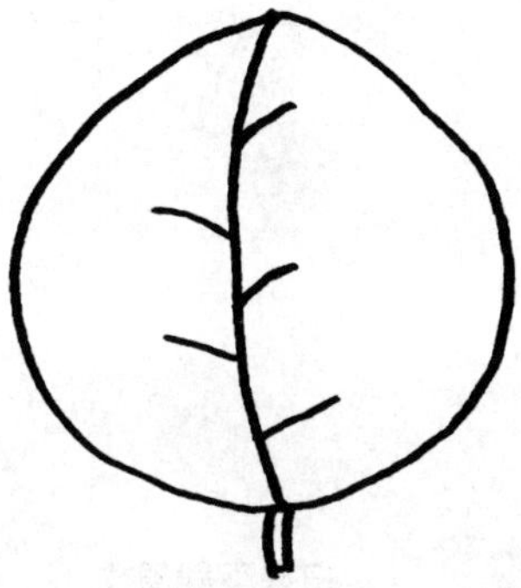

1
阔卵圆形

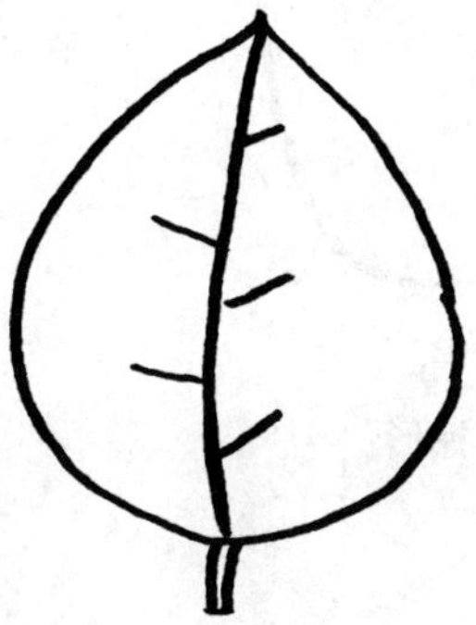

2
卵圆形

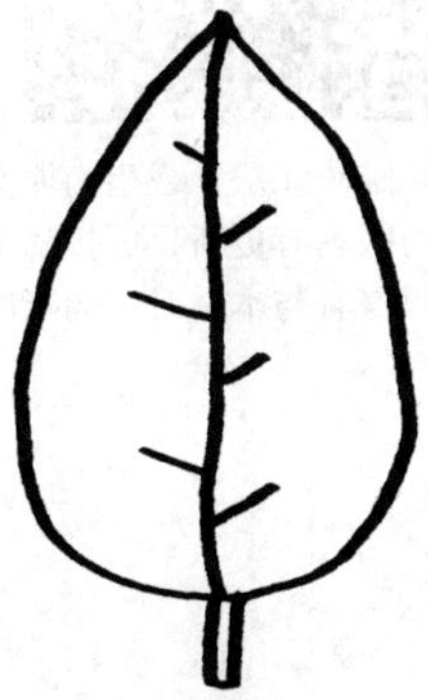

3
窄卵圆形

4
披针形

性状 29：果实侧面形状

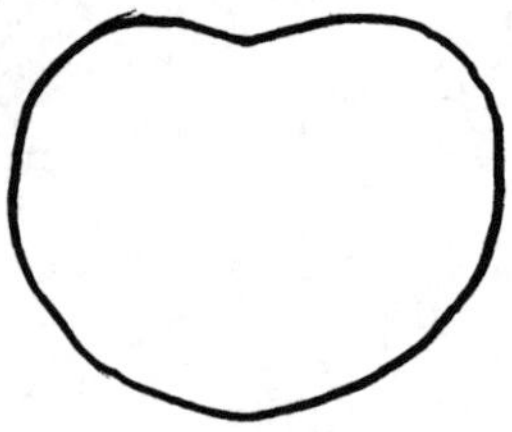

1
圆形

2
心形

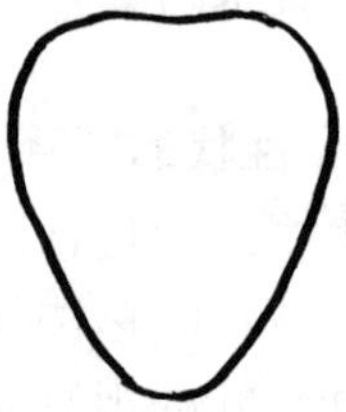

3
圆锥形

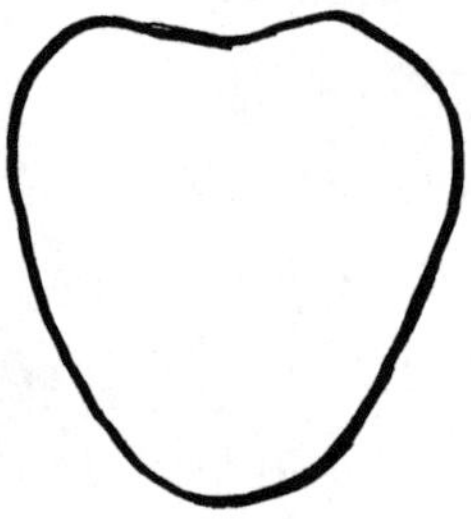

4
阔圆锥形

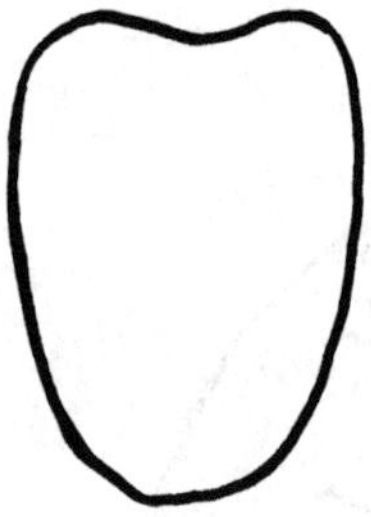

5
梯形

性状 33：果实表面缝合线

1
网状

2
重叠

性状 34：果实表面瘤状突起

1
无或极小

3
小

5
中

7
大

TG/217/2
原文：英文
日期：2006-04-05

国际植物新品种保护联盟
植物品种特异性、一致性和稳定性
测试指南

仙人掌属（刺梨类）

UPOV 代码：OPUNT_AMY；OPUNT_DUR；OPUNT_FIC；OPUNT_HEL；OPUNT_HYP；OPUNT_JOC；OPUNT_LAS；OPUNT_LEU；OPUNT_MAT；OPUNT_MEG；OPUNT_OLI；OPUNT_ROB；OPUNT_SPI；OPUNT_STR

Opuntia, Groups 1 & 2

互用名称 *

植物学名称	英文	法文	德文	西班牙文
Opuntia, Group 1	Cactus pear, Prickly pear	Figuier de Barbarie	Feigenkaktus	Chumbera, Nopal tunero, Tuna

* 这些名称在指南开始使用时是正确的，但随后可能会修改更新。读者可登录 UPOV 网站（www.upov.int），获取最新资料。

1 指南适用范围

本指南适用于下列仙人掌科（Cactaceae）仙人掌属（*Opuntia*）类群及种的所有品种。

类群 1：刺梨类

Opuntia amyclaea Tenore，*O.ficus-indica*（L.）Mill.，*O. streptacantha* Lemaire，*O.megacantha* Salm-Dyck，*O.duranguensis* Britton et Rose，*O. lasyacantha* Pfeiffer，*O.robusta* Wendland，*O.hyptiacantha* Weber。

类群 2：酸果类

Opuntia joconostle Weber，*O.matudae* Sheinvar，*O.oligacantha* Sheinvar，*O.leucotrica* DC，*O.heliabravoana* Sheinvar，*O.spinulifera* Sheinvar。

2 繁殖材料要求

2.1 待测品种繁殖材料的数量和质量要求以及提交的时间和地点由主管机构决定。申请人从测试所在国境外提交繁殖材料的，还应符合海关规定并满足相关植物检疫的要求。

2.2 繁殖材料以三年生植株形式提供，或者包括三个连续的叶状茎的分枝（如果主管部门接收）。

2.3 申请人提交繁殖材料的最小数量为 5 个三年生植株，或者 7 个含有 3 个连续叶状茎的分枝，每个分枝可以繁殖 5 个植株（如主管部门能够接收）。

2.4 提供的繁殖材料应外观健康有活力，未受到任何严重病虫害的影响。

2.5 提交的繁殖材料不得进行任何可能影响品种性状表达的处理，除非主管机构允许或要求进行这种处理。如果材料已经处理，必须提供相关处理的详细情况。

3 测试方法

3.1 生长周期

测试的最少周期数量通常为 2 个生长周期。

3.2 测试地点

测试通常在 1 个地点进行。在 1 个以上地点进行测试时，TGP/9《特异性测试》提供了有关指导。

3.3 测试条件

测试的条件应能满足品种正常生长的需要，以确保品种相关性状充分表达和测试的顺利开展。特别注意的是，每个生长周期都必须能结出正常的果实。

3.4 试验设计

3.4.1 每个试验应保证至少有 5 个植株。

3.4.2 试验设计应保证因测量或计数等需要，从小区取走部分植株或植株部位后，不影响生长周期结束前的所有观测。

3.5 植株 / 植株部位的观测数量

除非另有说明，所有观测性状应对 5 个植株或分别从 5 个植株取下的植株部位进行观测。在观测植株部位时，每个植株取样应为 2 个。在观测果实形状时，应观测 20 个果实。

3.6 附加测试

为测试有关性状，可以进行附加测试。

4 特异性、一致性和稳定性评价

4.1 特异性

4.1.1 一般建议

对于本指南的使用者而言，在判定特异性前参照总则特异性判定的一般原则十分重要。为进一步说明和强调特异性判定，本指南特列出特异性判定的要点。

4.1.2 一致的差异

当观测到的品种之间的差异非常明显时，则没有必要种植 1 个以上生长周期。此外，在某些情况下，环境的影响并不意味着需要 1 个以上的生长周期来保证品种间观察到的差异是足够一致的。为确保在种植试验中所观测到的性状差异是足够一致的，可以对性状进行至少 2 个独立生长周期的测试。

4.1.3 明显的差异

两个品种间的差异是否明显取决于很多因素，特别应考虑所测性状的表达类型，即该性状是质量性状、数量性状还是假质量性状。因此，在作出关于特异性的判定前，本测试指南的使用者应熟悉总则中的建议。

4.2 一致性

4.2.1 对于本指南的使用者而言，在判定一致性前参照总则一致性判定的一般原则十分重要。为进一步说明和强调一致性判定，本指南特列出一致性判定的要点。

4.2.2 评价一致性时，应采用 1% 的群体标准和至少 95% 的接受概率。当样本量为 5 个时，不允许有异型株。

4.3 稳定性

4.3.1 在实际操作中，通常不像测试特异性和一致性那样对稳定性进行测试以得到明确结果。经验表明，对许多类型的品种来说，当一个品种表现一致时，可认为其是稳定的。

4.3.2 适当情况下或者有疑问时，稳定性可以采用如下方法测试：种植该品种的下一代或者测试一批新材料，看其性状表现是否与之前提交的材料表现相同。

5 品种分组和试验组织

5.1 使用分组性状可以帮助选择与申请品种一起进行田间种植试验的已知品种，以及对这些品种进行合适分组以便进行特异性评价。

5.2 分组性状表达状态的数据即使来自不同地点，也可以单独或者与其他此类性状联合使用。

5.2.1 用于特异性测试中筛选排除那些不需要安排在种植试验中的已知品种。

5.2.2 用于组织安排种植试验，使近似品种种植在一起。

5.3 以下性状已被确认为有用的分组性状。

（a）叶状茎：纹孔颜色（性状 14）。

（b）果实：果皮厚度（性状 44）。

（c）种子：大小（性状 54）。

（d）开花习性（性状 59）。

（e）采收期（性状 60）。

5.4 总则中提供了在特异性审查过程中使用分组性状的指导。

6 性状表介绍

6.1 性状类型

6.1.1 标准指南性状

标准指南性状是UPOV已同意用于DUS审查的性状，UPOV成员可以从中选择与其特定环境相适应的性状。

6.1.2 星号性状

星号性状（用“*”标记）是测试指南中对于形成国际统一的品种描述十分重要的性状，所有UPOV成员都应将其用于DUS测试并包含在品种描述中，除非前序性状的表达或区域环境条件所限使其无法测试。

6.2 表达状态及相应代码

为定义性状和统一描述，将每个性状划分为一系列表达状态。每个表达状态赋予一个相应的数字代码，以便于数据记录，以及品种性状描述的建立和交流。

6.3 表达类型

总则中对性状表达类型（质量性状、数量性状和假质量性状）进行了解释。

6.4 标准品种

适当时，测试指南中提供了标准品种用于校正性状的表达状态。8.3部分表中列出了同品异名标准品种。

6.5 注释

（*）星号性状（6.1.2）。

QL：质量性状（6.3）。

QN：数量性状（6.3）。

PQ：假质量性状（6.3）。

（a）～（e）性状表解释（8.1）。

（+）性状表解释（8.2）。

7 性状表

性状编号	观测方法	英文	中文	标准品种	代码
1. (+) PQ		**Plant: growth habit**	**植株：生长习性**		
		upright	直立	Cardón	1
		spreading	平展	Chapeada，Cristalina	2
		decumbent	匍匐上翘	Pabellón，Rojo Pelón	3
		drooping	匍匐下弯	Sanjuanera	4
2. QN		**Plant: height**	**植株：高度**		
		short	矮	Pico Chulo，Torreoja	3
		medium	中	Esmeralda，Rojo Vigor	5
		tall	高	Oreja de Elefante	7
3. QN		**Plant: width**	**植株：宽度**		
		narrow	窄	Copena F-1，Rojo Lirio	3
		medium	中	Cristalina，Esmeralda	5
		broad	宽	Montesa，Reyna	7

续表

性状编号	观测方法	英文	中文	标准品种	代码
4. (+) QN	(a)	**Cladode：length**	**叶状茎：长度**		
		short	短	Pico Chulo，Sanjuanera，Tapón de Mayo	3
		medium	中	Rojo Pelón，Tapón Aguanoso	5
		long	长	Cristalina，Sangre de Toro	7
5. (+) QN	(a)	**Cladode：width**	**叶状茎：宽度**		
		narrow	窄	Pico Chulo，Rojo Lirio	3
		medium	中	Milpa Alta，Cristalina	5
		broad	宽	Oreja de Elefante	7
6. QN	(a)	**Cladode：length/width ratio**	**叶状茎：长宽比**		
		small	小	Oreja de Elefante，Rojo Pelón	3
		medium	中	Miquihuana，Villanueva	5
		large	大	Copena T-3，Reyna	7
7. (*) (+) PQ	(a)	**Cladode：shape**	**叶状茎：形状**		
		narrow elliptic	窄椭圆形	Copena F-1，Tlaconopal	1
		medium elliptic	中等椭圆形	Ixtapa	2
		broad elliptic	阔椭圆形	Milpa Alta	3
		circular	圆形	Tapón Aguanoso	4
		rhombic	菱形	Atlixco，Trompa de Cochino	5
		narrow obovate	窄倒卵圆形	Rubí Reyna	6
		broad obovate	阔倒卵圆形	Fafayuca	7
8. (*) QN	(a)	**Cladode：thickness**	**叶状茎：厚度**		
		thin	薄	Burrona，Copena T-2，Montesa	3
		medium	中	Memelo	5
		thick	厚	Pico Chulo，Rubí Reyna	7
9. PQ	(a)	**Cladode：color**	**叶状茎：颜色**		
		yellow green	黄绿色	Cristalina，Reyna，Rojo Pelón	1
		light green	浅绿色	Milpa Alta	2
		medium green	中等绿色	Blanca Pepina	3
		dark green	深绿色	Morado Jalpa，Roja San Martín	4
		bluish green	泛蓝绿色	Tapón de Mayo	5
10. QN	(a)	**Cladode：waxiness**	**叶状茎：蜡质**		
		very weak	极弱	Tlaconopal	1
		weak	弱	Copena T-5	3
		medium	中等	Cristalina	5
		strong	强	Copo de Nieve	7
11. QL	(a)	**Cladode：pubescence of surface**	**叶状茎：表面茸毛**		
		absent	无	Milpa Alta	1
		present	有	Cuaresmeño，Valterrilla	9
12. QL	(a)	**Cladode：undulation of margin**	**叶状茎：边缘波状**		
		absent	无	Reyna	1
		present	有	Bola de Masa，Oreja de Elefante	9

续表

性状编号	观测方法	英文	中文	标准品种	代码
13. QN	(a) (b)	**Cladode: number of areoles in central row**	**叶状茎：中间裂纹孔数量**		
		few	少	Cristalina, Pico Chulo, Tapón de Mayo	3
		medium	中	Amarillo Plátano, Copena T-2, Rubí Reyna	5
		many	多	Villanueva, Rojo San Juan	7
14. (*) PQ	(a) (b)	**Cladode: color of areoles**	**叶状茎：纹孔颜色**		
		grey	灰色	Milpa Alta, Reyna	1
		yellow brown	黄棕色	Burrona	2
		brown	棕色	Chaveña	3
		black	黑色	Cardón	4
15. (*) QN	(a) (b)	**Cladode: number of spines per areole**	**叶状茎：每个纹孔刺数量**		
		none or very few	无或极少	Pabellón, Rojo Pelón, Rojo Vigor	1
		few	少	Rojo Lirio, Rojo San Martín	3
		medium	中	Cristalina, Esmeralda, Torreoja	5
		many	多	Sanjuanera, Villanueva	7
		very many	极多	Reyna	9
16. QN	(a) (b)	**Cladode: length of longest spine**	**叶状茎：最长刺的长度**		
		short	短	Memelo, Pico Chulo	3
		medium	中	Fafayuca, Rubí Reyna	5
		long	长	Tapón Aguanoso	7
17. PQ	(a) (b)	**Spine: main color**	**刺：主色**		
		grey	灰色	Cardona	1
		white	白色	Reyna	2
		yellow	黄色	Duraznillo, Tapón Aguanoso	3
		brown	棕色	Rosa de Castilla, San Pedreña	4
18. QL	(a) (b)	**Spine: number of colors**	**刺：颜色数量**		
		one	1种	Reyna, Rosa de Castilla, Tapón Aguanoso	1
		two	2种	Cardona, Chapeado, Cristalina	2
19. (+) PQ	(a) (b)	**Spine: surface**	**刺：表面**		
		smooth	光滑	Amarillo	1
		grooved	具凹槽	Reyna	2
		prickled	具棘	Tapón Aguanoso	3
20. (+) QN	(a) (b)	**Central spine: attitude**	**中间刺：姿态**		
		erect	直立	Fafayuca	1
		semi-erect	半直立	Tuna Morada Ⅱ	3
		horizontal	水平	Cardón	5
21. PQ	(a) (b)	**Central spine: flexibility**	**中间刺：柔软性**		
		flexible	柔软	Cristalina	1
		firm	硬	Reyna	2
		brittle	脆	Burrona	3

续表

性状编号	观测方法	英文	中文	标准品种	代码
22. （+） PQ	（a） （b）	**Central spine：curvature（excluding base）**	**中间刺：弯曲（不包括底座）**		
		absent	无	Burra，Sanjuanera	1
		present	有	Cardón de Castilla	9
23. （+） QL	（a） （b）	**Central spine：twisting**	**中间刺：扭曲**		
		absent	无	Burra，Burrona	1
		present	有	Rubí Reyna，Sanjuanera	9
24. QL	（a） （b）	**Central spine：shape in dorsal view**	**中间刺：背侧形状**		
		aciculate	针状	Burra，Cuaresmeño	1
		narrow triangular	窄三角形	Montesa	2
25. PQ	（a） （b）	**Central spine：shape in cross section**	**中间刺：横截面形状**		
		elliptic	椭圆形	Amarilla	1
		circular	圆形	Montesa	2
		triangular	三角形	Pachón	3
26. （*） QN	（a） （b）	**Cladode：number of glochides**	**叶状茎：刺毛数量**		
		none or very few	无或极少	Rojo Pelón	1
		few	少	Reyna	2
		many	多	Montesa，Tuna Mantequilla	3
27. PQ	（a） （b）	**Cladode：color of glochides**	**叶状茎：刺毛颜色**		
		yellow	黄色	Tapón Aguanoso	1
		brown	棕色	Cristalina，Reyna，Rojo Pelón	2
28. QN	（a）	**Cladode：number of flowers**	**叶状茎：花数量**		
		few	少	Copena Z-1，Fafayuca	3
		medium	中	Cuaresmeño，Memelo	5
		many	多	Villanueva	7
29. （+） QN	（c）	**Flower：length**	**花：长度**		
		short	短	Copena Z-1，Pico Chulo	3
		medium	中	Burrona，Colorada	5
		long	长	Mango，Sanjuanera	7
30. （*） PQ	（c）	**Flower：color of perianth**	**花：花被颜色**		
		greenish yellow	泛绿黄色	Cardón，Duraznillo	1
		yellow	黄色	Tapón Macho	2
		brownish yellow	泛棕黄色	Rojo Pelón	3
		orange	橙色	Chapeada，Reyna	4
		orange red	橙红色	Roja San Martín，Tuna Rosa	5
31. （*） （+） PQ	（c）	**Flower：color of style**	**花：花柱颜色**		
		green	绿色	Duraznillo	1
		white	白色	Montesa，Tapón de Mayo	2
		yellow	黄色	Cardón Aguanoso	3
		pink	粉红色	Morada，Pico Chulo	4
		red	红色	Pabellón，Rojo Pelón	5

续表

性状编号	观测方法	英文	中文	标准品种	代码
32. (+) QN	(c)	**Flower: number of stigma lobes**	**花：柱头叶数量**		
		few	少	Atlixco, Burrona Larga	3
		medium	中	Rubí Reyna, Villanueva	5
		many	多	Naranjón Legítimo	7
33. (+) QL	(c)	**Flower: color of stigma lobe**	**花：柱头叶颜色**		
		yellow	黄色	Morada Jalpa	1
		green	绿色	Cristalina, Reyna	2
34. (*) QN	(d)	**Fruit: length**	**果实：长度**		
		short	短	Amarilla Santa Inés, Sangre de Toro	3
		medium	中	Fafayuca, Reyna	5
		long	长	Burrona, Cristalina	7
35. (*) QN	(d) (e)	**Fruit: maximum diameter**	**果实：最大直径**		
		narrow	窄	Cambray, Memelo	3
		medium	中	Reyna, Solferino	5
		broad	宽	Burrona, Cristalina, Tapón de Mayo	7
36. QN	(d) (e)	**Fruit: ratio length/maximum diameter**	**果实：长度与最大直径比**		
		small	小	Rojo Papas, Tapón de Mayo	3
		medium	中	Burrona, Concha de Oro	5
		large	大	Amarilla Plátano, Montesa	7
37. (+) PQ	(d)	**Fruit: shape in longitudinal section**	**果实：纵截面形状**		
		oblong	长圆形	Copena 17, Torreoja	1
		narrow elliptic	窄椭圆形	Rubí Reyna	2
		medium elliptic	中等椭圆形	Reyna	3
		circular	圆形	Cardón	4
		oblate	扁球形	Tapón de Mayo	5
		obovate	倒卵圆形	Roja Jalpa	6
38. QN	(b) (d)	**Fruit: density of areoles**	**果实：纹孔密度**		
		sparse	稀疏	Cristalina, Rojo Jalpa	3
		medium	中等	Montesa, Reyna	5
		dense	密	Rojo Lirio, Torreoja	7
39. (*) QN	(b) (d)	**Fruit: number of glochides**	**果实：刺毛数量**		
		few	少	Tapón de Mayo	3
		medium	中	Cristalina	5
		many	多	Montesa, Reyna, Rubí Reyna	7
40. (*) PQ	(b) (d)	**Fruit: color of glochides**	**果实：刺毛颜色**		
		yellow	黄色	Blanca San José, Camueso, Tuna Mansa	1
		brown	棕色	Amarilla, Amarilla San Nicolás, Pico Chulo	2
41. (+) QN	(d)	**Fruit: length of stalk**	**果实：果柄长度**		
		short	短	Amarillo Plátano, Solferino	3
		medium	中	Montesa, Pico Chulo	5
		long	长	Cristalina	7

续表

性状编号	观测方法	英文	中文	标准品种	代码
42. (+) QN	(d)	**Fruit: depression of receptacle scar**	**果实：花托痕凹陷程度**		
		absent or slightly depressed	无或轻微凹陷	Reyna，Torreoja	1
		moderately depressed	中等凹陷	Memelo，Pico Chulo	2
		strongly depressed	强烈凹陷	Chapeada，Roja San Martín	3
43. QN	(d)	**Fruit: diameter of receptacle scar**	**果实：花托痕直径**		
		small	小	Copena 2，Tuna Rosa	3
		medium	中	Amarillo Plátano，Cambray	5
		large	大	Cristalina，Pico Chulo，Tapón de Mayo	7
44. (*) QN	(d) (e)	**Fruit: thickness of peel**	**果实：果皮厚度**		
		thin	薄	Amarilla San José，Montesa，Reyna	3
		medium	中	Rojo Lirio，Rojo Pelón，Tapón de Mayo	5
		thick	厚	Caidilla Legítima	7
45. QN	(d)	**Fruit: weight of peel**	**果实：果皮重量**		
		light	轻	Roja Suanjuanera，Tuna Rosa	3
		medium	中	Chapeada，Natalia	5
		heavy	重	Montesa，Torreoja	7
46. QN	(d)	**Fruit: weight of flesh**	**果实：果肉重量**		
		very light	极轻	Cambray，Cuaresmeño	1
		light	轻	Morada，Zarca	3
		medium	中	Fafayuca，Solferino	5
		heavy	重	Montesa，Rojo Pelón	7
		very heavy	极重	Burrona，Cristalina	9
47. QN	(d)	**Fruit: ratio of weight of flesh/peel**	**果实：果肉果皮比**		
		small	小	Cardón，Trompa de Cochino	3
		medium	中	Gavia，Tapón Aguanoso	5
		large	大	Blanca San José，Rojo Pelón	7
48. QL	(d)	**Fruit: evenness of color of surface**	**果实：表面颜色均匀程度**		
		even	均匀	Burrona，Cristalina	1
		uneven	不均匀	Chapeado	2
49. (*) PQ	(d)	**Fruit: main color of surface**	**果实：表面主色**		
		white	白色	Blanca Platanillo	1
		light green	浅绿色	Gavia	2
		medium green	中等绿色	Esmeralda	3
		dark green	深绿色	Burrona，Reyna	4
		yellow	黄色	Amarilla Plátano	5
		orange	橙色	Montesa，Pico Chulo	6
		pink	粉色	Memelo	7
		medium red	中等红色	Rojo Pelón，Rubí Reyna	8
		dark red	深红色	Cardón	9
		purple	紫色	Morada Jalpa，Roja San Martín，Tapón Aguanoso	10

续表

性状编号	观测方法	英文	中文	标准品种	代码
50. (*) PQ	(d)	**Fruit: color of flesh**	**果实：果肉颜色**		
		light green	浅绿色	Cristalina, Esmeralda, Reyna	1
		medium green	中等绿色	Burrona	2
		yellow	黄色	Montesa	3
		orange	橙色	Pico Chulo	4
		pink	粉红色	Meloncillo Rosa, Memelo	5
		red	红色	Rojo Pelón, Rubí Reyna	6
		purple	紫色	Liria, Morada Jalpa, Roja San Martín	7
51. QN	(d)	**Fruit: firmness of flesh**	**果肉：果肉硬度**		
		soft	软	Memelo	3
		medium	中	Cristalina	5
		firm	硬	Fafayuca	7
52. QN	(d)	**Fruit: juiciness of flesh**	**果实：果肉多汁性**		
		low	低	Amarilla Plátano, Memelo	3
		medium	中	Reyna	5
		high	高	Burrona, Cristalina, Fafayuca	7
53. (*) QN	(d)	**Fruit: number of fully developed seeds**	**果实：完全发育的种子数量**		
		few	少	Roja Sanjuanera	3
		medium	中	Fafayuca, Solferino	5
		many	多	Tapón de Mayo, Cristalina	7
54. (*) QN	(d)	**Seed: size**	**种子：大小**		
		small	小	Cardón, Cascarona, Curesmeño	3
		medium	中	Pico Chulo, Reyna	5
		large	大	Blanca San José, Burrona, Chapeada	7
55. (*) (+) QN	(d)	**Fruit: number of abortive seeds**	**果实：败育种子数量**		
		none or very few	无或极少	Memelo, Solferino	1
		few	少	Amarilla Plátano, Montesa	3
		medium	中	Burrona, Chapeada, Cristalina	5
		many	多	Blanca Caldera	7
		very many	极多	Blanca San José, Copena 2	9
56. QN	(d) (e)	**Fruit: total soluble solids**	**果实：总固溶物含量**		
		low	低	Duraznilla	3
		medium	中	Amarillo Plátano, Burrona	5
		high	高	Copena L-12, Fafayuca, Rojo Pelón	7
57. QN	(d) (e)	**Fruit: acidity**	**果实：酸度**		
		low	低	Blanca Larga	3
		medium	中	Fafayuca	5
		high	高	Blanca de Castilla	7
58. (*) QN		**Time of beginning of flowering**	**始花期**		
		early	早	Sanjuanera, Tapón Aguanoso	3
		medium	中	Pico Chulo, Reyna, Rojo Pelón	5
		late	晚	Burrona, Charola, Cristalina	7

续表

性状编号	观测方法	英文	中文	标准品种	代码
59. (*) QL		**Flowering habit**	**开花习性**		
		once flowering	一次性开花	Cristalina，Reyna，Rojo Pelón	1
		twice flowering	两次性开花	Cuaresmeño	2
60. (*) (+) QN		**Time of harvest maturity**	**采收期**		
		very early	极早	Tapón de Mayo	1
		early	早	Tapón Aguanoso	3
		medium	中	Montesa，Pico Chulo，Reyna	5
		late	晚	Burrona，Esmeralda，Fafayuca	7
		very late	极晚	Charola，Chaveña	9
61. QN		**Duration of harvesting period of fruit**	**收获期持续时间**		
		short	短	Chapeada，Torreoja	3
		medium	中	Pico Chulo，Reyna	5
		long	长	Burrona	7

8 性状表解释

8.1 对多个性状的解释

性状表第二列包含以下标注的性状应按照下述要求观测。

（a）叶状茎：除非另有说明，所有叶状茎的观测应选取 1～2 年大小的成熟期叶状茎。

（b）纹孔、刺和刺毛：除非另有说明，所有纹孔、刺和刺毛的观测应视情况选取完整的叶状茎或完整的果实。

（c）花：除非另有说明，所有花的观测应在盛花期进行。所有花的观测应在花开放的第一天进行。

（d）果实：所有果实的观测应选取完全成熟的可供消费的 20 个完整果实。

（e）果实直径、果皮厚度、酸度、总可溶性固体含量：果实直径、果皮厚度、酸度、总可溶性固形物含量的观测应观测果实中部。总可溶性固体含量必须借助折射计观测。

8.2 单个性状的解释

性状 1：植株生长习性

1
直立

2
平展

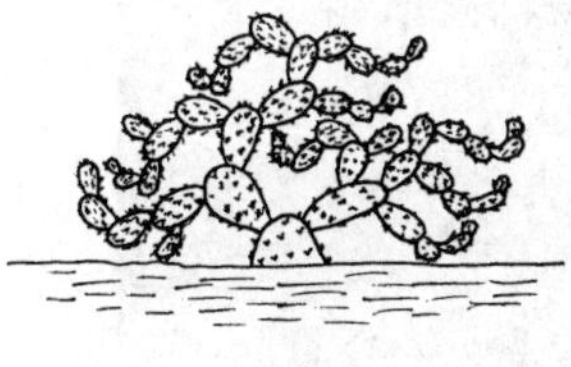

3
匍匐上翘

4
匍匐下弯

性状 4：叶状茎长度

性状 5：叶状茎宽度

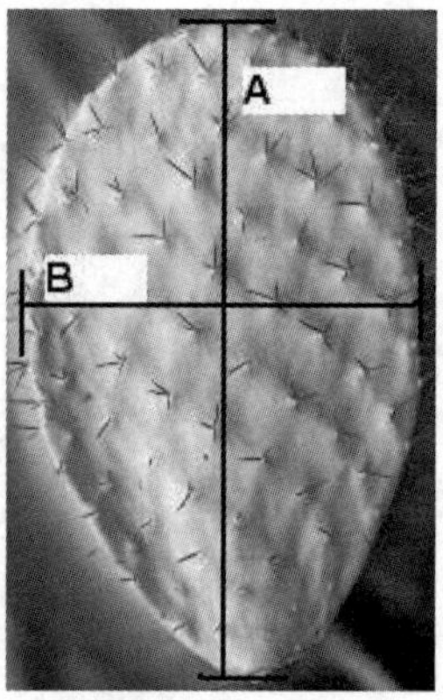

1

A—长度；B—宽度。

性状 7：叶状茎形状

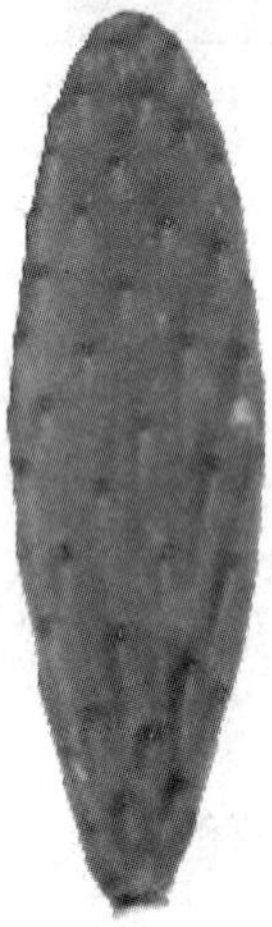

1

窄椭圆形

2

中等椭圆形

3

阔椭圆形

4

圆形

5

菱形

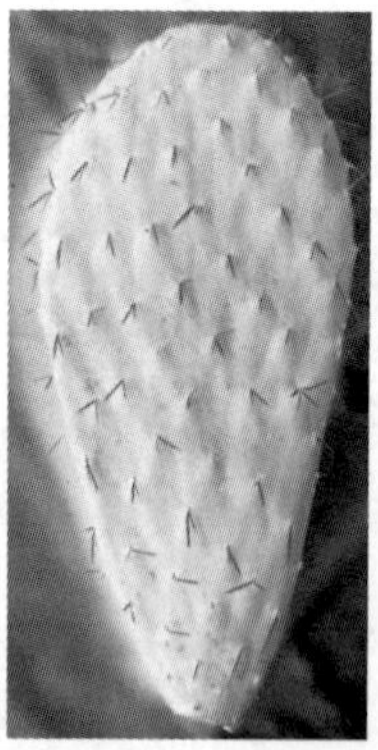

6

窄倒卵圆形

7

阔倒卵圆形

性状 19：刺表面

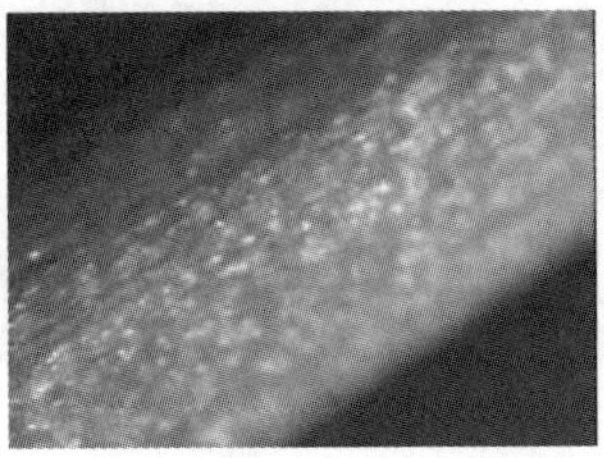

1
光滑

2
具凹槽

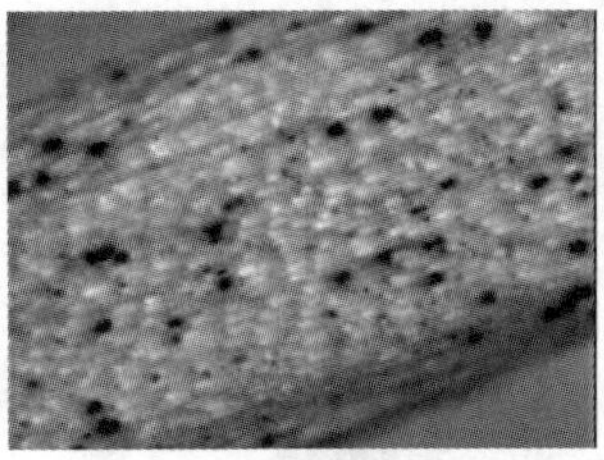

3
具棘

性状 20：中间刺姿态

1
直立

3
半直立

5
水平

性状 22：中间刺弯曲（不包括底座）

1
无

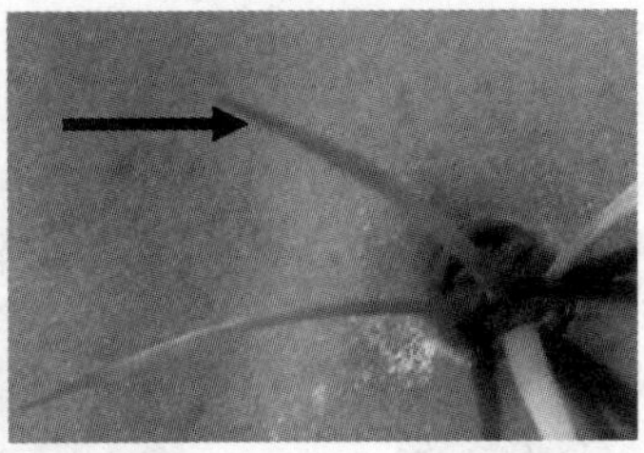

9
有

性状 23：中间刺扭曲

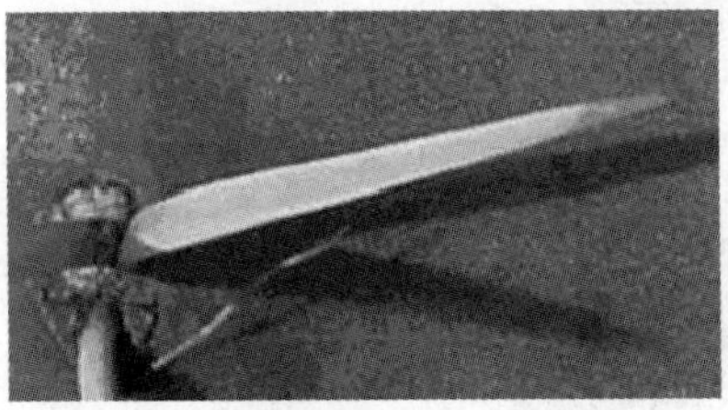

1
无

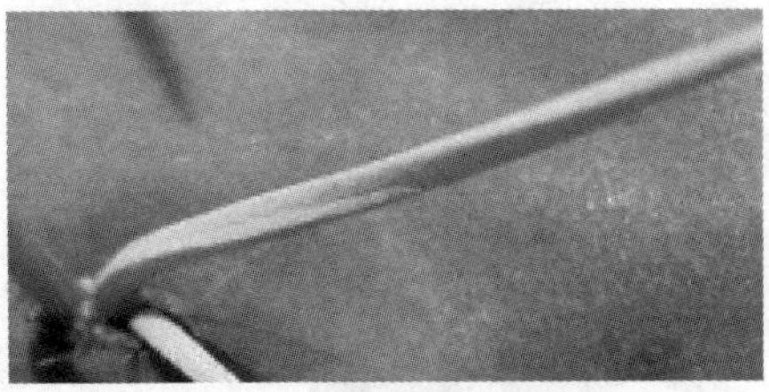

9
有

性状 29：花长度
性状 31：花柱颜色
性状 32：花柱头叶数量
性状 33：花柱头叶颜色

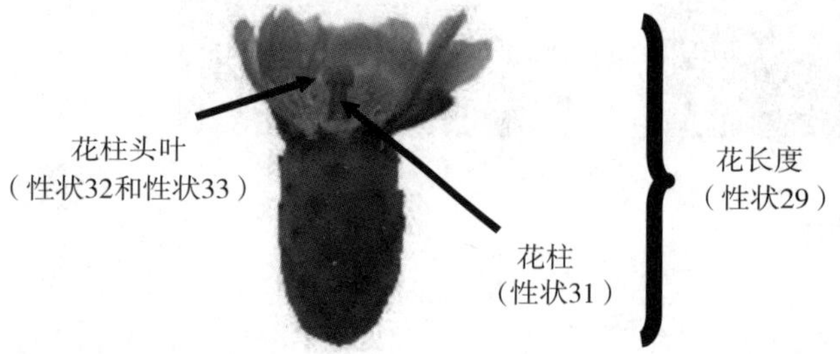

性状 37：果实纵截面形状

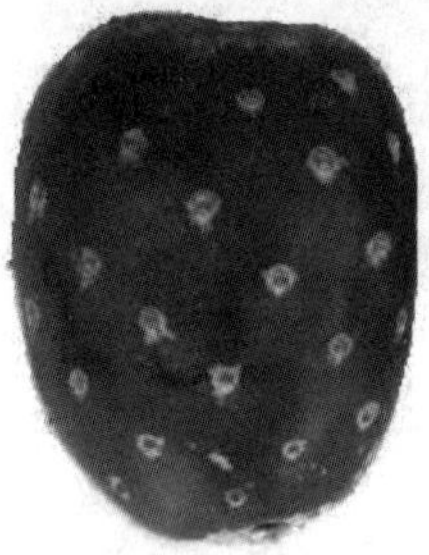
1
长圆形

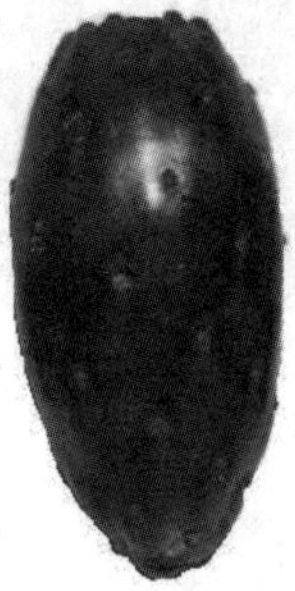
2
窄椭圆形

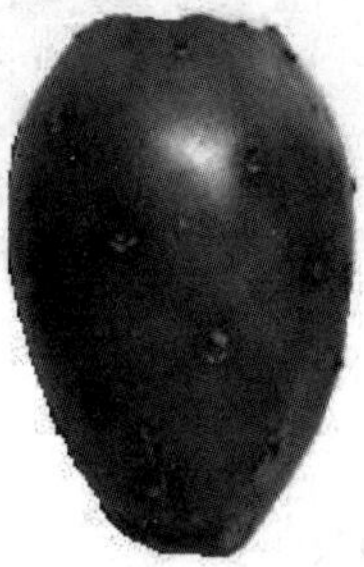
3
中等椭圆形

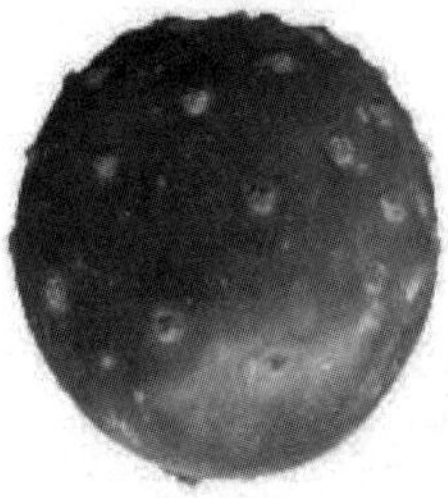
4
圆形

5
扁球形

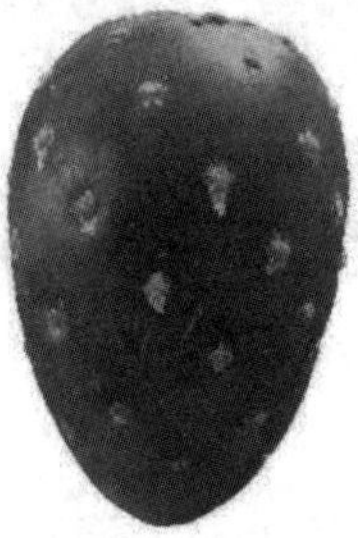
6
倒卵圆形

性状 41：果实果柄长度

3
短

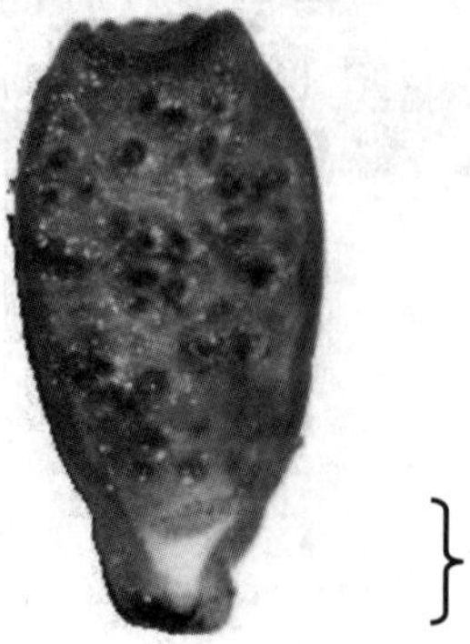
5
中

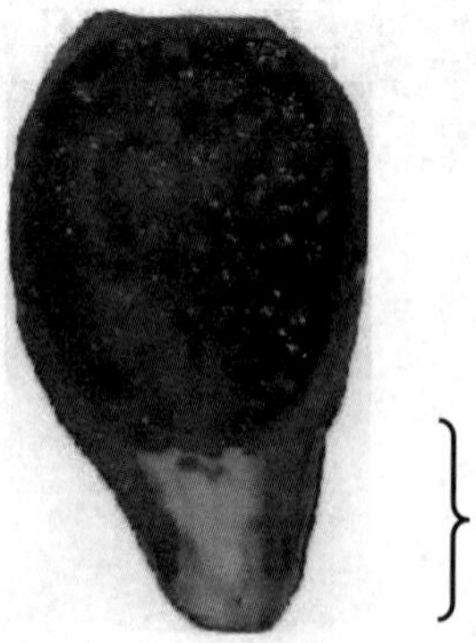
7
长

性状 42：果实花托痕凹陷程度

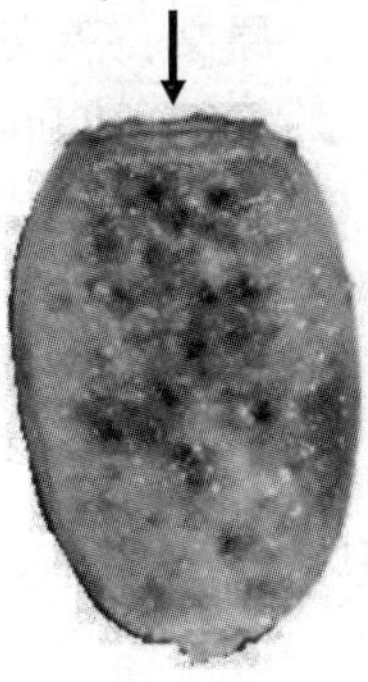

1
无或轻微凹陷

2
中等凹陷

3
强烈凹陷

性状 55：果实败育种子数量

观察绝对数量，而不是完全发育的种子数量的比例。

性状 60：采收期

收获时间应考虑用折射计测量的果肉达到稳定的总可溶性固体含量的时间。

8.3 同品异名标准品种

标准品种	同品异名
Reyna	Alfajayucan，Tuna Blanca，Taxa-kähä
Montesa	Amarrilla Montesa，Monteza，Amarilla Huesona，Miquihuana
Esmeralda	COPENA XXA
Fafayuca	Fafayuco，Octubreña
Torreoja	Torrioja，Frida，Frieda，COPENA XXXA
Milpa Alta	Tuna Morada
Pico Chulo	Naranjona，Apastillada，Copo de Oro
Tuna Mansa	Blanca

TG/230/1
原文：英文
日期：2006-04-05

国际植物新品种保护联盟
植物品种特异性、一致性和稳定性测试指南

欧洲酸樱桃

UPOV 代码：PRUNU_CSD

（*Prunus cerasus* L.）

公爵樱桃

UPOV Code: PRUNU_GON

[*Prunus* × *gondouinii* (Poit. & Turpin) Rehder]

互用名称 *

植物学名称	英文	法文	德文	西班牙文
Prunus cerasus L. *Cerasus vulgaris* Mill.	Sour cherry, Tart cherry, Morello	Cerisier acide	Sauerkirsche	Cerezo ácido, Guindo
Prunus × *gondouinii* (Poit. & Turpin) Rehder, *P. avium* × *P. cerasus*	Duke cherry	Griotte		Cerezo Duke

* 这些名称在指南开始使用时是正确的，但随后可能会修改更新。读者可登录 UPOV 网站（www.upov.int），获取最新资料。

1 指南适用范围

本指南适用于欧洲酸樱桃（*Prunus cerasus* L.）和公爵樱桃 [*Prunus* × *gondouinii*（Poit.& Turpin）Rehder.] 的所有品种。

2 繁殖材料要求

2.1 待测品种繁殖材料的数量和质量要求以及提交的时间和地点由主管机构决定。申请人从测试所在国境外提交繁殖材料的，还应符合海关规定并满足相关植物检疫的要求。

2.2 繁殖材料以一年生嫁接苗、芽条或嫁接用休眠枝条的形式提交。

2.3 申请人提交繁殖材料的最小数量为 5 株树苗或足够繁殖 5 个植株的 3 个芽条或 5 个嫁接用休眠枝条。使用的砧木由主管机关指定。

2.4 提供的繁殖材料应外观健康有活力，未受到任何严重病虫害的影响。

2.5 提交的繁殖材料不得进行任何可能影响品种性状表达的处理，除非主管机构允许或要求进行这种处理。如果材料已经处理，必须提供相关处理的详细情况。

3 测试方法

3.1 生长周期

测试的最少周期数量通常为 2 个生长周期。生长周期指 1 个完整的生育期，从萌芽开始，经历开花、结果、休眠期直到下季芽膨大为止。

3.2 测试地点

测试通常在 1 个地点进行。在 1 个以上地点进行测试时，TGP/9《特异性测试》提供了有关指导。

3.3 测试条件

测试的条件应能满足品种正常生长的需要，以确保品种相关性状充分表达和测试的顺利开展。在 2 个测试周期的每一个周期中，待测品种的植株都应当结出正常的果实。

3.4 试验设计

3.4.1 每个待测品种应保证至少有 5 个植株。

3.4.2 试验设计应保证因测量或计数等需要，从小区取走部分植株或植株部位后，不影响生长周期结束前的所有观测。

3.5 植株 / 植株部位的观测数量

除非另有说明，应观测 5 个植株或者分别从 5 个植株取下的植株部位。观测植株的部位时，每个植株的取样数量为 2 个。观测果实和果核性状时，应从每个植株上取 3 个果实，共观察 15 个样品。

3.6 附加测试

为测试有关性状，可以进行附加测试。

4 特异性、一致性和稳定性评价

4.1 特异性

4.1.1 一般建议

对于本指南的使用者而言，在判定特异性前参照总则特异性判定的一般原则十分重要。为进一步说明和强调特异性判定，本指南特列出特异性判定的要点。

4.1.2 一致的差异

当观测到的品种之间的差异非常明显时，则没有必要种植 1 个以上生长周期。此外，在某些情况下，环境的影响并不意味着需要 1 个以上的生长周期来保证品种间观测到的差异是足够一致的。为确保在种植试验中所观测到的性状差异是足够一致的，可以对性状进行至少 2 个独立生长周期的测试。

4.1.3 明显的差异

两个品种间的差异是否明显取决于很多因素，特别应考虑所测性状的表达类型，即该性状是质量性状、数量性状还是假质量性状。因此，在作出关于特异性的判定前，本测试指南的使用者应熟悉总则中的建议。

4.2 一致性

4.2.1 对于本指南的使用者而言，在判定一致性前参照总则一致性判定的一般原则十分重要。为进一步说明和强调一致性判定，本指南特列出一致性判定的要点。

4.2.2 评价自交系和单交种的一致性时，应采用 1% 的群体标准和至少 95% 的接受概率。当样本量为 5 个时，不允许存在异型株。

4.3 稳定性

4.3.1 在实际操作中，通常不像测试特异性和一致性那样对稳定性进行测试以得到明确结果。经验表明，对许多类型的品种来说，当一个品种表现一致时，可认为其是稳定的。

4.3.2 适当情况下或者有疑问时：种植该品种的下一代或者测试一批新材料，看其性状表现是否与之前提交的材料表现相同。

5 品种分组和试验组织

5.1 使用分组性状可以帮助选择与申请品种一起进行田间种植试验的已知品种，以及对这些品种进行合适分组以便进行特异性评价。

5.2 分组性状表达状态的数据即使来自不同地点，也可以单独或者与其他此类性状联合使用。

5.2.1 用于特异性测试中筛选排除那些不需要安排在种植试验中的已知品种。

5.2.2 用于组织安排种植试验，使近似品种种植在一起。

5.3 以下性状已被确认为有用的分组性状。

（a）果实：大小（性状 27）。

（b）果实：果皮颜色（性状 36）。

（c）果实：果肉颜色（性状 37）。

（d）果实：果汁颜色（性状 38）。

（e）始花期（性状 46）。

（f）果实始熟期（性状 47）。

5.4 总则和 TGP/9《特异性测试》中提供了在特异性审查过程中使用分组性状的指导。

6 性状表介绍

6.1 性状类型

6.1.1 标准指南性状

标准指南性状是 UPOV 已同意用于 DUS 审查的性状，UPOV 成员可以从中选择与其特定环境相适应的性状。

6.1.2 星号性状

星号性状（用“*”标记）是测试指南中对于形成国际统一的品种描述十分重要的性状，所有

UPOV 成员都应将其用于 DUS 测试并包含在品种描述中，除非前序性状的表达或区域环境条件所限使其无法测试。

6.2 表达状态及相应代码

为定义性状和统一描述，将每个性状划分为一系列表达状态。每个表达状态赋予一个相应的数字代码，以便于数据记录，以及品种性状描述的建立和交流。

6.3 表达类型

总则中对性状表达类型（质量性状、数量性状和假质量性状）进行了解释。

6.4 标准品种

适当时，测试指南中提供了标准品种用于校正性状的表达状态。

6.5 注释

（*）星号性状（6.1.2）。

QL：质量性状（6.3）。

QN：数量性状（6.3）。

PQ：假质量性状（6.3）。

（a）～（d）性状表解释（8.1）。

（+）性状表解释（8.2）。

7 性状表

性状编号	观测方法	英文	中文	标准品种	代码
1. （+） **QN**	（a）	**Tree：vigor**	**树：树势**		
		very weak	极弱	Demesova，Kelleriis 14，Samor	1
		weak	弱	Gerema，Nana	3
		medium	中	Karneol，Montmorency	5
		strong	强	Kántorjánosi 3，Pándy Bb. 119	7
		very strong	极强	Érdi nagygyümölcsű，Piramis	9
2. （*） （+） **PQ**	（a）	**Tree：habit**	**树：树姿**		
		upright	直立	Oblachinska，Piramis，Ţarina	1
		semi-upright	半直立	Safir，Újfehértói fürtös	2
		spreading	开张	Karneol，Montmorency，Samor	3
		drooping	下弯	Cigánymeggy 7	4
3. （*） （+） **QN**	（a）	**Tree：branching**	**树：分枝力**		
		weak	弱	Meteor korai，Piramis，Samor	3
		medium	中	Morsam，Pándy Bb 119	5
		strong	强	Cigánymeggy 7，Montmorency，Safir	7
4. （+） **PQ**	（a）	**Tree：bud distribution**	**树：芽着生部位**		
		along entire branch	整个枝条	Maliga emléke，Piramis	1
		only on middle and distal part of branch	只在枝条中部和远基端	Érdi jubileum，Meteor，Morava	2
		only on distal part of branch	只在枝条远基端	Cigánymeggy 7，Samor，Schatten-morelle，	3

续表

性状编号	观测方法	英文	中文	标准品种	代码
5. QN		**Young shoot: anthocyanin coloration of apex (during rapid growth)**	**新梢：梢尖花青苷显色强度（快速生长期）**		
		absent or very weak	无或极弱	Cigánymeggy 59，Meteor	1
		weak	弱	Kelleriis 16，Montmorency	3
		medium	中	Érdi bőtermő，Meteor korai，Schattenmorelle	5
		strong	强	Érdi jubileum，Fanal	7
		very strong	极强	Érdi nagygyümölcsű，Topas	9
6. QN		**Young shoot: pubescence of apex (during rapid growth)**	**新梢：梢尖茸毛（快速生长期）**		
		weak	弱	Cigánymeggy 7，Csengődi，Karneol	3
		medium	中	Favorit，Morava	5
		strong	强	Cigánymeggy 59	7
7. (*) (+) QL	(a)	**One-year-old shoot: length of internode**	**一年生枝：节间长度**		
		normal	正常	Fanal，Montmorency，Pándy 279	1
		short	短		2
8. QN	(a)	**One-year-old shoot: number of lenticels**	**一年生枝：皮孔数量**		
		few	少	Gerema，Kelleriis 16	3
		medium	中	Meteor，Pándy Bb. 119	5
		many	多	Maliga emléke，Meteor korai，Piramis	7
9. QN	(b)	**Leaf blade: length**	**叶片：长度**		
		short	短	Cigánymeggy C. 404，Meteor，Oblachinska	3
		medium	中	Karneol，Kántorjánosi 3，Kelleriis 16	5
		long	长	Érdi bőtermő，Favorit，Maliga emléke	7
10. QN	(b)	**Leaf blade: width**	**叶片：宽度**		
		narrow	窄	Montmorency，Schattenmorelle	3
		medium	中	Karneol，Kelleriis 16，Pándy Bb 119	5
		broad	宽	Érdi bőtermő，Maliga emléke	7
11. (*) QN	(b)	**Leaf blade: ratio length/width**	**叶片：长宽比**		
		small	小	Cigánymeggy 7，Kelleriis 16	3
		medium	中	Karneol，Maliga emléke	5
		large	大	Favorit，Meteor korai，Oblachinska	7
12. QN	(b)	**Leaf blade: intensity of green color of upper side**	**叶片：上表面绿色程度**		
		light	浅	Cigánymeggy 59，Pipacs 1	3
		medium	中	Karneol，Morina，Schattenmorelle	5
		dark	深	Pándy Bb. 119	7

续表

性状编号	观测方法	英文	中文	标准品种	代码
13. QN	（b）	**Leaf blade：glossiness**	**叶片：光泽度**		
		absent or weak	无或弱	Csengődi，Schattenmorelle	1
		medium	中	Debreceni bőtermő，Nana	2
		strong	强	Karneol，Montmorency	3
14. （*） QN	（b）	**Leaf：length of petiole**	**叶：叶柄长度**		
		short	短	Karneol，Kelleriis 16，Oblachinska	3
		medium	中	Maliga emléke，Montmorency，Újfehértói fürtös	5
		long	长	Favorit，Piramis	7
15. QN	（b）	**Leaf：anthocyanin coloration of petiole（upper side）**	**叶：叶柄上表面花青苷显色强度**		
		weak	弱	Gerema，Oblachinska	3
		medium	中	Favorit	5
		strong	强	Fanal，Montmorency，Safir	7
16. QN	（b）	**Leaf：ratio length of blade / length of petiole**	**叶：叶片与叶柄长度比**		
		small	小	Favorit，Pipacs 1	3
		medium	中	Montmorency，Schattenmorelle	5
		large	大	Karneol，Kelleriis 16，Meteor	7
17. （*） （+） QL		**Leaf：presence of nectaries**	**叶：蜜腺**		
		absent	无	North Star，Oblachinska	1
		present	有	Favorit，Piramis	9
18. （+） PQ		**Nectaries：position**	**蜜腺：着生位置**		
		at base of leaf only	只在叶片基部	Karneol，Meteor	1
		both at base of leaf blade and on petiole	在叶片基部和叶柄上均有	Favorit，Montmorency	2
		on petiole only	只在叶柄	Kántorjánosi 3，Pipacs 1，Ţarina	3
19. （+） PQ		**Nectaries：color**	**蜜腺：颜色**		
		greenish yellow	泛绿黄色	Samor	1
		orange yellow	橙黄色	Kántorjánosi 3，Safir，Topas	2
		light red	浅红色	Cigánymeggy 7，Érdi bőtermő，Oblachinska	3
		dark red	深红色	Meteor，Nana	4
		brownish	褐色	Karneol，Morina	5
20. （+） QN		**Stipule：attitude**	**托叶：着生状态**		
		leaning away from shoot	远离枝条	Kelleriis 16，Meteor，Samor	1
		adpressed to shoot	紧贴枝条	Favorit，Pándy 279	2
		leaning across shoot	与枝条交叉	Csengődi，Pipacs 1，Piramis	3
21. （+） QN		**Stipule：size**	**托叶：大小**		
		small	小	Favorit，Schattenmorelle，Újfehértói fürtös	3
		medium	中	Debreceni bőtermő，Maliga emléke，Samor	5
		large	大	Meteor korai，Morsam	7

续表

性状编号	观测方法	英文	中文	标准品种	代码
22. (+) QN		**Stipule：extensions of margins**	**托叶：边缘延伸**		
		absent or weak	无或弱	Oblachinska，Schattenmorelle，Újfehértói fürtös	1
		medium	中	Piramis，Samor	2
		strong	强	Csengődi，Kelleriis 16，Meteor korai	3
23. (+) QN	(c)	**Flower：diameter**	**花：直径**		
		small	小	Oblachinska，Samor	3
		medium	中	Kelleriis 16，Montmorency，Újfehértói fürtös	5
		large	大	Érdi bőtermő，Kántorjánosi 3，Pándy Bb. 119	7
24. (+) QN	(c)	**Flower：arrangement of petals**	**花：花瓣相对位置**		
		free	分离	Kelleriis 16，Újfehértói fürtös	1
		intermediate	相接	Érdi jubileum，Montmorency，Schattenmorelle	2
		overlapping	重叠	Favorit，Meteor korai，Oblachinska	3
25. (+) PQ	(c)	**Flower：shape of petal**	**花：花瓣形状**		
		circular	圆形	Favorit，Meteor，Oblachinska	1
		medium obovate	中等倒卵圆形	Kelleriis 16，Pipacs 1，Safir	2
		broad obovate	阔倒卵圆形	Érdi bőtermő，Korai pipacs，Schattenmorelle	3
26. (+) PQ	(c)	**Flower：arrangement**	**花：排列**		
		solitary	单个	Cerella，Nabella	1
		double	成对	Safir	2
		in clusters	成簇	Stevnsbear，Újfehértói fürtös	3
		irregular	不规律	Schattenmorelle	4
27. (*) QN	(d)	**Fruit：size**	**果实：大小**		
		very small	极小	Oblachinska，Stevnsbaer	1
		small	小	Cigánymeggy 7，Cigánymeggy C. 404	3
		medium	中	Érdi bőtermő，Schattenmorelle	5
		large	大	Favorit，Karneol，Pándy Bb. 119	7
		very large	极大	Érdi nagygyümölcsű，Piramis，Safir	9
28. (*) (+) PQ	(d)	**Fruit：shape in ventral view**	**果实：腹面观察形状**		
		reniform	心形	Érdi jubileum，Pándy Bb. 119	1
		oblate	肾形	Montmorency，Morina	2
		circular	圆形	Maliga emléke，Nana	3
		elliptic	椭圆形	Csengődi，Karneol，Morsam	4
29. (+) QN	(d)	**Fruit：pistil end**	**果实：果顶**		
		pointed	尖	Favorit，Morsam	1
		flat	平	Korai pipacs，Samor	2
		depressed	凹	Cigánymeggy C. 404，Montmorency，Schattenmorelle	3

续表

性状编号	观测方法	英文	中文	标准品种	代码
30. (*) QN	(d)	**Fruit: length of stalk**	**果实：果柄长度**		
		very short	极短	Maliga emléke, Montmorency	1
		short	短	Nana, Piramis	3
		medium	中	Morina, Pándy Bb. 119	5
		long	长	Favorit	7
		very long	极长	Csengődi, Pipacs 1	9
31. QN	(d)	**Fruit: thickness of stalk**	**果实：果柄粗度**		
		thin	细	Morsam, Schattenmorelle	3
		medium	中	Karneol, Pándy 279	5
		thick	粗	Maliga emléke, Piramis	7
32. (*) QL	(d)	**Fruit: anthocyanin coloration of stalk**	**果实：果柄花青苷显色**		
		absent	无	Meteor korai	1
		present	有	Újfehértói fürtös	9
33. QN	(d)	**Fruit: number of bracts on stalk**	**果实：果柄上苞叶数量**		
		absent or few	无或少	Piramis, Ţarina	1
		medium	中	Érdi bőtermő, Morina,	2
		many	多	Gerema, Kántorjánosi 3, Kelleriis 16	3
34. QN	(d)	**Fruit: size of bracts on stalk**	**果实：果柄上苞叶大小**		
		small	小	Érdi bőtermő, Maliga emléke	3
		medium	中	Cigánymeggy C. 404, Favorit	5
		large	大	Kántorjánosi 3, Újfehértói fürtös	7
35. QL	(d)	**Fruit: abscission layer between stalk and fruit**	**果实：果蒂离层**		
		absent	无	Csengődi, Meteor korai	1
		present	有	Karneol, Újfehértói fürtös	9
36. (*) PQ	(d)	**Fruit: color of skin**	**果实：果皮颜色**		
		orange red	橙红色	Meteor, Pipacs 1	1
		light red	浅红色	Favorit, Montmorency	2
		medium red	中等红色	Pándy Bb. 119	3
		dark red	深红色	Cigánymeggy 7, Gerema, Nana	4
		brown red	棕红色	Karneol, Kelleriis 16, Schattenmorelle	5
		blackish	泛黑色	Érdi jubileum, North Star	6
37. (*) PQ	(d)	**Fruit: color of flesh**	**果实：果肉颜色**		
		yellowish	泛黄色	Montmorency, Pipacs 1	1
		pink	粉色	Meteor, Pándy 279	2
		medium red	中等红色	Kántorjánosi 3, Karneol	3
		dark red	深红色	Cigánymeggy 7, Fanal	4
38. (*) PQ	(d)	**Fruit: color of juice**	**果实：果汁颜色**		
		colorless	无色	Montmorency	1
		light yellow	浅黄色	Pipacs 1	2
		pink	粉色	Meteor, Pándy	3
		medium red	中等红色	Kántorjánosi 3, Karneol	4
		dark red	深红色	Cigánymeggy 7, Érdi jubileum, Fanal	5

续表

性状编号	观测方法	英文	中文	标准品种	代码
39. (*) **QN**	(d)	**Fruit: firmness**	**果实：硬度**		
		soft	软	Csengődi, Samor	3
		medium	中	Karneol, Pándy 279	5
		firm	硬	Érdi jubileum	7
40. **QN**	(d)	**Fruit: acidity**	**果实：酸度**		
		very low	极低	Érdi nagygyümölcsű, Meteor korai	1
		low	低	Érdi bőtermő	3
		medium	中	Impératrice Eugénie, Pándy 279	5
		high	高	Meteor, Montmorency	7
		very high	极高	Cigánymeggy 7, Schattenmorelle	9
41. **QN**	(d)	**Fruit: sweetness**	**果实：糖度**		
		low	低	Montmorency	3
		medium	中	Pándy 279	5
		high	高	Érdi jubileum, Favorit, Korai pipacs	7
42. **QN**	(d)	**Fruit: juiciness**	**果实：多汁性**		
		weak	弱	Érdi jubileum, Korai pipacs	3
		medium	中	Maliga emléke, Pándy 279	5
		strong	强	Csengődi, Favorit, Montmorency	7
43. (*) **QN**	(d)	**Stone: size**	**果核：大小**		
		small	小	Oblachinska, Stevnsbaer	3
		medium	中	Érdi bőtermő, Schattenmorelle	5
		large	大	Maliga emléke, Pándy Bb 119	7
44. (*) (+) **QN**	(d)	**Stone: shape in ventral view**	**果核：腹面观察形状**		
		narrow elliptic	窄椭圆形	Csengődi, Meteor	1
		broad elliptic	阔椭圆形	Fanal, Maliga emléke	2
		circular	圆形	Érdi jubileum, Kelleriis 16	3
45. (*) **QN**	(d)	**Fruit: ratio weight of fruit / weight of stone**	**果实：果肉与果核重量比**		
		small	小	Cigánymeggy 7, Érdi jubileum, Karneol	3
		medium	中	Érdi bőtermő, Schattenmorelle	5
		large	大	Érdi nagygyümölcsű, Meteor, Piramis	7
46. (*) (+) **QN**		**Time of beginning of flowering**	**始花期**		
		very early	极早	Érdi bőtermő	1
		early	早	Favorit, Meteor korai	3
		medium	中	Cigánymeggy 7, Vowi	5
		late	晚	Gerema, Kelleriis 16	7
		very late	极晚	Schattenmorelle	9
47. (*) (+) **QN**		**Time of beginning of fruit ripening**	**果实始熟期**		
		very early	极早	Tarina	1
		early	早	Meteor korai	3
		medium	中	Érdi bőtermő, Favorit	5
		late	晚	Pándy 279, Kántorjánosi 3	7
		very late	极晚	Gerema, Vowi	9

8 性状表解释

8.1 对多个性状的解释

性状表第二列包含以下标注的性状应按照下述要求观测。

（a）树或一年生枝：除非另有说明，应在冬季观测至少结果一次的树。

（b）叶：除非另有说明，应在夏季观测树体外围新梢中部发育完全的叶片。

（c）花：除非另有说明，应在花药开始开裂时观测发育完全的花。

（d）果实和果核：应在果实完全成熟期观测。

8.2 对单个性状的解释

性状 1：树势

树势为整株树的整体营养生长表现。

性状 2：树姿

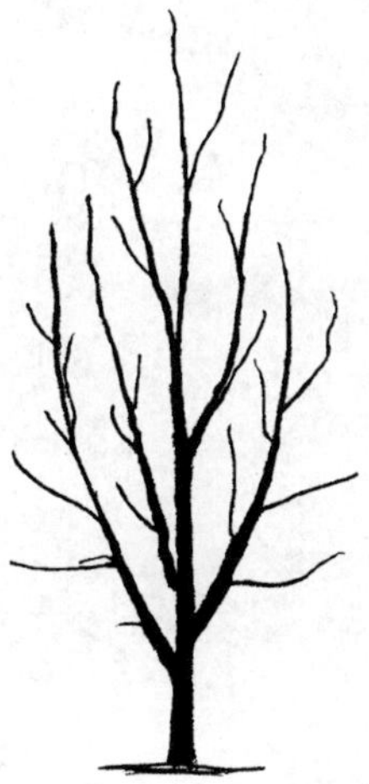

1
直立

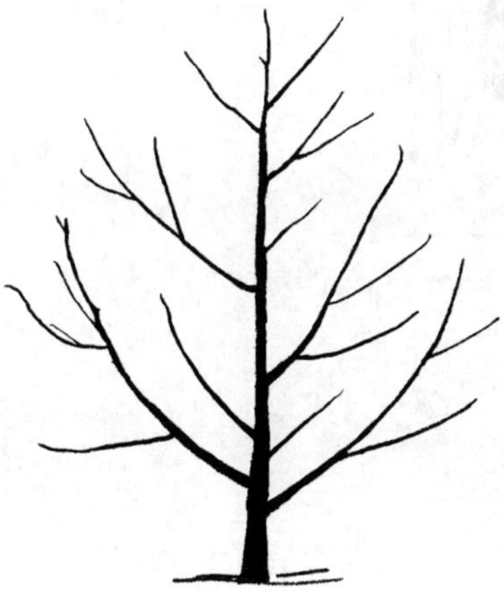

2
半直立

3
开张

4
下弯

性状 3：树分枝力

应观测骨干枝上的侧枝和枝条密度，不包括果枝。

性状 4：树芽着生部位

应在采收前观测。

性状 7：一年生枝节间长度

1 正常　　2 短

性状 17：叶蜜腺

性状 18：蜜腺着生位置

性状 19：蜜腺颜色

应在夏天观测发育良好的当季梢中部 1/3 处上发育完全的叶片。

性状 20 至性状 22：托叶着生状态、大小、边缘延伸

应在快速生长期观测长枝上第五片或第六片发育完全叶片上的托叶。

性状 20：托叶着生状态

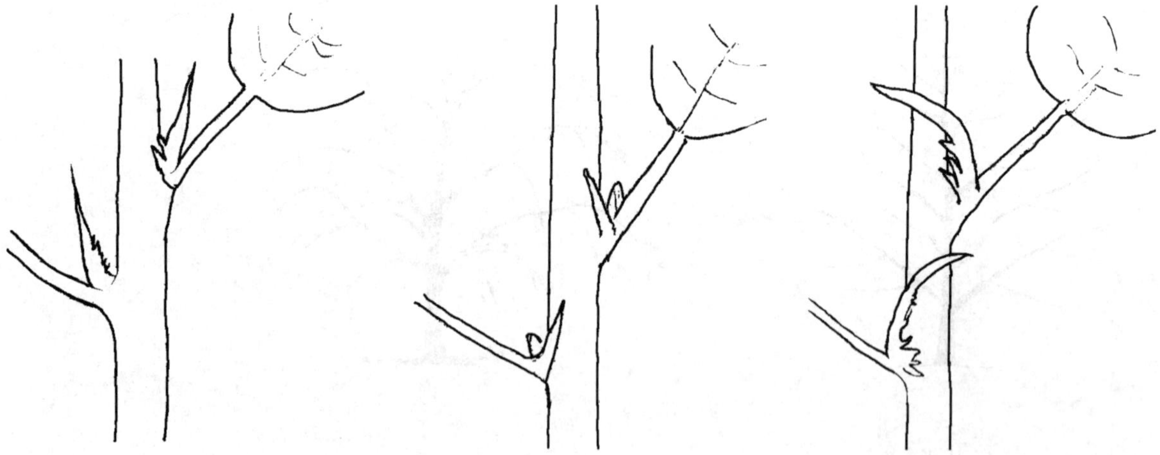

1 远离枝条　　2 紧贴枝条　　3 与枝条交叉

性状 22：托叶边缘延伸

1 无或弱　　2 中　　3 强

性状 23：花直径

应观测花瓣开放到水平的完全开放的花。

性状 24：花瓣相对位置

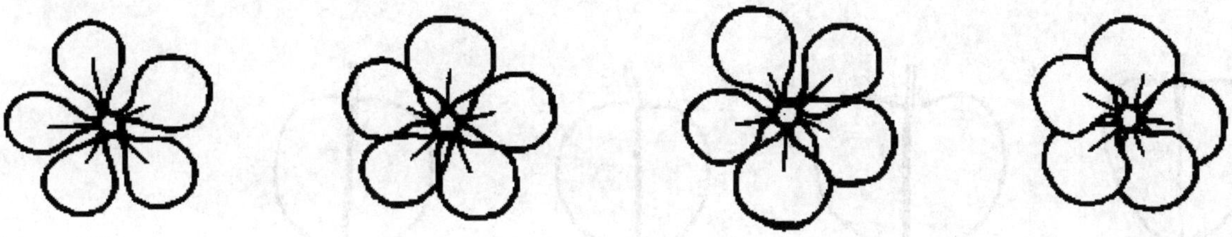

1 分离　　2 相接　　3 重叠

性状 25：花瓣形状

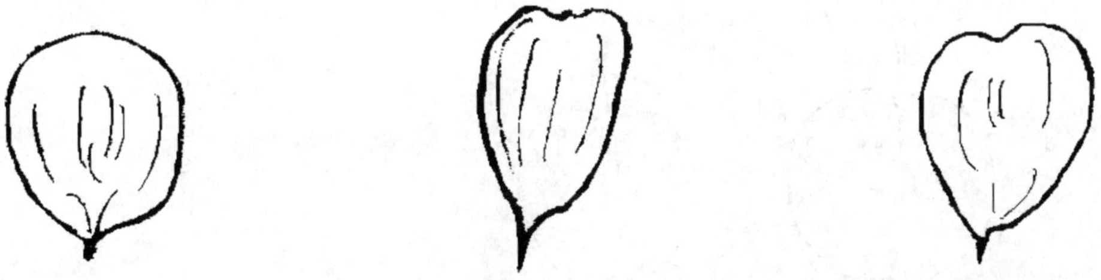

1 圆形　　2 中等倒卵圆形　　3 阔倒卵圆形

性状 26：花排列

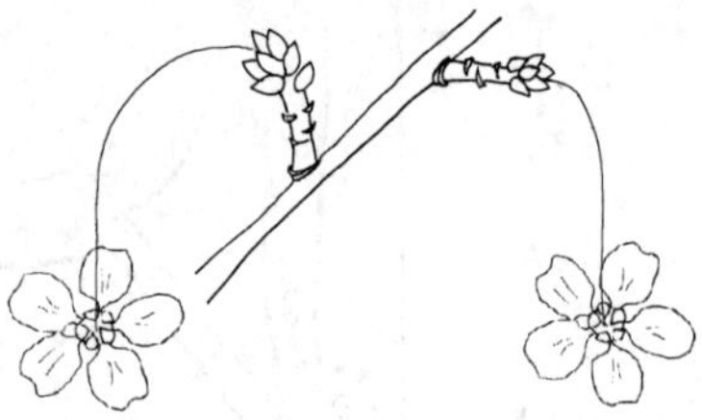

1
单个

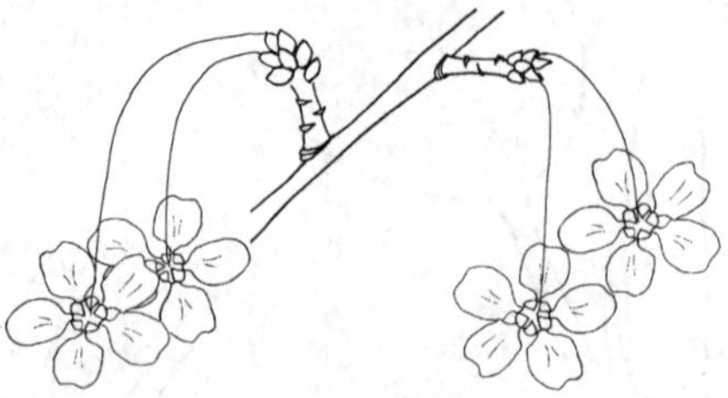

2
成对

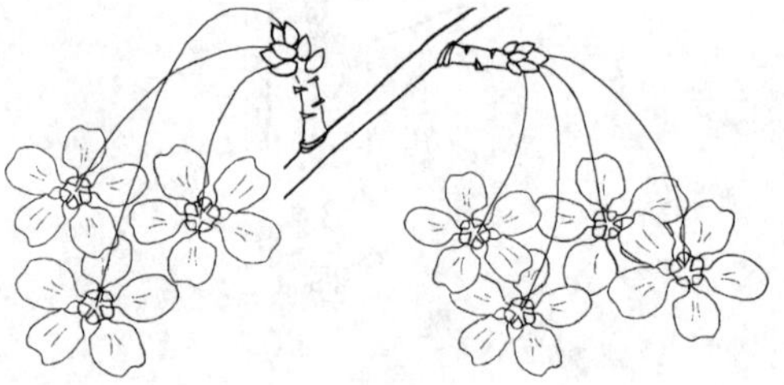

3
成簇

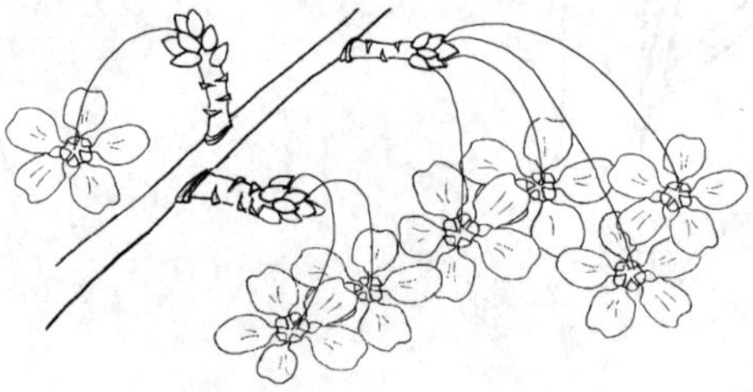

4
不规律

性状 28：果实腹面观察形状

1
心形

2
肾形

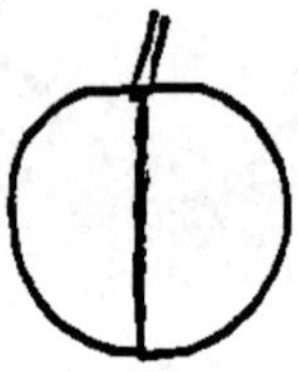

3
圆形

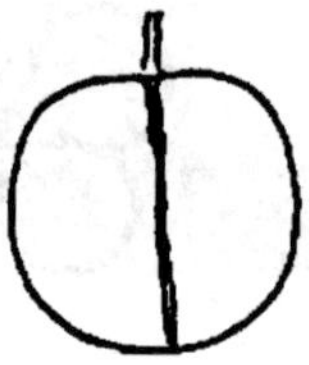

4
椭圆形

性状 29：果实果顶

1
尖

2
平

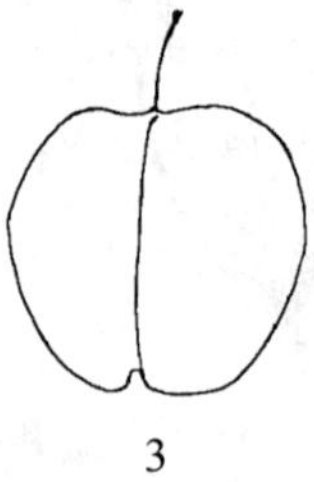

3
凹

性状 44：果核腹面观察形状

1
窄椭圆形

2
阔椭圆形

3
圆形

性状 46：始花期

5%～10% 的花开放的时期。

性状 47：果实始熟期

5%～10% 的果实成熟的时期。果实成熟指果实食用成熟，果实能轻易从果柄上摘取。

8.3 标准品种互用名

标准品种	互用名
Cigánymeggy	Zigeunerkirsche
Fanal	Heimanns Konservenweichsel
Kelleriis 16	Morellenfeuer
Schattenmorelle	Griotte du Nord，Lotovka，Latos meggy，Łutówka，Morella pozdní

TG/239/1
原文： 英文
日期： 2008-04-09

国际植物新品种保护联盟
植物品种特异性、一致性和稳定性测试指南

山楂属

UPOV 代码：CRATA

（*Crataegus* L.）

互用名称 *

植物学名称	英文	法文	德文	西班牙文
Crataegus L.	Hawthorn	Aubépine	Weißdorn	Espino, Espinero, Manzanilla, Marjoleto, Marzoleto, Tejocote

* 这些名称在指南开始使用时是正确的，但随后可能会修改更新。读者可登录 UPOV 网站（www.upov.int），获取最新资料。

1 指南适用范围

本指南适用于蔷薇科山楂属（*Crataegus* L.）所有品种。

2 繁殖材料要求

2.1 待测品种繁殖材料的数量和质量要求以及提交的时间和地点由主管机构决定。申请人从测试所在国境外提交繁殖材料的，还应符合海关规定并满足相关植物检疫的要求。

2.2 提供的繁殖材料可以是接穗、嫁接苗和自根苗。

2.3 提供的繁殖材料最少数量为 8 根接穗或 5 株苗，如果是嫁接苗，使用的砧木由主管机构规定。

2.4 提供的繁殖材料应外观健康有活力，未受到任何严重病虫害的影响。

2.5 提交的繁殖材料不得进行任何可能影响品种性状表达的处理，除非主管机构允许或要求进行这种处理。如果材料已经处理，必须提供相关处理的详细情况。

3 测试方法

3.1 生长周期

测试的最少周期通常是 2 个生长周期。

生长周期指 1 个完整的生长季，从萌芽（开花和营养生长开始）、生长和果实收获，休眠期结束直到新一季芽膨胀变大。

3.2 测试地点

测试通常在 1 个地方进行。在 1 个以上地点进行测试时，TGP/9《特异性测试》提供了有关指导。

3.3 测试条件

测试的条件应能满足品种正常生长的需要，以确保品种相关性状充分表达和测试的顺利开展。在 2 个测试周期内，待测品种的植株都应当能正常结果。

3.4 试验设计

3.4.1 每个试验至少 5 个植株。

3.4.2 试验设计应保证因测量或计数等需要，从小区取走部分植株或植株部位后，不影响生长周期结束前的所有观测。

3.5 测试植株 /（材料）数量

除非另有说明，应观测 5 个植株或者分别从 5 个植株取下的植株部位。观测植株的部位时，每个植株的取样数量为 2 个。

3.6 附加测试

为了测试相关联性状，可以进行附加测试。

4 特异性、一致性和稳定性评价

4.1 特异性

4.1.1 一般建议

对于本指南的使用者而言，在判定特异性前参照总则特异性判定的一般原则十分重要。为进一步说明和强调特异性判定，本指南特列出特异性判定的。

4.1.2 一致的差异

当观测到的品种之间的差异非常明显时，则没有必要种植 1 个以上生长周期。此外，在某些情况下，环境的影响并不意味着需要 1 个以上的生长周期来保证品种间观测到的差异是足够一致的。为确保在种植试验中所观测到的性状差异是足够一致的，可以对性状进行至少 2 个独立生长周期的测试。

4.1.3 明显的差异

两个品种间的差异是否明显取决于很多因素，特别应考虑所测性状的表达类型，即该性状是质量性状、数量性状还是假质量性状。因此，在作出关于特异性的判定前，本测试指南的使用者应熟悉总则中的建议。

4.2 一致性

4.2.1 对于本指南的使用者而言，在判定一致性前参照总则一致性判定的一般原则十分重要。为进一步说明和强调一致性判定，本指南特列出一致性判定的要点。

4.2.2 评价一致性时，应采用 1% 的群体标准和至少 95% 的接受概率。当样本量为 5 个时，不允许存在异型株。

4.3 稳定性

4.3.1 在实际操作中，通常不像测试特异性和一致性那样对稳定性进行测试以得到明确结果。经验表明，对许多类型的品种来说，当一个品种表现一致时，可认为其是稳定的。

4.3.2 适当情况下或者有疑问时，稳定性可以采用如下方法测试：种植该品种的下一代或者测试一批新材料，看其性状表现是否与之前提交的材料表现相同。

5 品种分组和试验组织

5.1 使用分组性状可以帮助选择与申请品种一起进行田间种植试验的已知品种，以及对这些品种进行合适分组以便进行特异性评价。

5.2 分组性状表达状态的数据即使来自不同地点，也可以单独或者与其他此类性状联合使用。

5.2.1 用于特异性测试中筛选排除那些不需要安排在种植试验中的已知品种。

5.2.2 用于组织安排种植试验，使近似品种种植在一起。

5.3 以下性状已被确认为有用的分组性状：

（a）植株：生长类型（性状 1）。

（b）植株：姿态（性状 2）。

（c）枝：有无刺（性状 6）。

（d）叶片：裂片（性状 15）。

（e）叶柄：长度（性状 22）。

（f）果实：颜色（性状 32）。

5.4 总则和 TGP/9《特异性测试》中提供了在特异性审查过程中使用分组性状的指导。

6 性状表的介绍

6.1 性状类型

6.1.1 标准指南性状

标准指南性状是 UPOV 已同意用于 DUS 审查的性状，UPOV 成员可以从中选择与其特定环境相适应的性状。

6.1.2 星号性状

星号性状（用“*”标记）是测试指南中对于形成国际统一的品种描述十分重要的性状，所有 UPOV 成员都应将其用于 DUS 测试并包含在品种描述中，除非前序性状的表达或区域环境条件所限使其无法测试。

6.2 表达状态及相应代码

为定义性状和统一描述，将每个性状划分为一系列表达状态。每个表达状态赋予一个相应的数字代码，以便于数据记录，以及品种性状描述的建立和交流。

6.3 表达类型

总则中对性状表达类型（质量性状、数量性状和假质量性状）进行了解释。

6.4 标准品种

适当时，测试指南中提供了标准品种用于校正性状的表达状态。

6.5 注释

（*）星号性状（6.1.2）。

QL：质量性状（6.3）。

QN：数量性状（6.3）。

PQ：假质量性状（6.3）。

（a）～（e）性状表解释（8.1）。

（+）性状表解释（8.2）。

7 性状表

性状编号	观测方法	英文	中文	标准品种	代码
1. （*） （+） PQ	（a）	**Plant：growth type**	**植株：生长类型**		
		shrub	灌木型	Calpantino，Candelaria，Compacta，Mitzi	1
		semi-shrub	半灌木型	Azucena，Paul's Scarlet	2
		tree	乔木型	Calpan Gold，Plena	3
2. （*） （+） PQ	（a）	**Plant：habit**	**植株：姿态**		
		fastigiate	帚状	Ergo，Gaca，Pingo	1
		upright	直立	Azucena，Calpar，Stricta	2
		spreading	开张	Atexcac	3
		semi drooping	半下弯	Candelaria，Chico	4
		drooping	下弯		5
		weeping	下垂	Pendula	6
3. （+） PQ	（b）	**Plant：shape**	**植株：形状**		
		semi-circular	半圆形	Ara	1
		ovate	卵圆形	Edgar，Epi，Pingo	2
		oblong	长圆形	Gloria	3
		circular	圆形	Erick	4
		transverse elliptic	扁椭圆形	Chela，Poblano	5
		obovate	倒卵圆形	性状	6
4. QN	（a）	**Plant：height**	**植株：高度**		
		short	矮	Belén，Gloria	3
		medium	中	Epi，Mutabilis，Robelo	5
		tall	高	Compacta，Tequex	7
5. QN	（b）	**Plant：density of foliage**	**植株：叶密度**		
		sparse	稀	Superior	3
		medium	中	Epi，Paul's Scarlet	5
		dense	密	Carrieri	7

续表

性状编号	观测方法	英文	中文	标准品种	代码
6. (*) QL	(a)	**Shoot: presence of thorns**	**枝：有无刺**		
		absent	无	Compacta, Edgar, Epi	1
		present	有	Chela, Mutabilis, Pingo	9
7. QN	(a)	**Shoot: number of thorns**	**枝：刺数量**		
		few	少	Salicifolia, Tequex	1
		medium	中	Chela, Mutabilis, Pingo	2
		many	多	Carrieri, Tempranero	3
8. QN	(a)	**Shoot: length of thorns**	**枝：刺长度**		
		short	短	Chapinguero, Gloria	3
		medium	中	Ara	5
		long	长		7
9. QN	(a)	**Shoot: length**	**枝：长度**		
		short	短	Karen	3
		medium	中	Tempranero	5
		long	长	Elena	7
10. QL	(a)	**Shoot: growth type**	**枝：生长类型**		
		straight	直	Ara, Elena, Stricta	1
		zig zag	"之"字形	Carrierei, Flexuosa	2
11. QN	(c)	**Leaf blade: length**	**叶片：长度**		
		short	短	Belén, Mutabilis	3
		medium	中	Epi	5
		long	长	Carrierei, Edgar	7
12. QN	(c)	**Leaf blade: width**	**叶片：宽度**		
		narrow	窄	Epi, Flexuosa, Mutabilis	3
		medium	中	Aurora, Edgar, Paul's Scarlet	5
		broad	宽	Wattiana	7
13. (*) QN	(c)	**Leaf blade: ratio length/width**	**叶片：长宽比**		
		small	小	Flexuosa, Toba, Wattiana	3
		medium	中	Azucena, Carrierei	5
		large	大	Poblano, Stipulacea	7
14. (+) PQ	(c)	**Leaf blade: margin**	**叶片：叶缘**		
		entire	全缘	Flexuosa	1
		crenate	圆锯状	Karen	2
		bicrenate	重圆锯状	Tempranero	3
		serrate	锯齿状	Compacta, Tzapingo	4
		biserrate	重锯齿状	Ade, Pingo, Toba	5
15. (*) (+) QL	(c)	**Leaf blade: lobes**	**叶片：裂片**		
		absent	无	Ade, Mago	1
		present	有	Compacta, Flexuosa, Stricta	9
16. (+) QN	(c)	**Leaf blade: depth of lobes**	**叶片：裂片深度**		
		shallow	浅	Stipulacea	3
		medium	中	Punicea	5
		deep	深	Major, Toba	7
17. QL	(d)	**Leaf blade: variegation**	**叶片：色斑**		
		absent	无	Carrieri	1
		present	有	Gireoudii	9

续表

性状编号	观测方法	英文	中文	标准品种	代码
18. QN	(c)	**Leaf blade：anthocyanin coloration**	**叶片：花青苷显色**		
		absent or weak	无或弱		1
		medium	中		2
		strong	强		3
19. QN	(c)	**Leaf blade：glossiness**	**叶片：光泽度**		
		absent or weak	无或弱	Tzapingo	1
		medium	中	Mago，Nitida	2
		strong	强	Carrierei	3
20. (+) QL	(c)	**Leaf blade：pubescence on upper side**	**叶片：上表面茸毛**		
		absent	无	Calpantino，Toba	1
		present	有	Calpan Gold，Chapeado，Erick (Major)	9
21. QL	(c)	**Leaf blade：surface**	**叶片：表面**		
		smooth	光滑	Aby，Toba	1
		wrinkled	褶皱	Chela，Flexuosa	2
22. (*) QN	(c)	**Petiole：length**	**叶柄：长度**		
		short	短	Tzapingo	3
		medium	中	Paul's Scarlet，Plena	5
		long	长	Toba，Wattiana	7
23. (+) QN	(d)	**Flower：calyx length**	**花：花萼长度**		
		short	短	Alex	3
		medium	中	San José	5
		long	长	Lupita	7
24. (*) QN	(d)	**Flower：pedicel length**	**花：花梗长度**		
		short	短	Alex	3
		medium	中	Cris	5
		long	长	San José	7
25. (+) QL	(d)	**Flower：type**	**花：类型**		
		single	单瓣	Carrieri，Edgar，Gloria，Punicea	1
		double	重瓣	Masekii，Paul's Scarlet	2
26. (+) QN	(d)	**Flower：diameter**	**花：直径**		
		small	小	Aby，Poblano	3
		medium	中	Chela，Pingo	5
		large	大	Superior，Tequex	7
27. PQ	(d)	**Flower：color of petals**	**花：花瓣颜色**		
		white	白色	Chapeada，Chela，Plena	1
		light pink	浅粉色	Masekii，Toba	2
		medium pink	粉色	Pink Corkscrew，Rubra Plena	3
		dark pink	深粉色		4
		red	红色	Paul's Scarlet	5
28. (+) PQ	(d)	**Flower：shape of anther**	**花：花药形状**		
		circular	圆形	Betty	1
		elliptic	椭圆形	Aby，San José	2
		ovate	卵圆形	Carla	3

续表

性状编号	观测方法	英文	中文	标准品种	代码
29. PQ	(d)	**Flower：color of base of anther stalks**	**花：花药茎基部颜色**		
		green	绿色	Poblano，Superior	1
		yellow	黄色	Edgar，Gloria	2
		pink	粉色	Centenario	3
		red pink	红粉色	San José	4
		medium purple	紫色	Chela	5
		dark purple	深紫色	San Cristóbal	6
		brown	棕色	Tempranero，Teques	7
30. (+) QN	(d)	**Flower：attitude of petals**	**花：花瓣姿态**		
		erect	直立	Poblano，Tempranero	1
		semi erect	半直立	Chela	2
		horizontal	水平	Edgar，Pingo，Superior	3
31. (+) QN	(d)	**Only varieties with flower type：single：Flower：arrangement of petals**	**花：花瓣排布（仅适用于单瓣花品种）**		
		free	相离	Edgar，Superior	1
		touching	相接	Natzi	2
		overlapping	重叠	San Cristóbal	3
32. (*) PQ	(e)	**Fruit：color**	**果实：颜色**		
		light green	浅绿色	Epi，San Nicolás	1
		medium green	绿色		2
		yellow	黄色	Aurora，Tzapingo	3
		yellow and orange	黄色和橙色	Alex，Chapeado	4
		yellow and red	黄色和红色	Carrierei，Elena	5
		orange	橙色	Ade，Huejo	6
		orange and red	橙色和红色	Poblano	7
		medium red	红色	Ara	8
		dark red	深红色	Eli	9
		purple	紫色		10
		black	黑色		11
33. (*) QL	(e)	**Fruit：glossiness of skin**	**果实：表皮光泽**		
		absent	无	Cas，Eli	1
		present	有	Ara	9
34. QN	(e)	**Fruit：density of lenticels**	**果实：皮孔密度**		
		very sparse	极疏	Robelo	1
		sparse	疏	Mago	3
		medium	中		5
		dense	密	Iracema	7
		very dense	极密	Paola	9
35. QN	(e)	**Fruit：texture of surface**	**果实：表皮质地**		
		smooth or slightly rough	光滑或稍粗糙	Dany	1
		moderately rough	中等粗糙	San Nicolás	2
		very rough	极粗糙	Tzingo	3
36. QN	(e)	**Fruit：aroma**	**果实：香味**		
		absent or weak	无或弱	Chela	1
		medium	中	Elvia	2
		strong	强	Orem	3

续表

性状编号	观测方法	英文	中文	标准品种	代码
37. (+) PQ	(e)	**Fruit：general shape**	**果实：形状**		
		conical	锥形	Ela	1
		elliptic	椭圆形	Santa Cata	2
		circular	圆形	Pingo	3
		oblate	扁圆形	Dany	4
		obovate	倒卵圆形	Erick（Pedillelata）	5
38. (+) QL	(e)	**Fruit：presence of neck**	**果实：颈**		
		absent	无	Carla	1
		present	有	Lupita	9
39. (+) QN	(e)	**Fruit：length**	**果实：长度**		
		short	短	Dany，Tzapingo	3
		medium	中	Epi	5
		long	长	Calpan Gold	7
40. QN	(e)	**Fruit：width**	**果实：宽度**		
		narrow	窄	Yesenia	3
		medium	中	Tequex	5
		broad	宽	Carla	7
41. (*) QN	(e)	**Fruit：length/width ratio**	**果实：长宽比**		
		small	小	Ela	3
		medium	中	Erick，Robelo	5
		large	大	Alex，Natzi	7
42. (+) QL	(e)	**Fruit：cavity of eye basin**	**果实：萼孔状态**		
		closed	闭合	Dany，Robelo	1
		open	开张	Karen	2
43. (+) QN	(e)	**Fruit：depth of eye basin**	**果实：萼洼深度**		
		very shallow	极浅	Candelaria，Mago	1
		shallow	浅	Rob	3
		medium	中	Gloria	5
		deep	深	Chapeado	7
		very deep	极深	Elvia	9
44. (+) PQ	(e)	**Fruit：main color of flesh**	**果实：果肉主色**		
		green	绿色	San Nicolás	1
		white	白色	Epi	2
		light yellow	浅黄色	Superior	3
		medium yellow	黄色	Belén	4
		dark yellow	深黄色	Azucena	5
		orange	橙色	Chela，Cris，Poblano	6
		red	红色	Dany	7
45. QN	(e)	**Endocarp：number**	**内果皮：数量**		
		few	少	Natzi，Santa Cata	1
		medium	中	Edgar	2
		many	多	Centenario	3
46. (+) QN	(e)	**Endocarp：length**	**内果皮：长度**		
		short	短	Pingo	3
		medium	中	Natzi	5
		long	长	Chela	7

续表

性状编号	观测方法	英文	中文	标准品种	代码
47. (+) QN	(e)	**Endocarp: width**	**内果皮：宽度**		
		narrow	窄	Ade	3
		medium	中	San Cristóbal	5
		broad	宽	Carla	7
48. (*) QN	(e)	**Endocarp: width/length ratio**	**内果皮：宽长比**		
		small	小	Belén, Lila, Yesenia	3
		medium	中	Calpar, Candelaria, Yash	5
		large	大	Ixayoc	7
49. QN		**Time of flowering**	**始花期**		
		early	早	Eli	3
		medium	中	Centenario	5
		late	晚	Chapeado	7
50. QN		**Time of harvest**	**采收期**		
		very early	极早	Tempranero	1
		early	早	Adela	3
		medium	中	Ara, Mago	5
		late	晚	Nati	7
		very late	极晚	Mitzi	9

8 性状表解释

8.1 对多个性状的解释

性状表第二列测试性状解释如下。

（a）对植株的茎和枝的观测应在生长后营养生长的当季枝上进行。

（b）对植株的观测应在春季长叶时进行。

（c）叶：应观测植株外部既不结果也没有新发红晕迹象的枝上的成熟叶片。叶应该取自当季枝的中间 1/3 处。

（d）花：花的观测应在第一朵花开放，花药开始开裂时进行。

（e）果实和内果皮：在果实成熟期，观测从 5 株树上取下的 10 个典型果实。

8.2 对单个性状的解释

性状 1：植株生长类型

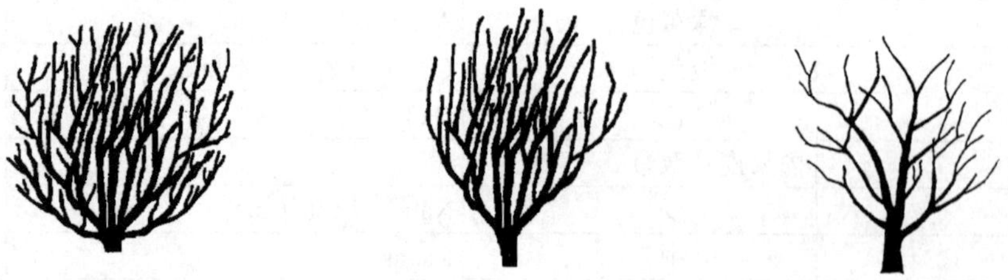

1 灌木型　　2 半灌木型　　3 乔木型

灌木型：嫁接点附近多个茎生长，高度较低。

半灌木型：在主茎某点而非嫁接点附近生长多个茎，不是很高。

乔木型：有主干，在不同点生长枝条，有明显的树冠。

性状 2：植株姿态

1
帚状

2
直立

3
开张

5
下弯

6
下垂

性状 3：植株形状

1
半圆形

2
卵圆形

3
长圆形

4
圆形

5
扁椭圆形

6
倒卵圆形

性状 14：叶缘

1
全缘

2
圆锯状

3
重圆锯状

4
锯齿状

5
重锯齿状

性状 15：叶片裂片

1
无

9
有

性状 16：叶片裂片深度

性状 20：叶片上表面茸毛

茸毛观察需要借助放大镜。

性状 23：花萼长度

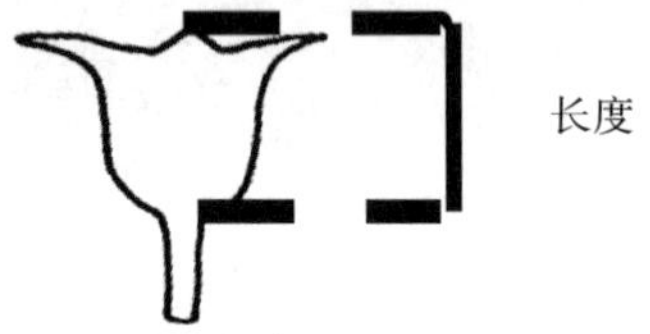

性状 25：花类型

1
单瓣

2
重瓣

性状 26：花直径

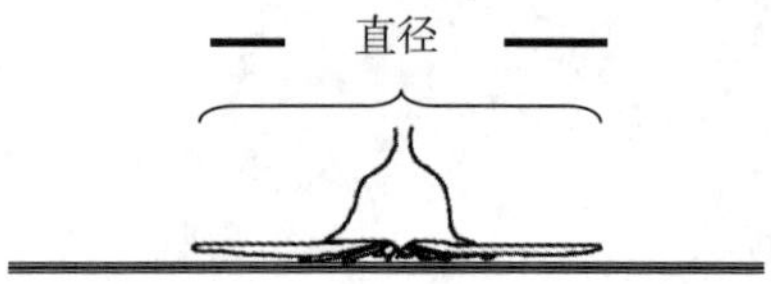

性状 28：花药形状

花瓣压至水平状态时观察。

1

圆形

2

椭圆形

3

卵圆形

性状 30：花瓣姿态

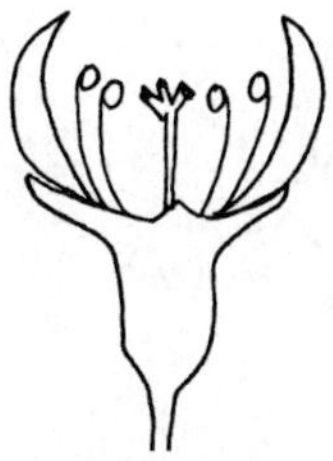

1

直立

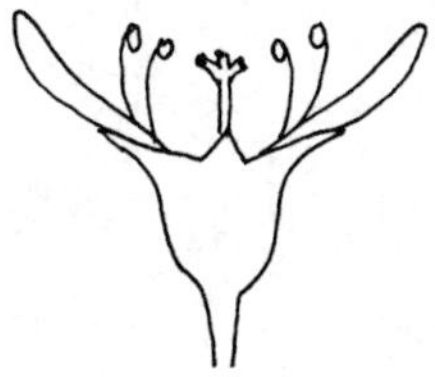

2

半直立

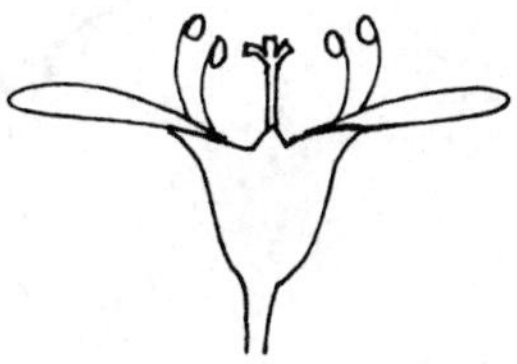

3

水平

性状 31：花瓣排布（仅适用于单瓣花品种）

1

相离

2

相接

3

重叠

性状 37：果实形状

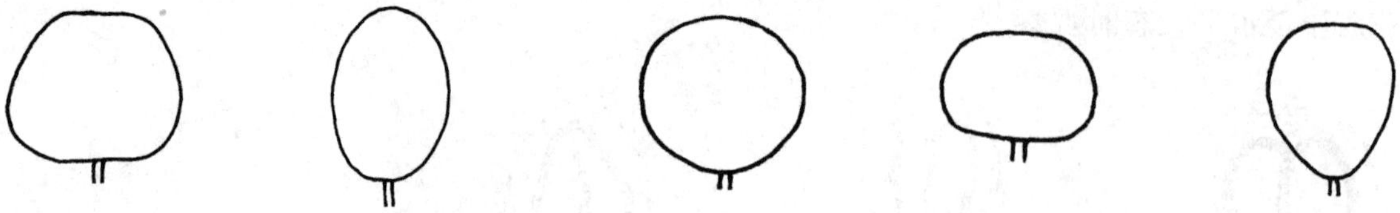

1 锥形　2 椭圆形　3 圆形　4 扁圆形　5 倒卵圆形

性状 38：果实颈

1 无　9 有

性状 39：果实长度

果实长度包括颈（如果有）。

性状 42：果实萼孔状态

1 闭合　2 开张

性状 43：果实萼洼深度

性状 44：果实果肉主色

主色是表面积最大的颜色。

性状 46：内果皮长度

性状 47：内果皮宽度

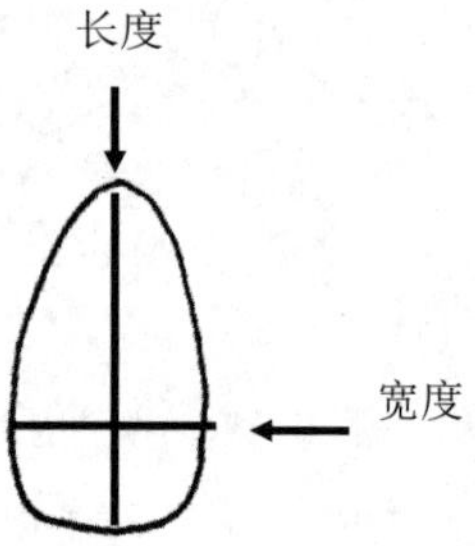

扫码下载原文

如扫描二维码无法下载指南原文，可能是指南版本有更新，可扫描本书封底二维码查看与本文对应的指南版本

TG/240/1 Rev.
原文：英文
日期：2008-04-09，
2020-12-17

国际植物新品种保护联盟
植物品种特异性、一致性和稳定性测试指南

沙棘

UPOV 代码：HIPPH_RHA

（*Hippophae rhamnoides* L.）

互用名称 *

植物学名称	英文	法文	德文	西班牙文
Hippophae rhamnoides L.	Common Sea Buckthorn, Sallowthorn, Sea-buckthorn	Argasse, Argousier, Grisset	Sanddorn	Espino amarillo, Espino falso

* 这些名称在指南开始使用时是正确的，但随后可能会修改更新。读者可登录 UPOV 网站（www.upov.int），获取最新资料。

1 指南适用范围

本指南适用于沙棘（*Hippophae rhamnoides* L.）的所有品种。

2 繁殖材料要求

2.1 待测品种繁殖材料的数量和质量要求以及提交的时间和地点由主管机构决定。申请人从测试所在国境外提交繁殖材料的，还应符合海关规定并满足相关植物检疫的要求。

2.2 繁殖材料以一年龄、根系发达且至少有 2 个嫩枝的形式提交。

2.3 申请人提交繁殖材料的最小数量为 5 个植株。

2.4 提供的繁殖材料应外观健康有活力，未受到任何严重病虫害的影响。

2.5 提交的繁殖材料不得进行任何可能影响品种性状表达的处理，除非主管机构允许或要求进行这种处理。如果材料已经处理，必须提供相关处理的详细情况。

3 测试方法

3.1 测试周期

3.1.1 测试的最少周期数量通常为 2 个生长周期。

3.1.2 生长周期被认为是单个生长季节的持续时间，由萌芽开始（开花或营养生长）、开花、果实收获到休眠结束下季萌芽为止。

3.2 测试地点

测试通常在 1 个地点进行。在 1 个以上地点进行测试时，TGP/9《特异性测试》提供了有关指导。

3.3 测试条件

3.3.1 测试的条件应能满足品种正常生长的需要，以确保品种相关性状充分表达和测试的顺利开展。

3.3.2 性状表第二列以如下符号的形式列出了特异性判定时推荐的性状观测方法

MG：对一批植株或植株部位进行单次测量。

MS：对一定数量的植株或植株部位进行逐一测量。

VG：对一批植株或植株部位进行单次目测。

VS：对一定数量的植株或植株部位进行逐一目测。

3.4 试验设计

3.4.1 每个试验设计至少包括 5 个植株。

3.4.2 试验设计应保证因测量或计数等需要，从小区取走部分植株或植株部位后，不影响生长周期结束前的所有观测。

3.5 测试株数

除非另有说明，应对 5 个植株或分别取自于 5 个植株的部位进行全部观察，每个植株的取样数量为 3 个。

3.6 附加测试

为测试有关性状，可以进行附加测试。

4 特异性、一致性和稳定性评价

4.1 特异性

4.1.1 一般建议

对于本指南的使用者而言，在判定特异性前参照总则特异性判定的一般原则十分重要。为进一步说明和强调特异性判定，本指南特列出特异性判定的要点。

4.1.2 一致的差异

当观测到的品种之间的差异非常明显时，则没有必要种植 1 个以上生长周期。此外，在某些情况下，环境的影响并不意味着需要 1 个以上的生长周期来保证品种间观察到的差异是足够一致的。为确保在种植试验中所观测到的性状差异是足够一致的，可以对性状进行至少 2 个独立生长周期的测试。

4.1.3 明显的差异

两个品种间的差异是否明显取决于很多因素，特别应考虑所测性状的表达类型，即该性状是质量性状、数量性状还是假质量性状。因此，在作出关于特异性的判定前，本测试指南的使用者应熟悉总则中的建议，这一点很重要。

4.2 一致性

4.2.1 对于本指南的使用者而言，在判定一致性前参照总则一致性判定的一般原则十分重要。为进一步说明和强调一致性判定，本指南特列出一致性判定的要点。

4.2.2 评价一致性时，应采用 1% 的群体标准和至少 95% 的接受概率。当样本量为 5 个时，不允许有异型株。

4.3 稳定性

4.3.1 在实际操作中，通常不像测试特异性和一致性那样对稳定性进行测试以得到明确结果。经验表明，对许多类型的品种来说，当一个品种表现一致时，可认为其是稳定的。

4.3.2 适当情况下或者有疑问时，稳定性可以采用如下方法测试：种植该品种的下一代或者测试一批新植株库存，看其性状表现是否与之前提交的材料表现相同。

5 品种分组和试验组织

5.1 使用分组性状可以帮助选择与申请品种一起进行田间种植试验的已知品种，以及对这些品种进行合适分组以便进行特异性评价。

5.2 分组性状表达状态的数据即使来自不同地点，也可以单独或者与其他此类性状联合使用

5.2.1 用于特异性测试中筛选排除那些不需要安排在种植试验中的已知品种。

5.2.2 用于组织安排种植试验，使近似品种种植在一起。

5.3 以下性状已被确认为有用的分组性状。

（a）植株：性别（性状 1）。

（b）植株：生长习性（性状 2）。

（c）植株：枝条姿态（性状 3）。

（d）嫩枝：棘刺数量（由中部到顶端）（性状 8）。

5.4 总则中提供了在特异性审查过程中使用分组性状的指导。

6 性状表介绍

6.1 性状类型

6.1.1 标准指南性状

标准指南性状是 UPOV 已同意用于 DUS 审查的性状，UPOV 成员可以从中选择与其特定环境相

适应的性状。

6.1.2 星号性状

星号性状（用“*”标记）是测试指南中对于形成国际统一的品种描述十分重要的性状，所有UPOV成员都应将其用于DUS测试并包含在品种描述中，除非前序性状的表达或区域环境条件所限使其无法测试。

6.2 表达状态及相应代码

为定义性状和统一描述，将每个性状划分为一系列表达状态。每个表达状态赋予一个相应的数字代码，以便于数据记录，以及品种性状描述的建立和交流。

6.3 表达类型

总则中对性状表达类型（质量性状、数量性状和假质量性状）进行了解释。

6.4 标准品种

适当时，测试指南中提供了标准品种用于校正性状的表达状态。

6.5 注释

（*）星号性状（6.1.2）。

QL：质量性状（6.3）。

QN：数量性状（6.3）。

PQ：假质量性状（6.3）。

MG、MS、VG、VS：观测方法（3.3.2）。

（a）～（e）性状表解释（8.1）。

（+）性状表解释（8.2）。

7 性状表

性状编号	观测方法	英文	中文	标准品种	代码
1. （*） （+） QL	VG （a）	**Plant：sex**	**植株：性别**		
		female	雌株	Bojan，Leikora，Slovan	1
		male	雄株	Pollmix 1	2
2. （*） （+） QL	VG （a）	**Plant：growth type**	**植株：生长习性**		
		tree-type	乔木型	Maslichnaya，Novost' Altaya，Slovan，Vitaminaya	1
		bush-type	灌木型	Bojan，Dorana，Terhi	2
3. （*） PQ	VG （a）	**Plant：attitude of branches**	**植株：枝条姿态**		
		erect	直立	Ascola，Frugana	1
		semi-erect	半直立	Leikora，Slovan，Vitaminaya	2
		horizontal	水平	Bojan，Maslichnaya	3
		arching	弓形	Hergo	4
4. （+） QN	VG （a）	**Plant：vigor**	**植株：树势**		
		weak	弱	Dorana，Maslichnaya	3
		medium	中	Bojan，Hergo	5
		strong	强	Ascola	7
		very strong	极强	Leikora	9
5. QN	VG （a）	**Plant：density of shoots**	**植株：嫩枝密度**		
		sparse	疏	Pollmix 3，Vitaminaya	3
		medium	中	Bojan	5
		dense	密	Maslichnaya，Slovan	7

续表

性状编号	观测方法	英文	中文	标准品种	代码
6. QL	VG （b）	**Plant：position of inflorescences**	**植株：花序位置**		
		on one-year-old shoots only	仅在一年生嫩枝	Leikora，Pollmix 1，Pollmix 2	1
		both on one-year-old and older shoots	一年生嫩枝和老枝	Ascola，Dorana，Frugana	2
7. QN	VG （b）	**One-year-old shoot：thickness**	**一年生嫩枝：粗度**		
		thin	细		3
		medium	中	Bojan，Slovan	5
		thick	粗	Leikora，Maslichnaya	7
8. （*） QN	VG （b）	**Shoot：number of thorns（from middle part to top）**	**嫩枝：棘刺数量（由中部到顶端）**		
		absent or very few	无或极少	Obil'naya，Yantarnaya	1
		few	少	Pollmix 1，Vitaminaya	3
		medium	中	Slovan	5
		many	多	Bojan，Leikora，Pollmix 2	7
9. （+） QN	VG （b）	**Shoot：length of thorns**	**嫩枝：棘刺长度**		
		short	短	Silvia，Tiberiu	3
		medium	中	Auras，Victoria	5
		long	长	Diana	7
10. （*） （+） PQ	VG （c）	**Leaf blade：shape**	**叶片：形状**		
		very narrow elliptic	极窄椭圆形	Bojan，Dorana，Maslichnaya，Vitaminaya	1
		narrow elliptic	窄椭圆形	Slovan	2
		narrow ovate	窄卵圆形	Frugana	3
11. （*） QN	MG/ VG （c）	**Leaf blade：size**	**叶片：大小**		
		small	小	Dorana，Maslichnaya	3
		medium	中	Hergo，Slovan	5
		large	大	Bojan，Leikora，Vitaminaya	7
12. QL	VG （c）	**Leaf blade：undulation of margin**	**叶片：叶缘波状**		
		absent	无	Bojan，Dorana，Maslichnaya，Slovan，Vitaminaya	1
		present	有	Frugana	9
13. （*） QL	VG （c）	**Leaf blade：color of upper side**	**叶片：上表面颜色**		
		green	绿色	Dorana，Leikora，Pollmix 1	1
		silverish	银灰色	Bojan，Maslichnaya，Slovan，Sprite	2
14. QN	VG （c）	**Leaf blade：intensity of green color of upper side**	**叶片：上表面绿色程度**		
		light	浅	Dorana	1
		medium	中	Leikora	2
		dark	深	Pollmix 1	3
15. （*） QN	VG （c） （d）	**Leaf blade：pubescence of lower side**	**叶片：下表面茸毛**		
		weak	弱	Bojan，Diana，Ovidiu，Slovan，Tiberiu	3
		medium	中	Auras，Serpenta，Victoria	5
		strong	强	Silvia	7

续表

性状编号	观测方法	英文	中文	标准品种	代码
16. (*) **QN**	**VG** (e)	**Fruit: size**	**果实：大小**		
		small	小	Bojan, Dorana	3
		medium	中	Hergo, Maslichnaya	5
		large	大	Leikora	7
17. (*) (+) **PQ**	**VG** (e)	**Fruit: shape**	**果实：形状**		
		pear-shaped	梨形	Dorana	1
		ovate	卵圆形	Leikora, Slovan	2
		transverse elliptic	横椭圆形	Silvia	3
		circular	圆形	Tashkent	4
		elliptic	椭圆形	Askola, Bojan, Frugana	5
		oblong	长椭圆形	Hergo, Terhi	6
18. (*) **PQ**	**VG** (e)	**Fruit: color of skin**	**果实：果皮颜色**		
		light yellow	浅黄色		1
		dark yellow	深黄色	Terhi, Tytti	2
		yellow orange	黄橙色	Hergo, Slovan	3
		orange red	橙红色	Ascola, Bojan, Leikora	4
		red	红色	L 90/539, Sirola	5
19. **QN**	**VG** (d) (e)	**Fruit: pubescence**	**果实：茸毛**		
		weak	弱	Bojan, Frugana, Maslichnaya, Vitaminaya	3
		medium	中	Hergo	5
		strong	强	Ascola, Slovan	7
20. **QN**	**VG** (e)	**Fruit: length of stalk**	**果实：果柄长度**		
		short	短	Bojan, Hergo	1
		medium	中	Leikora, Maslichnaya	2
		long	长	Frugana, Slovan	3
21. (+) **QN**	**MG**	**Time of beginning of flowering**	**始花期**		
		early	早	Terhy, Tytti	3
		medium	中	Bojan, Dorana, Hergo, Maslichnaya	5
		late	晚	Leikora, Slovan	7
22. (+) **QN**	**MG**	**Time of beginning of fruit ripening**	**果实始熟期**		
		very early	极早	Terhi, Tytti	1
		early	早	Frugana	3
		medium	中	Dorana, Hergo	5
		late	晚	Leikora	7
		very late	极晚		9

8 性状表解释

8.1 对多个性状的解释

性状表第二列包含以下标注的性状应按照下述要求观测。

（a）植株：应在冬季休眠期观测。

（b）枝：应在生长旺盛期观测。

（c）叶片：应在植株中部当季生长的 1/3 的成熟叶片上进行观测。

（d）茸毛：应在放大镜下观测。

（e）果实：应在果实成熟期观测。

8.2 对单个性状的解释

性状 1：植株性别

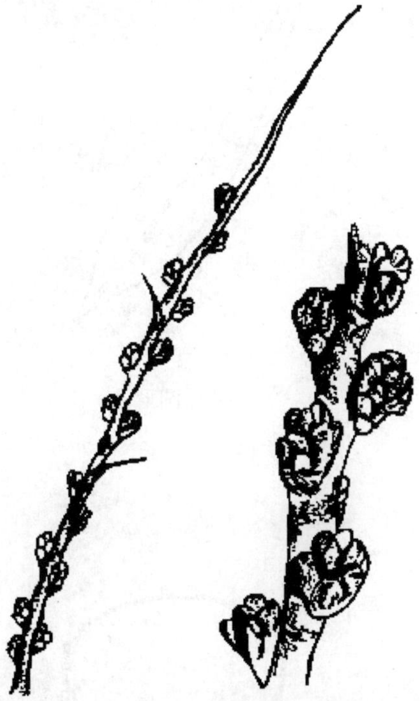

1

雌株

2

雄株

性状 2：植株生长习性

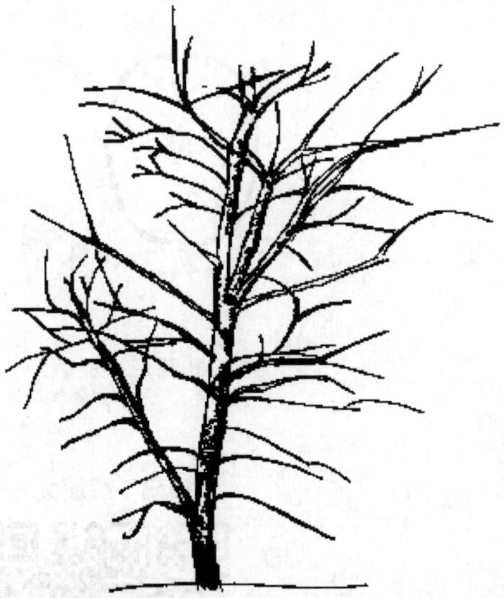

1

乔木型

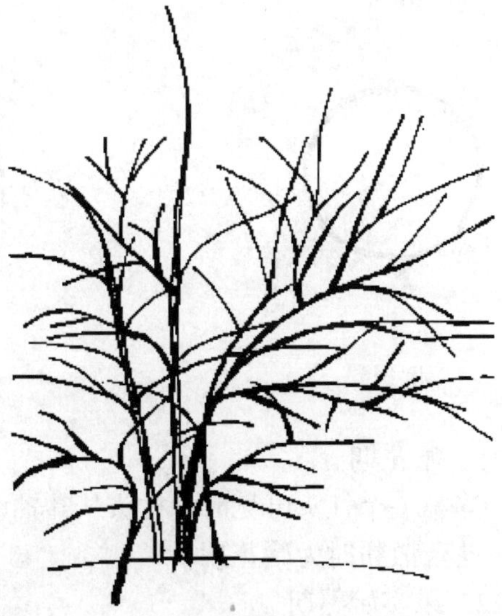

2

灌木型

性状 4：植株树势

植株树势为营养生长总量。

性状 9：嫩枝棘刺长度

横向棘刺应单独评估，因为末端的刺（在主枝顶端）更长。

性状 10：叶片形状

1
极窄椭圆形

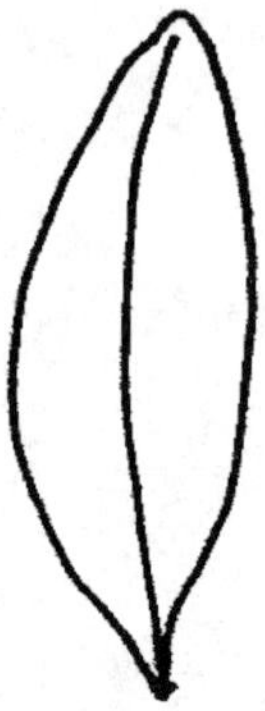

2
窄椭圆形

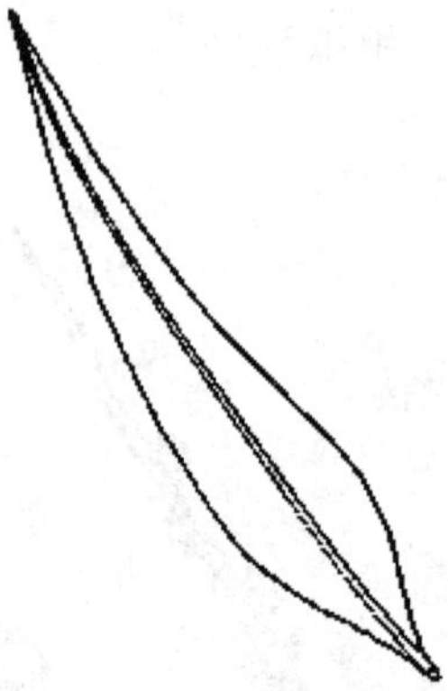

3
窄卵圆形

性状 17：果实形状

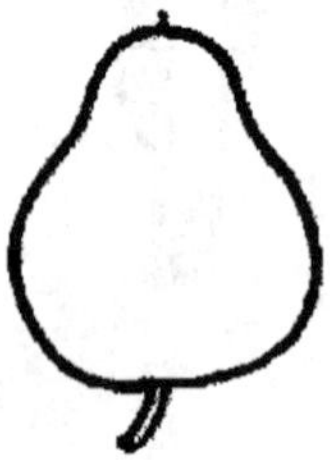

1
梨形

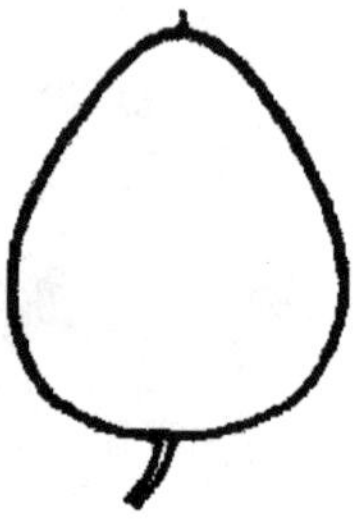

2
卵圆形

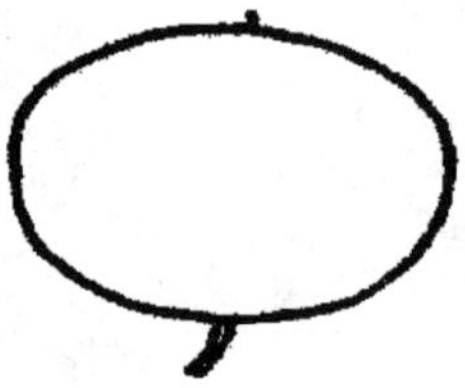

3
横椭圆形

4
圆形

5
椭圆形

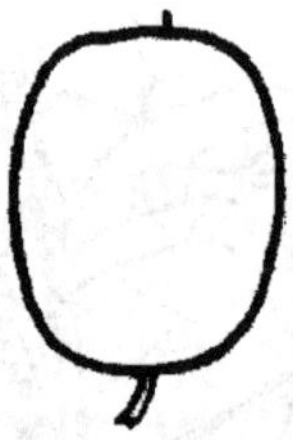

6
长椭圆形

性状 21：始花期

雌株：当第一个柱头可见时（柱头从叶轴中出现）即为始花期。

雄株：花药散粉时为始花期。

性状 22：果实始熟期

90% 的果实完全显色的时间即为果实始熟期。

扫码下载原文

如扫描二维码无法下载指南原文，可能是指南版本有更新，可扫描本书封底二维码查看与本文对应的指南版本

TG/249/1
原文：英文
日期：2008-04-09

国际植物新品种保护联盟
植物品种特异性、一致性和稳定性测试指南

咖啡

UPOV 代码：COFFE_ARA；COFFE_CAN；COFFE_ACA

（*Coffea arabica* L.；*C. canephora* Pierre ex A. Froehner；
C. arabica × *C. canephora* hybrids）

互用名称 *

植物学名称	英文	法文	德文	西班牙文
Coffea arabica L.	Coffee	Caféier	Kaffee	Cafeto
Coffea canephora Pierre ex A. Froehner	Coffee	Caféier	Kaffee	Cafeto

* 这些名称在指南开始使用时是正确的，但随后可能会修改更新。读者可登录 UPOV 网站（www.upov.int），获取最新资料。

1 指南适用范围

本指南适用于阿拉比卡种 [*Coffea arabica* L.（Arabica type）]、罗布斯塔种 [*Coffea canephora* Pierre ex A.Froehner（Robusta type）] 以及阿拉比卡种 [*C.arabica* L.] 与罗布斯塔种 [*C.canephora* L.] 杂交的所有品种。

2 繁殖材料要求

2.1 待测品种繁殖材料的数量和质量要求以及提交的时间和地点由主管机构决定。申请人从测试所在国境外提交繁殖材料的，还应符合海关规定并满足相关植物检疫的要求。

2.2 繁殖材料提交形式如下。

（a）6 个月至一年生植株的根。

（b）枝嫁接到主管机构指定的砧木上。

（c）嫁接植株的接穗。

（d）植株自生根繁育的插条。

（e）种子。

2.3 申请人提交繁殖材料的最小数量如下。

无性繁殖品种：8 株一年生植株，或能繁育 8 个植株的接穗或插条。

种子繁殖品种：50 粒种子。

2.4 提供的繁殖材料应外观健康有活力，未受到任何严重病虫害的影响。

2.5 提交的繁殖材料不得进行任何可能影响品种性状表达的处理，除非主管机构允许或要求进行这种处理。如果材料已经处理，必须提供相关处理的详细情况。

3 测试方法

3.1 生长周期

3.1.1 测试持续的最小时间通常为 2 个生长周期。

3.1.2 生长周期被认为从营养生长开始，经过开花和果实收获持续的单个生长期。

3.2 测试地点

测试通常在 1 个地点进行。在 1 个以上地点进行测试时，TGP/9《特异性测试》提供了有关指导。

3.3 测试条件

测试的条件应能满足品种正常生长的需要，以确保品种相关性状充分表达和测试的顺利开展。尤其是，2 个生长周期的每个周期，植株都能正常结果，这是非常重要的。

3.4 试验设计

3.4.1 对于种子繁殖品种：每个试验设计应保证至少有 20 个植株。

3.4.2 对于无性繁殖品种：每个试验设计应保证至少有 5 个植株。

3.5 植株 / 植株部位的观测数量

除非另有说明，对于无性繁殖品种，所有观测应在 5 个株或来自 5 个植株中的植株部位进行；对于种子繁殖品种，所有观测应在 20 个植株或来自 20 个植株中的植株部位进行。

3.6 附加测试

为测试有关性状，可以进行附加测试。

4 特异性、一致性和稳定性评价

4.1 特异性

4.1.1 一般建议

对于本指南的使用者而言，在判定特异性前参照总则特异性判定的一般原则十分重要。为进一步说明和强调特异性判定，本指南特列出特异性判定的要点。

4.1.2 一致的差异

当观测到的品种之间的差异非常明显时，则没有必要种植 1 个以上生长周期。此外，在某些情况下，环境的影响并不意味着需要 1 个以上的生长周期来保证品种间观察到的差异是足够一致的。为确保在种植试验中所观测到的性状差异是足够一致的，可以对性状进行至少 2 个独立生长周期的测试。

4.1.3 明显的差异

两个品种间的差异是否明显取决于很多因素，特别应考虑所测性状的表达类型，即该性状是质量性状、数量性状还是假质量性状。因此，在作出关于特异性的判定前，本测试指南的使用者应熟悉总则中的建议。

4.2 一致性

4.2.1 对于本指南的使用者而言，在判定一致性前参照总则一致性判定的一般原则十分重要。为进一步说明和强调一致性判定，本指南特列出一致性判定的要点。

4.2.2 对于种子繁殖的品种的一致性鉴定应根据总则中有关异花授粉品种的建议进行。

4.2.3 对于无性繁殖品种的一致性鉴定，应采用 1% 的群体标准和至少 95% 的接受概率。当样本量为 5 个时，不允许有异型株。

4.3 稳定性

4.3.1 在实际操作中，通常不像测试特异性和一致性那样对稳定性进行测试以得到明确结果。经验表明，对许多类型的品种来说，当一个品种表现一致时，可认为其是稳定的。

4.3.2 适当情况下或者有疑问时，可以通过种植测试材料的下一代或测试新提交的一批种子或无性繁殖植株对稳定性进行测试，以确保它们表现出和以前提供的测试材料相同的性状。

5 品种分组和试验组织

5.1 使用分组性状可以帮助选择与申请品种一起进行田间种植试验的已知品种，以及对这些品种进行合适分组以便进行特异性评价。

5.2 分组性状表达状态的数据即使来自不同地点，也可以单独或者与其他此类性状联合使用。

5.2.1 用于特异性测试中筛选排除那些不需要安排在种植试验中的已知品种。

5.2.2 用于组织安排种植试验，使近似品种种植在一起。

5.3 以下性状已被确认为有用的分组性状。

（a）植株：高度（性状 2）。

（b）果实：颜色（性状 16）。

5.4 总则中提供了在特异性审查过程中使用分组性状的指导。

6 性状表介绍

6.1 性状类型

6.1.1 标准指南性状

标准指南性状是 UPOV 已同意用于 DUS 审查的性状，UPOV 成员可以从中选择与其特定环境相适应的性状。

6.1.2 星号性状

星号性状（用“*”标记）是测试指南中对于形成国际统一的品种描述十分重要的性状，所有UPOV成员都应将其用于DUS测试并包含在品种描述中，除非前序性状的表达或区域环境条件所限使其无法测试。

6.2 表达状态及相应代码

为定义性状和统一描述，将每个性状划分为一系列表达状态。每个表达状态赋予一个相应的数字代码，以便于数据记录，以及品种性状描述的建立和交流。

6.3 表达类型

总则中对性状表达类型（质量性状、数量性状和假质量性状）进行了解释。

6.4 标准品种

适当时，测试指南中提供了标准品种用于校正性状的表达状态。

6.5 注释

（*）星号性状（6.1.2）。

QL：质量性状（6.3）。

QN：数量性状（6.3）。

PQ：假质量性状（6.3）。

（a）～（d）性状表解释（8.1）。

（+）性状表解释（8.2）。

7 性状表

性状编号	观测方法	英文	中文	标准品种	代码
1. （*） （+） PQ	（a）	**Plant：shape**	**植株：形状**		
		conical	圆锥形	Acaia，Laurina	1
		ellipsoid	椭球形	Blue Mountain，Granica，Pluma Hidalgo，Tipica	2
		cylindrical	圆柱形	Catuaí	3
2. （*） QN	（a）	**Plant：height**	**植株：高度**		
		very short	极矮	San Ramón，Vila Lobos	1
		short	矮	Caturra，IAPAR 59	3
		medium	中	Catuaí，Rubi，Topázio	5
		tall	高	Bourbon	7
		very tall	极高	Acaia，Mundo Novo	9
3. （+） QN	（a）	**Plant：diameter of canopy**	**植株：树冠直径**		
		very small	极小	Vila Lobos	1
		small	小	IAPAR 59	3
		medium	中	Catuaí，Rubi，Topázio	5
		large	大	Obatã	7
		very large	极大	Mundo Novo IAC 388-17	9
4. （*） （+） QN		**Plagiotropic primary branch：length of internode**	**斜向生长一级枝：节间长度**		
		short	短	Caturra，IAPAR 59，Típica	3
		medium	中	Catuaí，Rubi，Topázio	5
		long	长	Mundo Novo	7

续表

性状编号	观测方法	英文	中文	标准品种	代码
5. QN		**Plagiotropic primary branch：intensity of ramification**	**斜向生长一级枝：分枝强度**		
		very weak	极弱	Bourbon	1
		weak	弱	Acaia	3
		medium	中	Mundo Novo	5
		strong	强	Catuaí，Rubi，Topázio	7
		very strong	极强	San Ramón	9
6. QN	（b）	**Leaf：length**	**叶：长度**		
		very short	极短	Laurina	1
		short	短	Bourbon，San Ramón	3
		medium	中	Caturra，Mundo Novo	5
		long	长	Obatã	7
		very long	极长	Maragogipe	9
7. QN	（b）	**Leaf：width**	**叶：宽度**		
		very narrow	极窄	Laurina	1
		narrow	窄	Bourbon	3
		medium	中	Caturra，Mundo Novo	5
		broad	宽	Obatã	7
		very broad	极宽	Maragogipe	9
8. （+） PQ	（b）	**Leaf：shape**	**叶：形状**		
		lanceolate	披针形		1
		ovate	卵圆形	Maragogipe	2
		elliptic	椭圆形	San Ramón，Típica	3
9. QN	（b）	**Young leaf：anthocyanin coloration**	**嫩叶：花青甙显色**		
		absent or weak	无或弱	Catuaí，Caturra，Mundo Novo IAC 376-4	1
		medium	中	Mundo Novo IAC 379-19	2
		strong	强	Purpuracens	3
10. QN	（b）	**Leaf：undulation of margin**	**叶：叶缘波浪**		
		very weak	极弱		1
		weak	弱	Laurina	3
		medium	中	Catuaí，Caturra，Mundo Novo	5
		strong	强	Típica	7
11. QN	（b）	**Leaf：depth of secondary veins**	**叶：次叶脉深度**		
		shallow	浅	Laurina	3
		medium	中	Catuaí，Mundo Novo	5
		deep	深		7
12. （+） QL	（b）	**Leaf：domatia**	**叶：腺点**		
		absent	无		1
		present	有	Típica	9
13. （*） （+） QN		**Inflorescence：number of flowers**	**花序：花数量**		
		few	少	Típica	3
		medium	中	Bourbon，Caturra	5
		many	多	Catuaí，Rubi，Topázio	7

续表

性状编号	观测方法	英文	中文	标准品种	代码
14. QN	(c)	**Fruit: size**	**果实：大小**		
		very small	极小	Ibairi	1
		small	小	Bourbon Rojo, Bourbon Salvadoreño, Bourbon Amarelo	3
		medium	中	Caturra Amarelo, Caturra Rojo, Catuai Vermelho, Catuai Amarelo, Granica, Mundo Novo	5
		large	大	Acaia, Colômbia, Costa Rica, Pluma Hidalgo	7
		very large	极大	Maracatu, Maragogipe, Pacamara,	9
15. (*) (+) PQ	(c)	**Fruit: shape**	**果实：形状**		
		elliptic	椭圆形	Laurina IAC 870	1
		circular	圆形	Ibairi	2
		oblong	长圆形	Mundo Novo	3
16. (*) PQ	(c)	**Fruit: color**	**果实：颜色**		
		yellow	黄色	Bourbon Amarelo, Caturra Amarelo, Topázio	1
		orange	橙色		2
		light red	浅红色	Mundo Novo, Oro Azteca, Rubi	3
17. QN	(c)	**Fruit: adherence to branch**	**果实：黏附分枝程度**		
		weak	弱	Mundo Novo	1
		medium	中	Catuaí	2
		strong	强	Icatu Amarelo IAC 29-44	3
18. (+) QN	(c) (d)	**Fruit: dry weight of 100 fruits**	**果实：百粒重（干重）**		
		low	低	Ibairi	3
		medium	中	Catuaí	5
		high	高	Maragogipe	7
19. (*) (+) QN	(d) (e)	**Seed: length**	**种子：长度**		
		very short	极短	Ibairi	1
		short	短	Bourbon	3
		medium	中	Catuaí, Caturra, Mundo Novo	5
		long	长	Acaia, Típica	7
		very long	极长	Maragogipe	9
20. (+) QN	(d) (e)	**Seed: width**	**种子：宽度**		
		narrow	窄	Acaiá	3
		medium	中	Mundo Novo	5
		broad	宽	Catuaí	7

续表

性状编号	观测方法	英文	中文	标准品种	代码
21. **(+)** **QN**	(d) (e)	**Seed: length/width ratio**	**种子：长宽比**		
		small	小	Ibairi	3
		medium	中	Bourbon，Típica	5
		large	大	Laurina，Maragogipe	7
22. **(+)** **QN**	(d) (e)	**Seed: thickness**	**种子：厚度**		
		thin	薄	Ibairi	3
		medium	中	Mundo Novo	5
		thick	厚	Maragogipe	7
23. **(+)** **QN**		**Seed: weight of 100 seeds**	**种子：百粒重**		
		very low	极低	Ibairi	1
		low	低	Laurina	3
		medium	中	Catuaí	5
		high	高	Acaia	7
		very high	极高	Maragogipe	9
24. **(*)** **(+)** **QN**		**Period between flowering and harvesting**	**开花至收获持续时间**		
		very short	极短	IAPAR 59	1
		short	短	Bourbon	3
		medium	中	Mundo Novo	5
		long	长	Catuaí	7
		very long	极长	Obatã	9
25. **(+)** **QN**		**Seed: caffeine content**	**种子：咖啡因含量**		
		low	低	Laurina	1
		medium	中	Catuaí，Mundo Novo	2
		high	高		3
26. **(+)** **QN**		**Seed: sucrose content**	**种子：蔗糖含量**		
		low	低		1
		medium	中		2
		high	高		3
27. **(+)** **QN**		**Seed: total chlorogenic acid content**	**种子：绿原酸总量**		
		low	低		1
		medium	中		2
		high	高		3

8 性状表解释

8.1 对多个性状的解释

性状表第二列包含以下标注的性状应按照下述要求观测。

(a) 第二次收获以后，从第三次收获开始对一个主茎进行评价。

(b) 观测应在夏季，发育良好的枝条中部 1/3 处，完全成熟的叶片上进行。

(c) 除非另有说明，应对收获期、成熟的果实进行观测。

(d) 仅观测不漂浮的果实。

（e）测量 20 个样本种子。

8.2 对单个性状的解释

性状 1：植株形状

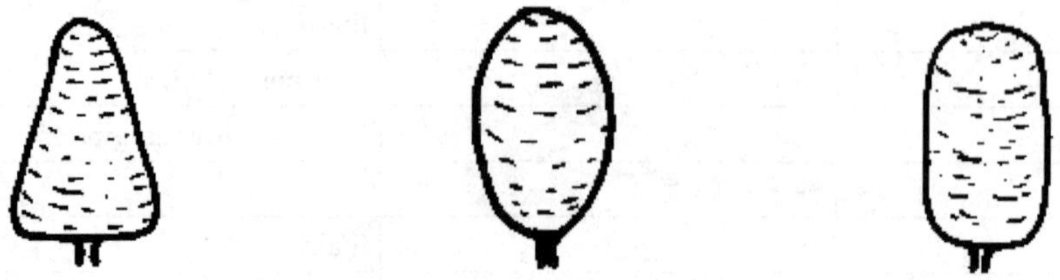

1 圆锥形　2 椭球形　3 圆柱形

性状 3：植株树冠直径

应观测最大直径。

性状 4：斜向生长一级枝节间长度

节间长度应观测分枝中部 1/3 处。

斜向生长：侧部生长分枝，水平生长，远离主茎且有不同姿态。

直生：垂直分枝或主茎，侧向（斜向）分枝可能有不同姿态。

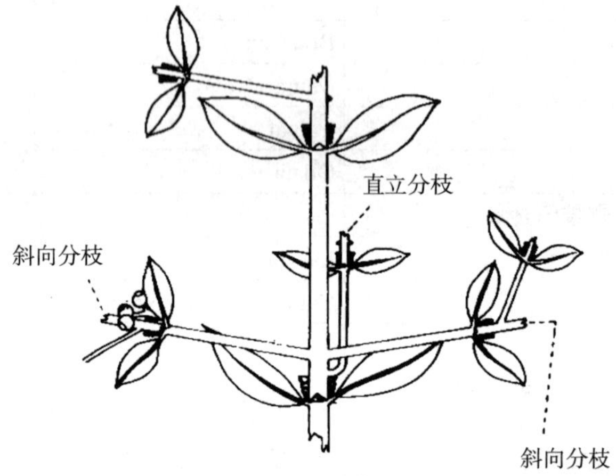

性状 8：叶形状

1 披针形　2 卵圆形　3 椭圆形

性状 12：叶腺点

叶腺点是一种小的凸起结构，在叶的下表面，部分被叶的组织或细毛包围，位于阿拉比卡种咖啡、罗布斯塔种咖啡和其他茜草科家族的叶脉腋窝处。

性状 13：花数量

花数量应在开花之前，观测植株中部 1/3 处每个花轴的花蕾。

性状 15：果实形状

性状 18：果实百粒重（干重）

只有含水量为 12% 的不漂浮的果实才能用于观测该性状。

性状 19 至性状 22：种子长度、宽度、长宽比、厚度

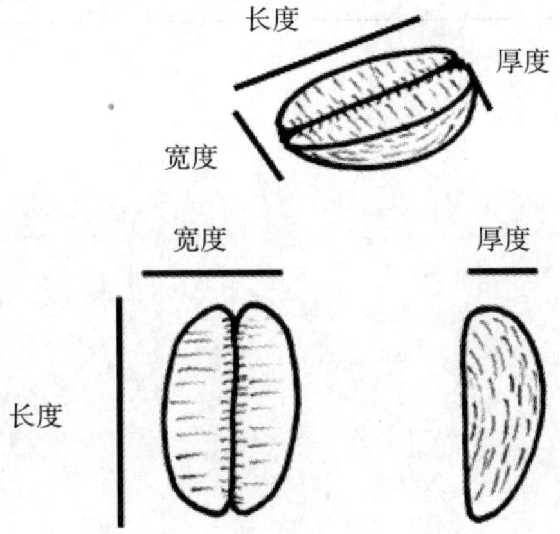

性状 22：种子厚度

应测量平坦型种子。

性状 23：种子百粒重

仅用于观测饱满（不漂浮）且平坦型种子，不包括珠（圆）粒种子。种子含水量应为 12%。

性状 24：开花至收获持续时间

开花期指最大数量的花开花的时间（主枝）。收获期指主枝上 50% 果实达到成熟颜色的时间。

性状 25 至性状 27：种子咖啡因含量、蔗糖含量、绿原酸总量

用如下方法测量。

咖啡因含量和绿原酸总量：

Clifford M N, Ohiokpehai O, Menezes H C. 11th International Scientific Colloquium on Coffee-ASIC.1985, 1: 252-262.

蔗糖含量：

Roger W J, Michaux S, Bastin M, et al. Changes to the content of sugars，sugar alcohols，myo-inositol，carboxilic acids and inorganic anions in developing grains from different varieties of Robusta（*Coffea canephora*）and Arabica（*Coffea arabica*）coffees.Plant Science，1999, 149：115-123.

表达状态如下。

阿拉比卡品种		干重 /%		
	性状	低	中	高
性状 25	咖啡因含量	<0.9	0.9～1.2	>1.2
性状 26	蔗糖含量	<7.0	7.0～9.0	>9.0
性状 27	绿原酸总量	<4.5	4.5～6.5	>6.5

罗布斯塔品种		干重 /%		
	性状	低	中	高
性状 25	咖啡因含量	<1.8	1.8～2.5	>2.5
性状 26	蔗糖含量	<4.5	4.5～7.0	>7.0
性状 27	绿原酸总量	<7.0	7.0～8.0	>8.0

扫码下载原文

如扫描二维码无法下载指南原文，可能是指南版本有更新，可扫描本书封底二维码查看与本文对应的指南版本

TG/256/1
原文：英文
日期：2009-04-01

国际植物新品种保护联盟
植物品种特异性、一致性和稳定性测试指南

鸡蛋果（紫果西番莲）

UPOV 代码：PASSI_EDU

（*Passiflora edulis* Sims）

互用名称 *

植物学名称	英文	法文	德文	西班牙文
Passiflora edulis Sims	Granadilla, Passion fruit	Barbadine, Fruit de la passion	Passionsfrucht, Purpurgranadilla	Granadilla, Maracuyá

* 这些名称在指南开始使用时是正确的，但随后可能会修改更新。读者可登录 UPOV 网站（www.upov.int），获取最新资料。

1 指南适用范围

本指南适用于西番莲科（Passifloraceae）的所有鸡蛋果（紫果西番莲，*Passiflora edulis* Sims）品种。

2 繁殖材料要求

2.1 待测品种繁殖材料的数量和质量要求以及提交的时间和地点由主管机构决定。申请人从测试所在国境外提交繁殖材料的，还应符合海关规定并满足相关植物检疫的要求。

2.2 繁殖材料以扦插苗或幼苗的形式提供。

2.3 申请人提交繁殖材料的最小数量为 5 株扦插苗或 5 株幼苗。

2.4 提供的繁殖材料应外观健康有活力，未受到任何严重病虫害的影响。

2.5 提交的繁殖材料不得进行任何可能影响品种性状表达的处理，除非主管机构允许或要求进行这种处理。如果材料已经处理，必须提供相关处理的详细情况。

3 测试方法

3.1 生长周期

3.1.1 测试的最少周期数量通常为 2 个生长周期。

3.1.2 生长周期为从活跃的营养生长或开花开始，经过持续活跃的营养生长或开花、果实发育直至果实收获的整个阶段。

3.2 测试地点

测试通常在 1 个地点进行。在 1 个以上地点进行测试时，TGP/9《特异性测试》提供了有关指导。

3.3 测试条件

测试的条件应能满足品种正常生长的需要，以确保品种相关性状充分表达和测试的顺利开展。特别注意的是，每个生长周期都必须能结出正常的果实。

3.4 试验设计

3.4.1 每个试验设计植株总数应不少于 5 个植株。

3.4.2 试验设计应保证因测量或计数等需要，从小区取走部分植株或植株部位后，不影响生长周期结束前的所有观测。

3.5 植株 /（植株部位）的观测数量

除非另有说明，所有观测性状应对 5 个植株或分别从 5 个植株取下的植株部位进行观测。在观测植株部位时，每个植株取样应为 2 个。

3.6 附加测试

为测试有关性状，可以进行附加测试。

4 特异性、一致性和稳定性评价

4.1 特异性

4.1.1 一般建议

对于本指南的使用者而言，在判定特异性前参照总则特异性判定的一般原则十分重要。为进一步说明和强调特异性判定，本指南特列出特异性判定的要点。

4.1.2 一致的差异

当观测到的品种之间的差异非常明显时，则没有必要种植1个以上生长周期。此外，在某些情况下，环境的影响并不意味着需要1个以上的生长周期来保证品种间观察到的差异是足够一致的。为确保在种植试验中所观测到的性状差异是足够一致的，可以对性状进行至少2个独立生长周期的测试。

4.1.3 明显的差异

两个品种间的差异是否明显取决于很多因素，特别应考虑所测性状的表达类型，即该性状是质量性状、数量性状还是假质量性状。因此，在作出关于特异性的判定前，本测试指南的使用者应熟悉总则中的建议。

4.2 一致性

对于本指南的使用者而言，在判定一致性前参照总则一致性判定的一般原则十分重要。为进一步说明和强调一致性判定，本指南特列出一致性判定的要点。

对于无性繁殖品种一致性判定，应采用1%的群体标准和至少95%的接受概率。当样本量为5个时，不允许有异型株。

4.3 稳定性

4.3.1 在实际操作中，通常不像测试特异性和一致性那样对稳定性进行测试以得到明确结果。经验表明，对许多类型的品种来说，当一个品种表现一致时，可认为其是稳定的。

4.3.2 适当情况下或者有疑问时，稳定性可以采用如下方法测试：种植该品种的下一代材料或者测试一批新材料，看其性状表现是否与之前提交的材料表现相同。

5 品种分组和试验组织

5.1 使用分组性状可以帮助选择与申请品种一起进行田间种植试验的已知品种，以及对这些品种进行合适分组以便进行特异性评价。

5.2 分组性状表达状态的数据即使来自不同地点，也可以单独或者与其他此类性状联合使用。

5.2.1 用于特异性测试中筛选排除那些不需要安排在种植试验中的已知品种。

5.2.2 用于组织安排种植试验，使近似品种种植在一起。

5.3 以下性状已被确认为有用的分组性状。

（a）叶柄：蜜腺位置（性状10）。

（b）果实：长度与直径比（性状24）。

（c）果实：果皮颜色（性状25）。

5.4 总则中提供了在特异性审查过程中使用分组性状的指导。

6 性状表介绍

6.1 性状类型

6.1.1 标准指南性状

标准指南性状是UPOV已同意用于DUS审查的性状，UPOV成员可以从中选择与其特定环境相适应的性状。

6.1.2 星号性状

星号性状（用“*”标记）是测试指南中对于形成国际统一的品种描述十分重要的性状，所有UPOV成员都应将其用于DUS测试并包含在品种描述中，除非前序性状的表达或区域环境条件所限使其无法测试。

6.2 表达状态及相应代码

为定义性状和统一描述，将每个性状划分为一系列表达状态。每个表达状态赋予一个相应的数字代码，以便于数据记录，以及品种性状描述的建立和交流。

6.3 表达类型

总则中对性状表达类型（质量性状、数量性状和假质量性状）进行了解释。

6.4 标准品种

适当时，测试指南中提供了标准品种用于校正性状的表达状态。

6.5 注释

（*）星号性状（6.1.2）。

QL：质量性状（6.3）。

QN：数量性状（6.3）。

PQ：假质量性状（6.3）。

（a）～（c）性状表解释（8.1）。

（+）性状表解释（8.2）。

7 性状表

性状编号	观测方法	英文	中文	标准品种	代码
1. （+） PQ		**Plant：color of vine**	**植株：藤颜色**		
		light green	浅绿色	Summer Queen	1
		medium green	中等绿色		2
		dark green	深绿色	Charité，Ester	3
		green purple	绿紫色		4
		purple	紫色		5
2. QN	（a）	**Leaf blade：length**	**叶片：长度**		
		short	短	Charité	3
		medium	中	Summer Queen	5
		long	长	Ruby Star	7
3. （*） QN	（a）	**Leaf blade：width**	**叶片：宽度**		
		narrow	窄	Charité	3
		medium	中	Summer Queen	5
		broad	宽	Ruby Star	7
4. QN	（a）	**Leaf blade：width of terminal lobe**	**叶片：顶端圆裂片宽度**		
		narrow	窄	Charité	3
		medium	中	Summer Queen	5
		broad	宽	Ruby Star	7
5. （+） QN	（a）	**Leaf blade：depth of sinus**	**叶片：裂刻深度**		
		shallow	浅		3
		medium	中		5
		deep	深	Charité，Summer Queen	7
6. QN	（a）	**Leaf blade：intensity of green color**	**叶片：绿色程度**		
		light	浅		3
		medium	中	Charité	5
		dark	深	Ester	7

续表

性状编号	观测方法	英文	中文	标准品种	代码
7. (*) QL	(a)	**Leaf blade: blistering**	**叶片：泡状**		
		absent	无	Charité	1
		present	有	Marianna	9
8. QN	(a)	**Leaf blade: degree of blistering**	**叶片：泡状程度**		
		weak	弱	Marianna	3
		medium	中	Ester	5
		strong	强		7
9. QN	(a)	**Petiole: length**	**叶柄：长度**		
		short	短	Charité	3
		medium	中	Summer Queen	5
		long	长	Ruby Star	7
10. (*) (+) QL	(a)	**Petiole: position of nectaries**	**叶柄：蜜腺位置**		
		adjacent to leaf blade	邻近叶片	Charité，IAC 273，IAC 277	1
		distant from leaf blade	远离叶片	Summer Queen	2
11. (+) QN	(b)	**Flower: length of bract**	**花：苞片长度**		
		short	短		3
		medium	中	Charité	5
		long	长	Summer Queen	7
12. (+) QN	(b)	**Flower: length of sepal**	**花：萼片长度**		
		short	短		3
		medium	中		5
		long	长		7
13. (+) QN	(b)	**Flower: width of sepal**	**花：萼片宽度**		
		narrow	窄		3
		medium	中		5
		broad	宽		7
14. (+) QN	(b)	**Flower: length of petal**	**花：花瓣长度**		
		short	短	Charité	3
		medium	中		5
		long	长		7
15. (+) QN	(b)	**Flower: width of petal**	**花：花瓣宽度**		
		narrow	窄		3
		medium	中	Charité	5
		broad	宽		7
16. (+) QN	(b)	**Flower: intensity of color of spotted ring in throat**	**花：花冠喉内斑点环纹颜色强度**		
		absent or light	无或浅		1
		medium	中	Charité	2
		dark	深		3
17. (+) QN	(b)	**Flower: diameter of corona filaments**	**花：副花冠花丝直径**		
		small	小	Summer Queen	1
		medium	中	Charité	2
		large	大		3

续表

性状编号	观测方法	英文	中文	标准品种	代码
18. (+) QL	(b)	**Flower: presence of purple rings on corona filaments**	**花：副花冠花丝上的紫色环纹**		
		absent	无		1
		present	有	Charité	9
19. QN	(b)	**Flower: width of purple rings on corona filaments**	**花：副花冠花丝上紫色环纹宽度**		
		narrow	窄		3
		medium	中		5
		broad	宽		7
20. QN	(b)	**Flower: intensity of color of purple rings on corona filaments**	**花：副花冠花丝上紫色环纹颜色程度**		
		light	浅		1
		medium	中	Charité	2
		dark	深		3
21. (+) QL	(b)	**Flower: spots on distal part of corona filaments**	**花：副花冠花丝末端斑点**		
		absent	无	Charité，Summer Queen	1
		present	有		9
22. (*) QN	(c)	**Fruit: length**	**果实：长度**		
		short	短	Charité	3
		medium	中	Ester	5
		long	长	Ruby Star，Summer Queen	7
23. (*) QN	(c)	**Fruit: diameter**	**果实：直径**		
		small	小	Charité，Ester	3
		medium	中	Ruby Star，Summer Queen	5
		large	大		7
24. (*) QN	(c)	**Fruit: ratio length/diameter**	**果实：长度与直径比**		
		very elongated	极细长	Ester	1
		elongated	细长		3
		medium	中	Ruby Star，Summer Queen	5
		compressed	扁平		7
		very compressed	极扁平	Charité	9
25. (*) PQ	(c)	**Fruit: color of skin**	**果实：果皮颜色**		
		yellow	黄色	IAC 273，IAC 275，IAC 277	1
		red	红色	Panama Red	2
		dark purple	深紫色	Australian purple	3
26. QL	(c)	**Fruit: conspicuousness of lenticels**	**果实：皮孔凸显程度**		
		inconspicuous or weakly conspicuous	不明显或稍微明显	Charité	1
		moderately conspicuous	中等明显		2
		very conspicuous	极明显	Marianna	3
27. QN	(c)	**Fruit: thickness of skin**	**果实：果皮厚度**		
		thin	薄	Charité	3
		medium	中	Ester，Summer Queen	5
		thick	厚		7

续表

性状编号	观测方法	英文	中文	标准品种	代码
28. QN	（c）	**Fruit：size of seed**	**果实：种子大小**		
		small	小		3
		medium	中	Charité，Ruby Star	5
		large	大	Summer Queen	7
29. （+） QL	（c）	**Fruit：color of funiculus**	**果实：胎座颜色**		
		white yellowish	泛黄白色	Charité	1
		pink red	粉红色	Summer Queen	2
30. （+） PQ	（c）	**Fruit：color of pulp**	**果实：果肉颜色**		
		whitish	泛白色		1
		green yellow	绿黄色		2
		yellow	黄色	Charité，IAC Paulista	3
		yellow orange	黄橙色	Ester，IAC 273，Summer Queen	4
		orange	橙色	IAC 275	5
31. （+） QN		**Time of first harvest**	**首次收获时间**		
		early	早	Ester	3
		medium	中	Charité	5
		late	晚		7
32. （+） QN		**Time of main harvest**	**集中收获时间**		
		early	早	Charité	3
		medium	中		5
		late	晚		7

8 性状表解释

8.1 对多个性状的解释

性状表第二列包含以下标注的性状应按照下述要求观测。

（a）叶片和叶柄：对叶片和叶柄的观测，应选择当季生长旺盛的芽中间第三个芽上发育完全的叶片。

（b）花：对花的观测，应选择完全盛开的花。

（c）果实：对果实的观测，应选择 10 个刚刚成熟可食的典型果实，以果实表面积 30% 转色为准。

8.2 对单个性状的解释

性状 1：藤颜色

选择当季生长旺盛的藤蔓观测。

性状 5：叶片裂刻深度

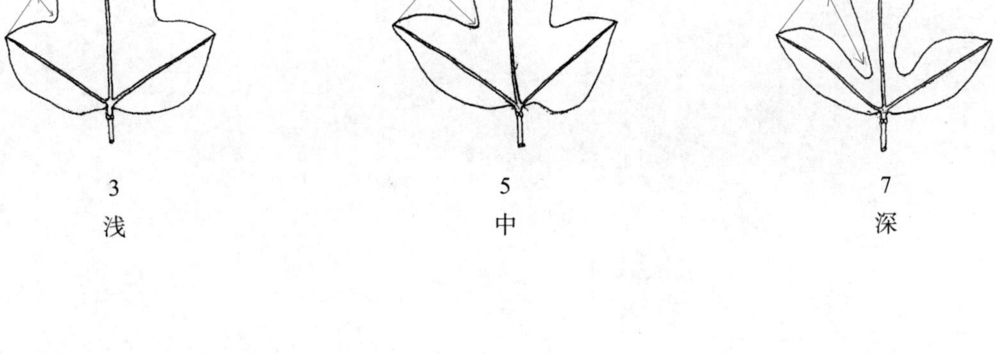

3 浅　　5 中　　7 深

性状 10：叶柄蜜腺位置

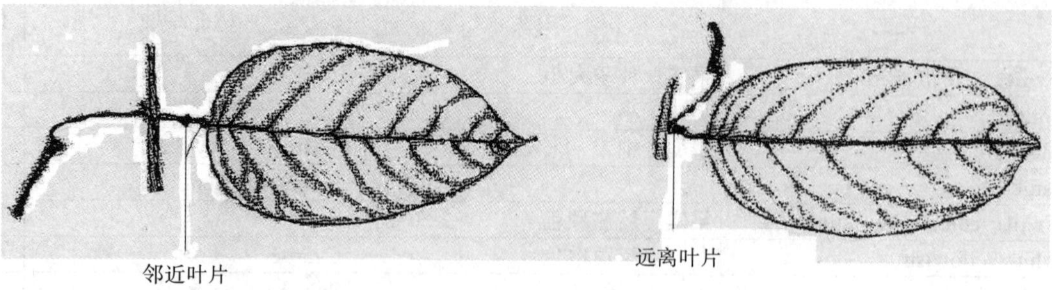

1　　2

性状 11 至性状 15：花苞片长度、花萼片长度、花萼片宽度、花瓣长度、花瓣宽度

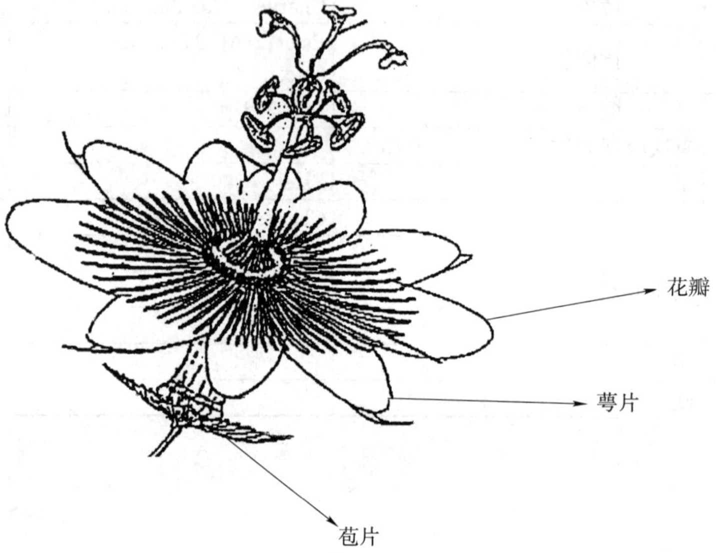

苞片长度：测量基部到末端的距离。
萼片长度：测量基部到末端的距离。
萼片宽度：测量最宽处。
花瓣长度：测量基部到末端的距离。
花瓣宽度：测量最宽处。

性状 16：花冠喉内斑点环纹颜色强度

性状 17：副花冠花丝直径

性状 18：副花冠花丝上的紫色环纹

性状 21：副花冠花丝末端斑点

性状 29：果实胎座颜色

性状 30：果实果肉颜色

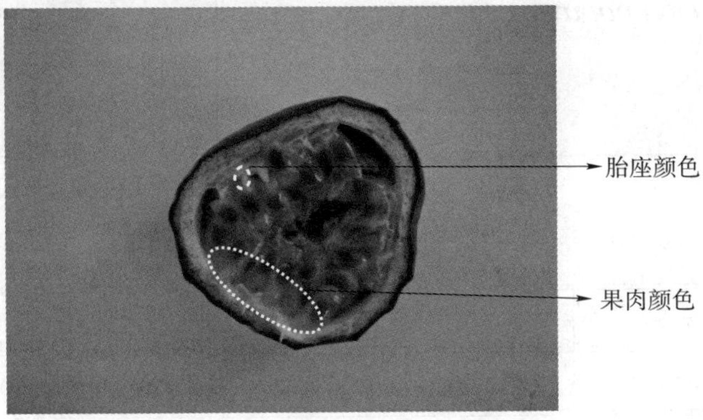

胎座是指果实内部连接胚珠与子房壁的梗。

性状 31：首次收获时间

从种苗种植到首次收获的时间。首次收获时间是该植株的第一批果实成熟的时间（果实表面积 30% 已转色为成熟）。

性状 32：集中收获时间

集中收获时间是该植株的最大批量果实成熟的时间（果实表面积 30% 已转色为成熟）。

扫码下载原文

如扫描二维码无法下载指南原文，可能是指南版本有更新，可扫描本书封底二维码查看与本文对应的指南版本

TG/264/2
原文：英文
日期：2017-04-05

国际植物新品种保护联盟
植物品种特异性、一致性和稳定性测试指南

番木瓜

UPOV 代码：CARIC_PAP

（*Carica papaya* L.）

互用名称 *

植物学名称	英文	法文	德文	西班牙文
Carica papaya L.	Papaya, Papaw	Papaye	Melonenbaum, Papaya	Papayo, Lechosa

* 这些名称在指南开始使用时是正确的，但随后可能会修改更新。读者可登录 UPOV 网站（www.upov.int），获取最新资料。

1 指南适用范围

本指南适用于番木瓜（*Carica papaya* L.）的所有品种。

2 繁殖材料要求

2.1 待测品种繁殖材料的数量和质量要求以及提交的时间和地点由主管机构决定。申请人从测试所在国境外提交繁殖材料的，还应符合海关规定并满足相关植物检疫的要求。

2.2 繁殖材料以种子或植株的形式提供。

2.3 申请人提交繁殖材料的最小数量为200粒种子（种子繁殖品种）或5个植株（无性繁殖品种）。

种子应符合主管当局规定的发芽率、品种纯度、健康和含水量的最低要求。

2.4 提供的繁殖材料应外观健康有活力，未受到任何严重病虫害的影响。

2.5 提交的繁殖材料不得进行任何可能影响品种性状表达的处理，除非主管机构允许或要求进行这种处理。如果材料已经处理，必须提供相关处理的详细情况。

3 测试方法

3.1 生长周期

3.1.1 测试的最少周期数量通常为2个生长周期。

3.1.2 2个生长周期应是来自不同的种植试验。

3.1.3 特别注意的是，每个生长周期都必须能结出正常的果实。

3.1.4 生长周期是指从营养生长开始到开花结果和果实收获的单一生长季节的持续时间。

3.2 测试地点

测试通常在1个地点进行。在1个以上地点进行测试时，TGP/9《特异性测试》提供了有关指导。

3.3 测试条件

3.3.1 测试的条件应能满足品种正常生长的需要，以确保品种相关性状充分表达和测试的顺利开展。

3.3.2 特别注意的是，每个生长周期都必须能结出正常的果实。

3.4 试验设计

3.4.1 对于无性繁殖的品种，每个试验设计至少为5个植株。

3.4.2 对于种子繁殖的品种，每次试验的设计应确保至少有50个植株，其中至少有15个两性植株，若存在雌性植株，至少为15个植株。

3.5 附加测试

为测试有关性状，可以进行附加测试。

4 特异性、一致性和稳定性评价

4.1 特异性

4.1.1 一般建议

对于本指南的使用者而言，在判定特异性前参照总则中关于特异性判定的一般原则十分重要。为进一步说明和强调特异性判定，本指南特列出特异性判定的要点。

4.1.2 一致的差异

当观测到的品种之间的差异非常明显时，则没有必要种植 1 个以上生长周期。此外，在某些情况下，环境的影响并不意味着需要 1 个以上的生长周期来保证品种间观察到的差异是足够一致的。为确保在种植试验中所观测到的性状差异是足够一致的，可以对性状进行至少 2 个独立生长周期的测试。

4.1.3 明显的差异

两个品种间的差异是否明显取决于很多因素，特别应考虑所测性状的表达类型，即该性状是质量性状、数量性状还是假质量性状。因此，在作出关于特异性的判定前，本测试指南的使用者应熟悉总则中的建议。

4.1.4 植株 / 植株部位的观测数量

对于种子繁殖的品种，除非另有说明，为了明确起见，对于单株的观测，应观测 15 个植株或分别从 15 个植株取下的植株部位，对试验中所有植株的观测不考虑其他非同类型的植株。

对于无性繁殖的品种，除非另有说明，为了明确起见，对单个植物的观测，应观测 5 个植株或分别从 5 个植株取下的植株部位，对试验中所有植株的观测不考虑其他非同类型的植株。

在观测植株部位时，每个植株取样应为 2 个。

4.1.5 观测方法

性状表第二列以如下符号（见 TGP/9《特异性测试》第 4 部分“性状观测”）的形式列出了特异性判定时推荐的性状观测方法。

MG：对一批植株或植株部位进行单次测量。

MS：对一定数量的植株或植株部位进行逐一测量。

VG：对一批植株或植株部位进行单次目测。

VS：对一定数量的植株或植株部位进行逐一目测。

观测类型：目测（V）或测量（M）。

目测（V）是一种基于专家判断的观测方法。本文中的目测是指专家的感官观察，因此，也包括闻、尝和触摸。目测也包括专家使用参照物（例如图表、标准品种、并排比较）或非线性的图表（例如比色卡）的观测。测量（M）是一种基于校准的、线性尺度的客观观测，例如使用尺、秤、色度计、日期和计数等进行观测。

记录类型：群体记录（G）或个体记录（S）。

以特异性为目的的观测，可被记录为一批植株或植株部位的单个记录（G），或者记录为一定数量的单个植株或植株部位的个体记录（S）。多数情况下，群体记录为一个品种提供一个记录，因此不可能或者不必要通过逐个植株的统计分析来判定特异性。

如果性状表中提供了不止一种观测方法（如 VG/MG），可以参考 TGP/9《特异性测试》的 4.2 部分选择合适的观测方法。

4.2 一致性

4.2.1 对于本指南的使用者而言，在判定一致性前参照总则中关于一致性判定的一般原则十分重要。为进一步说明和强调一致性判定，本指南特列出一致性判定的要点。

4.2.2 本测试指南是为测定异花授粉、杂交和无性繁殖品种而制定的。对于具有其他繁殖类型的品种，应遵循一般性文件 TGP/13《新类型和新物种指南》的 4.5 部分“一致性测试”中的建议。

4.2.3 对一致性的评价应根据总则介绍中异花授粉品种的建议而定。

4.2.4 杂交品种的一致性评价取决于杂交品种的类型，并应根据一般性文件中对杂交品种的建议进行。

4.2.5 对于无性繁殖品种的一致性评价，应采用 1% 的群体标准和至少 95% 的接受概率。当样本量为 5 个时，不允许有异型株。

4.2.6 对于种子繁殖的杂交品种的一致性评价，应采用 1% 的群体标准和至少 95% 的接受概率。当样本量为 15 个时，允许有 1 个异型株。

4.3 稳定性

4.3.1 在实际操作中，通常不像测试特异性和一致性那样对稳定性进行测试以得到明确结果。经验表明，对许多类型的品种来说，当一个品种表现一致时，可认为其是稳定的。

4.3.2 适当情况下或者有疑问时，稳定性可以采用如下方法测试：种植该品种的下一代材料或者测试一批新材料，看其性状表现是否与之前提交的材料表现相同。

5 品种分组和试验组织

5.1 使用分组性状可以帮助选择与申请品种一起进行田间种植试验的已知品种，以及对这些品种进行合适分组以便进行特异性评价。

5.2 分组性状表达状态的数据即使来自不同地点，也可以单独或者与其他此类性状联合使用。

5.2.1 用于特异性测试中筛选排除那些不需要安排在种植试验中的已知品种。

5.2.2 用于组织安排种植试验，使近似品种种植在一起。

5.3 以下性状已被确认为有用的分组性状。

（a）植株：始花高度（性状 2）。

（b）叶片：长宽比（性状 9）。

（c）叶柄：长度（性状 13）。

（d）两性植株果实：长宽比（性状 23）。

（e）果实：果肉颜色（性状 35）。

5.4 一般性文件 TGP/9 中提供了在特异性审查过程中使用分组性状的指导。

6 性状表介绍

6.1 性状类型

6.1.1 标准指南性状

标准指南性状是 UPOV 已同意用于 DUS 审查的性状，UPOV 成员可以从中选择与其特定环境相适应的性状。

6.1.2 星号性状

星号性状（用“*”标记）是测试指南中对于形成国际统一的品种描述十分重要的性状，所有 UPOV 成员都应将其用于 DUS 测试并包含在品种描述中，除非前序性状的表达或区域环境条件所限使其无法测试。

6.2 表达状态及相应代码

6.2.1 为定义性状和统一描述，将每个性状划分为一系列表达状态。每个表达状态赋予一个相应的数字代码，以便于数据记录，以及品种性状描述的建立和交流。

6.2.2 对于质量性状和假质量性状（6.3），性状表中列出了所有表达状态。但对于有 5 个或 5 个以上表达状态的数量性状，可以采用缩略尺度的方法，以缩短性状表格。例如，对于有 9 个表达状态的数量性状，在测试指南的性状表中可采用以下缩略形式。

表达状态	代码
小	3
中	5
大	7

但是应该指出的是，以下 9 个表达状态都是存在的，应采用适宜的表达状态用于品种的描述。

表达状态	代码
极小	1
极小到小	2
小	3
小到中	4
中	5
中到大	6
大	7
大到极大	8
极大	9

6.2.3 TGP/7《测试指南的研制》中提供了表达状态和代码的更详尽的介绍。

6.3 表达类型

总则中对性状表达类型（质量性状、数量性状和假质量性状）进行了解释。

6.4 标准品种

适当时，测试指南中提供了标准品种用于校正性状的表达状态。

6.5 注释

（*）星号性状（6.1.2）。
QL：质量性状（6.3）。
QN：数量性状（6.3）。
PQ：假质量性状（6.3）。
MG、MS、VG、VS：观测方法（3.3.2）。
（a）～（d）性状表解释（8.1）。
（+）性状表解释（8.2）。

7 性状表

性状编号	观测方法	英文	中文	标准品种	代码
1. PQ	**VG**	**Young plant：color of stem**	**幼苗：茎颜色**		
		only green	仅绿色	Ishigaki Sango	1
		yellowish green	泛黄绿色	Tainung Nº 1	2
		brown	棕色		3
		green and purple	绿色和紫色	Sunrise	4
		only purple	仅紫色		5
2. （*） （+） QN	**MS/ VG （a）**	**Plant：height of attachment of first inflorescence**	**植株：始花高度**		
		low	低	Ishigaki Sango	3
		medium	中	Sunrise，Tainung Nº 1	5
		high	高	Cera	7

续表

性状编号	观测方法	英文	中文	标准品种	代码
3. (*) QL	VG	**Plant：branching**	**植株：分枝**		
		absent	无	Ishigaki Sango，Maradol，Sunrise	1
		present	有		9
4. QN	MS/ VG (a)	**Stem：diameter**	**茎：直径**		
		small	小		3
		medium	中	Ishigaki Sango，Sunrise，Tainung Nº 1	5
		large	大		7
5. (*) (+) QN	MS/ VG (a)	**Stem：number of nodes**	**茎：节数**		
		few	少	Ishigaki Sango	3
		medium	中	Sunrise，Tainung Nº 1	5
		many	多		7
6. (*) QN	MS/ VG (a)	**Stem：length of internode**	**茎：节间长度**		
		short	短	Ishigaki Sango	3
		medium	中	Sunrise，Tainung Nº 1	5
		long	长		7
7. (+) QN	MS/ VG (b)	**Leaf blade：length**	**叶片：长度**		
		short	短		3
		medium	中	Ishigaki Sango，Sunrise，Tainung Nº 1	5
		long	长		7
8. (+) QN	MS/ VG (b)	**Leaf blade：width**	**叶片：宽度**		
		narrow	窄		3
		medium	中	Sunrise，Tainung Nº 1	5
		broad	宽		7
9. (*) QN	MS/ VG (b)	**Leaf blade：ratio length/width**	**叶片：长宽比**		
		low	小		1
		medium	中	Ishigaki Sango，Sunrise，Tainung Nº 1	2
		high	大		3
10. (*) (+) QL	VG (b)	**Leaf blade：presence of tertiary lobes**	**叶片：三级叶裂**		
		absent	无		1
		present	有	Ishigaki Sango，Sunrise，Tainung Nº 1	9
11. (*) (+) QL	VG (b)	**Leaf：presence of secondary leaf**	**叶片：次生叶**		
		absent	无		1
		present	有		9
12. (*) QL	VG (b)	**Leaf blade：pubescence on lower side**	**叶片：下表面茸毛**		
		absent	无	Ishigaki Sango，Sunrise，Tainung Nº 1	1
		present	有		9

续表

性状编号	观测方法	英文	中文	标准品种	代码
13. (*) (+) QN	MS/ VG (b)	**Petiole: length**	**叶柄：长度**		
		short	短	BT-K	3
		medium	中	Ishigaki Sango，Sunrise，Tainung Nº 1	5
		long	长	Dampit	7
14. QN	VG (b)	**Petiole: anthocyanin coloration**	**叶柄：花青苷显色**		
		absent or very weak	无或极弱	Ishigaki Sango	1
		medium	中	Sunrise，Tainung Nº 1	3
		very strong	极强		5
15. QN	VG (c)	**Inflorescence: number of flowers on hermaphrodite plants**	**两性植株花序：数量**		
		few	少	Ishigaki Sango	3
		medium	中	Sunrise	5
		many	多	Tainung Nº 1	7
16. QN	MS/ VG (c)	**Inflorescence: length of main axis on hermaphrodite plantss**	**两性植株花序：主轴长度**		
		short	短	Ishigaki Sango，Sunrise	3
		medium	中		5
		long	长	Tainung Nº 1	7
17. QN	VG (c)	**Inflorescence: anthocyanin coloration of axis on hermaphrodite plants**	**两性植株花序：主轴花青苷显色**		
		absent or weak	无或弱	Ishigaki Sango，Sunrise，Tainung Nº 1	1
		medium	中		2
		strong	强		3
18. (+) QN	MS/ VG (d)	**Flower: length of corolla**	**花：花冠长度**		
		short	短		3
		medium	中	Sunrise	5
		long	长	Tainung Nº 1	7
19. (+) PQ	VG	**Flower: color of corolla**	**花：花冠颜色**		
		white	白色		1
		yellowish white	黄白色	Sunrise，Tainung Nº 1	2
		yellow	黄色		3
		green	绿色		4
		purple	紫色		5
20. (*) QN	MS /VG (d)	**Peduncle: length in hermaphrodite plants**	**两性植株果柄：长度**		
		short	短	Ishigaki Sango，Sunrise	3
		medium	中		5
		long	长	Tainung Nº 1	7

续表

性状编号	观测方法	英文	中文	标准品种	代码
21. (*) QN	**MS/ VG (d)**	**Fruit of hermaphrodite plants: length**	**两性植株果实：长度**		
		short	短	Du Roi Solo，Sunrise	3
		medium	中	Ishigaki Sango	5
		long	长	Cera	7
22. (*) QN	**MS/ VG (d)**	**Fruit of hermaphrodite plants: width**	**两性植株果实：宽度**		
		short	短	Du Roi Solo，Sunrise	3
		medium	中	Ishigaki Sango	5
		long	长	Cera	7
23. (*) (+) QN	**MS/ VG (d)**	**Fruit of hermaphrodite plants: ratio length/ width**	**两性植株果实：长宽比**		
		low	小	Sunrise	3
		medium	中	Ishigaki Sango	5
		high	大	Cera	7
24. QN	**MS/ VG (d)**	**Fruit of female plants: length**	**雌性植株果实：长度**		
		short	短	Intenzza	3
		medium	中	Zapote Morada	5
		long	长		7
25. QN	**MS/ VG**	**Fruit of female plants: width**	**雌性植株果实：宽度**		
		small	小	Intenzza	3
		medium	中	Zapote Morada	5
		large	大	Intenzza	7
26. QN	**MS/ VG**	**Fruit of female plants: ratio length/width**	**雌性植株果实：长宽比**		
		low	低	Coco	3
		medium	中	Holland	5
		high	高		7
27. (*) (+) PQ	**VG (d)**	**Fruit of hermaphrodite plants: shape**	**两性植株果实：形状**		
		ovate	卵圆形	Cariflora	1
		elliptic	椭圆形	Ishigaki Sango, Eksotika	2
		oblong	长椭圆形	Sekaki, Amarela	3
		obovate	倒卵圆形	Du Roi Solo, Red Lady	4
		pyriform	梨形	Rainbow, Kapoho	5
		obovate waisted	束腰倒卵圆形	BT-1	6
28. (*) (+) PQ	**VG (d)**	**Fruit of female plants: shape**	**雌性植株果实：形状**		
		ovate	卵圆形		1
		elliptic	椭圆形	Zapote Verde	2
		oblong	长椭圆形	Zapote Morada	3
		obovate	倒卵圆形	Mulata	4
		pyriform	梨形		5
		obovate waisted	束腰倒卵圆形		6

续表

性状编号	观测方法	英文	中文	标准品种	代码
29. (+) PQ	VG (d)	**Fruit: shape of stalk end**	**果实：果肩形状**		
		pointed	尖	BT-1	1
		rounded	圆形	Semangko	2
		truncate	平截	Sun Rice Solo	3
		depressed	凹	Du Roi Solo，Ishigaki Sango	4
30. PQ	VG (d)	**Fruit: shape at distal end**	**果实：果顶形状**		
		rounded	圆形	Tainung Nº 1	1
		weakly pointed	微尖	Ishigaki Sango，Sunrise	2
		strongly pointed	极尖	Du Roi Solo	3
31. (*) (+) PQ	(f)	**Fruit: main color**	**果实：主色**		
		green	绿色	Sari Gading	1
		yellow green	黄绿色	BT-K，Sabah Yellow	2
		yellow	黄色	Tainung Nº 1，Kapoho，Amarela	3
		medium orange	中等橙色	Ishigaki Sango，Maradol，Mulata	4
		dark orange	深橙色	Dampit，Mamey	5
32. (+) QN	VG (d)	**Fruit: ridges**	**果实：脊**		
		absent or very weak	无或极弱	Ishigaki Sango，Tainung Nº 1	1
		weak	弱	BT-4	2
		moderate	中	Semangko	3
		strong	强	Dampit	4
33. QN	VG (d)	**Fruit: surface texture**	**果实：表面纹理**		
		smooth	平滑	Callina，Paris	1
		medium	中	Carisya	2
		rough	粗糙	Sukma	3
34. (*) (+) QN	VG (d)	**Fruit: thickness of skin**	**果实：果皮厚度**		
		thin	薄	BT-3	1
		medium	中	Sunrise，Eksotika	2
		thick	厚	Tainung Nº 1，Dampit	3
35. (*) PQ	VG (d)	**Fruit: color of flesh**	**果实：果肉颜色**		
		yellow	黄色	Amarela，Cera，Kapoho	1
		orange	橙色	Sunrise，Tainung Nº 1	2
		red orange	红橙色	Ishigaki Sango，Maradol	3
36. (+) QN	VG (d)	**Fruit: firmness of flesh**	**果实：果肉硬度**		
		soft	软	Cera	3
		medium	中	Maradol	5
		firm	硬	Sunrise，Sekaki	7

续表

性状编号	观测方法	英文	中文	标准品种	代码
37. **(+)** **QN**	**VG** **(d)**	**Fruit：sweetnesss of flesh**	**果实：甜度**		
		low	低	Cera	3
		medium	中	Maradol，Tainung Nº 1	5
		high	高	Ishigaki Sango，Sunrise	7
38. **QN**	**VG** **(d)**	**Fruit：aroma of flesh**	**果实：果肉香味**		
		weak	淡	Callina，Sekaki	1
		moderate	中	Ishigaki Sango，Sunrise	2
		strong	浓	Eksotika	3
39. **QN**	**MG/** **VG** **(d)**	**Fruit：thickness of flesh**	**果实：果肉厚度**		
		thin	薄		3
		medium	中		5
		thick	厚	Sekaki	7
40. **QN**	**VG** **(d)**	**Fruit：abundance of placental tissue**	**果实：胎座组织数量**		
		scarce	少	BT-1，Mamey	3
		moderate	中	Sunrise，Eksotika	5
		abundant	多	Cera，BT-3	7
41. **QN**	**MS/** **VG** **(d)**	**Fruit：width of central cavity**	**果实：中腔宽度**		
		narrow	窄	Sunrise，Sekaki	3
		medium	中	Ishigaki Sango，Tainung Nº 1，Golden	5
		broad	宽	Dampit，Semangko	7
42. **(*)** **(+)** **PQ**	**VG** **(d)**	**Fruit：shape of central cavity**	**果实：中腔形状**		
		circular	圆形	Niensee	1
		angular	角形	Tainung Nº 1，BT-K	2
		weakly stellate	弱星形	Ishigaki Sango，Sunrise，Du Roi Solo	3
		strongly stellate	强星形	BT-2	4
		irregular	不规则形	Semangko	5
43. **(*)** **QN**	**MS/** **VG** **(d)**	**Fruit：number of seeds**	**果实：种子数量**		
		absent or very few	无或极少	Ishigaki Sango	1
		few	少	Du Roi Solo	3
		medium	中		5
		many	多	Sunrise	7
		very many	极多	Cera，Tainung Nº 1	9
44. **PQ**	**VG**	**Seed：color**	**种子：颜色**		
		grey yellow	灰黄色	BT-K	1
		grey	灰色	Dampit	2
		medium brown	中等棕色	Eksotika	3
		dark brown	深棕色	Sekaki，BT-1	4
		black	黑色	Maradol，Morib	5

续表

性状编号	观测方法	英文	中文	标准品种	代码
45. QN	**MS/ VG**	**Seed: length**	**种子：长度**		
		short	短	BT-K	3
		medium	中	BT-1	5
		long	长	Cera, Dampit	7
46. QN	**MS/ VG**	**Seed: width**	**种子：宽度**		
		narrow	窄	BT-2	3
		medium	中	Tainung Nº 1, Sunrise	5
		broad	宽	Dampit	7
47. (+) QN	**MS/ VG**	**Seed: ratio length/width**	**种子：长宽比**		
		low	小	BT-1	1
		medium	中	Sunrise, Tainung Nº 1	2
		high	大		3
48. (+) QN	**MS/ VG**	**Seed: position of broadest part**	**种子：最宽处位置**		
		at middle	中部	Sunrise	1
		slightly towards base	稍微向基部	Tainung Nº 1	2
		clearly towards base	明显向基部		3
49. (+) QN	**VG**	**Seed: amount of mucilage**	**种子：黏液数量**		
		small	少	BT-3	1
		moderate	中	Tainung Nº 1, Sunrise	2
		large	多	Cera	3
50. (*) (+) QN	**MG/ VG**	**Time of beginning of flowering**	**始花期**		
		early	早	Sinta, Carisya, Arum	1
		medium	中	Sunrise, Callina	2
		late	晚	Wulung, Cavite Special	3

8 性状表解释

8.1 对多个性状的解释

性状表第二列包含以下标注的性状应按照下述要求观测。

（a）植株和茎：第一个花序或单花出现时观测。

（b）叶片和叶柄：应在成熟叶片上观测。当第一个花序或单花出现时，叶片应从当季生长的中间1/3处摘取。

（c）花序：观测第四个抽出的花序，在其不再生长时测量。单朵花应排除在所有观测之外。

（d）果实：应在完全变色成熟的果实中部观测。如果未注明树木类型，则必须从两性植株中进行观测。

8.2 对单个性状的解释

性状 2：植株始花高度

第一个花序或单朵花的附着高度。

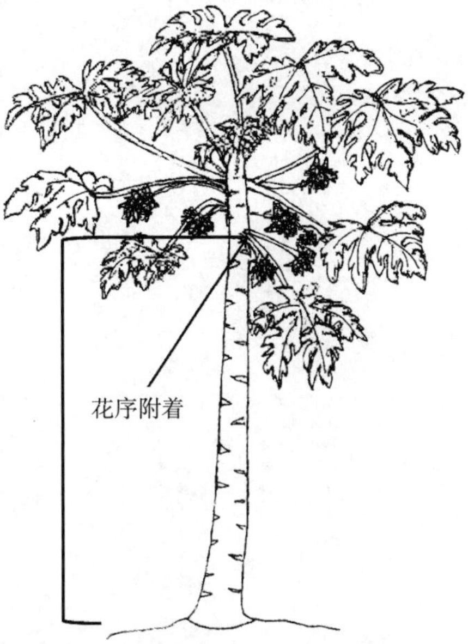

性状 5：茎节数

观测从地面到第一朵花的节数。

性状 7、性状 8 和性状 10：叶片长度、宽度、三级叶裂

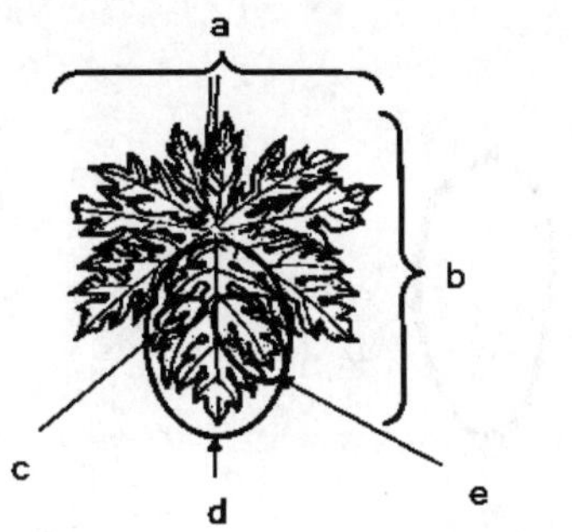

a—叶片宽度；b— 叶片长度；c—三级叶裂；d——级叶裂；e—二级叶裂。

性状 11：次生叶

1 无　　9 有

性状 13：叶柄长度

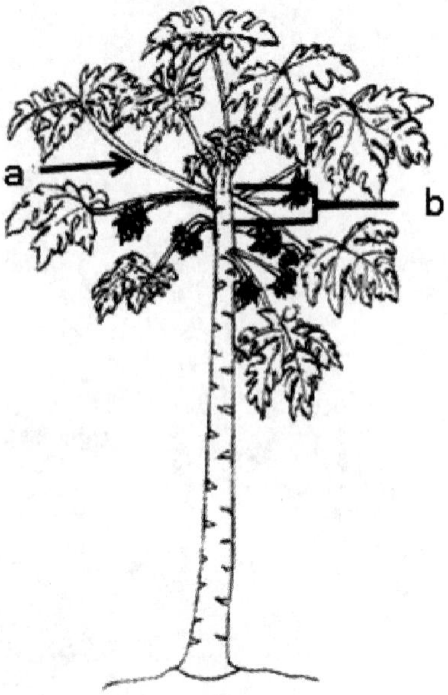

a—叶柄；b—中部 1/3。

性状 18：花冠长度

仅适用于两性或雌性品种。在第一次开花、正午花药开裂时观测。

性状 19：花冠颜色

适用所有类型，不论性别。应在第一次开花期间进行观察。

性状 23：两性植株果实长宽比

3	5	7
小	中	大

性状 27：两性植株果实形状

<table>
<tr><td colspan="2"></td><td colspan="3">←最宽部位→</td></tr>
<tr><td colspan="2"></td><td>中部以下</td><td>中部</td><td>中部以上</td></tr>
<tr><td>←侧面轮廓→</td><td>平面平行</td><td></td><td>
3
长椭圆形</td><td></td></tr>
</table>

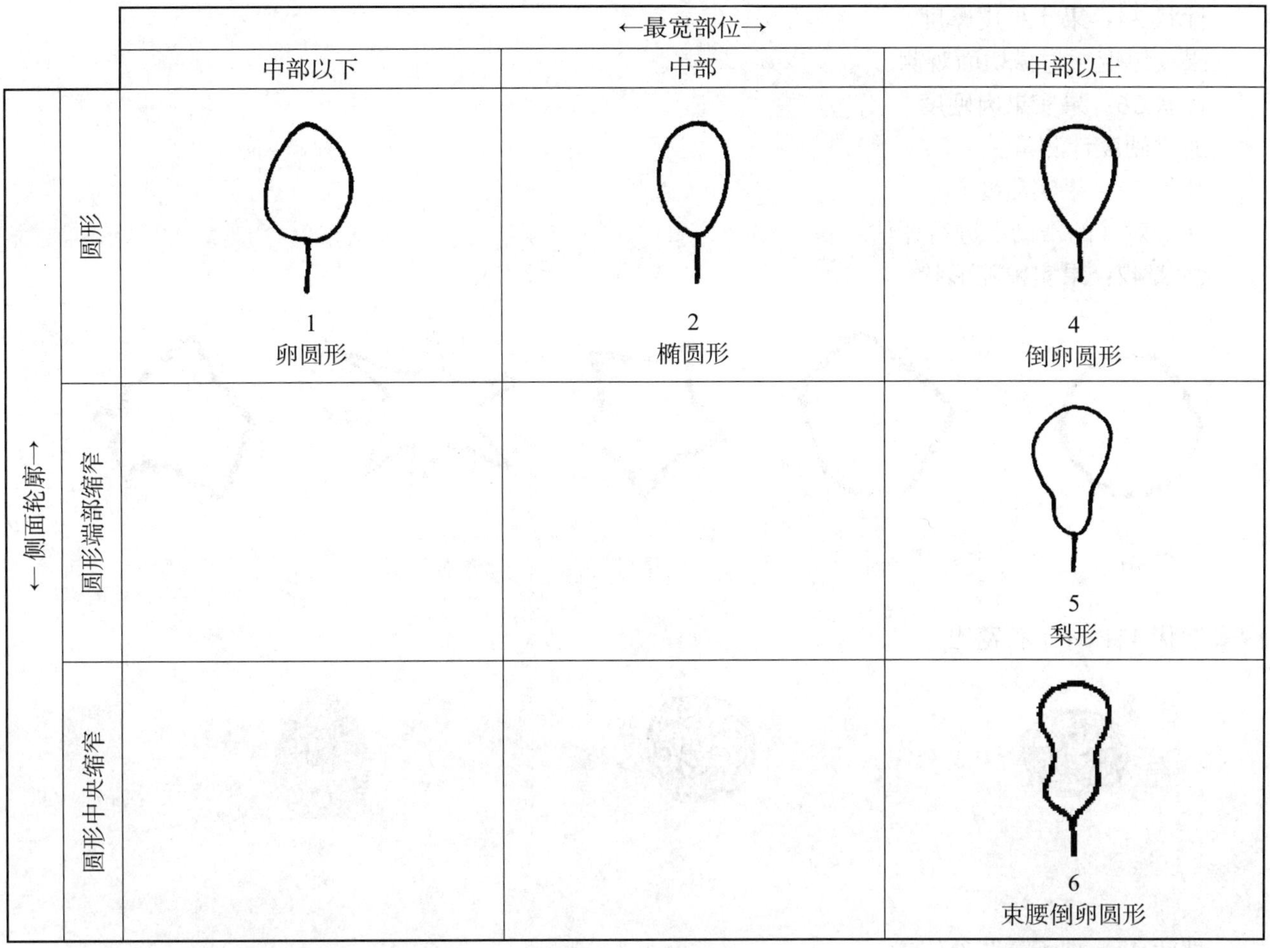

性状 28：雌性植株果实形状（见性状 27）

性状 29：果实果肩形状

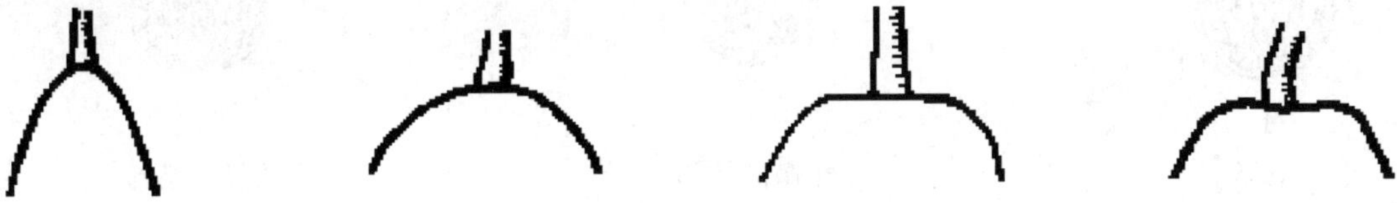

1	2	3	4
尖	圆形	平	凹

性状 31：果实主色

主色是表面积最大的颜色。如果主色和次色的区域过于相似，无法可靠地确定哪种颜色的区域最大，则最暗的颜色被视为主色。

性状 32：果实脊

通过横切面观测。

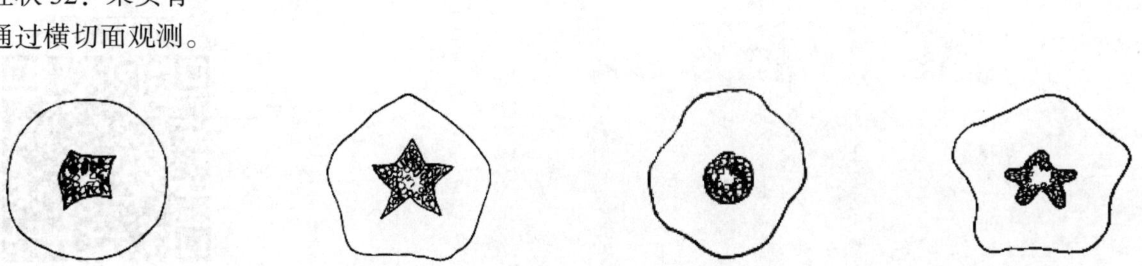

1	2	3	4
无或极弱	弱	中	强

性状 34：果实果皮厚度

果皮厚度通过横切面观测。

性状 36：果实果肉硬度

通过硬度计测量。

性状 37：果实甜度

在折射计的帮助下进行评估。

性状 42：果实中腔形状

1 圆形 2 角形 3 弱星形 4 强星形 5 不规则形

性状 47：种子长宽比

1 小 2 中 3 大

性状 48：种子最宽处位置

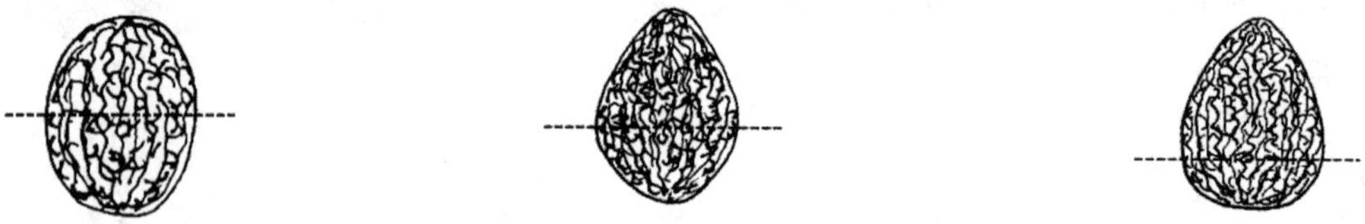

1 中部 2 稍微向基部 3 明显向基部

性状 49：种子黏液数量

通过从种子中分离黏液来目测的。

性状 50：始花期

当第一个花序上 10% 的花已经开始开花时为始花期。

扫码下载原文

如扫描二维码无法下载指南原文，可能是指南版本有更新，可扫描本书封底二维码查看与本文对应的指南版本

TG/265/1
原文：英文
日期：2010-03-24

国际植物新品种保护联盟
植物品种特异性、一致性和稳定性
测试指南

无花果

UPOV 代码：FICUS_CAR

（*Ficus carica* L.）

互用名称 *

植物学名称	英文	法文	德文	西班牙文
Ficus carica L.	Fig	Figuier	Echte Feige, Feige	Higuera

* 这些名称在指南开始使用时是正确的，但随后可能会修改更新。读者可登录 UPOV 网站（www.upov.int），获取最新资料。

1 指南适用范围

本指南适用于无花果（*Ficus carica* L.）的所有品种。

2 繁殖材料要求

2.1 待测品种繁殖材料的数量和质量要求以及提交的时间和地点由主管机构决定。申请人从测试所在国境外提交繁殖材料的，还应符合海关规定并满足相关植物检疫的要求。

2.2 繁殖材料以扦插苗的形式提供。

2.3 繁殖材料由申请人提供，数量应不少于5株扦插苗。

2.4 提供的繁殖材料应该外观健康有活力，未受任何严重病虫害影响。

2.5 提交的繁殖材料不得进行任何可能影响品种性状表达的处理，除非主管机构允许或要求进行这种处理。如果材料已经处理，必须提供相关处理的详细情况。

3 测试方法

3.1 测试周期

3.1.1 测试周期至少为2个生长周期。

3.1.2 1个生长周期是指1个生长季，从萌芽开始，至休眠期结束、新季芽膨大为止。

3.2 测试地点

测试通常在同一个地点进行。在1个以上地点进行测试时，TGP/9《特异性测试》提供了有关指导。

3.3 测试条件

测试的条件应能满足品种正常生长的需要，以确保品种相关性状充分表达和测试的顺利开展。2个生长周期中的每一个都能正常结果。

3.4 试验设计

3.4.1 每个试验应保证至少有5株。

3.4.2 试验设计应保证因测量或计数等需要，从小区取走部分植株或植株部位后，不影响生长周期结束前的所有观测。

3.5 植株 / 植株部位的测试数量

除非另有说明，所有观测应在5个植株或分别来自5个植株的部位进行。对植株部位进行观测时，每个植株的观测数量为2个。

3.6 附加测试

为测试有关性状，可以进行附加测试。

4 特异性、一致性和稳定性评价

4.1 特异性

4.1.1 一般建议

对于本指南的使用者而言，在判定特异性前参照总则中关于特异性判定的一般原则十分重要。为进一步说明和强调特异性判定，本指南特列出特异性判定的要点。

4.1.2 一致的差异

当观测到的品种之间的差异非常明显时，则没有必要种植 1 个以上生长周期。此外，在某些情况下，环境的影响并不意味着需要 1 个以上的生长周期来保证品种间观测到的差异是足够一致的。为确保在种植试验中所观测到的性状差异是足够一致的，可以对性状进行至少 2 个独立生长周期的测试。

4.1.3 明显的差异

两个品种间的差异是否明显取决于很多因素，特别应考虑所测性状的表达类型，即该性状是质量性状、数量性状还是假质量性状。因此，在作出关于特异性的判定前，本测试指南的使用者应熟悉总则中的建议。

4.2 一致性

4.2.1 对于本指南的使用者而言，在判定一致性前参阅总则中关于一致性判定的一般原则十分重要。为进一步说明和强调一致性判定，本指南特列出一致性判定的要点。

4.2.2 评价一致性时，应采用 1% 的群体标准和至少 95% 的接受概率。当样本量为 5 个时，不允许有异型株。

4.3 稳定性

4.3.1 在实际操作中，通常不像测试特异性和一致性那样对稳定性进行测试以得到明确结果。经验表明，对许多类型的品种来说，当一个品种表现一致时，可认为其是稳定的。

4.3.2 适当情况下或者有疑问时，稳定性可以采用如下方法测试：种植该品种的下一代或者测试一批新材料，看其性状表现是否与之前提交的材料表现相同。

5 品种分组和试验组织

5.1 使用分组性状可以帮助选择与申请品种一起进行田间种植试验的已知品种，以及对这些品种进行合适分组以便进行特异性评价。

5.2 分组性状表达状态的数据即使来自不同地点，也可以单独或者与其他此类性状联合使用。

5.2.1 用于特异性测试中筛选排除那些不需要安排在种植试验中的已知品种。

5.2.2 用于组织安排种植试验，使近似品种种植在一起。

5.3 以下性状已被确认为有用的分组性状。

（a）叶：裂刻类型（性状 17）。

（b）生产类型（性状 49）。

（c）果实：形状（夏秋果）（性状 54）。

（d）果实：果皮底色（夏秋果）（性状 62）。

（e）果实：果肉颜色（夏秋果）（性状 70）。

（f）果实成熟期（夏秋果）（性状 76）。

5.4 总则中提供了在特异性审查过程中使用分组性状的指导。

6 性状表介绍

6.1 性状类别

6.1.1 标准指南性状

标准指南性状是 UPOV 已同意用于 DUS 审查的性状，UPOV 成员可以从中选择与其特定环境相适应的性状。

6.1.2 星号性状

星号性状（用“*”标记）是测试指南中对于形成国际统一的品种描述十分重要的性状，所有 UPOV 成员都应将其用于 DUS 测试并包含在品种描述中，除非前序性状的表达或区域环境条件所限使其无法测试。

6.2 表达状态及相应代码

为定义性状和统一描述，将每个性状划分为一系列表达状态。每个表达状态赋予一个相应的数字代码，以便于数据记录，以及品种性状描述的建立和交流。

6.3 表达类型

总则对性状表达类型（质量性状、数量性状和假质量性状）进行了解释。

6.4 标准品种

在适当的情况下，标准品种用于校正性状的表达状态。

6.5 注释

（*）星号性状（6.1.2）。

QL：质量性状（6.3）。

QN：数量性状（6.3）。

PQ：假质量性状（6.3）。

（a）～（e）性状表解释（8.1）。

（+）性状表解释（8.2）。

7 性状表

性状编号	观测方法	英文	中文	标准品种	代码
1. （*） （+） QN	（a）	**Plant：growth habit**	**树：生长习性**		
		upright	直立	Perolaza，Smyrna	1
		semi-upright	半直立	Blanca Foyos，Jorba	2
		spreading	开张	Cordobis，San Antonio	3
2. （*） （+） QL	（a）	**Plant：weeping of secondary shoots**	**树：二级分枝下垂**		
		absent	无	De Rey	1
		present	有	Burreña	9
3. （*） （+） QN	（a）	**Plant：vigor**	**树：树势**		
		weak	弱	Bota Morada，Verdejuela	3
		medium	中	Cordobis，Kadota	5
		strong	强	La Casta	7
4. QN	（a）	**Plant：number of basal suckers**	**树：根蘖数量**		
		few	少	Blava，Hoñigal	3
		medium	中	Boyuna，Kadota	5
		many	多	Roja Almohadín	7
5. （*） QN	（a）	**Plant：density of branching**	**树：分枝密度**		
		sparse	疏	De Rey，Kadota，Perolaza	3
		medium	中	Nazaret，San Antonio	5
		dense	密	Bota Morada，Cabatxa	7
6 （*） （+） QL	（a）	**Plant：bark tubers**	**树：节瘤**		
		absent	无	De Rey	1
		present	有	Bermejí	9

续表

性状编号	观测方法	英文	中文	标准品种	代码
7. (*) (+) QN	(a)	**Plant：number of bark tubers**	**树：节瘤数量**		
		few	少	Granito，La Casta，San Antonio	3
		medium	中	Blanca Betera，Cabatxa，Pezonuda	5
		many	多	Bermejí，Cucurella，Jorba	7
8. (+) PQ	(a)	**One-year-old shoot：color**	**一年生枝：颜色**		
		orange	橙色	Panachée	1
		brown	棕色	Ayuela，Cabatxa，Mare de Deu	2
		grey brown	灰棕色	Blanca Foyos，Cordobis	3
		grey	灰色	Blanca Albondón	4
9. (*) (+) QN	(a)	**One-year-old shoot：length of internodes**	**一年生枝：节间长度**		
		short	短	Arail，Cordobis	3
		medium	中	Cabatxa，Doña María，San Antonio	5
		long	长	Perolaza	7
10. (*) (+) QN	(a)	**One-year-old shoot：number of internodes**	**一年生枝：节间数**		
		few	少	Cabatxa，Cordobis	3
		medium	中	Albacor，Arail	5
		many	多	Brown Turkey，Perolaza	7
11. (*) QN	(a)	**Terminal bud：length/ width ratio**	**顶芽：长宽比**		
		small	小	Tres Collitas，Tres Voltas l'any-2	3
		medium	中	De Baco，Kadota，White Genova	5
		large	大	Albacor，Blanca Betera，Jorba	7
12. (*) QN	(a)	**Terminal bud：size**	**顶芽：大小**		
		small	小	Lampaga	3
		medium	中	Tocal	5
		large	大	Pezonuda	7
13. (*) (+) PQ	(a)	**Terminal bud：color**	**顶芽：颜色**		
		yellow green	黄绿色	Nazaret	1
		orange	橙色	Blava	2
		brown	棕色	Roja Almohadín	3
		grey brown	灰棕色	Albacor	4
14. (*) (+) QN	(a)	**Two-year-old shoot：bud support swellings**	**二年生枝：潜伏芽隆起**		
		absent or very small	无或极小	Ayuela，Bota Morada	1
		small	小	Lampaga	3
		medium	中	Verdejuela	5
		large	大	Roja Almohadín	7

续表

性状编号	观测方法	英文	中文	标准品种	代码
15. (*) (+) **PQ**	(a)	**Two-year-old shoot: shape**	**二年生枝：形状**		
		straight	直	De Rey, Pecho de Reina	1
		curved	弯	Ayuela, La Casta, Verdejo	2
		sinuous	"S" 形	Bota Morada, Burreña, Hoñigal	3
16. (+) **QN**	(b)	**Two-year-old shoot: number of leaves**	**二年生枝：叶片数量**		
		few	少	Arail, Bermesca, Hortella	1
		medium	中	Pell de Bou, White Genova	2
		many	多	Bota Morada, Picholetera	3
17. (*) (+) **QN**	(b)	**Leaf: predominant type**	**叶：裂刻类型**		
		entire	无裂	Martinenca	1
		three-lobed	3 裂	Lampaga, Verdejo, White Genova	2
		five-lobed	5 裂	Albacor, Perolaza, Roja Almohadín	3
18. (*) (+) **PQ**	(b)	**Only varieties with predominant leaf type: entire: Leaf: shape**	**叶：形状（仅适用于叶片无裂的品种）**		
		cordate	心形	Picholetera	1
		triangular	三角形	Lampaga	2
		lanceolate	披针形	Imperial 76	3
		elliptic	椭圆形	Verdejo	4
19. (*) (+) **PQ**	(b)	**Excluding varieties with leaf: predominant type: entire: Leaf: shape of central lobe**	**叶：顶部裂片形状（仅适用于叶片有裂的品种）**		
		triangular	三角形	Albar, Cabatxa, Lampaga	1
		narrow rhombic	窄菱形	Bermejí, Granito, San Antonio	2
		broad rhombic	阔菱形	Burreña	3
		spatulate	匙形	Genyva mort, Tres Collitas, White Genov	4
		linear	线形	Roja Almohadín	5
		lyrate	大头羽裂形	Albacor, Perolaza	6
20. (*) (+) **QN**	(b)	**Excluding varieties with leaf: predominant type: entire: Leaf: ratio length of central lobe/length of blade**	**叶：顶部裂片长度与叶片长度比（仅适用于叶片有裂的品种）**		
		small	小	Albar, Doña María	3
		medium	中	De Rey, La Casta, Moisonière, San Antonio	5
		large	大	Conadria, Cordobis, Tres voltas l'any-2	7

续表

性状编号	观测方法	英文	中文	标准品种	代码
21. (*) (+) PQ	(b)	**Leaf: shape of leaf base**	**叶：基部形状**		
		decurrent	下延	Bermejí	1
		truncate	平截	Blanca Betera	2
		cordate	心形	De Rey, Negra Calabacilla, San Antonio	3
		moderately calcarate	矩形	Blanca Albondón	4
		strongly calcarate	深矩形	Hoñigal, Pell de Bou	5
22. (*) (+) QN	(b)	**Leaf blade: length**	**叶片：长度**		
		short	短	Tres Voltas l'any-2	3
		medium	中	Genyiva Mort, Sitsel	5
		long	长	Blava, De Rey, Pezonuda	7
23. (*) (+) QL	(b)	**Lobed leaf: basal lateral lobes on petiole sinus**	**裂叶：叶柄侧裂叶基部裂片**		
		absent	无	Cabatxa, La Casta	1
		present	有	Ayuela, Perolaza	9
24. (*) QN	(b)	**Lobed leaf: size of basal lateral lobes on petiole sinus**	**裂叶：叶柄侧裂叶基部裂片大小**		
		small	小	San Antonio	3
		medium	中	Ayuela	5
		large	大	Perolaza	7
25. QN	(c) (d) (e)	**Fruit: number of fruits (first crop)**	**果实：果实数量（春果）**		
		few	少	Bec de Perdiu	1
		medium	中	De Rey	2
		many	多	Albacor	3
26. (*) QN	(c) (d) (e)	**Fruit: attachment of stalk to stem (first crop)**	**果实：果柄对枝条的附着程度（春果）**		
		weak	弱	De Rey, Moisonière	1
		medium	中	Albacor, Pell de Bou, Verdaleta	2
		strong	强	Lampaga	3
27. (*) (+) PQ	(c) (d) (e)	**Fruit: shape (first crop)**	**果实：形状（春果）**		
		spherical	球形	De Butxaca, GenyivaMort	1
		cucurbiform	葫芦形	Conadria, De Rey	2
		turbinate	陀螺形	Pell de Bou, Torrebaja-2	3
		ovoidal	卵形	Verdaleta	4
		pyriform	梨形	Albacor, Cabatxa, Sitcel	5
		urceolate	瓮形	Moisonière, Verdejuela	6
28. (*) QN	(c) (d) (e)	**Fruit: size (first crop)**	**果实：大小（春果）**		
		small	小	Bermejí, Verdejuela	1
		medium	中	Boyuna, De Butxaca	2
		large	大	Brown Turkey, Lampaga	3
29. (*) QN	(c) (d) (e)	**Fruit: length (first crop)**	**果实：纵径（春果）**		
		very short	极短	Bermejí	1
		short	短	Torrebaja 2	3
		medium	中	Genyiva Mort, Granito	5
		long	长	Blanca Betera	7
		very long	极长	Conadria, De Rey	9

续表

性状编号	观测方法	英文	中文	标准品种	代码
30. (*) QN	(c) (d) (e)	**Fruit: width (first crop)**	**果实：横径（春果）**		
		very narrow	极窄	Moisonière	1
		narrow	窄	De Rey	3
		medium	中	Albacor	5
		broad	宽	San Antonio	7
		very broad	极宽	Brown Turkey, Nazaret, Perdigona negra	9
31. (*) QN	(c) (d) (e)	**Fruit: weight (first crop)**	**果实：重量（春果）**		
		very light	极轻	Algerina	1
		light	轻	Verdaleta	3
		medium	中	De Butxaca	5
		heavy	重	Brown Turkey, Conadria, Nazaret	7
32. (+) QN	(c) (d) (e)	**Fruit: neck (first crop)**	**果实：颈（春果）**		
		absent or very short	无或极短	De Butxaca, Tres Collitas	1
		short	短	Bermejí, Doña María, Granito, Porronta	3
		medium	中	Lampaga, San Antonio	5
		long	长	Conadria, De Rey	7
33. QN	(c) (d) (e)	**Fruit: ostiole size (first crop)**	**果实：果孔大小（春果）**		
		small	小	Algerina, Verdaleta	1
		medium	中	De Rey, Tres Collitas	2
		large	大	Brown Turkey, Perdigona negra	3
34. (*) (+) QN	(c) (d) (e)	**Fruit: stalk length (first crop)**	**果实：果梗长度（春果）**		
		short	短	Bermejí, De Baco, Tres Voltas l'Any-2	1
		medium	中	Conadría	2
		long	长	Tres Collitas	3
35. (*) (+) PQ	(c) (d) (e)	**Fruit: ground color of skin (first crop)**	**果实：果皮底色（春果）**		
		yellow	黄色	Genyiva Mort	1
		green yellow	绿黄色	Lampaga	2
		yellow green	黄绿色	Conadria, Granito	3
		green	绿色	Sitsel	4
		yellow and green bands	黄绿条带	Paratjal Rimada	5
		purple	紫色	Moisonière, San Antonio	6
		black	黑色	Albacor	7
36. (*) (+) PQ	(c) (d) (e)	**Fruit: overcolor of skin (first crop)**	**果实：果皮盖色（春果）**		
		none	无	Conadria, Granito	1
		yellow	黄色	Zuguele	2
		red purple	红紫色	Verdaleta	3
		purple	紫色	D'en Manel	4

续表

性状编号	观测方法	英文	中文	标准品种	代码
37. (*) (+) QN	(c) (d) (e)	**Fruit: density of lenticels (first crop)**	**果实：果点密度（春果）**		
		sparse	稀	Calabacita	3
		medium	中	Albacor，De Rey，San Antonio	5
		dense	密	Conadria，Bermejí，Moisonière，Sitsel	7
38. (+) QL	(c) (d) (e)	**Fruit: presence of large type lenticels (first crop)**	**果实：果斑（春果）**		
		absent	无	Granito，De Butxaca，Tres Collitas	1
		present	有	Kadota，Nazaret，Sitcel	9
39. QN	(c) (d) (e)	**Fruit: ribbing (first crop)**	**果实：果脉（春果）**		
		absent or weak	无或弱	Genyiva Mort，Granito，Pell de Bou	1
		medium	中	Lampaga，Negra，Perdigona	2
		strong	强	Bermesca，De Rey，San Antonio	3
40. (*) (+) PQ	(c) (d) (e)	**Fruit: cracking of skin (first crop)**	**果实：裂果性（春果）**		
		absent	无裂	Boyuna	1
		lateral cracking	横裂	De Rey	2
		longitudinal cracking	纵裂	Albacor	3
41. QL	(c) (d) (e)	**Fruit: cracking around ostiolo (first crop)**	**果实：果孔周围裂果性（春果）**		
		absent	无	Genyiva Mort，San Antonio	1
		present	有	De Baco，De Rey，Perdigona Negra	9
42. (+) QN	(c) (d) (e)	**Fruit: ease of peeling (first crop)**	**果实：剥皮难易程度（春果）**		
		easy	易	Albacor，De Rey	1
		medium	中	Granito，Moissonière	2
		difficult	难	Lampaga	3
43. (*) (+) PQ	(c) (d) (e)	**Fruit: color of pulp (first crop)**	**果实：果肉颜色（春果）**		
		yellow white	黄白色	San Joao Branco	1
		brown yellow	棕黄色	Genyiva Mort，Granito，San Antonio	2
		pink	粉色	Brown Turkey，Conadria，De Butxaca	3
		purple	紫色	Napolitana negra	4
		orange red	橙红色	Perdigona negra	5
		red	红色	Bermejí，Doña Maria，Verdaleta	6
		light brown	浅棕色	Dauphina，Lampaga，Moscatel	7
		dark brown	深棕色	Verdejo	8

续表

性状编号	观测方法	英文	中文	标准品种	代码
44. (*) QN	(c) (d) (e)	**Fruit: internal cavity (first crop)**	**果实：空腔大小（春果）**		
		absent or very small	无或极小	Bermejí, Granito, Moisonière, Sitcel	1
		small	小	De Butxaca, Lampaga, San Antonio, Verdaleta	3
		medium	中	Brown Turkey, Conadria, Verdejuela	5
		large	大	D'en Manel, Verdejuela	7
45. (*) (+) QN	(c) (d) (e)	**Fruit: scratch resistance of skin (first crop)**	**果实：果皮耐刮擦性（春果）**		
		weak	弱	Verdejuela	1
		medium	中	Lampaga, Negra Cabezuela, Pell de Bou	2
		strong	强	Albacor, De Rey, Kadota, Moisonière	3
46. (*) QN	(c) (d) (e)	**Fruit: number of achenes (first crop)**	**果实：瘦果数量（春果）**		
		few	少	Bermejí, Casas Bajas, Verdaleta	1
		medium	中	Conadria, De Rey, Lampaga, Kadota, San Antonio	2
		many	多	Bec de Perdiu, Moisonière	3
47. QN	(c) (d) (e)	**Fruit: size of achenes (first crop)**	**果实：瘦果大小（春果）**		
		small	小	Blanca Betera, Casas Bajas, Verdejuela	1
		medium	中	Bermejí, De Rey, Moisonière, San Antonio	2
		large	大	Albacor, Conadria, Lampaga, Verdaleta	3
48. QN	(c) (d) (e)	**Fruit: juiciness (first crop)**	**果实：汁液量（春果）**		
		low	低	Negra Cabezuela, Zuguele	1
		medium	中	Brown Turkey, Conadria, De Rey	2
		high	高	Bermejí, Granito, San Antonio, Tres Collitas	3
49. (*) (+) QL	(d)	**Productive type**	**生产类型**		
		Unífera	Unífera 型	Picholetera	1
		Bífera	Bífera 型	Albacor	2
		San Pedro	San Pedro 型	Lampaga, Nazaret	3
		Smyrna	Smyrna 型	Smyrna	4
		Caprifig	Caprifig 型	Tocal	5
50. (*) (+) QN	(d)	**Time of fruit maturity (first crop)**	**果实成熟期（春果）**		
		early	早	Nazaret, San Antonio	3
		medium	中	Albacor, Lampaga	5
		late	晚	Bermejí, Casas Bajas, De Rey, Granito	7

续表

性状编号	观测方法	英文	中文	标准品种	代码
51. **(*)** **(+)** **QN**	**(c)** **(d)** **(e)**	**Fruit：abnormal fruit（first crop）**	**果实：畸形果（春果）**		
		absent or few	无或少	Albacor，Granito，Jorba，Moscatel	1
		medium	中	Bermejí，Genyiva Mort	2
		many	多	Perdigona Negra	3
52. **QN**	**(c)** **(d)** **(e)**	**Fruit：number of fruits（main crop）**	**果实：果实数量（夏秋果）**		
		few	少	Arail，Perolaza	1
		medium	中	De Rey	2
		many	多	Brown Turkey，De Butxaca，Kadota	3
53. **(*)** **QN**	**(c)** **(d)** **(e)**	**Fruit：attachment of stalk to stem（main crop）**	**果实：果柄对枝条的附着程度（夏秋果）**		
		weak	弱	Bermesca，Moisonière	1
		medium	中	La Casta，Perolaza，Verdale-ta	2
		strong	强	Bermejí	3
54. **(*)** **(+)** **PQ**	**(c)** **(d)** **(e)**	**Fruit：shape（main crop）**	**果实：形状（夏秋果）**		
		spherical	球形	Bermejí，Bermesca	1
		cucurbiform	葫芦形	Boja o farta Belitres，Picho-letera	2
		turbinate	陀螺形	Ayuela，Blanca Betera	3
		ovoidal	卵形	Albacor，Burreña，Sitcel	4
		pyriform	梨形	Jorba，Perolaza，Verdaleta	5
		urceolate	瓮形	Blanca Foyos，Burjassot negre，Conadria	6
55. **(*)** **QN**	**(c)** **(d)** **(e)**	**Fruit：size（main crop）**	**果实：大小（夏秋果）**		
		small	小	Burreña，Cordobis，Granito	1
		medium	中	Coll Dama Blanco，Perolaza	2
		large	大	Brown Turkey，Conadria	3
56. **(*)** **QN**	**(c)** **(d)** **(e)**	**Fruit：length（main crop）**	**果实：纵径（夏秋果）**		
		very short	极短	La Casta	1
		short	短	Cordobis	3
		medium	中	Bermesca，Cabatxa	5
		long	长	Coll Dama Rosa，De Baco	7
		very long	极长	Perolaza	9
57. **(*)** **QN**	**(c)** **(d)**	**Fruit：width（main crop）**	**果实：横径（夏秋果）**		
		very narrow	极窄	Cordobis	1
		narrow	窄	Jorba	3
		medium	中	Bermesca，La Casta	5
		broad	宽	Bermejí	7
		very broad	极宽	Brown Turkey，Conadria，Nazaret	9

续表

性状编号	观测方法	英文	中文	标准品种	代码
58. (*) QN	**(c) (d) (e)**	**Fruit: weight (main crop)**	**果实：重量（夏秋果）**		
		very light	极轻	Burreña, Cordobis, Jorba	1
		light	轻	De Butxaca, De Rey, Granito, San Antonio	3
		medium	中	Coll de negre, Negra Cabezuela	5
		heavy	重	Brown Turkey, Conadria	7
59. (+) QN	**(c) (d) (e)**	**Fruit: neck (main crop)**	**果实：颈（夏秋果）**		
		absent or very short	无或极短	Doña Maria, Genyva mort, Granito, La Casta	1
		short	短	Bermejí, Burreña, Doña María	3
		medium	中	Cabatxa	5
		long	长	Coll de negre, Picholetera, Verdaleta	7
60. QN	**(c) (d)**	**Fruit: ostiole size (main crop)**	**果实：果孔大小（夏秋果）**		
		small	小	Burreña, Cordobis, Jorba	1
		medium	中	Bermesca	2
		large	大	Bermejí, Perdigona negra, White Genova	3
61. (*) (+) QN	**(c) (d) (e)**	**Fruit: stalk length (main crop)**	**果实：果梗长度（夏秋果）**		
		short	短	Doña María, La Casta, San Antonio	1
		medium	中	Albar, Cordobis, Granito	2
		long	长	Bermesca, De Butxaca, White Genova	3
62. (*) (+) PQ	**(c) (d) (e)**	**Fruit: ground color of skin (main crop)**	**果实：果皮底色（夏秋果）**		
		yellow	黄色	Genyiva Mort	1
		green yellow	绿黄色	Bermesca, Granito	2
		yellow green	黄绿色	Bermejí, Conadria, Picholetera	3
		green	绿色	Cornudella, Verdal	4
		yellow and green bands	黄绿条带	Panaché	5
		purple	紫色	Brown Turkey, Moisonière, San Antonio	6
		black	黑色	Albacor	7
63. (*) (+) PQ	**(c) (d) (e)**	**Fruit: overcolor of skin (main crop)**	**果实：果皮盖色（夏秋果）**		
		none	无	Calabacita, Granito	1
		yellow	黄色	Verdaleta	2
		red purple	红紫色	Pell de Bou	3
		purple	紫色	Sarrona	4
64. (*) (+) QN	**(c) (d) (e)**	**Fruit: density of lenticels (main crop)**	**果实：果点密度（夏秋果）**		
		sparse	稀	Calabacita, Picholetera	3
		medium	中	Albacor, Doña María, La Casta	5
		dense	密	Bermejí, Cucurella, De Rey, Moisonière	7

续表

性状编号	观测方法	英文	中文	标准品种	代码
65. **(+)** **QN**	(c) (d) (e)	**Fruit: presence of large type lenticels (main crop)**	**果实：果斑（夏秋果）**		
		absent	无	Conadria, De Rey	1
		present	有	Bermejí, Cabatxa	9
66. **QN**	(c) (d) (e)	**Fruit: ribbing (main crop)**	**果实：果脉（夏秋果）**		
		absent or weak	无或弱	Albar, Ayuela, Burreña, Doña María	1
		medium	中	Cordobis, Lampaga, Perolaza, San Antonio	2
		strong	强	Bermesca, De Rey	3
67. **(*)** **(+)** **PQ**	(c) (d) (e)	**Fruit: cracking of skin (main crop)**	**果实：裂果性（夏秋果）**		
		absent	无裂	Boyuna	1
		lateral cracking	横裂	Jorba	2
		longitudinal cracking	纵裂	Color de mort, Granito	3
68. **QL**	(c) (d) (e)	**Fruit: cracking around ostiole (main crop)**	**果实：果孔周围裂果性（夏秋果）**		
		absent	无	Bermesca, Jorba, Perolaza, San Antonio, Verdaleta	1
		present	有	Conadria, De Baco	9
69. **(+)** **QN**	(c) (d) (e)	**Fruit: ease of peeling (main crop)**	**果实：剥皮难易程度（夏秋果）**		
		easy	易	Doña María	1
		medium	中	La Casta, Moisiniere, Perolaza, San Antonio	2
		difficult	难	Cabatxa	3
70. **(*)** **(+)** **PQ**	(c) (d) (e)	**Fruit: color of pulp (main crop)**	**果实：果肉颜色（夏秋果）**		
		yellow white	黄白色	San Joao Branco	1
		brown yellow	棕黄色	Bermesca, De Butxaca, Doña María, Perolaza	2
		pink	粉色	Picholetera, Verdejo, White Genova	3
		purple	紫色	Coll Dama Rosa, Negra, Sarrona	4
		orange red	橙红色	Doña Maria, Pell de Bou, Sitcel, Torrebaja 2	5
		red	红色	Bermejí, Calderona, Cordobis, Moisonière	6
		light brown	浅棕色	Algerina, San Antonio	7
		dark brown	深棕色	Ayuela, Casas Bajas	8
71. **(*)** **QN**	(c) (d) (e)	**Fruit: internal cavity (main crop)**	**果实：空腔大小（夏秋果）**		
		absent or very small	无或极小	Ayuela, De Rey, Granito, Moisonière	1
		small	小	Burreña, Conadria, La Casta, Picholetera, San Antonio, Sitcel	3
		medium	中	Cordobis, Negra Común, Sarrona, Verdaleta	5
		large	大	Brown Turkey, Genyiva Mort	7

续表

性状编号	观测方法	英文	中文	标准品种	代码
72. (*) (+) QN	(c) (d) (e)	**Fruit: scratch resistance of skin (main crop)**	**果实：果皮耐刮擦性（夏秋果）**		
		weak	弱	Ayuela，De Butxaca	1
		medium	中	Blava，Doña María，Granito，San Antonio	2
		strong	强	Cabatxa，Cucurella，De Rey，Lampaga，Picholetera	3
73. (*) QN	(c) (d) (e)	**Fruit: number of achenes (main crop)**	**果实：瘦果数量（夏秋果）**		
		few	少	Jorba，Verdaleta，White Genova	1
		medium	中	Bermesca，De Rey，Doña María，San Antonio	2
		many	多	La Casta，Moisonière	3
74. QN	(c) (d) (e)	**Fruit: size of achenes (main crop)**	**果实：瘦果大小（夏秋果）**		
		small	小	Calderona，La Casta	1
		medium	中	Albacor，Ayuela，Doña María，Moisonière	2
		large	大	Boja o farta Belitres，Cucurella，De Rey，Lampaga	3
75. QN	(c) (d) (e)	**Fruit: juiciness (main crop)**	**果实：汁液量（夏秋果）**		
		low	低	Genyiva Mort，Moisonière，Verdejuela	1
		medium	中	Conadria，De Butxaca，Picholetera，Verdaleta	2
		high	高	Ayuela，Bermesca，Granito，Sarrona，Tres Collitas	3
76. (*) (+) QN	(d)	**Time of fruit maturity (main crop)**	**果实成熟期（夏秋果）**		
		early	早	De Butxaca	3
		medium	中	Albacor，Casas Bajas，Picholetera	5
		late	晚	Hortella，Moisonière，Sarrona	7
		very late	极晚	Hivernenca，Pezonuda	9
77. (*) (+) QN	(c) (d) (e)	**Fruit: abnormal fruit (main crop)**	**果实：畸形果（夏秋果）**		
		absent or few	无或少	Conadria，Cordobis，Perolaz	1
		medium	中	Cabatxa，De Baco，Doña María，Genyiva Mort	2
		many	多	Perdigona Negra	3
78. (+) QN	(b)	**Time of terminal bud-burst**	**顶芽萌动期**		
		early	早	Panachée	1
		medium	中	Albacor，Colar，Picholetera	3
		late	晚	Blanca Albondón	5

8 性状表解释

8.1 对多个性状的解释

性状表第二列包含以下标注的性状应按照下述要求观测。

（a）树 / 枝条：对树和枝条的观测应于冬季在至少结过 1 次果的树上进行。

（b）叶：对叶的观测应于夏季，在发育良好的当年生枝中部 1/3 处发育完全的叶片上进行。

（c）果实：果实观测的样本数应为 25 个，分别来自 5 株树，每株 5 个果实。

（d）夏秋果（main crop，称为 fig）产自当季枝，春果（first crop，称为 breva）产自一年生枝。

（e）在食用成熟期进行观测的性状。

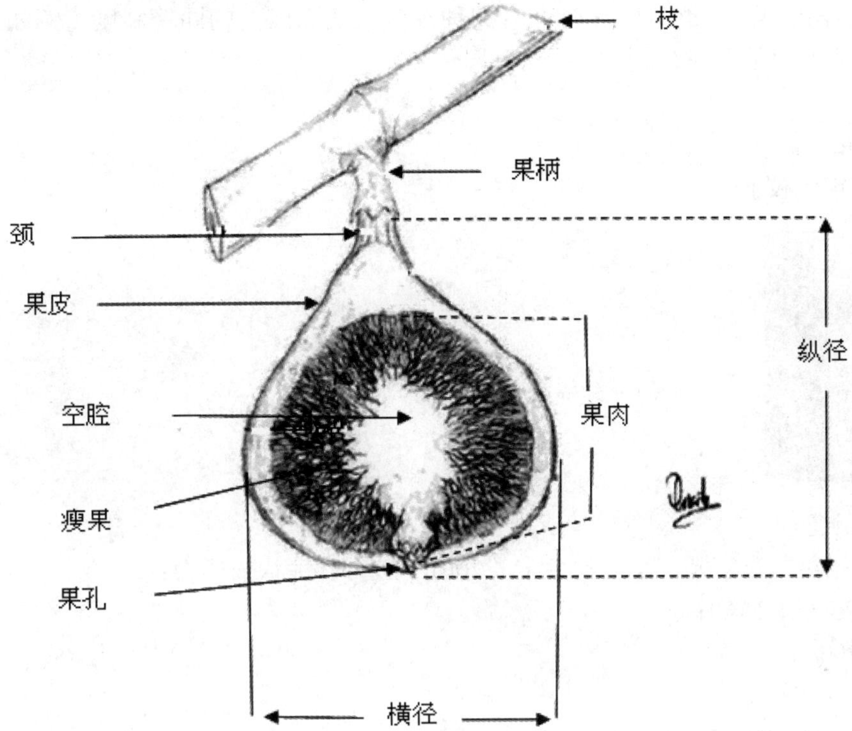

8.2 对单个性状的解释

性状 1：树生长习性

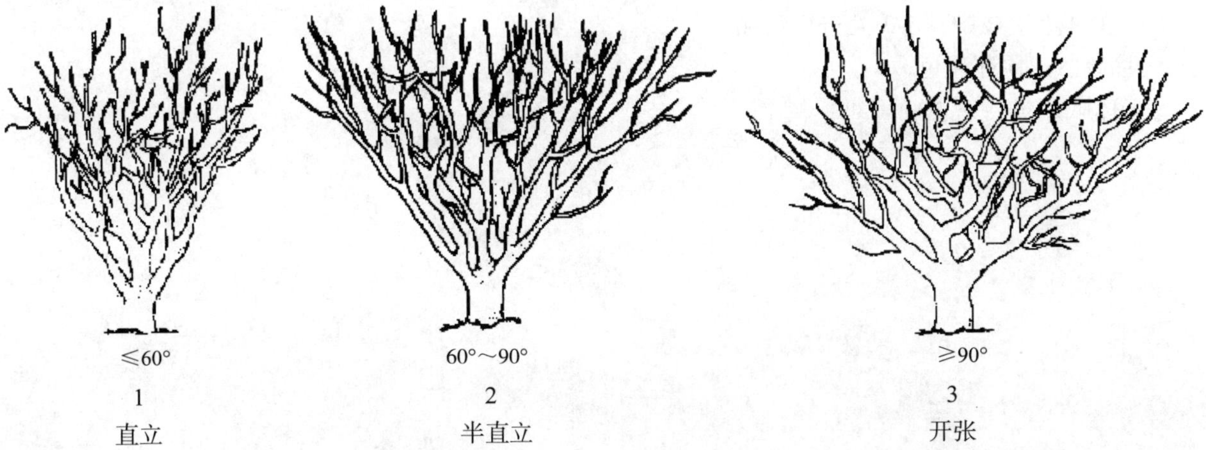

1	2	3
直立	半直立	开张
（主枝间的角度等于或小于 60°）	（主枝间的角度为 60° ～ 90°）	（主枝间的角度大于等于 90°）

性状 2：树二级分枝下垂

1
无

9
有

性状 3：树势

通过观测主干周长评价树势。测量周长时所有品种都应在地面以上的同等高度（例如 20 cm）进行测量。非常重要的一点是观测品种的树龄必须相同。

性状 6：树节瘤

性状 7：树节瘤数量

节瘤位于主干和多年生枝上。

性状 8：一年生枝颜色

颜色的观测可以根据英国皇家园艺学会比色卡（2001）进行，性状描述为：

橙色（灰橙色组 175 至 N164）；

棕色（N200 A 和 200）；

灰棕色（N199）；

灰色（灰绿色组 198 和 N200 B，C，D）。

性状 9：一年生枝节间长度

性状 10：一年生枝节间数

应在一年生枝中部 1/3 处进行观测。

性状 13：顶芽颜色

于休眠期进行观测。

性状 14：二年生枝潜伏芽隆起

潜伏芽隆起位于节上。

性状 15：二年生枝形状

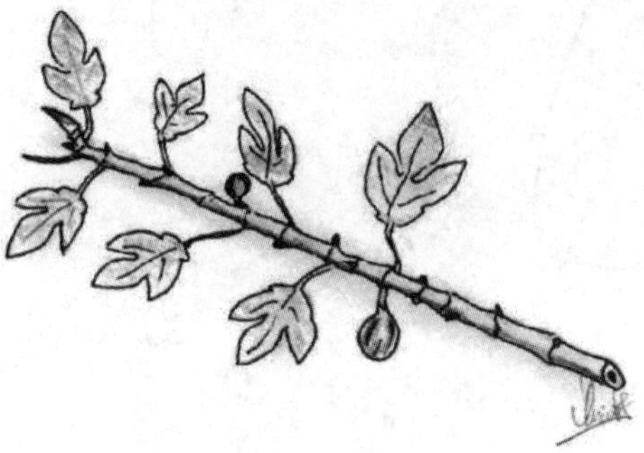

1

直

2

弯

3

“S” 形

性状 16：二年生枝叶片数量

每株树上随机选取 10 根一年生枝条，统计叶片数量。

性状 17：叶裂刻类型

1
无裂

2
3 裂

3
5 裂

性状 18：叶形状（仅适用于叶片无裂的品种）

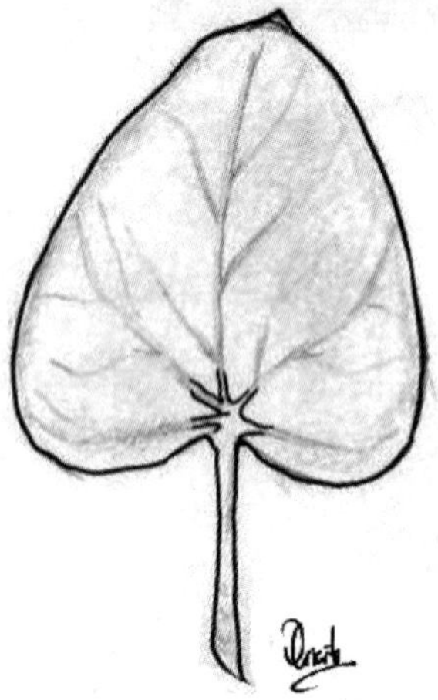

1
心形

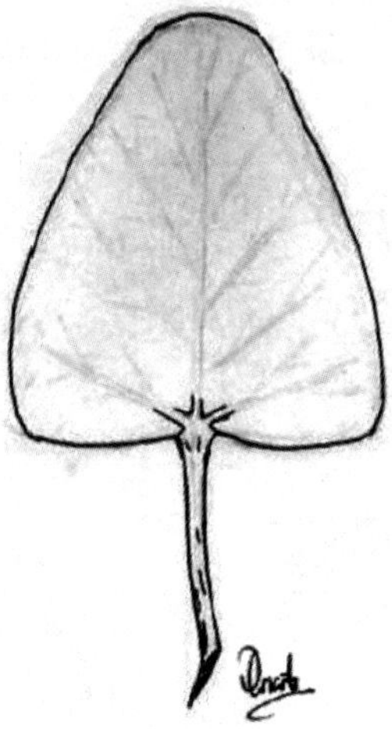

2
三角形

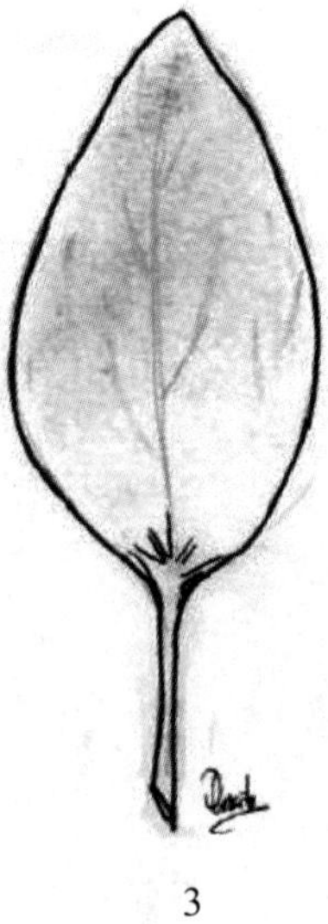

3
披针形

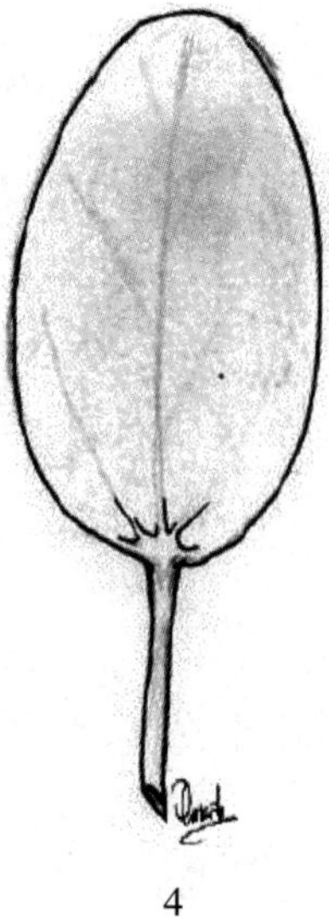

4
椭圆形

性状 19：叶顶部裂片形状（仅适用于叶片有裂的品种）

顶部裂片形状要观测主要类型的叶片。

1
三角形

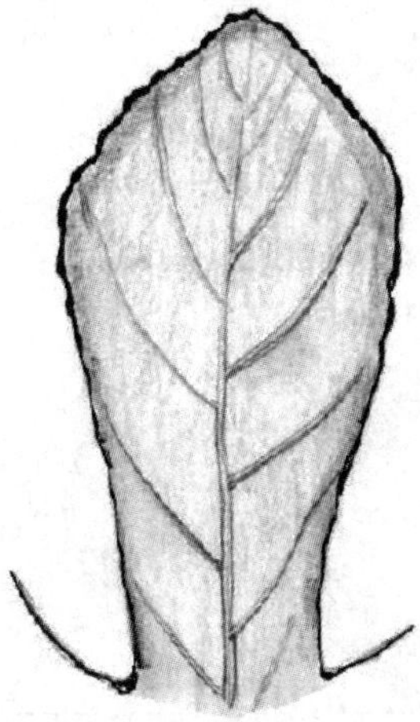

2
窄菱形

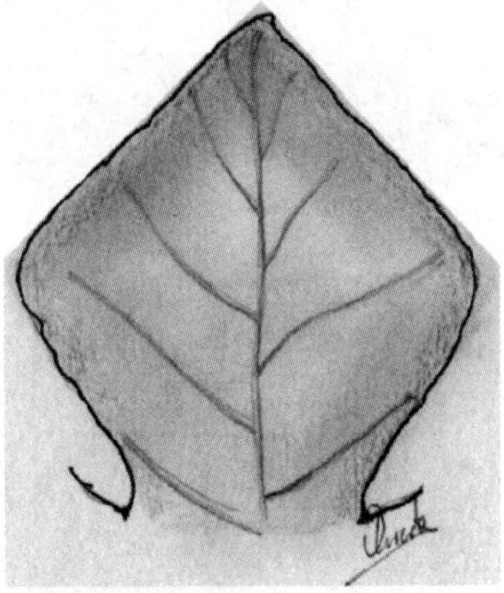

3
阔菱形

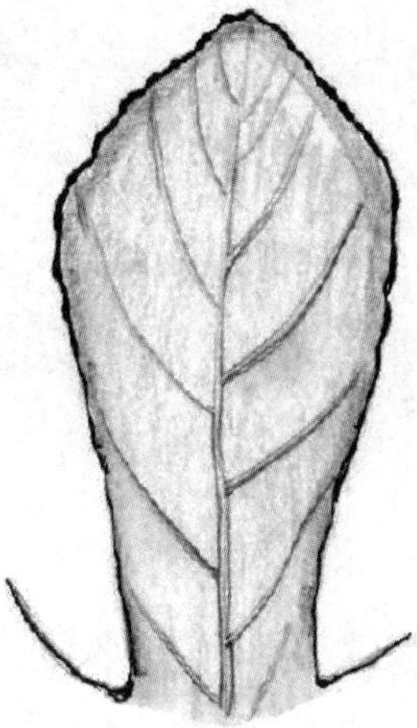

4
匙形

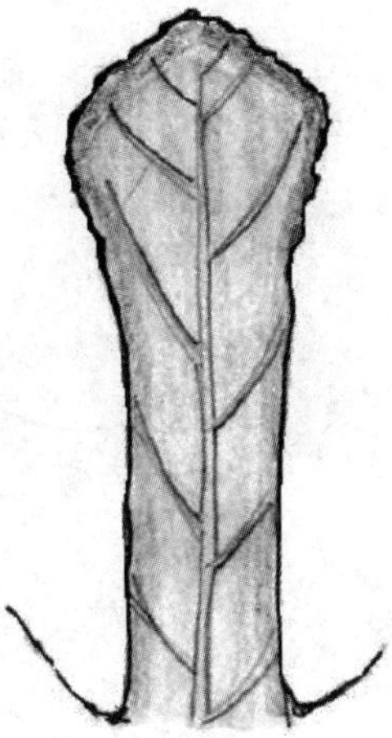

5
线形

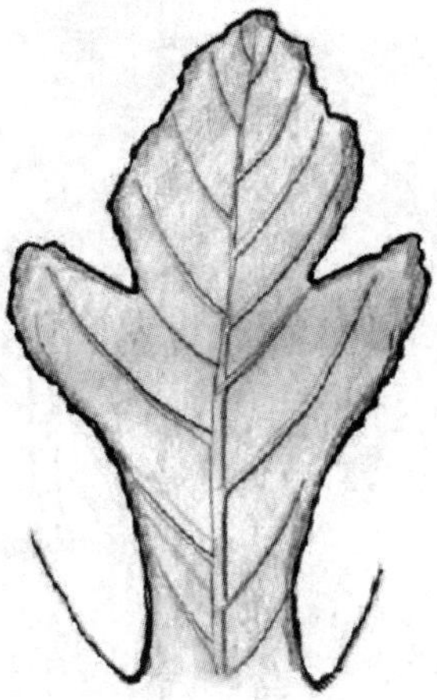

6
大头羽裂形

性状 20：叶顶部裂片长度与叶片长度比（仅适用于叶片有裂的品种）

性状 22：叶片长度

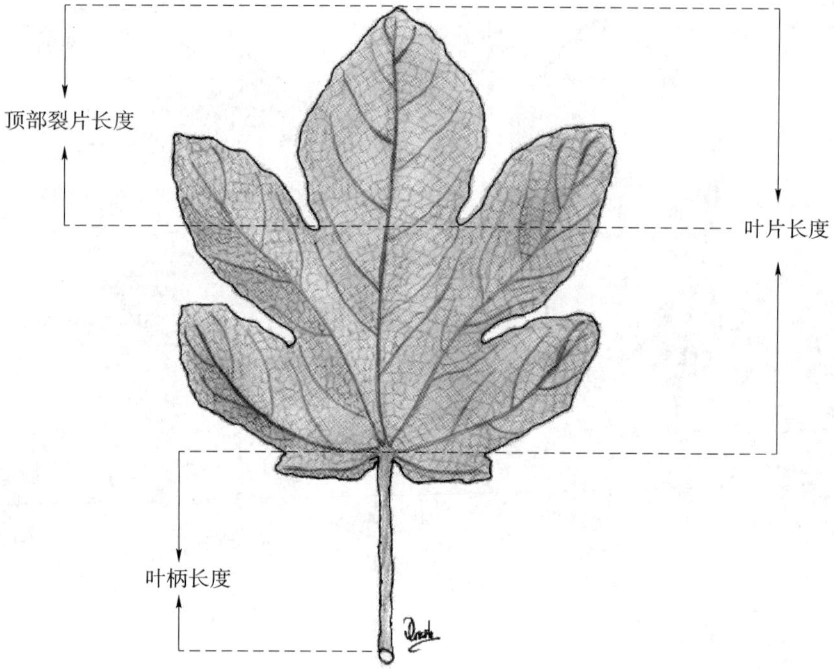

性状 21：叶基部形状

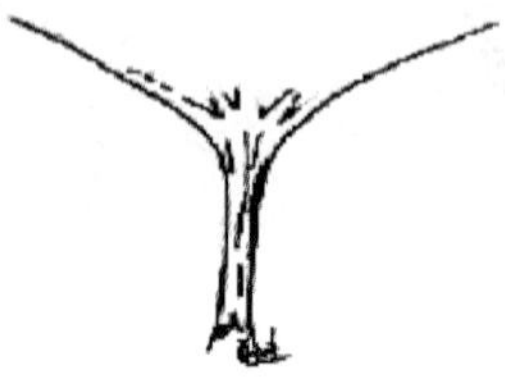
1
下延

2
平截

3
心形

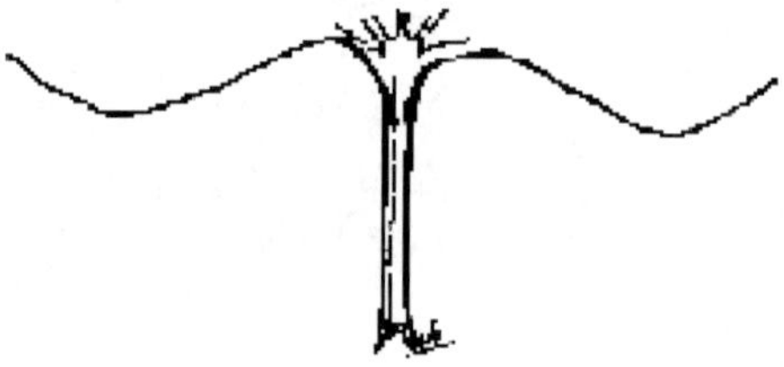
4
矩形

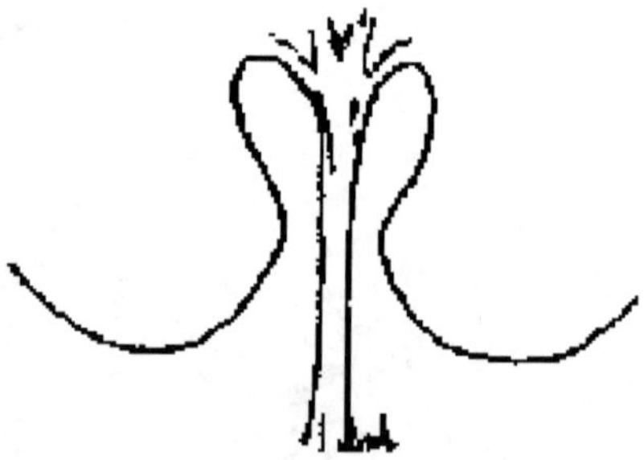
5
深矩形

性状 23：裂叶叶柄侧裂叶基部裂片

1
无

9
有

注：有时叶柄侧的裂片较大时，看起来就像真正的裂片。

性状 27：果实形状（春果）
性状 54：果实形状（夏秋果）

1
球形

2
葫芦形

3
陀螺形

4
卵形

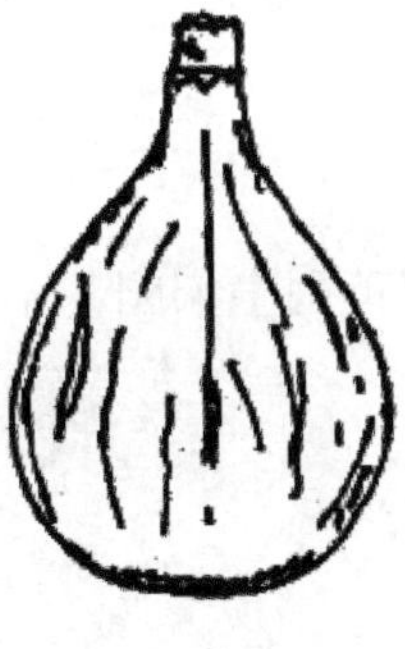

5
梨形

6
瓮形

球形（代码 1）：果实的最宽部位位于中部，无颈。
葫芦形（代码 2）：果实主体为球形，有细长的颈。
陀螺形（代码 3）：果实发扁并且不对称，有一个很短的不太明显的颈。
卵形（代码 4）：果实发长，无颈。
梨形（代码 5）：果实发长，最宽部位位于基部，有一个短颈。

瓮形（代码 6）：果实发扁，有一个短粗的颈。

性状 32. 果实颈（春果）

性状 59：果实颈（夏秋果）

颈的长度是从果实主体顶部位置至果柄底部的距离。

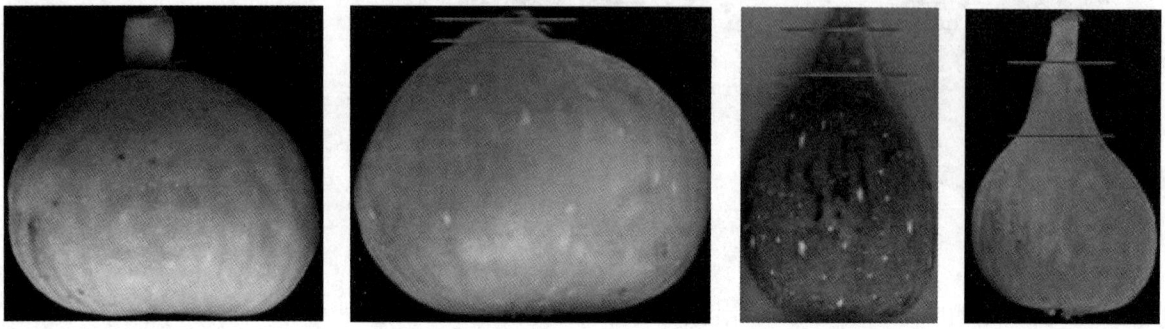

1 无或极短　3 短　5 中　7 长

性状 34：果实果梗长度（春果）

性状 61：果实果梗长度（夏秋果）

1 短　2 中　3 长

性状 35：果实果皮底色（春果）

性状 62：果实果皮底色（夏秋果）

果实的颜色应于食用成熟期进行观测，可以根据英国皇家园艺学会比色卡（2001）进行测量。

黑色（黑色组 202）。

紫色（灰紫色组 N186～187，紫色 N77）。

绿色（绿色组 143）。

黄绿条带。

黄绿色（黄绿色组 144～150）。

绿黄色（黄绿色组 151～154）。

黄色（黄色组 1～12）。

性状 36：果实果皮盖色（春果）

性状 63：果实果皮盖色（夏秋果）

果实的颜色应于食用成熟期进行观测。

性状 37：果实果点密度（春果）
性状 64：果实果点密度（夏秋果）
果点密度是指所有果点而不仅仅是果斑。

3
稀

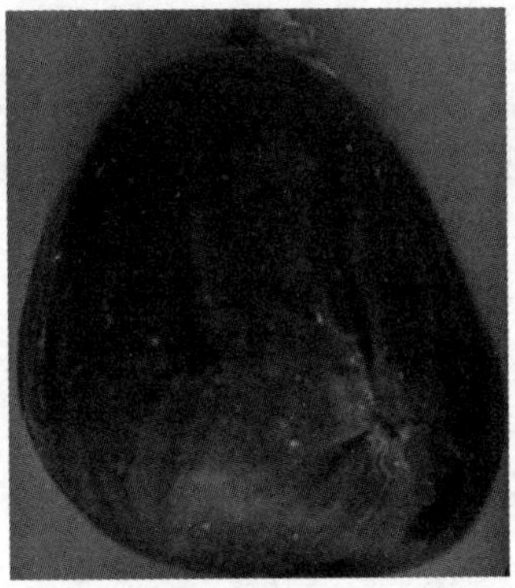
5
中

7
密

性状 38：果实果斑（春果）
性状 65：果实果斑（夏秋果）

1
无

9
有

性状 40：果实裂果性（春果）
性状 67：果实裂果性（夏秋果）

2
横裂

3
纵裂

性状 42：果实剥皮难易程度（春果）

性状 69：果实剥皮难易程度（夏秋果）

从颈部至果孔处剥皮的难易程度。

易（代码 1）：果皮从颈至果孔均脱落。

中（代码 2）：果皮在果孔附近附着果肉。

难（代码 3）：大于 50% 果面的果皮附着果肉。

性状 43：果实果肉颜色（春果）

性状 70：果实果肉颜色（夏秋果）

颜色的观测可以根据英国皇家园艺学会比色卡（2001）进行。

黄白色（绿白色组 157，黄白色组 158，橙白色组 159）。

棕黄色（灰黄色组 160～162，灰橙色组 163～N163）。

粉色（红色组 36～39，48～50，56）。

紫色（红紫色组 59，灰紫色组 183，187）。

橙红色（橙红色组 31～35，红色组 40～41，灰橙色组 168～171，N172）。

红色（红色组 42～47，53）。

浅棕色（灰橙色组 164～N167，N170，172，173，174）。

深棕色（灰橙色组 175～177，灰棕色组 199～N199，棕色组 200）。

性状 45：果实果皮耐刮擦性（春果）

性状 72：果实果皮耐刮擦性（夏秋果）

决定于果皮对手刮擦的耐受性。

性状 49：生产类型

根据结果 / 授粉性状将无花果描述为 5 种类型。“普通无花果”不需要授粉就能用于商业生产。植物学家将其称为“长久型”（persistent）而不是“单性结实”（parthenocarpic），因为无花果不是真正的果实。该类型又被划分为 Unifera 型和 Bifera 型。其他两种可食类型的无花果不是长久型的，需要授粉才能大量结果。这些非长久型无花果在植物学上归为“易落型无花果”（cauducous），分为 Smyrna 型和 San Pedro 型。San Pedro 春果为不需授粉就能产生叫做“breba”的果实，但需要授粉（无花果上叫做“虫媒授粉”）才能形成春夏果。第五种类型为 Caprifig 型（原生型无花果），在商业生产中为易落型无花果提供花粉。

Unífera 型（代码 1）：只产生单性结实的夏秋果（parthenocarpic figs）。

Bífera 型（代码 2）：可产生单性结实的春果（brevas）和夏秋果（figs）。

San Pedro 型（代码 3）：可产生单性结实的春果（parthenocarpic brevas）和授粉结实的夏秋果（caprified figs）。

Smyrna 型（代码 4）：春果和夏秋果都是授粉结实（caprified figs）。

Caprifig 型（代码 5）：植株具有雄性花和短花柱的雌性花，能结 3 次果（夏果、春果、秋果）。

Caprifig 无花果通常每年有 3 次结果，果实内部会隐藏无花果小蜂（*Blastophaga*）的幼虫、蛹或成虫。春季果（*profichi*）是可食用无花果的花粉来源，产量很大，产自上一季的木质化枝条。夏季果（*mammoni*）以单果或双果的形式产自当季枝的叶腋，于 10 月（北半球）成熟，这是无花果小蜂离开这些夏季果进入到正在生长的秋季果（*mamme*）幼果的时候。10 月和 11 月（北半球）的低温延缓秋季果和里面无花果小蜂幼虫的生长，无花果小蜂在果实里越冬，于 3 月（北半球）成蛹。

性状 50：果实成熟期（春果）

性状 76：果实成熟期（夏秋果）

成熟期是指大量的果实达到食用成熟度（果实具有典型的果皮颜色、果肉颜色、果肉硬度，并且含糖量相对稳定）的时期。

性状 51：果实畸形果（春果）

性状 77：果实畸形果（夏秋果）

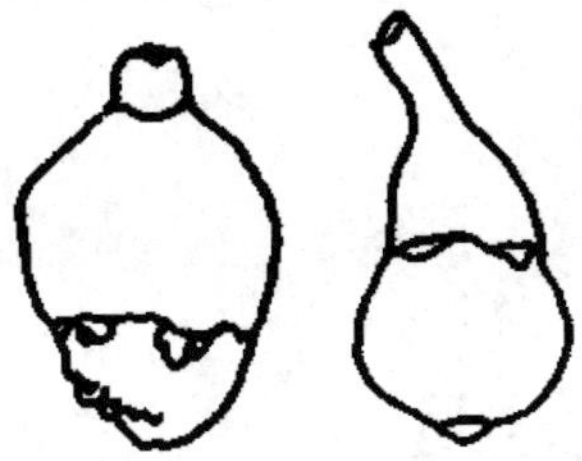

性状 78：顶芽萌动期

待测树 50% 的顶芽有 1～2 片叶展开的时期。

8.3 标准品种的互用名

标准品种	标准品种的互用名
Albacor	Colar，Cuello de Dama Negro，Misión
Algerina	Algelina
Bec De Perdiu	Napolitana
Bermesca	Calabacita
Bota morada	Serranilla
Boyuna	Porronta
Brown Turkey	Albatera
Cabatxa	Pit de reina
Kadota	Cuello de Dama Blanco，Gota de Miel，Napolitana Blanca
Lampaga	Lampa Preta，Pacueca，Tiberio，Villalba
Moisonière	Becane noire
Panachée	Sabanita
Pecho de Reina	Tres Fan Carga
Roja Almohadín	Franciscana

TG/270/1
原文：英文
日期：2011-10-20

国际植物新品种保护联盟
植物品种特异性、一致性和稳定性测试指南

可可

UPOV 代码：THEOB_CAC

（*Theobroma cacao* L.）

互用名称 *

植物学名称	英文	法文	德文	西班牙文
Theobroma cacao L.	Cacao	Cacaoye	Kakao	Kakao

* 这些名称在指南开始使用时是正确的，但随后可能会修改更新。读者可登录 UPOV 网站（www.upov.int），获取最新资料。

1 指南适用范围

本指南适用于可可（*Theobroma cacao* L.）所有品种。

2 繁殖材料要求

2.1 待测品种繁殖材料的数量和质量要求以及提交的时间和地点由主管机构决定。申请人从测试所在国境外提交繁殖材料的，还应符合海关规定并满足相关植物检疫的要求。

2.2 繁殖材料以种子或种苗的形式提交。

2.3 申请人提交繁殖材料的最小数量要求为：有性繁殖品种需提交 20 粒新鲜种子，无性繁殖品种需提交 5 个植株。

如果提交种子，种子应满足主管机关规定的发芽率、纯度、健康程度和含水量的最低要求。

2.4 提供的繁殖材料应外观健康有活力，未受到任何严重病虫害的影响。

2.5 提交的繁殖材料不得进行任何可能影响品种性状表达的处理，除非主管机构允许或要求进行这种处理。如果材料已经处理，必须提供相关处理的详细情况。

3 测试方法

3.1 生长周期

3.1.1 测试的最少周期数量通常为 2 个生长周期。特别注意的是，每个生长周期都必须能结出正常的果实。

3.1.2 生长周期是指从营养生长开始到开花结果和果实收获的单一生长季节的持续时间。

3.2 测试地点

测试通常在同一个地点进行。在 1 个以上地点进行测试时，TGP/9《特异性测试》提供了有关指导。

3.3 测试条件

测试的条件应能满足品种正常生长的需要，以确保品种相关性状充分表达和测试的顺利开展。

3.4 试验设计

3.4.1 对于种子繁殖，每个试验设计至少为 10 个植株；对于无性繁殖，每个试验设计至少为 5 个植株。

3.4.2 试验设计应保证因测量或计数等需要，从小区取走部分植株或植株部位后，不影响生长周期结束前的所有观测。

3.5 附加测试

为测试有关性状，可以进行附加测试。

4 特异性、一致性和稳定性评价

4.1 特异性

4.1.1 一般建议

对于本指南的使用者而言，在判定特异性前参照总则中关于特异性判定的一般原则十分重要。为进一步说明和强调特异性判定，本指南特列出特异性判定的要点。

进一步指导见 TGP/9《特异性测试》和 TGP/8《特异性、一致性和稳定性测试中的试验设计与技术》。

4.1.2 一致的差异

当观测到的品种之间的差异非常明显时，则没有必要种植 1 个以上生长周期。此外，在某些情况下，环境的影响并不意味着需要 1 个以上的生长周期来保证品种间观察到的差异是足够一致的。为确保在种植试验中所观测到的性状差异是足够一致的，可以对性状进行至少 2 个独立生长周期的测试。

4.1.3 明显的差异

两个品种间的差异是否明显取决于很多因素，特别应考虑所测性状的表达类型，即该性状是质量性状、数量性状还是假质量性状。因此，在作出关于特异性的判定前，本测试指南的使用者应熟悉总则中的建议。

4.1.4 植株 / 植株部位的观测数量

有性繁殖品种：除非另有说明，在判定特异性时，对于单株的观测，应观测 10 个植株或分别从 10 个植株取下的植株部位；对于其他观测，应观测试验中的所有植株。观测时应将异型株排除在外。

无性繁殖品种：除非另有说明，在判定特异性时，所有性状的观测，应观测 5 个植株或分别从 5 个植株取下的植株部位。观测时应将异型株排除在外。

4.1.5 观测方法

性状表第二列以如下符号（见 TGP/9《特异性测试》第 4 部分“性状观测”）的形式列出了特异性判定时推荐的性状观测方法。

MG：对一批植株或植株部位进行单次测量。

MS：对一定数量的植株或植株部位进行逐一测量。

VG：对一批植株或植株部位进行单次目测。

VS：对一定数量的植株或植株部位进行逐一目测。

观测类型：目测（V）或测量（M）。

目测（V）是一种基于专家判断的观测方法。本文中的目测是指专家的感官观察，因此，也包括闻，尝和触摸。目测也包括专家使用参照物（例如图表、标准品种、并排比较）或非线性的图表（例如比色卡）的观测。测量（M）是一种基于校准的、线性尺度的客观观测，例如使用尺、秤、色度计、日期和计数等进行观测。

记录类型：群体记录（G）或个体记录（S）。

以特异性为目的的观测，可被记录为一批植株或植株部位的单个记录（G），或者记录为一定数量的单个植株或植株部位的个体记录（S）。多数情况下，群体记录为一个品种提供一个单个记录，因此不可能或者不必要通过逐个植株的统计分析来判定特异性。

如果性状表中提供了不止一种观测方法（如 VG/MG），可以参考 TGP/9《特异性测试》的第 4 部分选择合适的观测方法。

4.2 一致性

4.2.1 对于本指南的使用者而言，在判定一致性前参照总则中关于一致性判定的一般原则十分重要。为进一步说明和强调一致性判定，本指南特列出一致性判定的要点。

4.2.2 无性繁殖品种

对于无性繁殖品种一致性判定，应采用 1% 的群体标准和至少 95% 的接受概率。当样本量为 5 个时，不允许有异型株。

4.2.3 有性繁殖品种

评价有性繁殖品种的一致性，应参考总则中对异花授粉品种的建议。

4.3 稳定性

4.3.1 在实际操作中，通常不像测试特异性和一致性那样对稳定性进行测试以得到明确结果。经验表明，对许多类型的品种来说，当一个品种表现一致时，可认为其是稳定的。

4.3.2 适当情况下或者有疑问时，稳定性可以采用如下方法测试：种植该品种的下一代或者测试一批新材料，看其性状表现是否与之前提交的材料表现相同。

5 品种分组和试验组织

5.1 使用分组性状可以帮助选择与申请品种一起进行田间种植试验的已知品种，以及对这些品种进行合适分组以便进行特异性评价。

5.2 分组性状表达状态的数据即使来自不同地点，也可以单独或者与其他此类性状联合使用。

5.2.1 用于特异性测试中筛选排除那些不需要安排在种植试验中的已知品种。

5.2.2 用于组织安排种植试验，使近似品种种植在一起。

5.3 以下性状已被确认为有用的分组性状。

（a）嫩叶：颜色（性状 5）。

（b）花：花萼花青苷显色（性状 9）。

（c）果实：形状（性状 12）。

（d）果实：基部缢缩（性状 13）。

（e）果实：先端形状（性状 14）。

（f）果实：颜色（性状 20）。

5.4 总则和 TGP/9《特异性测试》中提供了在特异性审查过程中使用分组性状的指导。

6 性状表介绍

6.1 性状类型

6.1.1 标准指南性状

标准指南性状是 UPOV 已同意用于 DUS 审查的性状，UPOV 成员可以从中选择与其特定环境相适应的性状。

6.1.2 星号性状

星号性状（用“*”标记）是测试指南中对于形成国际统一的品种描述十分重要的性状，所有 UPOV 成员都应将其用于 DUS 测试并包含在品种描述中，除非前序性状的表达或区域环境条件所限使其无法测试。

6.2 表达状态及相应代码

6.2.1 为定义性状和统一描述，将每个性状划分为一系列表达状态。每个表达状态赋予一个相应的数字代码，以便于数据记录，以及品种性状描述的建立和交流。

6.2.2 对于质量性状和假质量性状（6.3），性状表中列出了所有表达状态。但对于有 5 个或 5 个以上表达状态的数量性状，可以采用缩略尺度的方法，以缩短性状表格。例如，对于有 9 个表达状态的数量性状，在测试指南的性状表中可采用以下缩略形式。

表达状态	代码
小	3
中	5
大	7

但是应该指出的是，以下 9 个表达状态都是存在的，应采用适宜的表达状态用于品种的描述。

表达状态	代码
极小	1
极小到小	2
小	3
小到中	4
中	5
中到大	6
大	7
大到极大	8
极大	9

6.2.3　TGP/7《测试指南的研制》中提供了表达状态和代码的更详尽的介绍。

6.3　表达类型

总则中对性状表达类型（质量性状、数量性状和假质量性状）进行了解释。

6.4　标准品种

适当时，测试指南中提供了标准品种用于校正性状的表达状态。

6.5　注释

（*）星号性状（6.1.2）。

QL：质量性状（6.3）。

QN：数量性状（6.3）。

PQ：假质量性状（6.3）。

MG、MS、VG、VS：观测方法（4.1.5）。

（a）～（c）性状表解释（8.1）。

（+）性状表解释（8.2）。

7　性状表

性状编号	观测方法	英文	中文	标准品种	代码
1. QN	**VG （a）**	**Leaf blade：size**	**叶片：大小**		
		small	小	RIM-221，RIM-223	1
		medium	中	CHUOA-24，EET-164	2
		large	大	POUND-12，RIM-222	3
2. （*） （+） PQ	**VG （a）**	**Leaf blade：shape of base**	**叶片：基部形状**		
		acute	锐尖	EET-164，ICS-6	1
		obtuse	钝尖	POUND-12	2
		rounded	圆形	RIM-41，RIM-52	3
		cordate	心形	SPA-9	4
3. QN	**VG （a）**	**Leaf blade：intensity of green color**	**叶片：绿色程度**		
		light	浅	IQ-1	1
		medium	中	RIM-52，RIM-234	2
		dark	深	EET-169，RIM-229	3

续表

性状编号	观测方法	英文	中文	标准品种	代码
4. (*) (+) PQ	VG (a)	**Leaf blade：apex**	**叶片：先端形状**		
		acuminate	渐尖	Diamante-800， UF-221	1
		apiculate	细尖		2
		acute	锐尖	IMC-67，POUND-7	3
5. (*) (+) PQ	VG	**Young leaf：color**	**嫩叶：颜色**		
		light green	浅绿色	Carmelo，EET-400	1
		medium green	中等绿色		2
		brown	褐色	EET-96，RIM-24， RIM-56	3
		light red	浅红色	CC-41，EET-95，POUND-7	4
		medium red	中等红色	POUND-12，UF-700	5
		dark red	深红色	UF-273	6
6. (*) QN	VG	**Flower：anthocyanin coloration of pedicel**	**花：花梗花青苷显色**		
		absent or weak	无或弱	Catongo	1
		moderate	中	IMC-67，UF-667	2
		strong	强	CC-19	3
7. QN	VG/ MS	**Flower：length of sepal**	**花：萼片长度**		
		short	短	CATIE-1000	3
		medium	中	NA-34，SPA-9	5
		long	长	0C-61，UF-273	7
8. QN	VG/ MS	**Flower：width of sepal**	**花：萼片宽度**		
		narrow	窄	CHUOA-24， SIAL-93	3
		medium	中	CC-41，RIM-232	5
		broad	宽	POUND-7，SCA-6，UF-221	7
9. (*) QN	VG	**Flower：anthocyanin coloration of sepal**	**花：花萼花青苷显色**		
		absent or very weak	无或极弱	Catongo	1
		weak	弱	CC-18，SIAL-56	2
		moderate	中	OC-77，UF-613，UF-668	3
		strong	强	ICS-1，SIAL-56，UF-273	4
10. (*) PQ	VG	**Flower：color of ligula**	**花：舌瓣颜色**		
		cream	奶油色	Carmelo，EET-376	1
		cream yellow	乳黄色	PA-13，Porcelana-3	2
		yellow	黄色	ICS-1，OC-77，UF-668	3
11. (*) QN	VG	**Staminode：anthocyanin coloration**	**退化雄蕊：花青苷显色**		
		absent or very weak	无或极弱	Catongo	1
		weak	弱	EET-95，POUND-7	2
		medium	中	IMC-67	3
		strong	强		4

续表

性状编号	观测方法	英文	中文	标准品种	代码
12. (*) (+) PQ	VG	**Fruit: shape**	**果实：形状**		
		ovate	卵圆形	Lacandon 17	1
		circular	圆形	Carmelo, EET-80	2
		elliptic	椭圆形	RIM-88	3
		oblong	长椭圆形	EET-48	4
		obovate	倒卵圆形	SIAL-407	5
13. (*) (+) QN	VG (b)	**Fruit: basal constriction**	**果实：基部缢缩**		
		absent or very weak	无或极弱	SIAL-407	1
		weak	弱	POUND-7	3
		moderate	中	RIM-88	5
		strong	强	RIM-20, RIM-222	7
14. (*) (+) PQ	VG (b)	**Fruit: shape of apex**	**果实：先端形状**		
		waisted	具腰形	RIM-68	1
		acute	锐尖	EET-164, RB-41	2
		obtuse	钝尖	EET-400, POUND 7	3
		rounded	圆形	CC-210, EET-59, PA-13	4
15. (*) QN	VG/ MS (c)	**Fruit: length**	**果实：长度**		
		short	短	RIM-234, UF-273, UF-296	3
		medium	中	La Esmida Rojo, RIM-71	5
		long	长	RIM-10, RIM-68	7
16. (*) QN	VG/ MS (c)	**Fruit: diameter**	**果实：直径**		
		small	小	PA-169, RIM-230	3
		medium	中	RIM-52, SCA-6, UF-273	5
		large	大	RIM-113	7
17. (*) QN	VG/ MS (c)	**Fruit: length/ diameter**	**果实：长度与直径比**		
		moderately compressed	较小	CC-225, RIM-24, RIM-106	3
		medium	中等	EET-96, EET-162, UF-273,	5
		moderately elongated	较大	SIAL-12	7
18. (*) QN	VG (b)	**Fruit: surface**	**果实：表面质地**		
		smooth or slightly rough	光滑或略粗糙	IMC-67	1
		moderately rough	中等粗糙	PA-121, RIM-105, UF-29	3
		very rough	极粗糙	RIM-24, RIM-68	5
19. (+) QN	VG (b)	**Fruit: depth of grooves**	**果实：主沟深浅**		
		absent or very shallow	无或极浅	IMC-67	1
		shallow	浅	Catongo, EET-164	2
		medium	中	POUND-7, SCA-12	3
		deep	深	PA-169, RIM-230	4
20. (*) PQ	VG (c)	**Fruit: color**	**果实：颜色**		
		green yellow	绿黄色	CC-210	1
		yellow	黄色	EET-400, POUND-12, SCA-12	2
		orange	橙色	UF-296	3
		medium red	中等红色	CC-18, UF-221	4
		dark red	深红色	CCN-51	5
		purple	紫色	INIFAP-H16	6

性状编号	观测方法	英文	中文	标准品种	代码
21. **(*)** **(+)** **QN**	**VG/ MS (c)**	**Fruit：exocarp thickness**	**果实：果壳厚度**		
		thin	薄	RIM-230	3
		medium	中	IMC-67	5
		thick	厚	EET-164	7
22. **PQ**	**VG (c)**	**Fruit：color of pulp**	**果实：果肉颜色**		
		white	白色	PA-121，PA-169	1
		light cream	浅奶油色	CC-225，EET-80，EET-96	2
		dark cream	深奶油色		3
23. **(*)** **(+)** **QN**	**MG (c)**	**Fruit：sweetness of pulp**	**果实：果肉甜度**		
		low	低	ICS-1，RIM-231	3
		medium	中	IMC-67，POUND-12，RIM-88	5
		high	高	Carmelo，IMC-97，SCA-6	7
24. **(*)** **QN**	**VG/ MS (c)**	**Fruit：number of seeds**	**果实：种子数量**		
		few	少	EET-399，UF-676	3
		medium	中	CC-266，RB-46，SIAL-407	5
		many	多	CHUAO-120，IMC-76，IMC-97，SPA-9	7
25. **(*)** **(+)** **PQ**	**VG**	**Seed：shape in longitudinal section**	**种子：纵切面形状**		
		oblong	长椭圆形	PA-13，SIAL-93，SIAL-407	1
		elliptic	椭圆形	Catongo，POUND-7	2
		ovate	卵圆形	UF-11	3
26. **(*)** **QN**	**VG/ MS (c)**	**Seed：length**	**种子：长度**		
		short	短	EET-376，RIM-56	3
		medium	中	CC-225，SIAL-93	5
		long	长	NA-34，RIM-233，UF-11	7
27. **(*)** **QN**	**VG/ MS (c)**	**Seed：width**	**种子：宽度**		
		narrow	窄	EET-376，POUND-12	3
		medium	中	RIM-68，RIM-88	5
		broad	宽	EET-164，UF-705	7
28. **(*)** **QN**	**VG/ MS (c)**	**Seed：length/width**	**种子：长宽比**		
		moderately compressed	较小	RIM-56	3
		medium	中等	RIM-229，UF-296	5
		moderately elongated	较大	CC-18，IMC-67，RIM-23	7
29. **QN**	**VG/ MS (c)**	**Seed：thickness**	**种子：厚度**		
		thin	薄	OC-61，SIAL-93	1
		medium	中	PA-121，UF-273	2
		thick	厚	RIM-41，RIM-76A	3
30. **(*)** **PQ**	**VG (c)**	**Seed：cotyledon color**	**种子：子叶颜色**		
		white	白色	Catongo	1
		cream	奶油色	Caramelo，RIM-76A	2
		pink	粉色		3
		dark red	深红色	CC-225，RIM-44	4
		dark purple	深紫色	PA-13，RIM-105	5

8 性状表解释

8.1 对多个性状的解释

性状表第二列包含以下标注的性状应按照下述要求观测。

（a）当第一个果实完全发育时，对完全发育的叶片进行观测。

（b）在生理成熟前，对完全发育的果实进行观测。

（c）在生理成熟时，对果实进行观测。

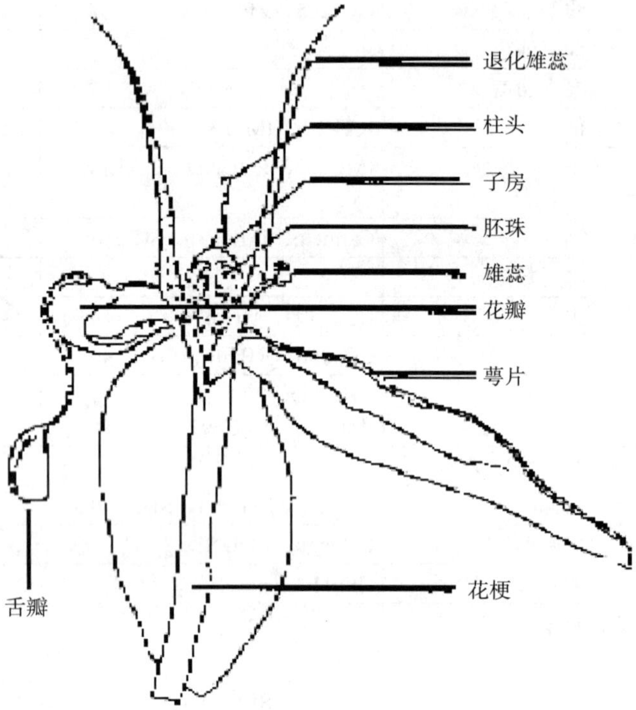

可可花部分

8.2 对单个性状的解释

性状 2：叶片基部形状

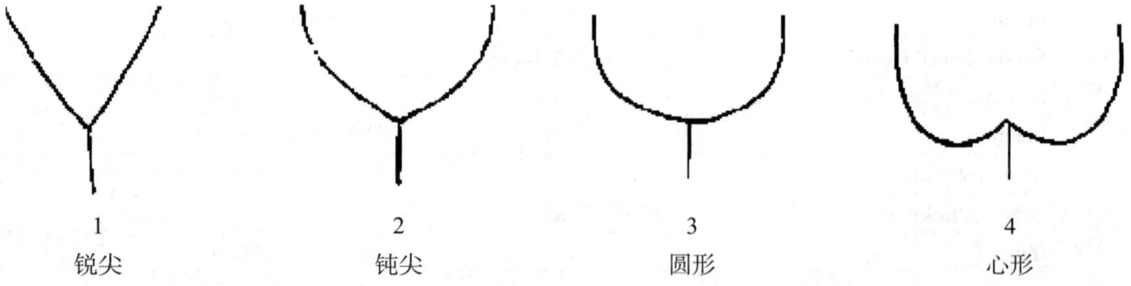

性状 4：叶片先端形状

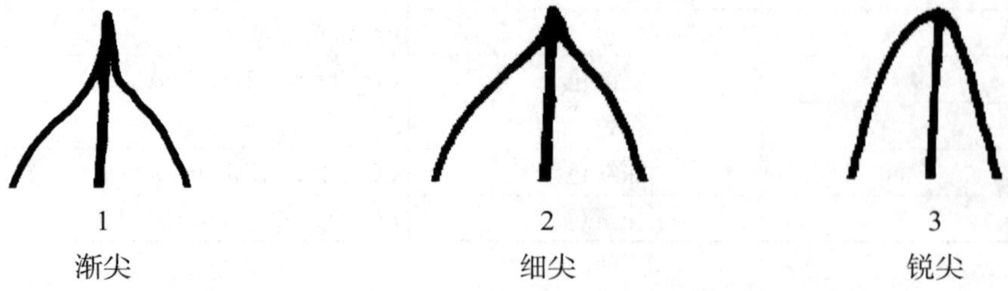

性状 5：嫩叶颜色

观测全株 1/4 处的完全展开叶。

性状 12：果实形状

		←最宽处位置→		
		中部以下	中部	中部以上
←长宽比→	大		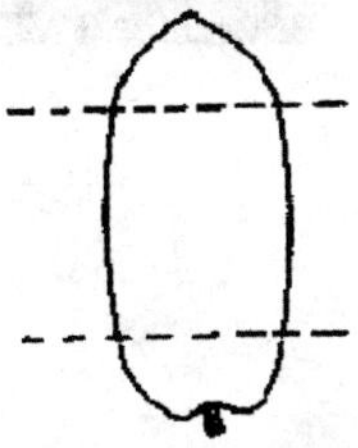 4 长椭圆形	
	中	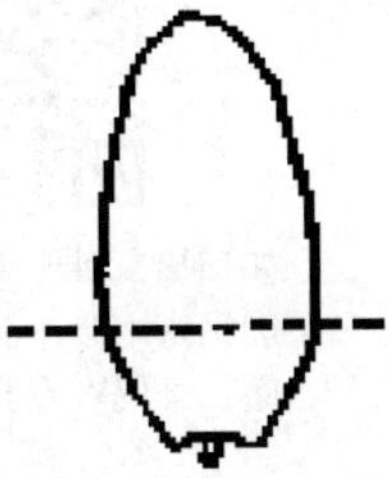 1 卵圆形	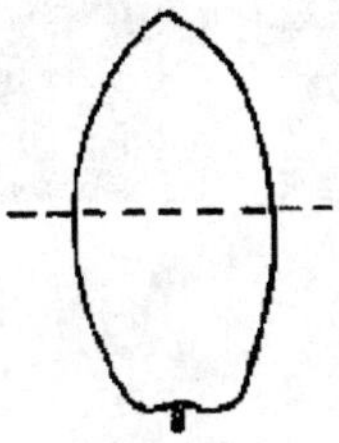 3 椭圆形	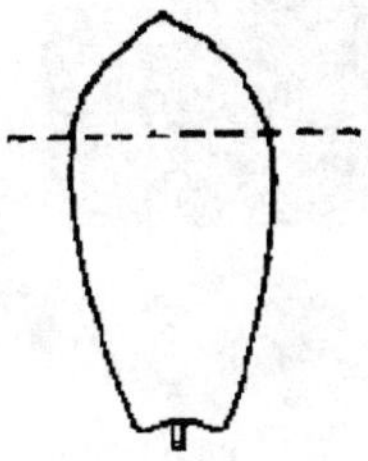 5 倒卵圆形
	小		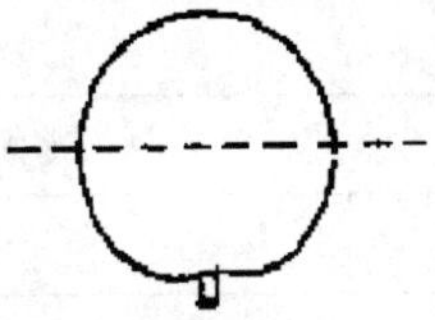 2 圆形	

性状 13：果实基部缢缩

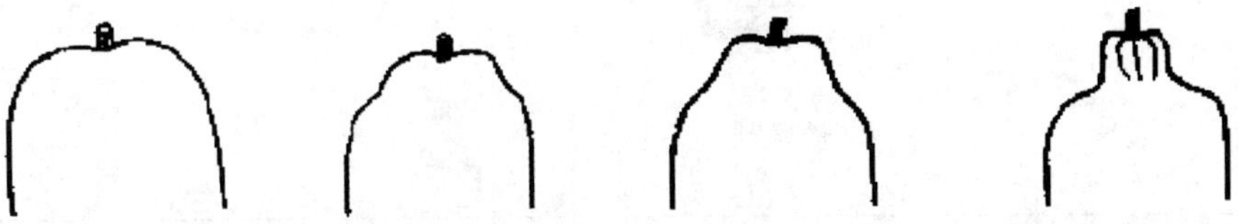

1 无或极弱　3 弱　5 中　7 强

性状 14：果实先端形状

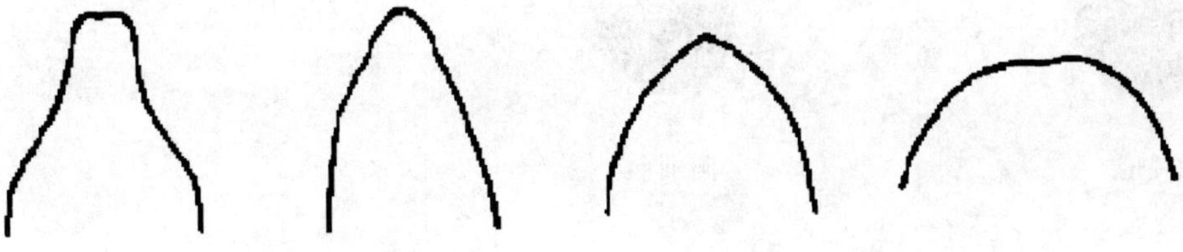

1 具腰形　2 锐尖　3 钝尖　4 圆形

性状 19：果实主沟深浅

观测两脊之间的深度。

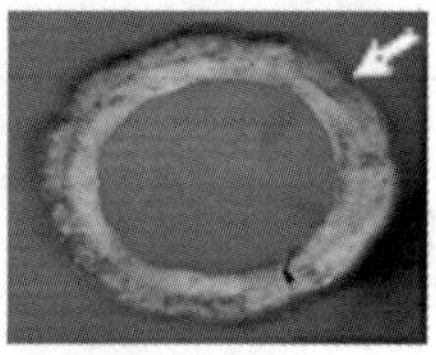

1
无或极浅

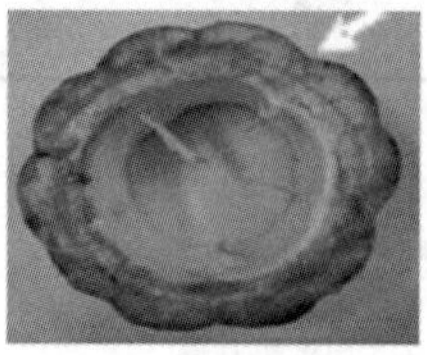

2
浅

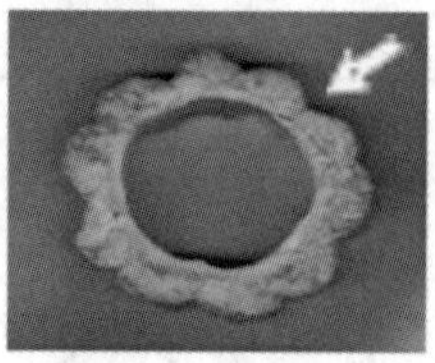

3
中

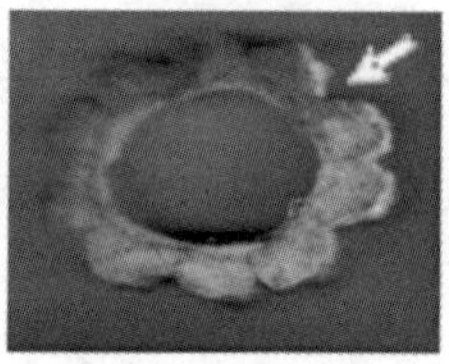

4
深

性状 21：果实果壳厚度

3
薄

5
中

7
厚

扫码下载原文

如扫描二维码无法下载指南原文，可能是指南版本有更新，可扫描本书封底二维码查看与本文对应的指南版本

性状 23：果肉甜度

用折射计测定。

性状 25：种子纵切面形状

		←最宽处位置→		
		中部以下	中部	中部以上
←侧面轮廓→	平侧		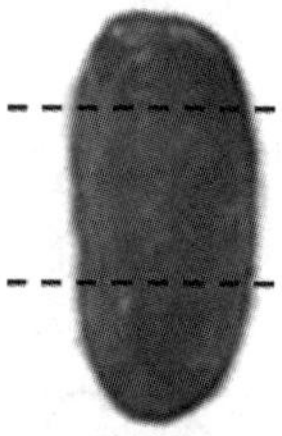 1 长椭圆形	
	圆形	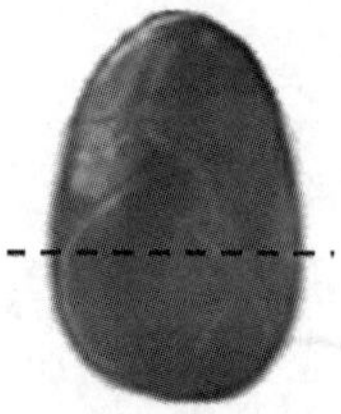 3 卵圆形	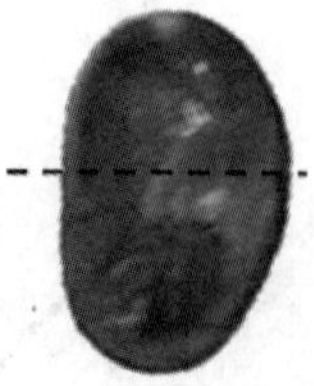 2 椭圆形	

TG/271/1
原文：英文
日期：2011-10-20

国际植物新品种保护联盟
植物品种特异性、一致性和稳定性测试指南

量天尺

UPOV 代码：HYLOC_UND

[*Hylocereus undatus* (Haw.) Britton & Rose]

互用名称 *

植物学名称	英文	法文	德文	西班牙文
Hylocereus undatus (Haw.) Britton & Rose	Dragon Fruit, Strawberry pear	Pitahaya, Fruit du dragon, Œil de dragon	Pitahaya, Drachen-Frucht	Pitahaya

* 这些名称在指南开始使用时是正确的，但随后可能会修改更新。读者可登录 UPOV 网站（www.upov.int），获取最新资料。

1 指南适用范围

本指南适用于量天尺 [*Hylocereus undatus*（Haw.）Britton & Rose.] 的所有品种。

2 繁殖材料要求

2.1 待测品种繁殖材料的数量和质量要求以及提交的时间和地点由主管机构决定。申请人从测试所在国境外提交繁殖材料的，还应符合海关规定并满足相关植物检疫的要求。

2.2 繁殖材料以一年生植株形式提交，或者如果主管机构允许，测定 40 cm 长茎段，足够繁殖 5 个植株。

2.3 申请人提交繁殖材料的最小数量为 5 株一年生植株，或者 10 个茎段（如果主管机关允许）。

2.4 提供的繁殖材料应外观健康有活力，未受到任何严重病虫害的影响。

2.5 提交的繁殖材料不得进行任何可能影响品种性状表达的处理，除非主管机构允许或要求进行这种处理。如果材料已经处理，必须提供相关处理的详细情况。

3 测试方法

3.1 生长周期

3.1.1 测试持续的最小时间通常为 2 个生长周期。尤其是，2 个生长周期的每个周期，植株都能正常结果，这是非常重要的。

3.1.2 生长周期为从活跃的营养生长或开花开始，经过持续活跃的营养生长或开花，果实发育直至果实收获的整个阶段。

3.2 测试地点

测试通常在同一个地点进行。在 1 个以上地点进行测试时，TGP/9《特异性测试》提供了有关指导。

3.3 测试条件

3.3.1 测试的条件应能满足品种正常生长的需要，以确保品种相关性状充分表达和测试的顺利开展。尤其是，因为这个种在一年内结实可能会有波动，所以植株在 2 个生长年份的每个主要结果期都能正常结果很重要。

3.4 试验设计

3.4.1 对于自交系和单交种，每个试验应保证至少有 40 个植株；对于其他类型杂交种和开放授粉品种，每个试验应保证至少有 60 个植株。每个试验至少设 2 次重复。

3.4.2 试验设计应保证因测量或计数等需要，从小区取走部分植株或植株部位后，不影响生长周期结束前的所有观测。

3.5 附加测试

为测试有关性状，可以进行附加测试。

4 特异性、一致性和稳定性评价

4.1 特异性

4.1.1 一般建议

对于本指南的使用者而言，在判定特异性前参照总则中关于特异性判定的一般原则十分重要。为进一步说明和强调特异性判定，本指南特列出特异性判定的要点。

为评价杂交种的特异性，可根据以下建议使用亲本系和杂交组合。

（1）根据测试指南对亲本系进行描述。

（2）根据第 7 部分的性状，与参照品种库进行比较，检查亲本系的原创性，以确定近似的亲本系。

（3）结合最相似亲本系信息，通过与品种库中杂交种的比较，检查该杂交组合的原创性。

（4）与近似的杂交组合进行比较，在杂交种水平上评价特异性。

进一步指导见 TGP/9《特异性测试》和 TGP/8《特异性、一致性和稳定性测试中的试验设计与技术》。

4.1.2 一致的差异

当观测到的品种之间的差异非常明显时，则没有必要种植 1 个以上生长周期。此外，在某些情况下，环境的影响并不意味着需要 1 个以上的生长周期来保证品种间观察到的差异是足够一致的。为确保在种植试验中所观测到的性状差异是足够一致的，可以对性状进行至少 2 个独立生长周期的测试。

4.1.3 明显的差异

两个品种间的差异是否明显取决于很多因素，特别应考虑所测性状的表达类型，即该性状是质量性状、数量性状还是假质量性状。因此，在作出关于特异性的判定前，本测试指南的使用者应熟悉总则中的建议。

4.1.4 植株 / 植株部位的观测数量

4.1.4.1 自交系和单交种：除非另有说明，在判定特异性时，对于单株的观测，应观测 10 个植株或分别从 10 个植株取下的植株部位；对于其他观测，应观测试验中的所有植株。观测时应将异型株排除在外。

4.1.4.2 其他类型的杂交种：除非另有说明，在判定特异性时，对于单株的观测，应观测 20 个植株或分别从 20 个植株取下的植株部位；对于其他观测，应观测试验中的所有植株。观测时应将异型株排除在外。

4.1.4.3 开放授粉品种：除非另有说明，在判定特异性时，对于单株的观测，应观测 40 个植株或分别从 40 个植株取下的植株部位；对于其他观测，应观测试验中的所有植株。观测时应将异型株排除在外。

4.1.5 观测方法

性状表第二列以如下符号（见 TGP/9《特异性测试》第 4 部分“性状观测”）的形式列出了特异性判定时推荐的性状观测方法。

MG：对一批植株或植株部位进行单次测量。

MS：对一定数量的植株或植株部位进行逐一测量。

VG：对一批植株或植株部位进行单次目测。

VS：对一定数量的植株或植株部位进行逐一目测。

观测类型：目测（V）或测量（M）。

目测（V）是一种基于专家判断的观测方法。本文中的目测是指专家的感官观察，因此，也包括闻、尝和触摸。目测也包括专家使用参照物（例如图表、标准品种、并排比较）或非线性的图表（例如比色卡）的观测。测量（M）是一种基于校准的、线性尺度的客观观测，例如使用尺、秤、色度计、日期和计数等进行观测。

记录类型：群体记录（G）或个体记录（S）。

以特异性为目的的观测，可被记录为一批植株或植株部位的单个记录（G），或者记录为一定数量的单个植株或植株部位的个体记录（S）。多数情况下，群体记录为一个品种提供一个单个记录，因此不可能或者不必要通过逐个植株的统计分析来判定特异性。

如果性状表中提供了不止一种观测方法（如 VG/MG），可以参考 TGP/9《特异性测试》的第 4 部分选择合适的观测方法。

4.2 一致性

4.2.1 对于本指南的使用者而言，在判定一致性前参照总则中关于一致性判定的一般原则十分重要。为进一步说明和强调一致性判定，本指南特列出一致性判定的要点。

4.2.2 对无性繁殖品种一致性评价时，应采用 1% 的群体标准和至少 95% 的接受概率。当样本量为 5 个时，不允许有异型株。

4.3 稳定性

4.3.1 在实际操作中，通常不像测试特异性和一致性那样对稳定性进行测试以得到明确结果。经验表明，对许多类型的品种来说，当一个品种表现一致时，可认为其是稳定的。

4.3.2 适当情况下或者有疑问时，可以通过进一步测试新提交的无性繁殖植株对稳定性进行测试，以确保它们表现出和以前提供的测试材料相同的性状。

5 品种分组和试验组织

5.1 使用分组性状可以帮助选择与申请品种一起进行田间种植试验的已知品种，以及对这些品种进行合适分组以便进行特异性评价。

5.2 分组性状表达状态的数据即使来自不同地点，也可以单独或者与其他此类性状联合使用。

5.2.1 用于特异性测试中筛选排除那些不需要安排在种植试验中的已知品种。

5.2.2 用于组织安排种植试验，使近似品种种植在一起。

5.3 以下性状已被确认为有用的分组性状。

（a）嫩茎：泛红色（性状 1）。

（b）茎：刺座之间距离（性状 6）。

（c）茎：棱边缘（性状 8）。

（d）果实：长度（性状 27）。

（e）果实：中间苞片主色（性状 33）。

（f）果实：果肉颜色（性状 37）。

5.4 总则和 TGP/9《特异性测试》中提供了在特异性审查过程中使用分组性状的指导。

6 性状表介绍

6.1 性状类型

6.1.1 标准指南性状

标准指南性状是 UPOV 已同意用于 DUS 审查的性状，UPOV 成员可以从中选择与其特定环境相适应的性状。

6.1.2 星号性状

星号性状（用“*”标记）是测试指南中对于形成国际统一的品种描述十分重要的性状，所有 UPOV 成员都应将其用于 DUS 测试并包含在品种描述中，除非前序性状的表达或区域环境条件所限使其无法测试。

6.2 表达状态及相应代码

6.2.1 为定义性状和统一描述，将每个性状划分为一系列表达状态。每个表达状态赋予一个相应的数字代码，以便于数据记录，以及品种性状描述的建立和交流。

6.2.2 对于质量性状和假质量性状（6.3），性状表中列出了所有表达状态。但对于有 5 个或 5 个以上表达状态的数量性状，可以采用缩略尺度的方法，以缩短性状表格。例如，对于有 9 个表达状态的数量性状，在测试指南的性状表中可采用以下缩略形式。

表达状态	代码
小	3
中	5
大	7

但是应该指出的是，以下 9 个表达状态都是存在的，应采用适宜的表达状态用于品种的描述。

表达状态	代码
极小	1
极小到小	2
小	3
小到中	4
中	5
中到大	6
大	7
大到极大	8
极大	9

6.2.3 TGP/7《测试指南的研制》中提供了表达状态和代码的更详尽的介绍。

6.3 表达类型

总则中对性状表达类型（质量性状、数量性状和假质量性状）进行了解释。

6.4 标准品种

适当时，测试指南中提供了标准品种用于校正性状的表达状态。

6.5 注释

（*）星号性状（6.1.2）。

QL：质量性状（6.3）。

QN：数量性状（6.3）。

PQ：假质量性状（6.3）。

MG、MS、VG、VS：观测方法（4.1.5）。

（a）～（e）性状表解释（8.1）。

（+）性状表解释（8.2）。

7 性状表

性状编号	观测方法	英文	中文	标准品种	代码
1. （*） QN	VG	**Young stem：reddish color**	**嫩茎：泛红色**		
		absent or weak	无或弱	Blanca	1
		medium	中	AgoCoa，Roja，Solferina	2
		strong	强	Pilas，Tepec，Zita	3
2. （+） QN	VG/ MS （a）	**Stem：length of segment**	**茎：节长度**		
		short	短	Solferina，Tepec	3
		medium	中	Chiyuramiyarabi，Roja，Zita	5
		long	长	Blanca，Pilas	7

续表

性状编号	观测方法	英文	中文	标准品种	代码
3. (+) QN	VG/ MS (a)	**Stem: width**	**茎：宽度**		
		narrow	窄	Pilas，Roja，Zita	3
		medium	中	Solferina，Tare	5
		broad	宽	AgoCoa，Blanca	7
4. QN	VG (a)	**Stem: waxiness**	**茎：蜡质**		
		weak	无或弱	AgoCoa，Roja，Solferina	1
		medium	中	Nopa C1，Zita	2
		strong	强	Pilas，Tepec，Timbi	3
5. (+) QN	VG (a)	**Stem: texture of surface**	**茎：表面纹理**		
		smooth	光滑	AgoCoa，Blanca，Solferina	1
		medium	中等	Tepec	2
		rough	粗糙	Pilas，Zita	3
6. (*) (+) QN	VG/ MS (a)	**Stem: distance between areoles**	**茎：刺座之间距离**		
		short	短	Tare，Tepec	3
		medium	中	AgoCoa，Romo A1，Solferina	5
		long	长	Blanca，Pilas，Zita	7
7. (*) (+) QN	VG/ MS (a)	**Stem: arch height**	**茎：拱高度**		
		low	低	Nopa C1，Tepec，Zita	1
		medium	中	AgoCoa，Pilas，Roja	2
		high	高	Solferina	3
8. (*) (+) QN	VG (a)	**Stem: margin of rib**	**茎：棱边缘**		
		concave	凹	QR03	1
		flat	平	Tare	2
		convex	凸	Pilas，Solferina，Zita	3
9. QN	VG (a)	**Stem: intensity of grey color of areoles**	**茎：刺座灰色程度**		
		light	浅	Blanca	1
		medium	中	Chiyuramiyarabi	2
		dark	深		3
10. QN	VG	**Areola: number of spines**	**刺座：刺数量**		
		few	少		1
		medium	中		2
		many	多		3
11. QN	VG/ MS (b)	**Spine: length**	**刺：长度**		
		short	短	Tepec	3
		medium	中	Chiyuramiyarabi，Roja，Solferina	5
		long	长	Pilas，Zita	7
12. (+) PQ	VG (b)	**Spine: main color**	**刺：主色**		
		grey	灰色		1
		medium brown	浅棕色		2
		dark brown	深棕色		3

续表

性状编号	观测方法	英文	中文	标准品种	代码
13. (+) PQ	VG (c)	**Flower bud：shape**	**花蕾：形状**		
		ovate	卵圆形	Chiyuramiyarabi，Solferina	1
		elliptic	椭圆形	AgoCoa，Blanca	2
		circular	圆形	Roja，Tepec	3
		oblate	扁圆形	Chiyuramiyarabi，Solferina	4
14. (+) QL	VG (c)	**Flower bud：shape of apex**	**花蕾：先端形状**		
		acute	急尖	Chiyuramiyarabi，Solferino	1
		rounded	圆形	Blanca，Roja	2
15. PQ	VG (c)	**Flower bud：color**	**花蕾：颜色**		
		cream	奶油色		1
		yellowish green	泛黄绿色	Chiyuramiyarabi	2
		green	绿色	AgoCoa，Blanca，Solferina	3
		light red	浅红色		4
		medium red	中等红色	Roja，Tepec，Zita	5
16. (+) QN	VG/ MS	**Flower bud：length of pericarpel**	**花蕾：花托筒长度**		
		short	短	Tepec，Zita	1
		medium	中	AgoCoa，Pilas，Roja	2
		long	长	Blanca	3
17. (+) QN	VG/ MS	**Flower bud：width of pericarpel**	**花蕾：花托筒宽度**		
		narrow	窄	Pilas，Tepec	1
		medium	中	AgoCoa，Roja，Solferina	2
		broad	宽	Blanca	3
18. (+) QN	VG/ MS	**Flower bud：length of perianth**	**花蕾：花被长度**		
		short	短	Roja，Zita	1
		medium	中	Pilas，Tepec	2
		long	长	AgoCoa，Blanca，Solferina	3
19. (*) (+) QN	VG (d)	**Flower：intensity of red color of bract**	**花：苞片红色程度**		
		weak	弱	Blanca	1
		medium	中	AgoCoa，Solferina	2
		strong	强	Pilas，Tepec，Zita	3
20. PQ	VG (d)	**Petal：color**	**花瓣：颜色**		
		white	白色	Blanca，Chiyuramiyarabi，Solferina	1
		cream	奶油色	Pilas，Roja，Tepec	2
		yellow	黄色		3
		yellowish green	泛黄绿色		4
21. (+) PQ	VG (d)	**Sepal：main color**	**萼片：主色**		
		white	白色		1
		green	绿色	Blanca，Chiyuramiyarabi	2
		red	红色		3
22. (+) PQ	VG (d)	**Sepal：pattern of secondary color**	**萼片：次色图案**		
		none	无		1
		edged	镶边	Blanca，Chiyuramiyarabi	2
		striped	条纹	Pilas，Roja，Solferina	3

续表

性状编号	观测方法	英文	中文	标准品种	代码
23. (+) QN	VG/ MS (d)	**Flower: length of style**	**花：花柱长度**		
		short	短		1
		medium	中		2
		long	长	Blanca, Pilas, Solferina	3
24. (+) QN	VG (d)	**Flower: number of stigma lobes**	**花：柱头裂片数量**		
		few	少	Tepec	3
		medium	中	Roja, Solferina, Zita	5
		many	多	AgoCoa, Blanca	7
25. QL	VG (d)	**Flower: color of stigma lobe**	**花：柱头裂片颜色**		
		cream	奶油色	AgoCoa, Roja	1
		green	绿色	Blanca, Chiyuramiyarabi	2
26. QN	VG	**Flower: position of anthers in relation to stigma**	**花：花药与柱头相对位置**		
		below	下面		1
		same level	同一水平		2
		above	上面		3
27. (*) QN	VG/ MS (e)	**Fruit: length**	**果实：长度**		
		short	短	Tepec	3
		medium	中	Pilas, Zita	5
		long	长	Blanca, Roja, Solferina	7
28. (*) QN	VG/ MS (e)	**Fruit: width**	**果实：宽度**		
		narrow	窄	Tepec	3
		medium	中	Pilas, Zita	5
		broad	宽	AgoCoa, Roja, Solferina	7
29. (*) (+) QN	VG/ MS (e)	**Fruit: ratio length/width**	**果实：长宽比**		
		moderately elongated	中度拉长	AgoCoa, Chiyuramiyarabi, Roja	3
		medium	中等	Solferina	5
		moderately compressed	中度压扁	Zita	7
30. QN	VG (e)	**Fruit: number of bracts**	**果实：苞片数量**		
		few	少	Solferina	1
		medium	中	AgoCoa, Blanca	2
		many	多	Pilas, Roja, Zita	3
31. (+) QN	VG/ MS (e)	**Fruit: length of apical bracts**	**果实：顶端苞片长度**		
		short	短	Solferina, Tepec, Zita	3
		medium	中	AgoCoa, Pilas, Roja	5
		long	长	Blanca	7
32. (+) QN	VG	**Fruit: position of bracts towards the peel**	**果实：苞片相对果皮位置**		
		adpressed	紧贴		1
		slightly held out	轻度伸出		2
		strongly held out	重度伸出		3

续表

性状编号	观测方法	英文	中文	标准品种	代码
33. (*) (+) PQ	VG (e)	**Fruit: main color of middle bracts**	**果实：中间苞片主色**		
		yellowish green	泛黄绿色	AgoCoa，Chiyuramiyarabi	1
		green	绿色	Blanca	2
		pink	粉红色		3
		red	红色	Roja，Solferina，Tepec	4
34. (+) QN	VG/ MS	**Fruit: width of the base of the bracts**	**果实：苞片基部宽度**		
		narrow	窄		1
		medium	中		2
		broad	宽		3
35. (*) (+) QN	VG/ MS (e)	**Fruit: thickness of peel**	**果实：果皮厚度**		
		thin	薄	Solferina，Zita	1
		medium	中	Chiyuramiyarabi，Pilas，Tepec	2
		thick	厚	Blanca	3
36. (*) PQ	VG (e)	**Fruit: color of peel (excluding bracts)**	**果实：果皮颜色（不含苞片）**		
		whitish	泛白色	Ixchel	1
		yellow	黄色	Itzel	2
		green	绿色		3
		medium pink	中等粉色	AgoCoa，Chiyuramiyarabi	4
		dark pink	深粉色	Blanca，Roja	5
		red	红色	Solferina，Zita	6
		purple	紫色	Pilas，Tepec	7
37. (*) PQ	VG (e)	**Fruit: color of flesh**	**果实：果肉颜色**		
		white	白色	Blanca	1
		light grey	浅灰色		2
		light pink	浅粉色	Chiyuramiyarabi	3
		medium pink	中等粉色	AgoCoa，Solferina	4
		dark pink	深粉色	Roja	5
		medium red	中等红色		6
		dark red	深红色	Zita	7
		purple	紫色	Pilas，Tepec	8
38. (+) QN	MS (e)	**Fruit: sweetness**	**果实：甜味**		
		low	低	Blanca	1
		medium	中	AgoCoa，Solferina，Zita	2
		high	高	Roja	3
39. QN	VG	**Fruit: apical cavity**	**果实：顶部凹槽**		
		absent or shallow	无或浅		1
		medium	中		2
		deep	深		3

8 性状表解释

8.1 对多个性状的解释

性状表第二列包含以下标注的性状应按照下述要求观测。

（a）茎：所有对茎的观测应在年底生长成熟的茎节上进行。

（b）刺座和刺：所有对刺座和刺的观测应在完整的成熟茎上进行。

（c）未开放花：对未开放花的观测应在花蕾裂开 17 d 后进行。

（d）花：所有对花的观测应在完全开放的花上进行。

（e）果实：所有对果实的观测应在第一次转色后，3～5 d 对 5 个完全成熟的果进行。

8.2 对单个性状的解释

性状 2：茎节长度

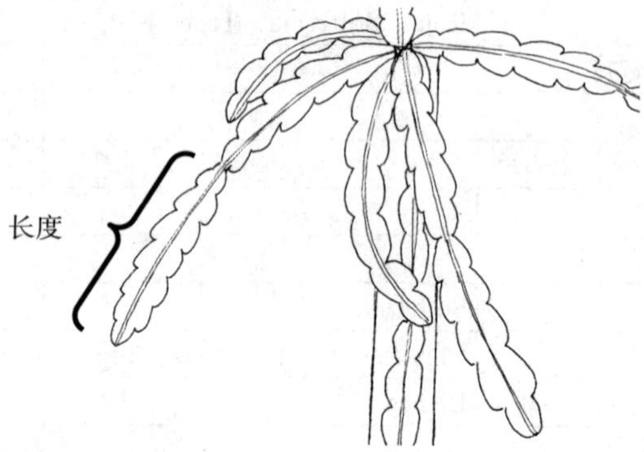

性状 3：茎宽度

观测一年生茎段中间部分。

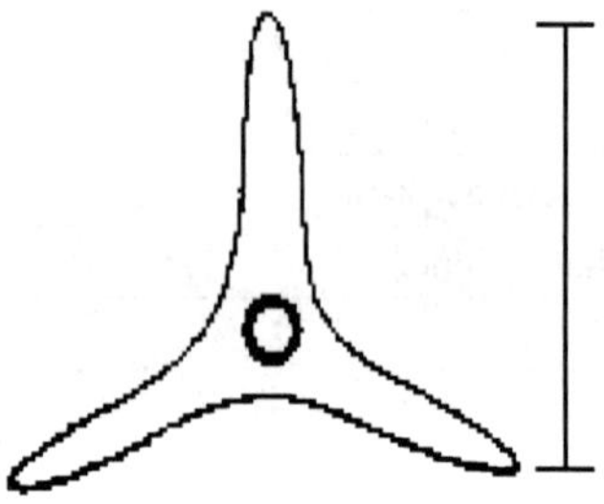

性状 5：茎表面纹理

应观测茎表面纹理，不包括刺座。

性状 6：茎刺座之间距离

性状 7：茎拱高度

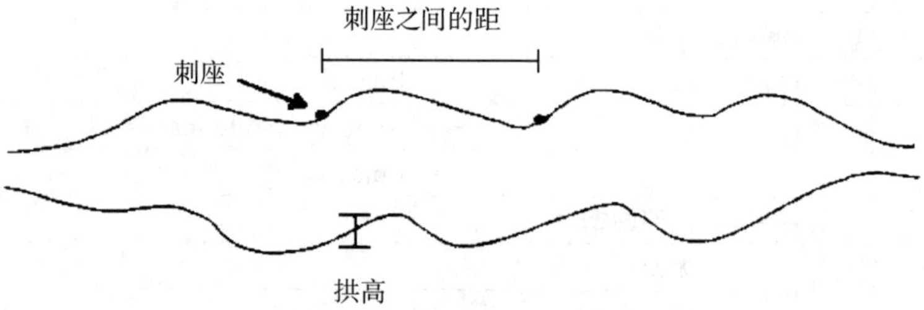

性状 8：茎棱边缘

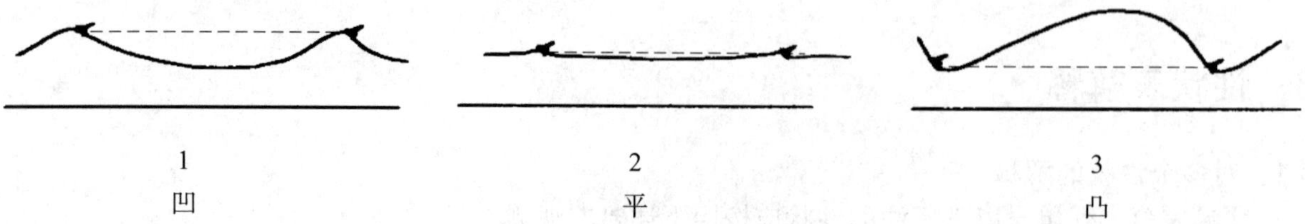

性状 12：刺主色

刺可能有不止一种颜色，主色指表面积最大的颜色。

性状 13：花蕾形状

		←最宽部分→		
		中下部	中间	中上部
←长宽比→	拉长	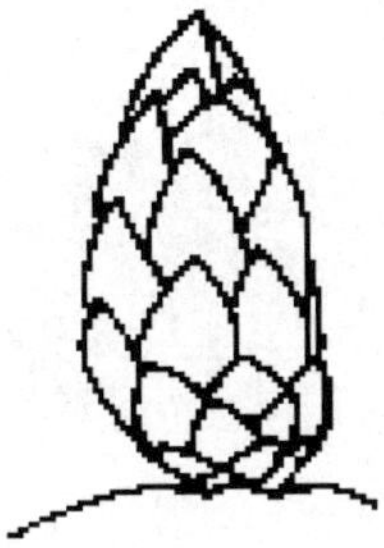 1 卵圆形	 2 椭圆形	
	中等		 3 圆形	
	压缩		 4 扁圆形	

性状 14：花蕾先端形状

1
急尖

2
圆形

性状 16：花蕾花托筒长度
性状 17：花蕾花托筒宽度
性状 18：花蕾花被长度
观测未开放的花蕾。

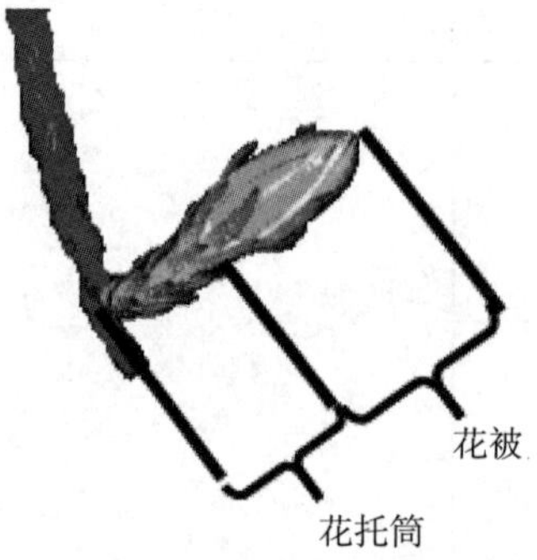

性状 19：花苞片红色程度
观测花托筒区域。

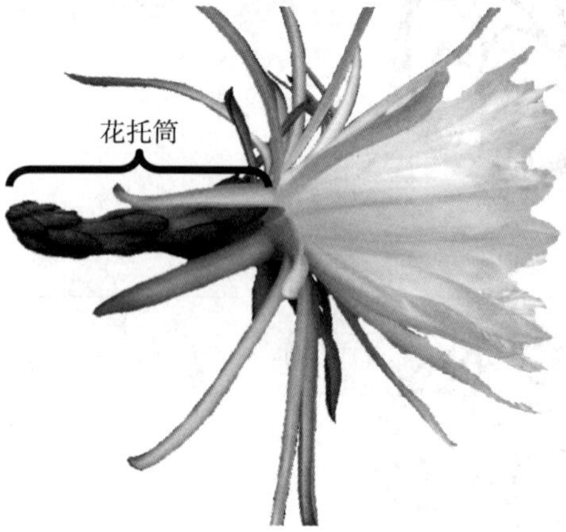

性状 21：萼片主色
主色指表面积最大的颜色。
性状 22：萼片次色图案

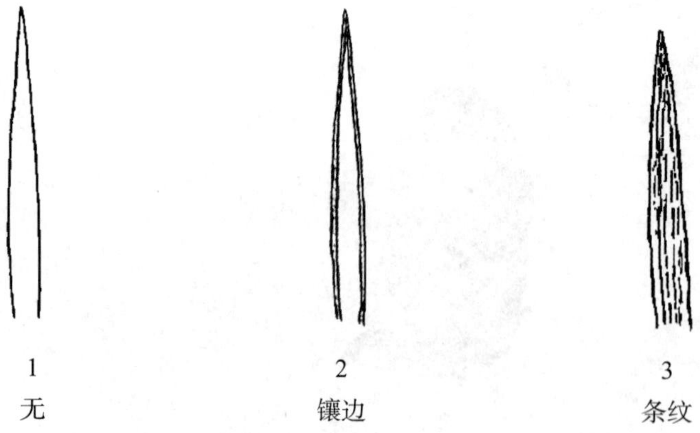

性状 23：花柱长度

性状 24：花柱头裂片数量

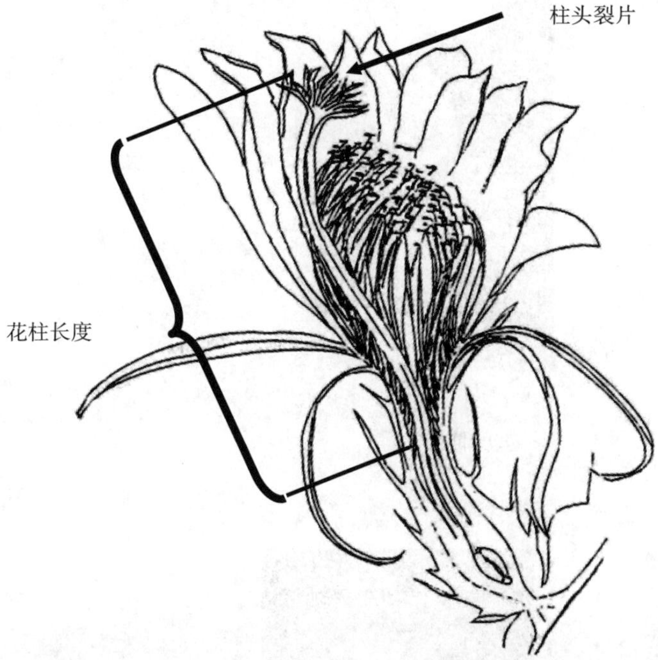

性状 29：果实长宽比

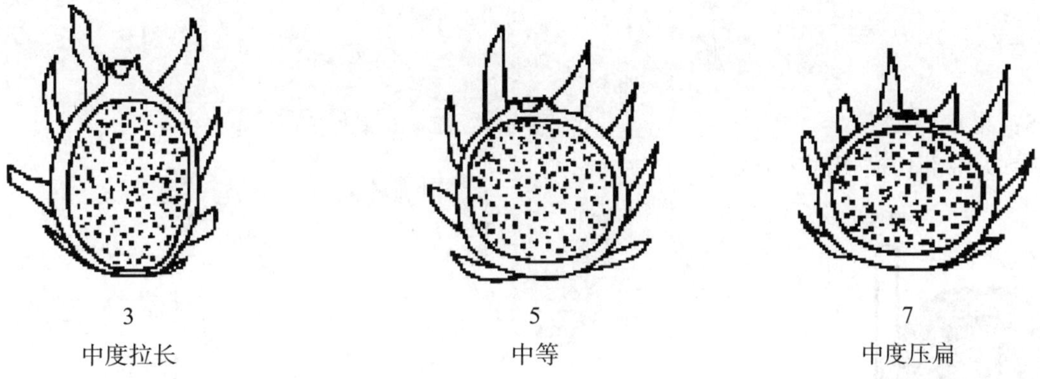

性状 31：果实顶端苞片长度

性状 33：果实中间苞片主色

中间苞片可能不止一种颜色，主色指表面积最大的颜色。

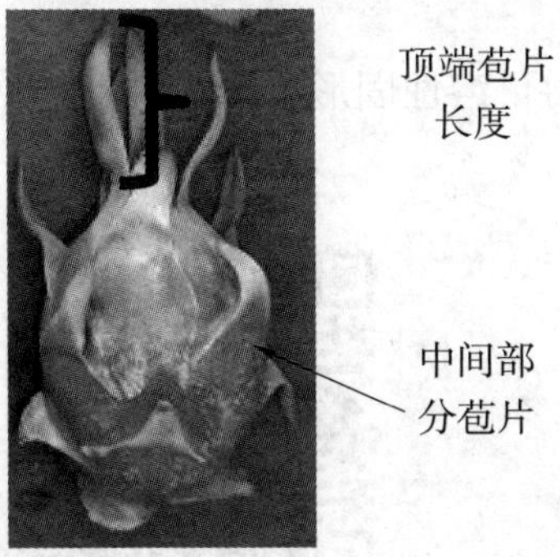

性状 32：果实苞片相对果皮位置

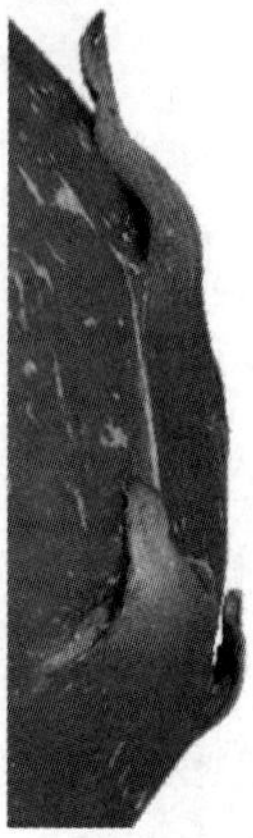

1
紧贴

2
轻度伸出

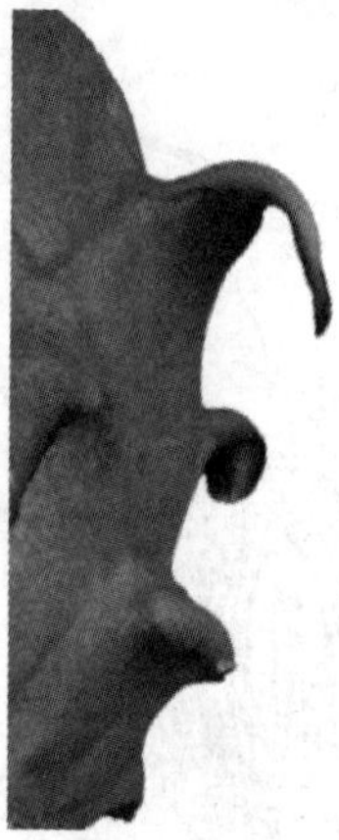

3
重度伸出

性状 34：果实苞片基部宽度

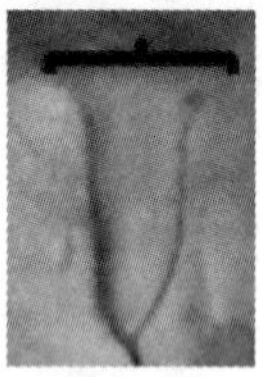

1
窄

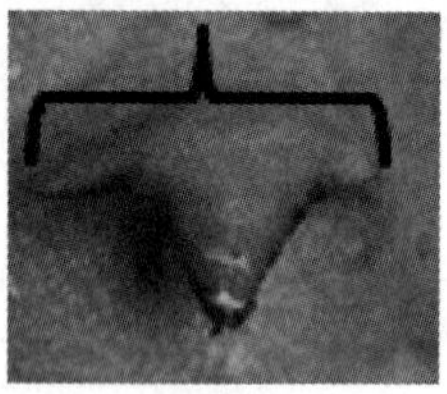

2
中

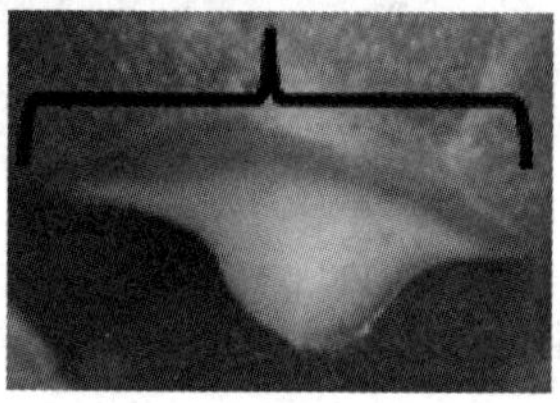

3
宽

性状 35：果皮厚度

通过在果实中部切横切面来确定。

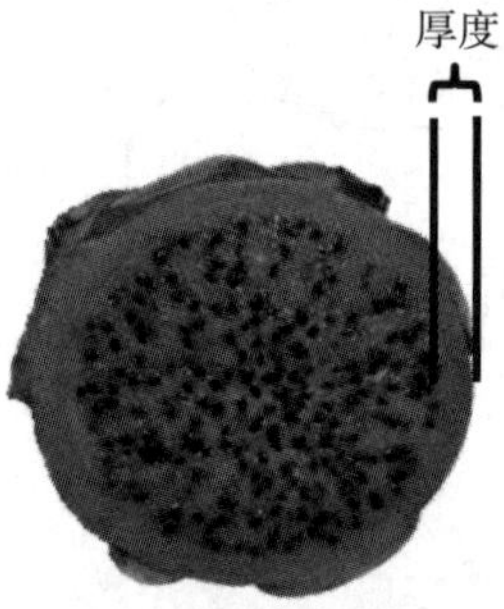

性状 38：果实甜味

果实甜味应作为可溶性固形物总量来观测。在水果中使用折射计对可溶性固形物总量进行评估。

扫码下载原文

如扫描二维码无法下载指南原文，可能是指南版本有更新，可扫描本书封底二维码查看与本文对应的指南版本

TG/273/1
原文：英文
日期：2011-10-20

国际植物新品种保护联盟
植物品种特异性、一致性和稳定性测试指南

西印度樱桃

UPOV 代码：MALPI_EMA

（*Malpighia emarginata* DC.）

互用名称 *

植物学名称	英文	法文	德文	西班牙文
Malpighia emarginata DC *Malpighia punicifoli* auct. non L.	Acerola, Barbados cherry, West Indian-cherry	Cerise de Cayenne, Cerisier de Barbade, Cerisier des Antilles	Barbado-skirsche, Westin-dische Kirsche	Acerola, Semeruco

* 这些名称在指南开始使用时是正确的，但随后可能会修改更新。读者可登录 UPOV 网站（www.upov.int），获取最新资料。

1 指南适用范围

本指南适用于西印度樱桃（*Malpighia emarginata* DC.）的所有品种。

2 繁殖材料的要求

2.1 待测品种繁殖材料的数量和质量要求以及提交的时间和地点由主管机构决定。申请人从测试所在国境外提交繁殖材料的，还应符合海关规定并满足相关植物检疫的要求。

2.2 繁殖材料以芽条的形式提交，芽条有足够多的芽能繁育 5 株树苗（萌芽时提交）。休眠枝嫁接到测试机构选定的砧木上或一年生树嫁接到测试机构选定的砧木上。

2.3 申请人提交繁殖材料的最小数量为 5 个芽条、5 个休眠嫩枝或 5 株一年生树。

2.4 提供的繁殖材料应外观健康有活力，未受到任何严重病虫害的影响。

2.5 提交的繁殖材料不得进行任何可能影响品种性状表达的处理，除非主管机构允许或要求进行这种处理。如果材料已经处理，必须提供相关处理的详细情况。

3 测试方法

3.1 生长周期

3.1.1 测试的最少周期数量通常为 2 个生长周期。尤其是，植株在 2 个生长周期的每个生长周期都能正常结果，这是非常重要的。

3.1.2 生长周期被认为是从开始发芽，经过开花、果实收获，开始休眠直到新芽萌发的整个生长季节。

3.2 测试地点

测试通常在同一个地点进行。在 1 个以上地点进行测试时，TGP/9《特异性测试》提供了有关指导。

3.3 测试条件

测试的条件应能满足品种正常生长的需要，以确保品种相关性状充分表达和测试的顺利开展。在种植的年份，只需剪枝，以确保树枝的形成。

3.4 试验设计

3.4.1 每个试验应保证至少有 5 个植株。

3.4.2 试验设计应保证因测量或计数等需要，从小区取走部分植株或植株部位后，不影响生长周期结束前的所有观测。

3.5 附加测试

为测试有关性状，可以进行附加测试。

4 特异性、一致性和稳定性评价

4.1 特异性

4.1.1 一般建议

对于本指南的使用者而言，在判定特异性前参照总则中关于特异性判定的一般原则十分重要。为进一步说明和强调特异性判定，本指南特列出特异性判定的要点。

4.1.2 一致的差异

当观测到的品种之间的差异非常明显时，则没有必要种植 1 个以上生长周期。此外，在某些情况下，环境的影响并不意味着需要 1 个以上的生长周期来保证品种间观察到的差异是足够一致的。为确保在种植试验中所观测到的性状差异是足够一致的，可以对性状进行至少 2 个独立生长周期的测试。

4.1.3 明显的差异

两个品种间的差异是否明显取决于很多因素，特别应考虑所测性状的表达类型，即该性状是质量性状、数量性状还是假质量性状。因此，在作出关于特异性的判定前，本测试指南的使用者应熟悉总则中的建议。

4.1.4 植株 / 植株部位的观测数量

除非另有说明，评价特异性时，对单个植株的所有观测应在 5 个植株或来自 5 个植株中每个植株的器官进行；其他的观测应在试验中的全部植株上进行，排除异型株。在对单个植株部位进行观测时，每个植株的取样数量为 2 个。

4.1.5 观测方法

性状表第二列以如下符号（见 TGP/9《特异性测试》第 4 部分“性状观测”）的形式列出了特异性判定时推荐的性状观测方法。

MG：对一批植株或植株部位进行单次测量。

MS：对一定数量的植株或植株部位进行逐一测量。

VG：对一批植株或植株部位进行单次目测。

VS：对一定数量的植株或植株部位进行逐一目测。

观测类型：目测（V）或测量（M）。

目测（V）是一种基于专家判断的观测方法。本文中的目测是指专家的感官观察，因此，也包括闻、尝和触摸。目测也包括专家使用参照物（例如图表、标准品种、并排比较）或非线性的图表（例如比色卡）的观测。测量（M）是一种基于校准的、线性尺度的客观观测，例如，使用尺、秤、色度计、日期和计数等进行观测。

记录类型：群体记录（G）或个体记录（S）。

以特异性为目的的观测，可被记录为一批植株或植株部位的单个记录（G），或者记录为一定数量的单个植株或植株部位的个体记录（S）。多数情况下，群体记录为一个品种提供一个单个记录，因此不可能或者不必要通过逐个植株的统计分析来判定特异性。

如果性状表中提供了不止一种观测方法（如 VG/MG），可以参考 TGP/9《特异性测试》的第 4 部分选择合适的观测方法。

4.2 一致性

4.2.1 对于本指南的使用者而言，在判定一致性前参照总则中关于一致性判定的一般原则十分重要。为进一步说明和强调一致性判定，本指南特列出一致性判定的要点。

4.2.2 评价一致性时，应采用 1% 的群体标准和至少 95% 的接受概率。当样本量为 5 个时，不允许有异型株。

4.3 稳定性

4.3.1 在实际操作中，通常不像测试特异性和一致性那样对稳定性进行测试以得到明确结果。经验表明，对许多类型的品种来说，当一个品种表现一致时，可认为其是稳定的。

4.3.2 适当情况下或者有疑问时，可通过进一步测试新提交的材料对稳定性进行测试，以确保他们表现出和以前提供的测试材料相同的性状。

4.3.3 适当情况下或有疑问时，杂交种的稳定性除直接对杂交种本身进行测试外，还可以通过对其亲本系的一致性和稳定性进行测试来评价。

5 品种分组和试验组织

5.1 使用分组性状可以帮助选择与申请品种一起进行田间种植试验的已知品种，以及对这些品种进行合适分组以便进行特异性评价。

5.2 分组性状表达状态的数据即使来自不同地点，也可以单独或者与其他此类性状联合使用。

5.2.1 用于特异性测试中筛选排除那些不需要安排在种植试验中的已知品种。

5.2.2 用于组织安排种植试验，使近似品种种植在一起。

5.3 以下性状已被确认为有用的分组性状。

（a）叶片：长宽比（性状 8）。

（b）花瓣：粉色程度（性状 16）。

（c）果实：长与直径之比（性状 19）。

（d）果实：重量（性状 20）。

（e）果实：酸度（性状 30）。

5.4 总则和 TGP/9《特异性测试》中提供了在特异性审查过程中使用分组性状的指导。

6 性状表介绍

6.1 性状类型

6.1.1 标准指南性状

标准指南性状是 UPOV 已同意用于 DUS 审查的性状，UPOV 成员可以从中选择与其特定环境相适应的性状。

6.1.2 星号性状

星号性状（用“*”标记）是测试指南中对于形成国际统一的品种描述十分重要的性状，所有 UPOV 成员都应将其用于 DUS 测试并包含在品种描述中，除非前序性状的表达或区域环境条件所限使其无法测试。

6.2 表达状态及相应代码

6.2.1 为定义性状和统一描述，将每个性状划分为一系列表达状态。每个表达状态赋予一个相应的数字代码，以便于数据记录，以及品种性状描述的建立和交流。

6.2.2 对于质量性状和假质量性状（6.3），性状表中列出了所有表达状态。但对于有 5 个或 5 个以上表达状态的数量性状，可以采用缩略尺度的方法，以缩短性状表格。例如，对于有 9 个表达状态的数量性状，在测试指南的性状表中可采用以下缩略形式。

表达状态	代码
小	3
中	5
大	7

但是应该指出的是，以下 9 个表达状态都是存在的，应采用适宜的表达状态用于品种的描述。

表达状态	代码
极小	1
极小到小	2
小	3
小到中	4
中	5
中到大	6
大	7
大到极大	8
极大	9

6.2.3 TGP/7《测试指南的研制》中提供了表达状态和代码的更详尽的介绍。

6.3 表达类型

总则中对性状表达类型（质量性状、数量性状和假质量性状）进行了解释。

6.4 标准品种

适当时，测试指南中提供了标准品种用于校正性状的表达状态。

6.5 注释

（*）星号性状（6.1.2）。
QL：质量性状（6.3）。
QN：数量性状（6.3）。
PQ：假质量性状（6.3）。
MG、MS、VG、VS：观测方法（4.1.5）。
（a）～（c）性状表解释（8.1）。
（+）性状表解释（8.2）。

7 性状表

性状编号	观测方法	英文	中文	标准品种	代码
1. （*） （+） **PQ**	**VG** （a）	**Plant：growth habit**	**植株：生长习性**		
		upright	直立	Maunawili	1
		spreading	平展	Hawaiian Queen，Rubra	2
		drooping	下弯	Cabocla，Sertaneja	3
2. （+） **QN**	**VG** （a）	**Plant：vigor**	**植株：树势**		
		weak	弱		3
		medium	中	Tropical Ruby	5
		strong	强	Maunawili	7
3. （*） **QN**	**VG** （a）	**Plant：density of branches**	**植株：分枝密度**		
		sparse	疏		3
		medium	中	Cabocla，Maunawili，Rubra	5
		dense	密	Tropical ruby	7

续表

性状编号	观测方法	英文	中文	标准品种	代码
4. (*) QN	MS/ VG (a)	**One-year-old shoot: length of inter-node**	**一年生枝条：节间长度**		
		short	短	Tropical ruby	3
		medium	中	Maunawili	5
		long	长		7
5. (*) QN	MS/ VG (a)	**One-year-old shoot: thickness**	**一年生枝条：粗度**		
		thin	细	Hawaiian Queen	3
		medium	中	Maunawili	5
		thick	粗	Tropical ruby	7
6. QN	VG (a)	**Young shoot: pubescence**	**嫩枝：茸毛**		
		sparse	疏	Maunawili	1
		medium	中	Hawaiian Queen	2
		dense	密		3
7. (*) (+) QN	MS/ VG (b)	**Leaf blade: length**	**叶片：长度**		
		short	短		3
		medium	中	Tropical Ruby	5
		long	长	Maunawili	7
8. (*) (+) QN	MS/ VG (b)	**Leaf blade: ratio length/width**	**叶片：长宽比**		
		moderately elongated	中度拉长	Maunawili	3
		medium	中等	Hawaiian Queen	5
		moderately compressed	中度压扁		7
9. (*) (+) QN	VG (b)	**Leaf blade: position of broadest part**	**叶片：最宽部分位置**		
		toward base	近基部		1
		at middle	中部	Maunawili	2
		toward apex	近先端		3
10. (*) (+) QN	VG (b)	**Leaf blade: undulation of margin**	**叶片：叶缘波状**		
		weak	弱	Okinawa	1
		medium	中	Cabocla，Sertaneja	3
		strong	强		5
11. (+) PQ	VG (b)	**Leaf blade: shape of apex**	**叶片：先端形状**		
		acute	锐尖	Maunawili	1
		obtuse	钝尖	Hawaiian Queen	2
		rounded	圆形		3
12. (*) QN	VG (b)	**Leaf blade: intensity of green color on upper side**	**叶片：上表面绿色程度**		
		light	浅	Flor Branca	1
		medium	中	Cabocla	3
		dark	深	Maunawili，Rubra	5
13. (*) QN	VG (c)	**Flower: position of stigma in relation to anthers**	**花：柱头相对于花药位置**		
		below	低于		1
		same level	等高	Cabocla，Rubra	2
		above	高于		3

续表

性状编号	观测方法	英文	中文	标准品种	代码
14. (+) QN	VG (c)	**Flower：curvature of style**	**花：花柱弯曲**		
		straight	直立	Sanmi-kei	1
		slightly curved	轻度弯曲	Okinawa	2
		strongly curved	强烈弯曲	NRA309	3
15. (+) QN	VG (c)	**Petal：undulation of margin**	**花瓣：边缘波状**		
		weak	弱		1
		medium	中		3
		strong	强	Hawaiian Queen	5
16. (*) QN	VG (c)	**Petal：intensity of pink color**	**花瓣：粉色程度**		
		light	浅		1
		medium	中	Manuawili	2
		dark	深	Hawaiian Queen	3
17. (*) (+) QN	MS/ VG (a)	**Fruit：length**	**果实：长度**		
		short	短	Flor blanca	3
		medium	中	Hawaiian Queen	5
		long	长	Red Jumbo	7
18. (*) (+) QN	MS/ VG (a)	**Fruit：diameter**	**果实：直径**		
		small	小	Sertaneja	3
		medium	中	Rubra	5
		large	大	Cabocla	7
19. (*) (+) QN	MS/ VG (a)	**Fruit：ratio length/diameter**	**果实：长与直径之比**		
		elongated	拉长	Maunawili	1
		medium	中等		2
		compressed	压扁		3
20. (*) (+) QN	MG (a)	**Fruit：weight**	**果实：重量**		
		low	低	Maunawili，Sertaneja	3
		medium	中	Hawaiian Queen，Rubra	5
		high	高	Cabocla，C.F.Rehnborg	7
21. (*) (+) PQ	VG (a)	**Fruit：shape**	**果实：形状**		
		oblong	椭圆形		1
		circular	圆形	Maunawili	2
		oblate	扁圆形	Hawaiian Queen	3
		ovate	卵形	Tropical Ruby	4
22. (*) (+) QN	VG (a)	**Fruit：depth of grooves**	**果实：凹槽深度**		
		shallow	浅	Maunawili，Rubra	1
		medium	中	Cereja，Olivier	2
		deep	深	Cabocla	3
23. (*) (+) QN	VG (a)	**Fruit：depth of basin**	**果实：凹陷深度**		
		shallow	浅	Maunawili	1
		medium	中	Tropical Ruby	2
		deep	深		3

续表

性状编号	观测方法	英文	中文	标准品种	代码
24. (*) (+) QN	VG (a)	**Fruit：width of basin**	**果实：凹陷宽度**		
		narrow	窄	Maunawili	1
		medium	中	Tropical Ruby	2
		broad	宽	Hawaiian Queen	3
25. (*) (+) QN	VG (a)	**Fruit：depth of stalk cavity**	**果实：梗洼深度**		
		shallow	浅	Maunawili	1
		medium	中		2
		deep	深	Hawaiian Queen	3
26. (*) (+) QN	MS/ VG (a)	**Fruit：length of stalk**	**果实：果梗长度**		
		short	短	Maunawili	3
		medium	中	Hawaiian Queen	5
		long	长	Red Jumbo	7
27. (*) (+) QN	VG (a)	**Fruit：width of stalk cavity**	**果实：梗洼宽度**		
		narrow	窄		3
		medium	中	Maunawili	5
		broad	宽	Hawaiian Queen	7
28. (*) PQ	VG (a)	**Fruit：main color of skin**	**果实：表皮主色**		
		yellow	黄色	CMF025	1
		light red	浅红色		2
		medium red	中等红色	Cabocla，Rubra	3
		dark red	深红色	Maunawili	4
29. (*) PQ	VG (a)	**Fruit：color of flesh**	**果实：果肉颜色**		
		yellow	黄色	Red Jumbo	1
		orange	橙色	Cabocla	2
		pink	粉红色	Maunawili	3
		red	红色	C.F.Rehnborg	4
30. (*) (+) QN	MG (a)	**Fruit：acidity**	**果实：酸度**		
		low	低	Rubra	3
		medium	中	Cabocla，Maunawili	5
		high	高	Sertaneja	7
31. (*) QN	VG (a)	**Fruit: juiciness**	**果实：多汁性**		
		low	低	Florida Sweet，Red Jumbo	1
		medium	中	Maunawili	3
		high	高	Cabocla	5
32. (*) QN	VG (a)	**Stone：size**	**果核：大小**		
		small	小	Sertaneja	1
		medium	中	Cabocla，Okinawa	3
		large	大	Rubra	5
33. QN	VG (a)	**Stone：intensity of brown color**	**果核：棕色程度**		
		light	浅	Maunawili	1
		medium	中	Tropical Ruby	2
		dark	深		3

8 性状表解释

8.1 对多个性状的解释

性状表第二列包含以下标注的性状应按照下述要求观测。

（a）应在生理成熟，果实完全转色时进行观测。

（b）叶片：所有对叶片的观测应在完全成熟叶上进行。叶应来自一年生枝条的中部 1/3 处。

（c）花：所有对花的观测应在花盛开当天进行。

8.2 对单个性状的解释

性状 1：植株生长习性

1
直立

2
平展

3
下弯

性状 2：植株树势

树势被认为应是所有营养生长结束时的丰富度。

性状 7：叶片长度

性状 8：叶片长宽比

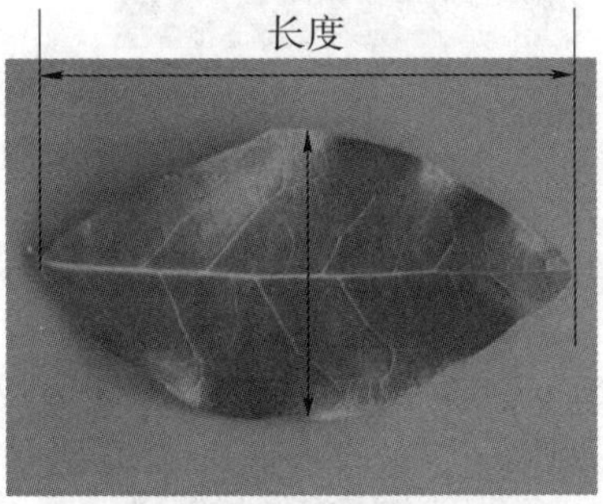

宽度

性状 8：叶片长宽比

3
中度拉长

5
中等

7
中度压扁

性状 9：叶片最宽部分位置

1
近基部

2
中间

3
近先端

性状 10：叶缘波状

1
弱

3
中

5
强

性状 11：叶片先端形状

1
锐尖

2
钝尖

3
圆形

性状 14：花柱弯曲

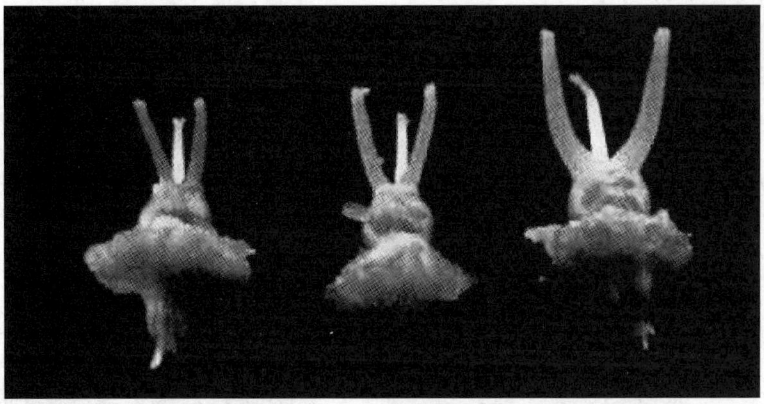

1 直立　　2 轻度弯曲　　3 强烈弯曲

性状 15：花瓣边缘波状

边缘波状的观测应不包括最大的花瓣，最大的花瓣如下图中圆圈圈出部分所示。

1

弱

3

中

5

强

性状 17：果实长度

性状 18：果实直径

性状 19：果实长与直径之比

1

拉长

2

中等

3

压扁

性状 20：果实重量

应观测 10 个果实的重量。

性状 21：果实形状

	←最宽处部位→		
	（中下部）	中间	
宽（压扁）←宽（长宽比）→窄（拉长）	 4 卵形	 1 椭圆形  3 扁圆形	 2 圆形

注：底部是离果柄最近的末端。

性状 22：果实凹槽深度

1 浅　　2 中　　3 深

性状 23：果实凹陷深度

性状 24：果实凹陷宽度

性状 25：果实梗洼深度

性状 26：果梗长度

性状 27：果实梗洼宽度

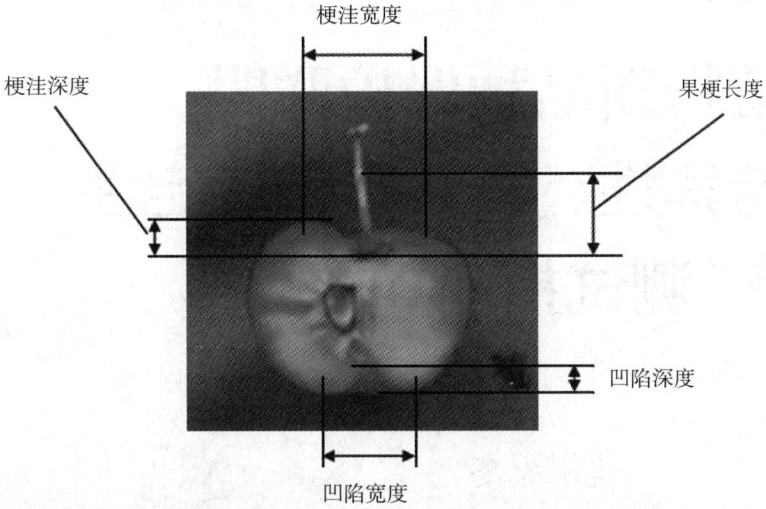

性状 30：果实酸度

酸度应用 pH 计来测量。

TG/277/1 Corr.
原文：英文
日期：2012-03-28，
2020-03-27

国际植物新品种保护联盟
植物品种特异性、一致性和稳定性
测试指南

蓝果忍冬

UPOV 代码：LONIC_CAE

（*Lonicera caerulea* L.）

互用名称 *

植物学名称	英文	法文	德文	西班牙文
Lonicera caerulea L.	Blue Honeysuckle, Honeyberry, Haskap	Camérisier bleu	Blaue Honigbeere	Madreselva Azul

* 这些名称在指南开始使用时是正确的，但随后可能会修改更新。读者可登录 UPOV 网站（www.upov.int），获取最新资料。

1 指南适用范围

本指南适用于蓝果忍冬（*Lonicera caerulea* L.）的所有结果品种。

2 繁殖材料要求

2.1 待测品种繁殖材料的数量和质量要求以及提交的时间和地点由主管机构决定。申请人从测试所在国境外提交繁殖材料的，还应符合海关规定并满足相关植物检疫的要求。

2.2 繁殖材料以自根苗的形式提交。

2.3 申请人提交繁殖材料的最小数量为 5 株自根苗。

2.4 提供的繁殖材料应外观健康有活力，未受到任何严重病虫害的影响。

2.5 提交的繁殖材料不得进行任何可能影响品种性状表达的处理，除非主管机构允许或要求进行这种处理。如果材料已经处理，必须提供相关处理的详细情况。

3 测试方法

3.1 生长周期

3.1.1 测试周期通常为至少 2 个独立生长周期。

3.1.2 生长周期指 1 个生长季所持续时间，从萌芽开始（花芽和 / 或叶芽），开花和收获果实，到下一个休眠期的新季芽膨大为止。

3.2 测试地点

测试通常在同一个地点进行。在 1 个以上地点进行测试时，TGP/9《特异性测试》提供了有关指导。

3.3 测试条件

3.3.1 测试的条件应能满足品种正常生长的需要，以确保品种相关性状充分表达和测试的顺利开展。

3.3.2 为了满足生长习性性状的观测，植株应以灌木的形式生长。

3.4 试验设计

每个试验至少 5 个植株。

3.5 附加测试

为测试有关性状，可以进行附加测试。

4 特异性、一致性和稳定性评价

4.1 特异性

4.1.1 一般建议

对于本指南的使用者而言，在判定特异性前参照总则中关于特异性判定的一般原则十分重要。为进一步说明和强调特异性判定，本指南特列出特异性判定的要点。

4.1.2 一致的差异

当观测到的品种之间的差异非常明显时，则没有必要种植 1 个以上生长周期。此外，在某些情况下，环境的影响并不意味着需要 1 个以上的生长周期来保证品种间观测到的差异是足够一致的。为确保在种植试验中所观测到的性状差异是足够一致的，可以对性状进行至少 2 个独立生长周期的测试。

4.1.3 明显的差异

两个品种间的差异是否明显取决于很多因素，特别应考虑所测性状的表达类型，即该性状是质量性状、数量性状还是假质量性状。因此，在作出关于特异性的判定前，本测试指南的使用者应熟悉总则中的建议。

4.1.4　植株 / 植株部位的观测数量

除非另有说明，在判定特异性时，对于单株的观测，应观测 3 个植株或分别从 3 个植株取下的植株部位；对于其他观测，应观测试验中的所有植株。观测时应将异型株排除在外。

4.1.5　观测方法

性状表第二列以如下符号（见 TGP/9《特异性测试》第 4 部分“性状观测”）的形式列出了特异性判定时推荐的性状观测方法。

MG：对一批植株或植株部位进行单次测量。

MS：对一定数量的植株或植株部位进行逐一测量。

VG：对一批植株或植株部位进行单次目测。

VS：对一定数量的植株或植株部位进行逐一目测。

观测类型：目测（V）或测量（M）。

目测（V）是一种基于专家判断的观测方法。本文中的目测是指专家的感官观察，因此，也包括闻、尝和触摸。目测也包括专家使用参照物（例如图表、标准品种、并排比较）或非线性的图表（例如比色卡）的观测。测量（M）是一种基于校准的、线性尺度的客观观测，例如使用尺、秤、色度计、日期和计数等进行观测。

记录类型：群体记录（G）或个体记录（S）。

以特异性为目的的观测，可被记录为一批植株或植株部位的单个记录（G），或者记录为一定数量的单个植株或植株部位的个体记录（S）。多数情况下，群体记录为一个品种提供一个单个记录，因此不可能或者不必要通过逐个植株的统计分析来判定特异性。

如果性状表中提供了不止一种观测方法（如 VG/MG），可以参考 TGP/9《特异性测试》的 4.2 部分选择合适的观测方法。

4.2　一致性

4.2.1　对于本指南的使用者而言，在判定一致性前参照总则中关于一致性判定的一般原则十分重要。但为进一步说明和强调一致性判定，本指南特列出一致性判定的要点。

4.2.2　评价一致性时，应采用 1% 的群体标准和至少 95% 的接受概率。当样本量为 5 个时，不允许有异型株。

4.3　稳定性

4.3.1　在实际操作中，通常不像测试特异性和一致性那样对稳定性进行测试以得到明确结果。经验表明，对许多类型的品种来说，当一个品种表现一致时，可认为其是稳定的。

4.3.2　适当情况下或者有疑问时，品种的稳定性可通过如下方法进行测试：测试一批新材料，看其性状表现是否与之前提交的材料表现相同。

5　品种分组和试验组织

5.1　使用分组性状可以帮助选择与申请品种一起进行田间种植试验的已知品种，以及对这些品种进行合适分组以便进行特异性评价。

5.2　分组性状表达状态的数据即使来自不同地点，也可以单独或者与其他此类性状联合使用。

5.2.1　用于特异性测试中筛选排除那些不需要安排在种植试验中的已知品种。

5.2.2　用于组织安排种植试验，使近似品种种植在一起。

5.3　以下性状已被确认为有用的分组性状。

（a）植株：树势（性状 1）。

（b）植株：生长习性（性状 2）。

（c）叶片：先端形状（性状 14）。

（d）果实始熟期（性状 36）。

5.4　总则和 TGP/9《特异性测试》中提供了在特异性审查过程中使用分组性状的指导。

6　性状表介绍

6.1　性状类型

6.1.1　标准测试指南性状

标准测试指南性状是 UPOV 已同意用于 DUS 审查的性状，UPOV 成员可以从中选择与其特定环境相适应的性状。

6.1.2　星号性状

星号性状（用“*”标记）是测试指南中对于形成国际统一的品种描述十分重要的性状，所有 UPOV 成员都应将其用于 DUS 测试并包含在品种描述中，除非前序性状的表达或区域环境条件所限使其无法测试。

6.2　表达状态及相应代码

6.2.1　为定义性状和统一描述，将每个性状划分为一系列表达状态。每个表达状态赋予一个相应的数字代码，以便于数据记录，以及品种性状描述的建立和交流。

6.2.2　对于质量性状和假质量性状（6.3），性状表中列出了所有表达状态。但对于有 5 个或 5 个以上表达状态的数量性状，可以采用缩略尺度的方法，以缩短性状表格。例如，对于有 9 个表达状态的数量性状，在测试指南的性状表中可采用以下缩略形式。

表达状态	代码
小	3
中	5
大	7

但是应该指出的是，以下 9 个表达状态都是存在的，应采用适宜的表达状态用于品种的描述。

表达状态	代码
极小	1
极小到小	2
小	3
小到中	4
中	5
中到大	6
大	7
大到极大	8
极大	9

6.2.3　TGP/7《测试指南的研制》中提供了表达状态和代码的更详尽的介绍。

6.3　表达类型

总则中对性状表达类型（质量性状、数量性状和假质量性状）进行了解释。

6.4 标准品种

适当时，测试指南中提供了标准品种用于校正性状的表达状态。

6.5 注释

（*）星号性状（6.1.2）。

QL：质量性状（6.3）。

QN：数量性状（6.3）。

PQ：假质量性状（6.3）。

MG、MS、VG、VS：观测方法（4.1.5）。

（a）～（d）性状表解释（8.1）。

（+）性状表解释（8.2）。

7 性状表

性状编号	观测方法	英文	中文	标准品种	代码
1. （*） （+） QN	VG （a）	**Plant：vigor**	**植株：树势**		
		weak	弱	88/6	3
		medium	中	Amur	5
		strong	强	Altai	7
2. （*） QN	VG （a）	**Plant：habit**	**植株：生长习性**		
		upright	直立	Amur，L-Kola 1	1
		semi-upright	半直立	Altai，L-Kola 28	2
		spreading	开张	88/7	3
3. （+） QN	VG （a）	**Plant：branching**	**植株：分枝力**		
		weak	弱	L-Kola 1	3
		medium	中	L-Kola 28	5
		strong	强	88/6	7
4. （*） QL	VG （a）	**One-year-old shoot：lenticels**	**一年生枝：皮孔有无**		
		absent	无		1
		present	有		9
5. （*） QN	VG （a）	**One-year-old shoot：pubescence**	**一年生枝：茸毛**		
		absent or very weak	无或极弱	Amur	1
		weak	弱	Altai	3
		medium	中		5
		strong	强	88/6	7
6. （*） PQ	VG （a）	**One-year-old shoot：color of bark**	**一年生枝：表皮颜色**		
		yellow brown	黄棕色		1
		light brown	浅棕色		2
		dark brown	深棕色		3
		red brown	红棕色		4
7. （*） （+） QN	VG （a）	**One-year-old shoot：development of adventitious buds**	**一年生枝：不定芽发育**		
		weak	弱		1
		medium	中	L-Kola 28	3
		strong	强	L-Kola 1	5

续表

性状编号	观测方法	英文	中文	标准品种	代码
8. (+) **QN**	**VG**	**Shoot：pubescence of tip**	**枝条：尖端茸毛**		
		absent or weak	无或弱	L-Kola 28	1
		medium	中		3
		strong	强	88/6，88/7	5
9. (+) **QN**	**VG**	**Shoot：glossiness of bark of tip**	**枝条：尖端表皮光泽度**		
		absent or weak	无或弱	88/6，88/7	1
		medium	中		3
		strong	强	L-Kola 1，L-Kola 28	5
10. (+) **QN**	**VG**	**Shoot：anthocyanin coloration of tip**	**枝条：尖端花青苷显色强度**		
		absent or very weak	无或极弱	88/7	1
		weak	弱	Altai，L-Kola 28	2
		medium	中		3
		strong	强	Amur	4
		very strong	极强		5
11. (*) **QN**	**VG/ MS** (d)	**Leaf blade：length**	**叶片：长度**		
		short	短		3
		medium	中		5
		long	长		7
12. (*) **QN**	**VG/ MS** (d)	**Leaf blade：width**	**叶片：宽度**		
		narrow	窄		3
		medium	中		5
		broad	宽		7
13. (*) **QN**	**VG/ MS** (d)	**Leaf blade：length/width ratio**	**叶片：长宽比**		
		moderately elongated	中度拉长		1
		medium	中等		2
		moderately compressed	中度压缩		3
14. (*) (+) **PQ**	**VG** (b)	**Leaf blade：shape of apex**	**叶片：先端形状**		
		acute	锐尖	Altai，L-Kola 28	1
		obtuse	钝尖		2
		rounded	圆形	Amur，88/7	3
15. **QN**	**VG** (b)	**Leaf blade：pubescence of lower side**	**叶片：下表面茸毛**		
		absent or very weak	无或极弱	Amur，L-Kola 1，L-Kola 28	1
		very weak	弱		3
		medium	中	Altai，88/6	5
		strong	强	88/7	7
		very strong	极强		9
16. **QN**	**VG** (b)	**Leaf blade：intensity of green color on upper side**	**叶片：上表面绿色程度**		
		light	浅		1
		medium	中	88/7	3
		dark	深	88/6	5
17. (+) **QN**	**VG** (b)	**Stem-clasping leaf：size**	**抱茎叶：大小**		
		small	小	Altai	1
		medium	中	L-Kola 28	3
		large	大	Amur	5

续表

性状编号	观测方法	英文	中文	标准品种	代码
18. (+) QL	VG (b)	**Stem-clasping leaf: pubescence**	**抱茎叶：茸毛**		
		absent	无		1
		present	有	L-Kola 1	9
19. (+) QN	VG (c)	**Flower: pubescence of corolla tube**	**花：花冠筒茸毛**		
		weak	弱	L-Kola 1	1
		medium	中	L-Kola 28	3
		strong	强	Amur	5
20. (+) QN	VG (c)	**Flower: attitude**	**花：姿态**		
		upwards	向上		1
		horizontal	水平		3
		downwards	向下		5
21. (+) QN	VG (c)	**Flower: style length relative to anther length**	**花：花柱相对花药长度**		
		shorter	短于		1
		equal	齐平		2
		longer	长于		3
22. (*) QN	VG (c)	**Sepal: length**	**萼片：长度**		
		short	短		1
		medium	中	Amur	3
		long	长	Altai	5
23. (*) (+) QN	VG/ MS (d)	**Fruit: length**	**果实：长度**		
		short	短		1
		medium	中	Amur	3
		long	长	Altai	5
24. (*) (+) QN	VG/ MS (d)	**Fruit: width**	**果实：宽度**		
		narrow	窄	Jaltská, Maistar, Sinoglas-ka	1
		medium	中	Amur, Morena, Viola	3
		broad	宽	Amfora, Fialka	5
25. (*) (+) QN	VG (d)	**Fruit: shape in cross section**	**果实：横截面形状**		
		narrow elliptic	窄椭圆		1
		broad elliptic	阔椭圆		2
		circular	圆形		3
26. (*) (+) PQ	VG (d)	**Fruit: shape in lateral view**	**果实：侧视形状**		
		ovate	卵圆形		1
		narrow oblong	窄椭圆形		2
		broad oblong	阔椭圆形		3
		obovate	倒卵圆形		4
		campanulate	钟形		5
27. (+) PQ	VG (d)	**Fruit: shape at calyx end**	**果实：基部形状**		
		acute	锐尖		1
		rounded	圆形		2
		truncate	平截		3
28. QL	VG (d)	**Fruit: tip**	**果实：果尖**		
		absent	无		1
		present	有		9

续表

性状编号	观测方法	英文	中文	标准品种	代码
29. (+) QN	VG (d)	**Fruit：size of eye opening**	**果实：开口大小**		
		small	小		1
		medium	中		3
		large	大		5
30. (+) QN	VG (d)	**Fruit：surface**	**果实：表面**		
		smooth	光滑	Amur，L-Kola 1	1
		medium	中等	Altai	2
		rough	粗糙	L-Kola 28	3
31. (+) QN	VG (d)	**Fruit：bloom of skin**	**果实：果霜**		
		weak	弱		1
		medium	中		3
		strong	强	Altai，Amur	5
32. (+) QN	VG (d)	**Fruit：intensity of blue color of skin**	**果实：果皮蓝色程度**		
		light	浅	Amfora，Fialka，Morena	1
		medium	中	Roksana，Zoluška	3
		dark	深	Altaj，Amur	5
33. QL	VG (d)	**Fruit：tufts of hairs at apex**	**果实：先端毛束**		
		absent	无	Amur，L-Kola 1	1
		present	有	Altai，88/7	9
34. (*) (+) QN	VG/ MG	**Time of bud burst**	**萌芽期**		
		early	早	L-Kola 28	3
		medium	中	L-Kola 1	5
		late	晚	88/6，88/7	7
35. (*) (+) QN	VG/ MG	**Time of beginning of flowering**	**始花期**		
		early	早	Altai，L-Kola 28	3
		medium	中	Amur，L-Kola 1	5
		late	晚		7
36. (*) (+) QN	VG/ MG	**Time of beginning of fruit ripening**	**果实始熟期**		
		early	早	Altai，L-Kola 1，L-Kola 28	3
		medium	中	Amur，88/6，88/7	5
		late	晚		7

8　性状表解释

8.1　对多个性状的解释

性状表第二列包含以下标注的性状应按照下述要求观测。

（a）所有有关植株性状的观测应在休眠期未修剪的灌木上进行。

（b）所有有关叶性状的观测应在果实成熟期典型的一年生枝部上 1/3 处充分发育的叶上进行。

（c）所有有关花的性状应在盛花期观测。

（d）所有有关果实的性状应在果实采摘期观测。

8.2　对单个性状的解释

性状 1：植株树势

对整体营养生长情况进行评价。

性状 3：植株分枝力

植株的分枝力指分枝的数量和侧枝数。

性状 7：一年生枝不定芽发育

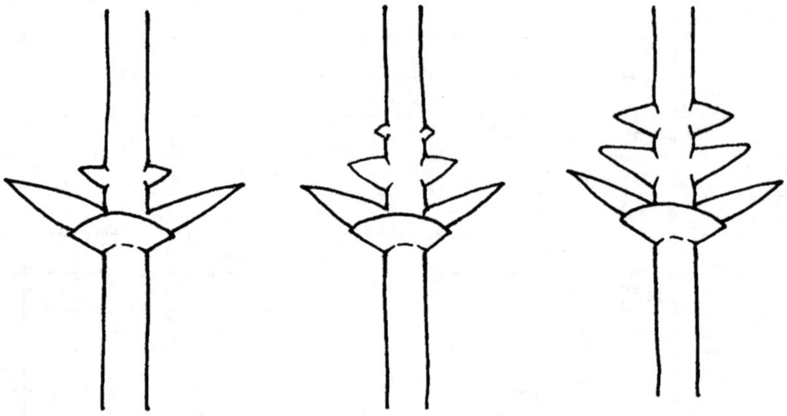

1	3	5
弱	中	强

性状 8：枝条尖端茸毛

性状 9：枝条尖端表皮光泽度

性状 10：枝条尖端花青苷显色强度

在快速生长期观测。

性状 14：叶片先端形状

1	2	3
锐尖	钝尖	圆形

性状 17：抱茎叶大小

性状 18：抱茎叶茸毛

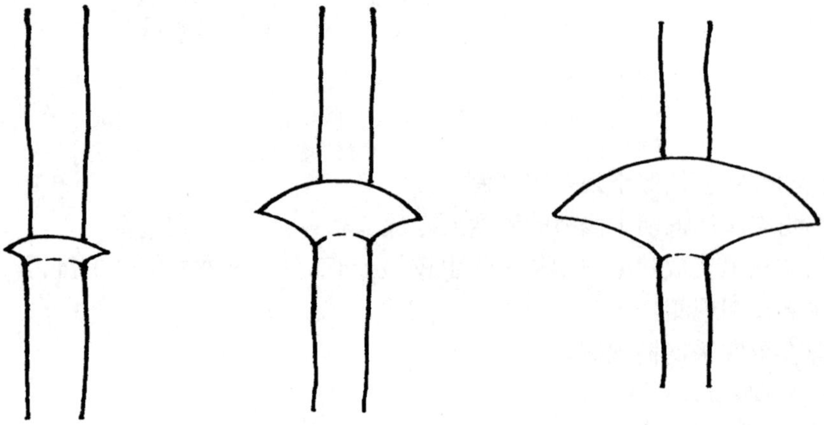

1	3	5
小	中	大

性状 19：花冠筒茸毛
应观测单花花萼基部的茸毛。

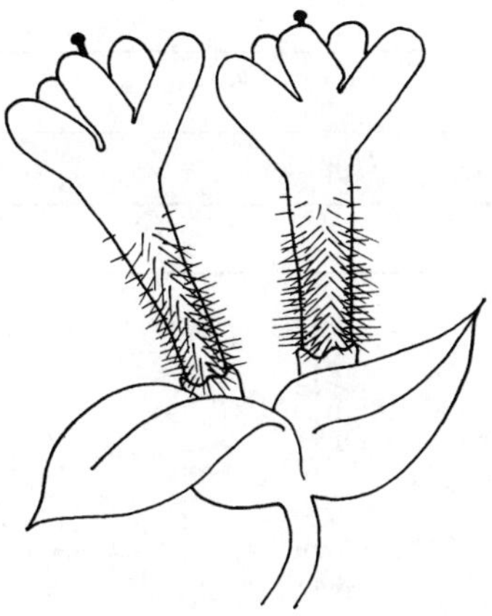

性状 20：花姿态

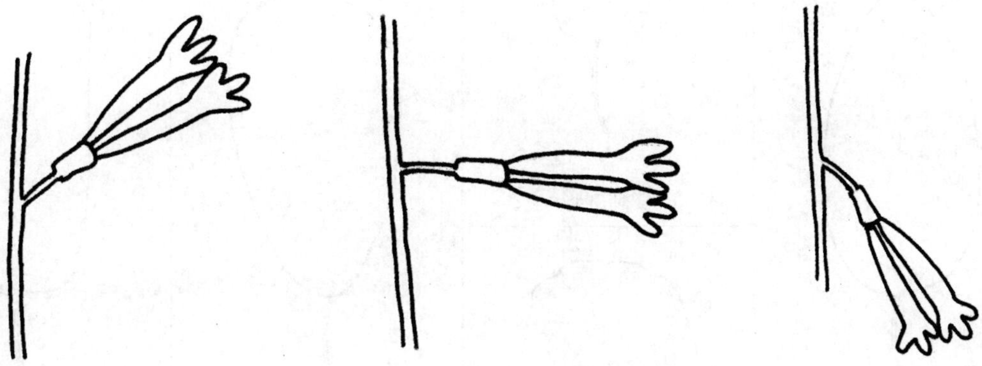

1	2	3
向上	水平	向下

性状 21：花柱相对花药长度

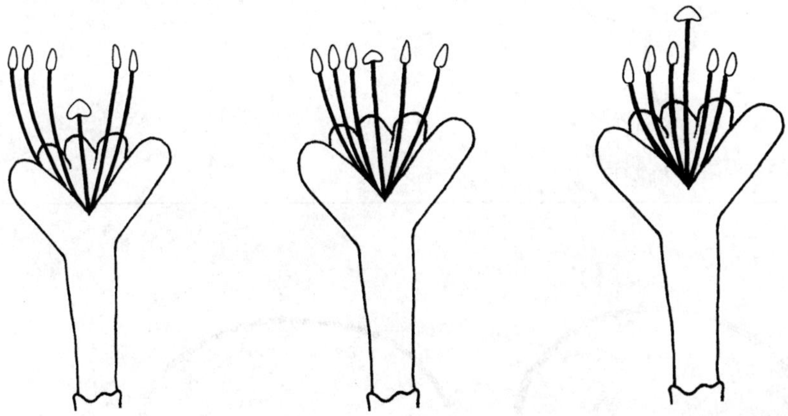

1	2	3
短于	平齐	长于

性状 23：果实长度

性状 24：果实宽度

性状 26：果实侧视形状

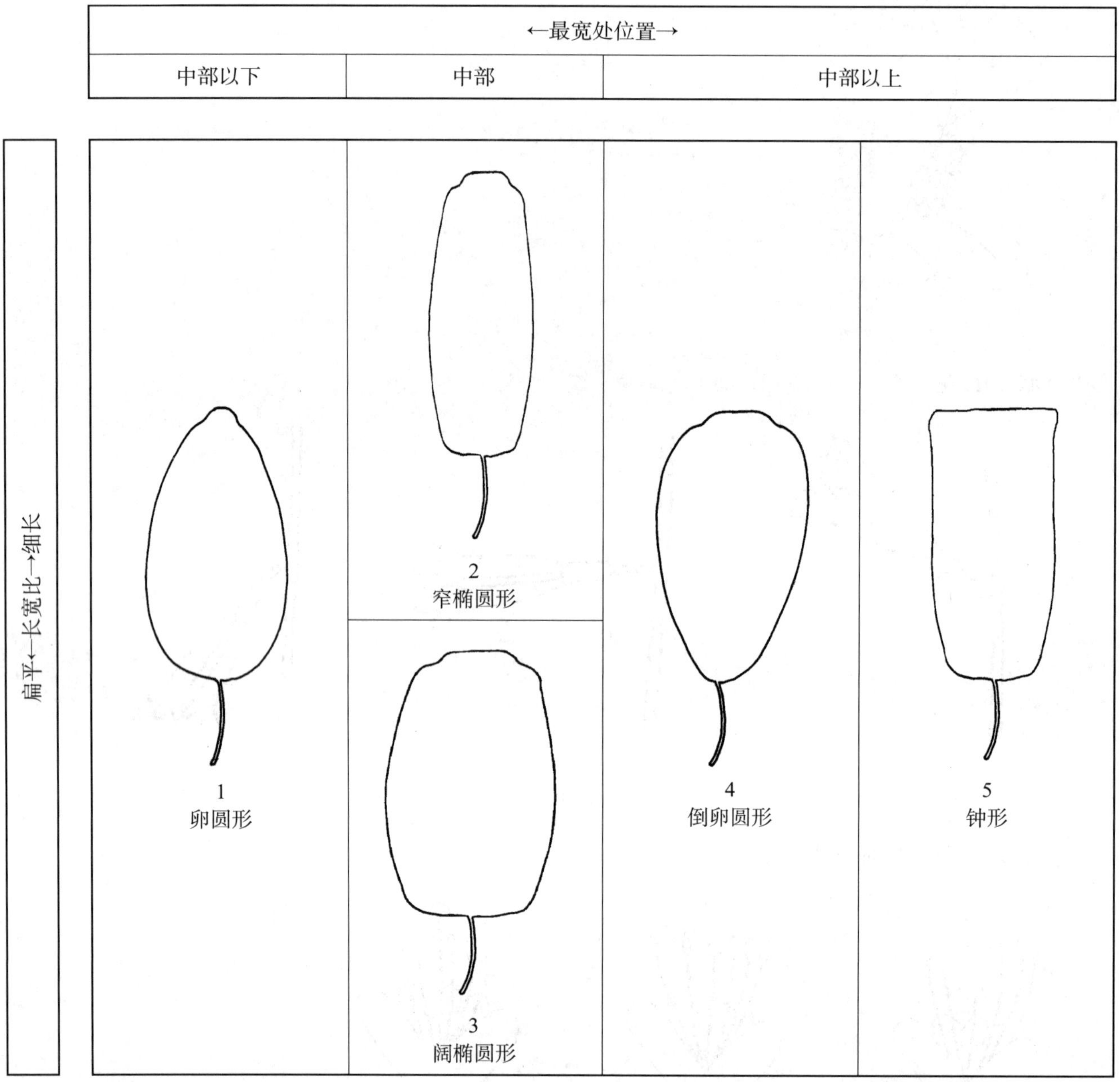

性状 25：果实横截面形状

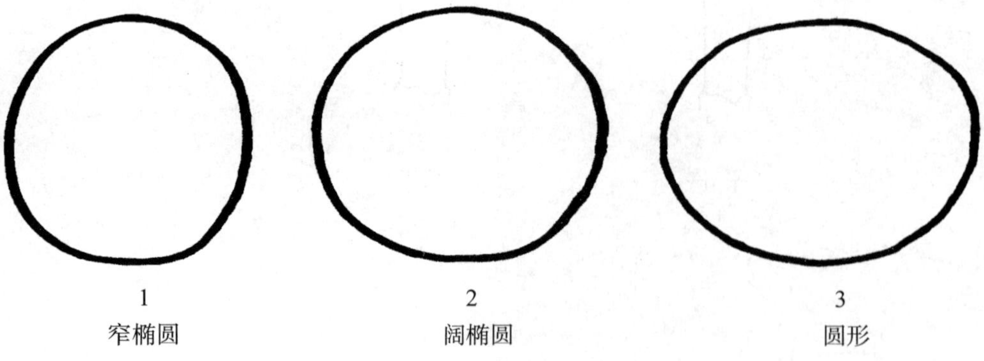

性状 27：果实基部形状

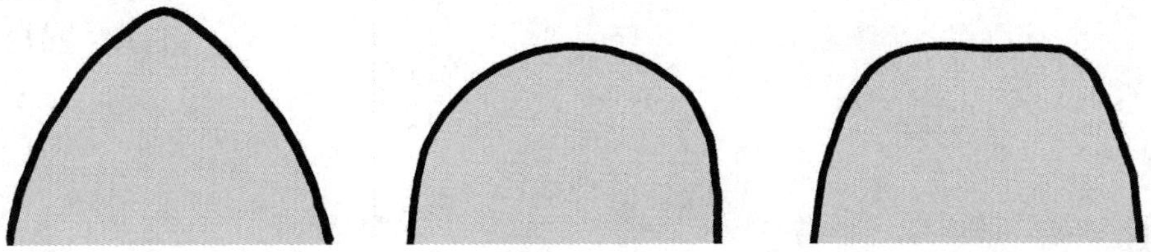

1 锐尖　　2 圆形　　3 平截

性状 29：果实开口大小

1 小　　3 中　　5 大

性状 30：果实表面

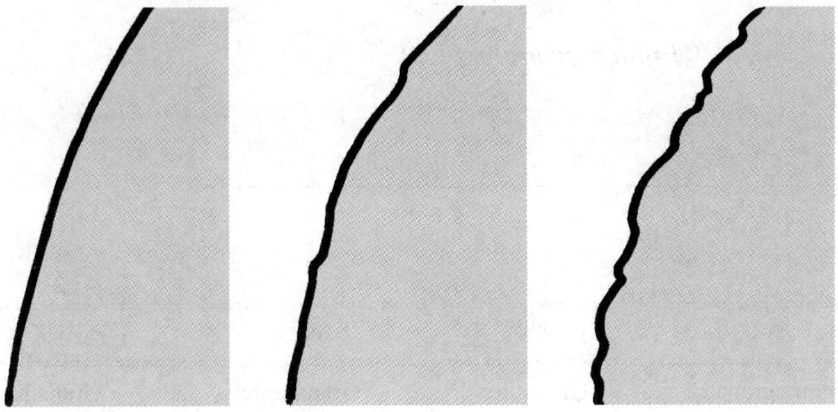

1 光滑　　2 中等　　3 粗糙

性状 31：果霜

果霜果皮上组成外皮部分的蜡质层。也被称作“蜡质”，通过摩擦可以擦除。

性状 32：果皮蓝色程度

除去果霜后观测。

性状 34：萌芽期

10% 的芽从芽鞘中露的时期。

性状 35：始花期

10% 的花开始开放的时期。

性状 36：果实始熟期

果实最容易从植株上摘取的时期。

扫码下载原文

如扫描二维码无法下载指南原文，可能是指南版本有更新，可扫描本书封底二维码查看与本文对应的指南版本

TG/284/1
原文：英文
日期：2013-03-20

国际植物新品种保护联盟
植物品种特异性、一致性和稳定性
测试指南

石榴

UPOV 代码：PUNIC_GRA

（*Punica granatum* L.）

互用名称 *

植物学名称	英文	法文	德文	西班牙文
Punica granatum L.	Pomegranate	Grenadier	Granatapfel	Granado

* 这些名称在指南开始使用时是正确的，但随后可能会修改更新。读者可登录 UPOV 网站（www.upov.int），获取最新资料。

1 指南适用范围

本指南适用于石榴（*Punica granatum* L.）的所有品种。

2 繁殖材料要求

2.1 待测品种繁殖材料的数量和质量要求以及提交的时间和地点由主管机构决定。申请人从测试所在国境外提交繁殖材料的，还应符合海关规定并满足相关植物检疫的要求。

2.2 材料以一年生扦插苗的形式提供。

2.3 材料由申请人提供，数量应不少于 5 株一年生扦插苗。

2.4 提供的繁殖材料应该外观健康有活力、无病虫害。

2.5 提交的繁殖材料不得进行任何可能影响品种性状表达的处理，除非主管机构允许或要求进行这种处理。如果材料已经处理，必须提供相关处理的详细情况。

3 测试方法

3.1 测试周期

3.1.1 测试周期至少为 2 个生长周期。

3.1.2 1 个生长周期是指 1 个生长季，从萌芽期（花芽或叶芽）开始，包括开花、结果、休眠期，至下一季萌膨大为止。

3.2 测试地点

测试通常在同一个地点进行。在 1 个以上地点进行测试时，TGP/9《特异性测试》提供了有关指导。

3.3 测试条件

3.3.1 测试的条件应能满足品种正常生长的需要，以确保品种相关性状充分表达和测试的顺利开展。树只能在定植当年进行修剪以形成良好分枝。

3.3.2 要保证 2 个生长周期都能正常结果。

3.4 试验设计

3.4.1 每个试验应保证至少有 5 个植株。

3.4.2 试验设计应保证因测量或计数等需要，从小区取走部分植株或植株部位后，不影响生长周期结束前的所有观测。

3.5 附加测试

为测试有关性状，可以进行附加测试。

4 特异性、一致性和稳定性评价

4.1 特异性

4.1.1 一般建议

对于本指南的使用者而言，在判定特异性前参照总则中关于特异性判定的一般原则十分重要。为进一步说明和强调特异性判定，本指南特列出特异性判定的要点。

4.1.2 一致的差异

当观测到的品种之间的差异非常明显时，则没有必要种植 1 个以上生长周期。此外，在某些情况下，环境的影响并不意味着需要 1 个以上的生长周期来保证品种间观测到的差异是足够一致的。为确保在种植试验中所观测到的性状差异是足够一致的，可以对性状进行至少 2 个独立生长周期的测试。

4.1.3 明显的差异

两个品种间的差异是否明显取决于很多因素，特别应考虑所测性状的表达类型，即该性状是质量性状、数量性状还是假质量性状。因此，在作出关于特异性的判定前，本测试指南的使用者应熟悉总则中的建议。

4.1.4 植株 / 植株部位的测试数量

除非另有说明，判定特异性时，所有对单个植株的观测应在 5 个植株或分别来自 5 个植株的部位进行，其他观测应在所有植株上进行。对植株部位进行观测时，每个植株的观测数量为 2 个。

4.1.5 观测方法

性状表第二列以如下符号（见 TGP/9《特异性测试》第 4 部分“性状观测”）的形式列出了特异性判定时推荐的性状观测方法。

MG：对一批植株或植株部位进行单次测量。

MS：对一定数量的植株或植株部位进行逐一测量。

VG：对一批植株或植株部位进行单次目测。

VS：对一定数量的植株或植株部位进行逐一目测。

观测类型：目测（V）或测量（M）。

目测（V）是一种基于专家判断的观测方法。本文中的目测是指专家的感官观察，因此，也包括闻、尝和触摸。目测也包括专家使用参照物（例如图表、标准品种、并排比较）或非线性的图表（例如比色卡）的观测。测量（M）是一种基于校准的、线性尺度的客观观测，例如使用尺、秤、色度计、日期和计数等进行观测。

记录类型：群体记录（G）或个体记录（S）。

以特异性为目的的观测，可被记录为一批植株或植株部位的单个记录（G），或者记录为一定数量的单个植株或植株部位的个体记录（S）。多数情况下，群体记录为一个品种提供一个单个记录，因此不可能或者不必要通过逐个植株的统计分析来判定特异性。

如果性状表中提供了不止一种观测方法（如 VG/MG），可以参考 TGP/9《特异性测试》的 4.2 部分选择合适的观测方法。

4.2 一致性

4.2.1 对于本指南的使用者而言，在判定一致性前参照总则中关于一致性判定的一般原则十分重要。为进一步说明和强调一致性判定，本指南特列出一致性判定的要点。

4.2.2 评价一致性时，应采用 1% 的群体标准和至少 95% 的接受概率。当样本量为 5 个时，不允许有异型株。

4.3 稳定性

4.3.1 在实际操作中，通常不像测试特异性和一致性那样对稳定性进行测试以得到明确结果。经验表明，对许多类型的品种来说，当一个品种表现一致时，可认为其是稳定的。

4.3.2 适当情况下或者有疑问时，稳定性可以采用如下方法测试：测试一批新材料，看其性状表现是否与之前提交的材料表现相同。

5 品种分组和试验组织

5.1 使用分组性状可以帮助选择与申请品种一起进行田间种植试验的已知品种，以及对这些品种进行合适分组以便进行特异性评价。

5.2 分组性状表达状态的数据即使来自不同地点，也可以单独或者与其他此类性状联合使用。

5.2.1 用于特异性测试中筛选排除那些不需要安排在种植试验中的已知品种。

5.2.2 用于组织安排种植试验，使近似品种种植在一起。

5.3 以下性状已被确认为有用的分组性状 .

（a）花冠：颜色（性状 17）。

（b）果实：宽度（性状 23）。

（c）果实：盖色（性状 26）。

（d）假种皮：主色（性状 35）。

（e）种子：硬度（性状 38）。

（f）食用成熟期（性状 40）。

5.4 总则 TGP/9 中提供了在特异性审查过程中使用分组性状的指导。

6 性状表介绍

6.1 性状类别

6.1.1 标准指南性状

标准指南性状是 UPOV 已同意用于 DUS 审查的性状，UPOV 成员可以从中选择与其特定环境相适应的性状。

6.1.2 星号性状

星号性状（用“*”标记）是测试指南中对于形成国际统一的品种描述十分重要的性状，所有 UPOV 成员都应将其用于 DUS 测试并包含在品种描述中，除非前序性状的表达或区域环境条件所限使其无法测试。

6.2 表达状态及相应代码

6.2.1 为定义性状和统一描述，将每个性状划分为一系列表达状态。每个表达状态赋予一个相应的数字代码，以便于数据记录，以及品种性状描述的建立和交流。

6.2.2 对于质量性状和假质量性状（6.3），性状表中列出了所有表达状态。但对于有 5 个或 5 个以上表达状态的数量性状，可以采用缩略尺度的方法，以缩短性状表格。例如，对于有 9 个表达状态的数量性状，在测试指南的性状表中可采用以下缩略形式。

表达状态	代码
小	3
中	5
大	7

但是应该指出的是，以下 9 个表达状态都是存在的，应采用适宜的表达状态用于品种的描述。

表达状态	代码
极小	1
极小到小	2
小	3
小到中	4
中	5
中到大	6
大	7
大到极大	8
极大	9

6.2.3 TGP/7《测试指南的研制》中提供了表达状态和代码的更详尽的介绍。

6.3 表达类型

总则中对性状表达类型（质量性状、数量性状和假质量性状）进行了解释。

6.4 标准品种

在适当的情况下，标准品种用于校正性状的表达状态。

6.5 注释

（*）星号性状（6.1.2）。

QL：质量性状（6.3）。

QN：数量性状（6.3）。

PQ：假质量性状（6.3）。

MG、MS、VG、VS：观测方法（4.1.5）。

（a）～（e）性状表解释（8.1）。

（+）性状表解释（8.2）。

7 性状表

性状编号	观测方法	英文	中文	标准品种	代码
1. （*） （+） QN	VG （a）	**Plant：vigor**	**植株：树势**		
		weak	弱		3
		medium	中	Wonderful	5
		strong	强	Mollar de Elche	7
2. （+） PQ	VG （a）	**Plant：growth habit**	**植株：生长习性**		
		upright	直立		1
		spreading	开张		3
		weeping	下垂		5
3. QN	VG （a）	**Plant：intensity of grey color of main branches**	**植株：主枝灰色程度**		
		light	浅		1
		medium	中		2
		dark	深		3
4. （+） QN	VG （a）	**Plant：number of one-year-old shoots ending in thorns**	**植株：一年生枝刺数量**		
		none or very few	无或极少		1
		few	少		2
		medium	中		3
		many	多		4
5. （+） QN	VG	**Young shoot：predominant number of leaves per node**	**新梢：每节叶片数量**		
		two	2 片	Mollar de Elche	1
		three	3 片		2
		more than three	多于 3 片	Porfianca	3
6. QN	VG/ MS （b）	**Leaf blade：length**	**叶片：长度**		
		short	短	Mollar de Elche，Porfianca	3
		medium	中	Valenciano	5
		long	长	Borde，Wonderful	7

续表

性状编号	观测方法	英文	中文	标准品种	代码
7. QN	VG/ MS (b)	**Leaf blade：width**	**叶片：宽度**		
		narrow	窄	Wonderful	3
		medium	中		5
		broad	宽	Borde，Mollar de Elche	7
8. (+) QN	VG/ MS (b)	**Leaf blade：ratio length/width**	**叶片：长宽比**		
		low	低	Mollar de Albatera	3
		medium	中	Borde	5
		high	高	Tendral	7
9. (+) QN	VG (b)	**Leaf blade：shape of apex excluding tip**	**叶片：尖端形状（不包括叶尖）**		
		strongly acute	极尖		1
		moderately acute	锐尖	Wonderful	2
		right angled	直角	Acco，Tendral	3
		moderately obtuse	钝尖	Mollar de Elche	4
		strongly obtuse	钝圆形		5
10. QN	VG (b)	**Leaf blade：intensity of green color**	**叶片：绿色程度**		
		light	浅		3
		medium	中		5
		dark	深		7
11. (*) QN	VG/ MS (b)	**Petiole：length**	**叶柄：长度**		
		short	短	Borde	3
		medium	中	Wonderful	5
		long	长	Tendral	7
12. (*) QN	VG (b)	**Petiole：anthocyanin coloration**	**叶柄：花青苷显色**		
		weak	弱	Acco	3
		medium	中	Mollar de Elche	5
		strong	强	Borde，Tendral	7
13. (+) QN	VG/ MS (c)	**Calyx：length**	**花萼：长度**		
		short	短	Malisi	3
		medium	中	Hicaz Nar	5
		long	长		7
14. (*) (+) QN	VG/ MS (c)	**Calyx：width**	**花萼：宽度**		
		narrow	窄	Malisi	3
		medium	中	Mollar de Elche，Porfianca，Valenciana	5
		broad	宽	Wonderful	7
15. (+) QN	VG/ MS (c)	**Calyx：ratio length/width**	**花萼：长宽比**		
		low	低	Wonderful	3
		medium	中	Black	5
		high	高	Bhagwa	7
16. (+) PQ	VG (c)	**Calyx：color**	**花萼：颜色**		
		orange	橙色	Mollar de Elche，Valenciana	1
		orange red	橙红色	Wonderful	2
		medium red	中等红色		3
		dark red	深红色		4

续表

性状编号	观测方法	英文	中文	标准品种	代码
17. (*) (+) PQ	**VG (c)**	**Corolla：color**	**花冠：颜色**		
		white	白色		1
		pink	粉色		2
		light orange	浅橙色	Borde	3
		medium orange	中等橙色	Mollar de Elche，Wonder-ful	4
		orange red	橙红色		5
		medium red	中等红色		6
18. (*) (+) QN	**VG/ MS (c)**	**Petal：length**	**花瓣：长度**		
		short	短	Mollar de Elche，Valenci-ana	3
		medium	中	Hicaz Nar	5
		long	长		7
19. (+) QN	**VG/ MS (c)**	**Petal：width**	**花瓣：宽度**		
		narrow	窄	Black，Hicaz N	3
		medium	中	Rosh Hapered，Tendral	5
		broad	宽		7
20. QN	**VG (c)**	**Petal：surface**	**花瓣：表面**		
		smooth or slightly wrinkled	光滑或微皱		1
		moderately wrinkled	具褶皱	Bahgwa，Mollar de Elche	3
		strongly wrinkled	极褶皱	Malisi，Rosh Hapered	5
21. (+) QN	**VG**	**One-year-old shoot：predominant number of flowers per node**	**一年生枝：每节花数量**		
		one	1个		1
		two	2个		2
		three	3个		3
		more than three	多于3个		4
22. (*) (+) QN	**VG/ MS (d)**	**Fruit：length**	**果实：长度**		
		short	短		3
		medium	中	Borde	5
		long	长	Wonderful	7
23. (*) (+) QN	**VG/ MS (d)**	**Fruit：width**	**果实：宽度**		
		narrow	窄		3
		medium	中	Borde	5
		broad	宽	Mollar de Elche，Wonder-ful	7
24. (+) QN	**VG/ MS (d)**	**Fruit：ratio length/width**	**果实：长宽比**		
		low	低	Rosh Hapered	3
		medium	中	Wonderful	5
		high	高	Valenciana	7
25. (*) (+) QN	**VG/ MS (d)**	**Fruit：length of crown**	**果实：萼筒长度**		
		short	短		3
		medium	中	Mollar de Elche	5
		long	长	Wonderful	7

续表

性状编号	观测方法	英文	中文	标准品种	代码
26. **(*)** **PQ**	**VG** **(d)**	**Fruit：over color**	**果实：盖色**		
		orange	橙色	Mollar de Albatera，Mollar de Elche	1
		orange red	橙红色		2
		pink	粉色		3
		pink red	粉红色	Valenciano	4
		medium red	中等红色	Acco	5
		red purple	红紫色		6
		purple	紫色	Kamel	7
		dark purple	深紫色		8
27. **QN**	**VG** **(d)**	**Fruit：extent of over color**	**果实：盖色面积**		
		very small	极小		1
		small	小	Wonderful	3
		medium	中	Tendral，Valenciano	5
		large	大		7
		very large	极大	Acco，Bhagwa，Black	9
28. **(*)** **(+)** **QN**	**VG** **(d)**	**Fruit：shape in cross section**	**果实：横切面形状**		
		circular	圆形	Borde，Wonde	1
		circular to angular	圆到有棱角	Malisi	2
		angular	有棱角	Bhagwa，Valenciano	3
29. **(+)** **QN**	**VG/** **MS** **(d)**	**Fruit：thickness of skin**	**果实：果皮厚度**		
		thin	薄	Acco，Valenciano，Wonderful	3
		medium	中		5
		thick	厚	Kamel	7
30. **(*)** **(+)** **QN**	**VG/** **MS** **(d)**	**Fruit：sweetness**	**果实：甜度**		
		low	低		3
		medium	中	Rosh Hapered，Valenciano	5
		high	高		7
31. **(+)** **QN**	**VG/** **MS** **(d)**	**Fruit：acidity**	**果实：酸度**		
		low	低	Mollar de Elche，Valenciano	3
		medium	中	Acco，Wonderful	5
		high	高		7
32. **(*)** **(+)** **QN**	**VG/** **MS** **(d)**	**Fruit：juiciness**	**果实：果汁量**		
		low	低	Wonderful	3
		medium	中	Mollar de Elche	5
		high	高	Valenciano	7
33. **(+)** **QN**	**VG/** **MS** **(e)**	**Aril：length**	**假种皮：长度**		
		short	短		1
		medium	中	Acco	2
		long	长	Mollar de Elche	3

续表

性状编号	观测方法	英文	中文	标准品种	代码
34. (+) QN	VG/ MS (e)	**Aril：width**	**假种皮：宽度**		
		narrow	窄		1
		medium	中	Acco，Wonderful	2
		broad	宽	Piñón tierno de Ojós	3
35. (*) (+) PQ	VG (e)	**Aril：main color**	**假种皮：主色**		
		white	白色	Mollar de Elche	1
		light pink	浅粉色	Valenciano	2
		medium pink	中等粉色	Tendral	3
		dark pink	深粉色		4
		light red	浅红色		5
		medium red	中等红色		6
		dark red	深红色	Wonderful	7
36. (+) QN	VG/ MS (e)	**Seed：length**	**种子：长度**		
		short	短	Valenciano	1
		medium	中	Mollar de Elche	2
		long	长		3
37. (+) QN	VG/ MS (e)	**Seed：width**	**种子：宽度**		
		narrow	窄		1
		medium	中	Mollar de Elche，Wonderful	2
		broad	宽		3
38. (*) (+) QN	VG (e)	**Seed：hardness**	**种子：硬度**		
		soft	软	Mollar de Elche，Valenciano	1
		medium	中	Wonderful	2
		hard	硬	Borde	3
39. (*) (+) QN	VG/ MG	**Time of beginning of flowering**	**始花期**		
		early	早	Valenciano	3
		medium	中	Mollar de Elche，Wonderful	5
		late	晚		7
40. (*) (+) QN	VG/ MG	**Time of maturity for consumption**	**食用成熟期**		
		early	早	Valenciano	3
		medium	中	Mollar de Elche，Wonderful	5
		late	晚		7

8 性状表解释

8.1 对多个性状的解释

性状表第二列包含以下标注的性状应按照下述要求观测。

（a）对植株的观测应于落叶后的休眠期进行。

（b）对叶的观测应在当年生枝条中部 1/3 处、叶片数较少的节上的成熟叶上进行。

（c）对花的观测应于盛花期在完全展开的两性花上进行。全树至少 75% 的花完全展开的时期为盛花期。

（d）对果实的观测应于食用成熟期在 10 个果实上进行。

（e）对种子的观测应于食用成熟期在新鲜的种子上进行。

8.2 对单个性状的解释

性状 1：植株树势

树势为植株顶部总体的营养生长状况。

性状 2：植株生长习性

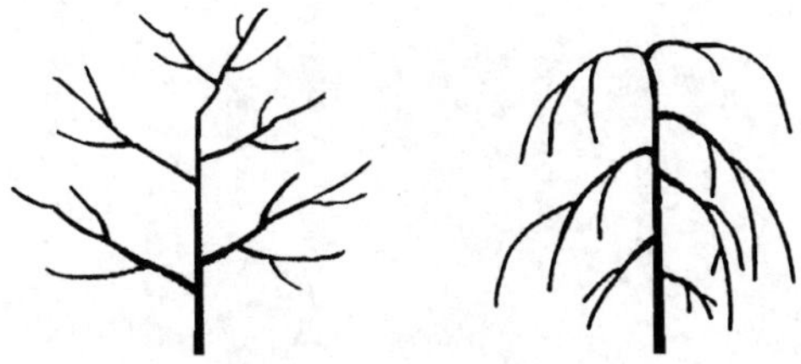

1	3	5
直立	开张	下垂

性状 4：植株一年生枝刺数量

除非另有说明，对一年生枝的观测应于休眠期进行。

性状 5：新梢每节叶片数量

对新梢的观测应在枝条中部 1/3 处进行。

性状 8：叶片长宽比

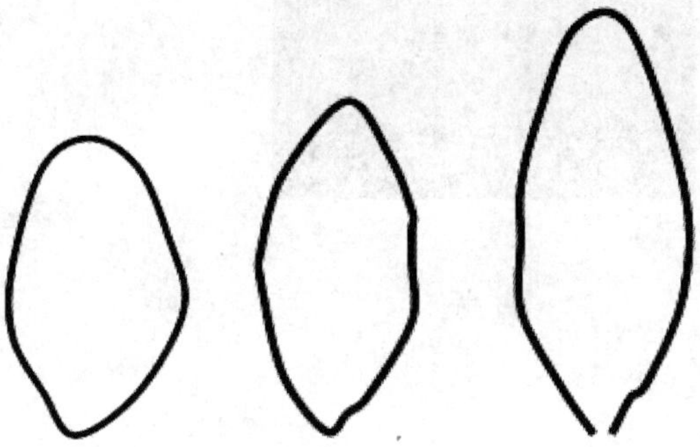

3	5	7
低	中	高

性状 9：叶片尖端形状（不包括叶尖）

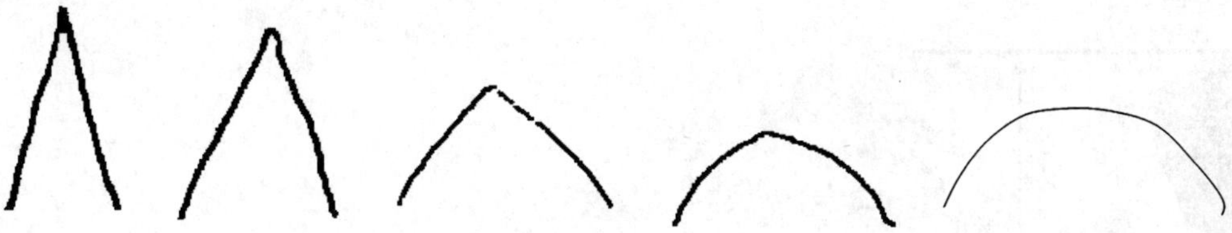

1	2	3	4	5
极尖	锐尖	直角	钝尖	钝圆形

性状 13：花萼长度

性状 14：花萼宽度

花萼宽度的观测应在花萼中部进行。

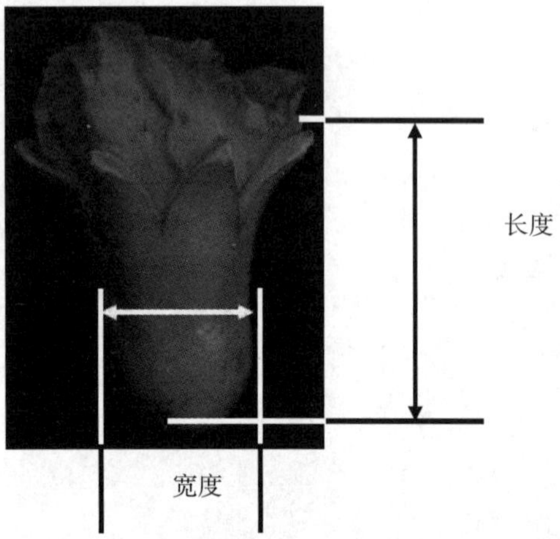

性状 15：花萼长宽比

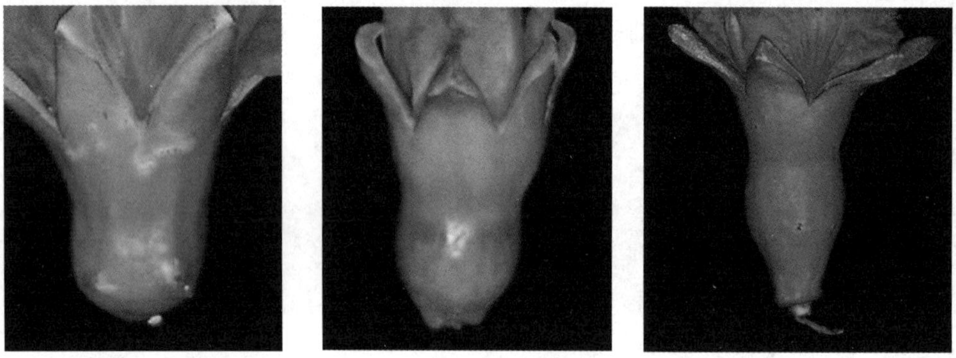

3	5	7
低	中	高

性状 16：花萼颜色

应于萼片闭合时进行观测。

性状 17：花冠颜色

应于花完全展开时进行观测。

性状 18：花瓣长度

性状 19：花瓣宽度

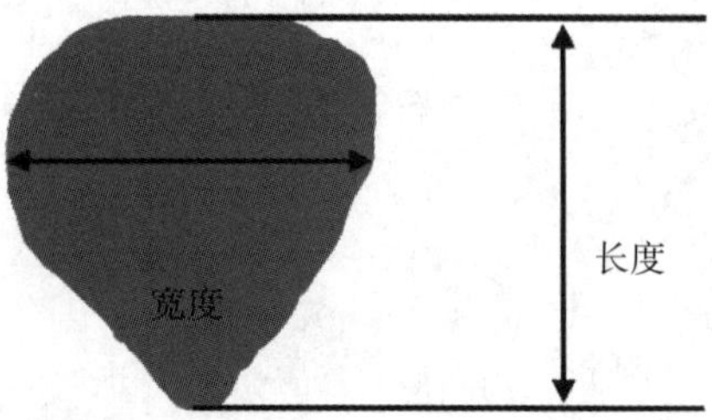

性状 21：一年生枝每节花数量

应于盛花期观测两性花。

性状 22：果实长度
性状 23：果实宽度
性状 25：果实萼筒长度

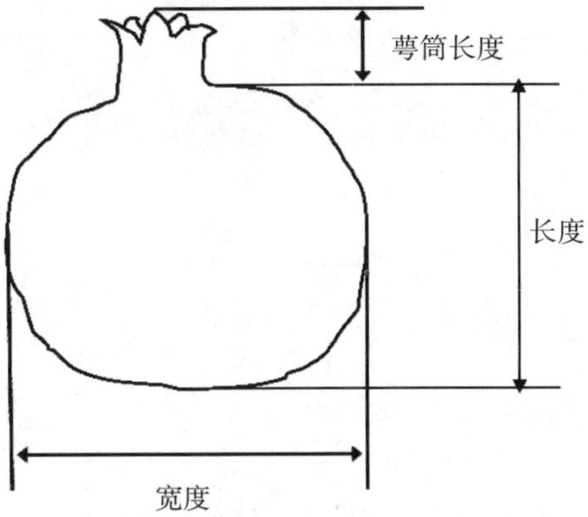

性状 24：果实长宽比

3	5	7
低	中	高

性状 28：果实横切面形状

1	2	3
圆形	圆到有棱角	有棱角

性状 29：果实果皮厚度
应在假种皮末端的小裂片处进行观测，如下图箭头所示。

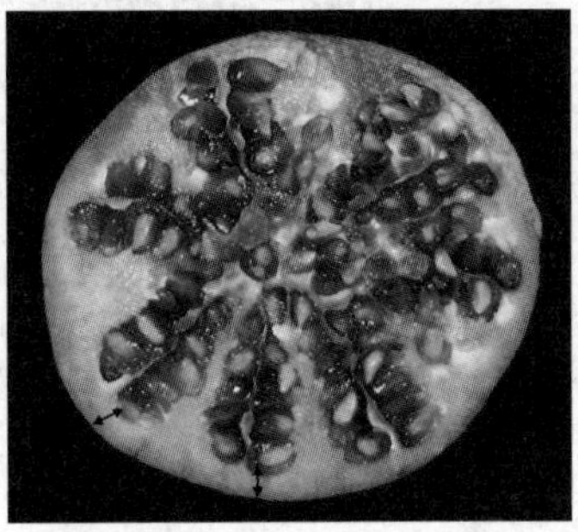

性状 30：果实甜度

用折光仪进行测量，以“º Brix”为单位。

性状 31：果实酸度

酸度是指游离酸的含量，通过果汁滴定进行测量。

性状 32：果汁量

是指果汁占果实总重量的百分比。

性状 33：假种皮长度

性状 34：假种皮宽度

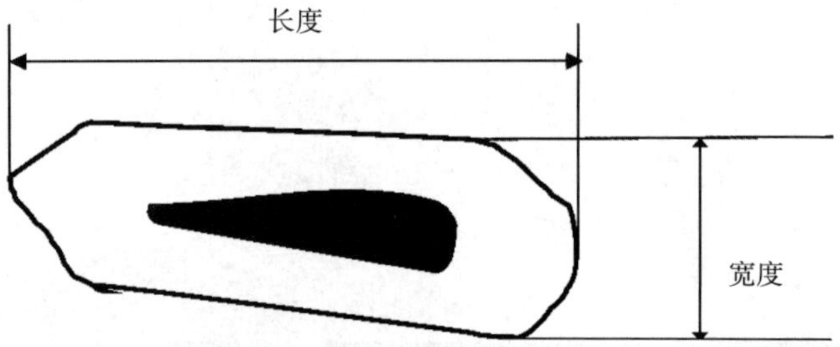

性状 35：假种皮主色

主色是指覆盖面积最大的颜色。

性状 36：种子长度

性状 37：种子宽度

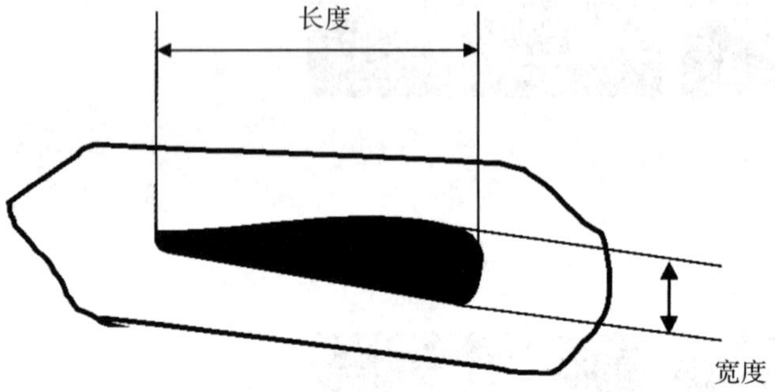

性状 38：种子硬度

通过咀嚼来评价，容易咀嚼即为“软”，难咀嚼即为“硬”。

性状 39：始花期

25% 的花完全开放的时期。

性状 40：食用成熟期

多于 75% 的果实完全着色的时期。

TG/295/1
原文：英文
日期：2013-03-20

国际植物新品种保护联盟
植物品种特异性、一致性和稳定性测试指南

凤梨

UPOV 代码：ANANA_COM

[*Ananas comosus* (L.) Merr.]

互用名称 *

植物学名称	英文	法文	德文	西班牙文
Ananas comosus (L.) Merr	Pineapple	Ananas	Ananas	Piña

* 这些名称在指南开始使用时是正确的，但随后可能会修改更新。读者可登录 UPOV 网站（www.upov.int），获取最新资料。

1 指南使用范围

本指南适用于凤梨 [*Ananas comosus*（L.）Merr.] 所有品种。本测试指南中的性状可以用来区分可食用品种，对于测试观赏品种，可能需要附加性状。

对观赏品种进行 DUS 测试时，性状表中可能有必要包含一些附加性状和附加表达状态。

2 繁殖材料要求

2.1 待测品种繁殖材料的数量和质量要求以及提交的时间和地点由主管机构决定。申请人从测试所在国境外提交繁殖材料的，还应符合海关规定并满足相关植物检疫的要求。

2.2 繁殖材料由主管部门指定以吸芽、冠芽、裔芽或幼苗形式提供。

2.3 申请人提交繁殖材料的最小数量为 10 个吸芽、冠芽、裔芽或幼苗。

2.4 提供的繁殖材料应外观健康有活力，未受到任何严重病虫害的影响。

2.5 提交的繁殖材料不得进行任何可能影响品种性状表达的处理，除非主管机构允许或要求进行这种处理。如果材料已经处理，必须提供相关处理的详细情况。

3 测试方法

3.1 生长周期

3.1.1 测试的最少周期数量通常为 2 个生长周期。

3.1.2 生长周期为从活跃的营养生长或开花开始，经过持续活跃的营养生长或开花、果实发育直至果实收获的整个阶段。

3.2 测试地点

测试通常在同一个地点进行。在 1 个以上地点进行测试时，TGP/9《特异性测试》提供了有关指导。

3.3 测试条件

3.3.1 测试的条件应能满足品种正常生长的需要，以确保品种相关性状充分表达和测试的顺利开展。

3.3.2 在性状表第二列中用数字表示每个性状的最佳观测生育阶段。这些用数字表示的生育阶段在 8.1 部分中有描述。

3.4 试验设计

3.4.1 每个试验设计应保证至少有 10 个植株。

3.4.2 试验设计应保证因测量或计数等需要，从小区取走部分植株或植株部位后，不影响生长周期结束前的所有观测。

3.5 附加测试

为测试有关性状，可以进行附加测试。

4 特异性、一致性和稳定性评价

4.1 特异性

4.1.1 一般建议

对于本指南的使用者而言，在判定特异性前参照总则中关于特异性判定的一般原则十分重要。为进一步说明和强调特异性判定，本指南特列出特异性判定的要点。

4.1.2 一致的差异

当观测到的品种之间的差异非常明显时，则没有必要种植 1 个以上生长周期。此外，在某些情况下，环境的影响并不意味着需要 1 个以上的生长周期来保证品种间观察到的差异是足够一致的。为确保在种植试验中所观测到的性状差异是足够一致的，可以对性状进行至少 2 个独立生长周期的测试。

4.1.3 明显的差异

两个品种间的差异是否明显取决于很多因素，特别应考虑所测性状的表达类型，即该性状是质量性状、数量性状还是假质量性状。因此，在作出关于特异性的判定前，本测试指南的使用者应熟悉总则中的建议。

4.1.4 植株 / 植株部位的观测数量

除非另有说明，在判定特异性时，对于单株的观测，应观测 10 个植株或分别从 10 个植株取下的植株部位；对于其他观测，应观测试验中的所有植株，异型株除外。在观测植株部位时，每个植株取样应为 2 个。

4.1.5 观测方法

性状表第二列以如下符号（见 TGP/9《特异性测试》第 4 部分“性状观测”）的形式列出了特异性判定时推荐的性状观测方法。

MG：对一批植株或植株部位进行单次测量。

MS：对一定数量的植株或植株部位进行逐一测量。

VG：对一批植株或植株部位进行单次目测。

VS：对一定数量的植株或植株部位进行逐一目测。

观测类型：目测（V）或测量（M）。

目测（V）是一种基于专家判断的观测方法。本文中的目测是指专家的感官观察，因此，也包括闻、尝和触摸。目测也包括专家使用参照物（例如图表、标准品种、并排比较）或非线性的图表（例如比色卡）的观测。测量（M）是一种基于校准的、线性尺度的客观观测，例如使用尺、秤、色度计、日期和计数等进行观测。

记录类型：群体记录（G）或个体记录（S）。

以特异性为目的的观测，可被记录为一批植株或植株部位的单个记录（G），或者记录为一定数量的单个植株或植株部位的个体记录（S）。多数情况下，群体记录为一个品种提供一个单个记录，因此不可能或者不必要通过逐个植株的统计分析来判定特异性。

如果性状表中提供了不止一种观测方法（如 VG/MG），可以参考 TGP/9《特异性测试》的第 4 部分选择合适的观测方法。

4.2 一致性

4.2.1 对于本指南的使用者而言，在判定一致性前参照总则中关于一致性判定的一般原则十分重要。为进一步说明和强调一致性判定，本指南特列出一致性判定的要点。

4.2.2 一致性判定时，应采用 1% 的群体标准和至少 95% 的接受概率。当样本量为 10 个时，允许有 1 个异型株。

4.3 稳定性

4.3.1 在实际操作中，通常不像测试特异性和一致性那样对稳定性进行测试以得到明确结果。经验表明，对许多类型的品种来说，当一个品种表现一致时，可认为其是稳定的。

4.3.2 适当情况下或者有疑问时，稳定性可以采用如下方法测试：测试一批该品种的新材料，看其性状表现是否与之前提交的材料表现相同。

5 品种分组和试验组织

5.1 使用分组性状可以帮助选择与申请品种一起进行田间种植试验的已知品种，以及对这些品种进行合适分组以便进行特异性评价。

5.2 分组性状表达状态的数据即使来自不同地点，也可以单独或者与其他此类性状联合使用。

5.2.1 用于特异性测试中筛选排除那些不需要安排在种植试验中的已知品种。

5.2.2 用于组织安排种植试验，使近似品种种植在一起。

5.3 以下性状已被确认为有用的分组性状。

（a）植株：生长习性（性状 1）。

（b）叶：花青苷显色（性状 6）。

（c）叶：褶（性状 8）。

（d）叶：刺（性状 9）。

（e）果实：形状（性状 31）。

（f）果实：主色（性状 34）。

（g）果实：果肉颜色（性状 39）。

5.4 总则中提供了在特异性审查过程中使用分组性状的指导。

6 性状表介绍

6.1 性状类型

6.1.1 标准指南性状

标准指南性状是 UPOV 已同意用于 DUS 审查的性状，UPOV 成员可以从中选择与其特定环境相适应的性状。

6.1.2 星号性状

星号性状（用“*”标记）是测试指南中对于形成国际统一的品种描述十分重要的性状，所有 UPOV 成员都应将其用于 DUS 测试并包含在品种描述中，除非前序性状的表达或区域环境条件所限使其无法测试。

6.2 表达状态及相应代码

6.2.1 为定义性状和统一描述，将每个性状划分为一系列表达状态。每个表达状态赋予一个相应的数字代码，以便于数据记录，以及品种性状描述的建立和交流。

6.2.2 对于质量性状和假质量性状（6.3），性状表中列出了所有表达状态。但对于有 5 个或 5 个以上表达状态的数量性状，可以采用缩略尺度的方法，以缩短性状表格。例如，对于有 9 个表达状态的数量性状，在测试指南的性状表中可采用以下缩略形式。

表达状态	代码
小	3
中	5
大	7

但是应该指出的是，以下 9 个表达状态都是存在的，应采用适宜的表达状态用于品种的描述。

表达状态	代码
极小	1
极小到小	2
小	3
小到中	4
中	5
中到大	6
大	7
大到极大	8
极大	9

6.2.3 TGP/7《测试指南的研制》中提供了表达状态和代码的更详尽的介绍。

6.3 表达类型

总则中对性状表达类型（质量性状、数量性状和假质量性状）进行了解释。

6.4 标准品种

适当时，测试指南中提供了标准品种用于校正性状的表达状态。8.3 部分列出了（synonyms）同品异名标准品种。

6.5 注释

（*）星号性状（6.1.2）。

QL：质量性状（6.3）。

QN：数量性状（6.3）。

PQ：假质量性状（6.3）。

MG、MS、VG、VS：观测方法（4.1.5）。

（a）～（d）性状表解释（8.1）。

（+）性状表解释（8.2）。

1-T、2-A、3-I、4-M 性状表解释（生育阶段）（8.1）。

7 性状表

性状编号	观测方法	英文	中文	标准品种	代码
1. （*） （+） QN	**VG 1-T （a）**	**Plant：growth habit**	**植株：生长习性**		
		upright	直立	Perola	1
		semi upright	半直立	Smooth Cayenne	3
		spreading	平展	Perolera	5
2. （*） （+） QN	**VG/ MS 1-T （a）**	**Plant：number of leaves**	**植株：叶片数量**		
		few	少	Perola	3
		medium	中	BRS Imperial，Gold，Smooth Cayenne	5
		many	多	Gomo de Mel	7
3. （*） （+） QN	**VG/ MS 1-T （a）**	**Leaf：length**	**叶：长度**		
		short	短	Queen	3
		medium	中	Smooth Cayenne	5
		long	长	Aus-Carnival，Perola	7

续表

性状编号	观测方法	英文	中文	标准品种	代码
4. **(*)** **(+)** **QN**	**VG/** **MS** **1-T** **(a)**	**Leaf: width**	**叶：宽度**		
		narrow	窄	Queen	3
		medium	中	Smooth Cayenne	5
		broad	宽	Perola	7
5. **(*)** **QN**	**VG** **1-T** **(a)**	**Leaf: green color of upper side**	**叶：上表面绿色**		
		light	浅	BRS Vitoria	3
		medium	中	Smooth Cayenne	5
		dark	深	Jupi，MD-2，Perola	7
6. **(*)** **QN**	**VG** **1-T** **(a)**	**Leaf: anthocyanin coloration**	**叶：花青苷显色**		
		absent or very weak	无或极弱	Aus-Jubilee，BRS Vitoria，MD-2，Selangor Green	1
		weak	弱	Pot à eau	3
		medium	中	Smooth Cayenne	5
		strong	强	Rondon	7
		very strong	极强	Roxo de Tefe，73-50	9
7. **(+)** **QN**	**VG** **1-T** **(a)**	**Leaf: trichomes on lower side**	**叶：下表面毛状物密度**		
		absent or very sparse	无或极稀		1
		intermediate	中等	Smooth Cayenne	2
		dense	密	Queen	3
8. **(*)** **(+)** **QL**	**VG** **1-T** **(a)**	**Leaf: piping**	**叶：褶**		
		absent	无	Queen，Samba	1
		present	有	Perolera，Singapore Canning	9
9. **QL**	**VG** **1-T** **(a)**	**Leaf: spines**	**叶：刺**		
		absent	无	BRS Imperial，Perolera，Samba，Singapore Canning	1
		present	有	Queen	9
10. **QN**	**VG** **1-T** **(a)**	**Leaf: density of spines**	**叶：刺密度**		
		sparse	稀	MD-2，Smooth Cayenne	1
		medium	中	Red Spanish，Tainon 17	2
		dense	密	Abacaxi special amarelo，Perola，Queen，Tainon 4	3
11. **(+)** **PQ**	**VG** **1-T** **(a)**	**Leaf: position of spines on margin**	**叶：刺在叶缘的位置**		
		at base only	仅基部		1
		at apex only	仅先端	Smooth Cayenne	2
		at base and apex	基部和先端	MD-2	3
		along all margin	沿整个叶缘	Queen	4
12. **PQ**	**VG** **1-T** **(a)**	**Leaf: color of spines**	**叶：刺颜色**		
		yellowish green	泛黄绿色	Gold，MD-2	1
		orange	橙色		2
		red	红色	Gomo de Mel	3
		purple	紫色		4

续表

性状编号	观测方法	英文	中文	标准品种	代码
13. (*) QN	**VG 1-T (a)**	**Leaf：size of spines**	**叶：刺大小**		
		small	小	Gold，MD-2，Perola，Smooth Cayenne	1
		medium	中	Singapore Canning	3
		large	大	Gomo de Mel，Queen	5
14. (*) (+) QN	**VG 2-A (b)**	**Inflorescence：size of bracts**	**花序：苞片大小**		
		small	小	Perola	1
		medium	中	Queen，Smooth Cayenne	2
		large	大	Singapore Canning	3
15. QL	**VG 2-A (b)**	**Petal：color of apex**	**花瓣：先端颜色**		
		blue purple	蓝紫色	Perola	1
		purple red	紫红色	Smooth Cayenne	2
16. QN	**VG/ MS 2-A (b)**	**Petal length**	**花瓣：长度**		
		short	短	Singapore Canning	1
		medium	中	Smooth Cayenne	2
		long	长	Rondon	3
17. QN	**VG 2-A (b)**	**Stamen：length**	**雄蕊：长度**		
		short	短	Smooth Cayenne	1
		medium	中	Rondon	2
		long	长	Perolera	3
18. QN	**VG 2-A (b)**	**Style：length**	**花柱：长度**		
		short	短	Singapore Canning	1
		medium	中	Red Spanish	2
		long	长	Perolera	3
19. PQ	**VG 3-I (c)**	**Immature fruit：color**	**未成熟果实：颜色**		
		grey	灰色	Perola	1
		medium green	中等绿色	Smooth Cayenne	2
		dark green	深绿色	MD-2	3
		pink	粉色		4
		red	红色		5
		purple	紫色		6
		brownish purple	泛棕紫色	Roxo de Tefe	7
		dark brown	深棕色		8
20. QN	**VG 4-M (d)**	**Plant：height to fruit base**	**植株：到果实基部高度**		
		low	低	Queen，Rondon	3
		medium	中	BRS Imperial，Perolera，Smooth Cayenne	5
		high	高		7
21. (*) (+) QN	**VG/ MS 4-M (d)**	**Peduncle：length**	**花序梗：长度**		
		short	短	BRS Victoria，Smooth Cayenne	1
		medium	中	BRS Imperial，Singapore Canning	2
		long	长	Perola	3
22. (+) QN	**VG/ MS 4-M (d)**	**Peduncle：diameter**	**花序梗：直径**		
		small	小	Singapore Canning	1
		medium	中	Perola	2
		large	大	Smooth Cayenne	3

续表

性状编号	观测方法	英文	中文	标准品种	代码
23. **(*)** **QN**	**VG** **4-M** **(d)**	**Plant: number of underground suckers**	**植株：地下块茎芽数量**		
		none or very few	无或极少	Perola	1
		few	少	Perolera	2
		medium	中	Aus-Jubilee, MD-2, Red Spanish, Smooth Cayenne	3
		many	多	Queen, Singapore Canning	4
24. **(+)** **QN**	**VG** **4-M** **(d)**	**Plant: number of aerial suckers on stem**	**植株：吸芽数量**		
		none or very few	无或极少	Perola, Smooth Cayenne	1
		few	少		2
		medium	中	Aus-Carnival, Smooth Cayenne	3
		many	多	Queen	4
25. **(+)** **QN**	**VG** **4-M** **(d)**	**Plant: size of aerial suckers on stem**	**植株：吸芽大小**		
		small	小		1
		medium	中	Smooth Cayenne	2
		large	大	Aus-Carnival, Fils de Chalvet	3
26. **(*)** **QN**	**VG/** **MS** **4-M** **(d)**	**Plant: number of slips**	**植株：裔芽数量**		
		none or very few	无或极少	Smooth Cayenne	1
		few	少	Aus-Carnival, MD-2	3
		medium	中	Queen, Red Spanish	5
		many	多	BRS Imperial, Perola, Perolera	7
27. **(+)** **QN**	**VG/** **MS** **4-M** **(d)**	**Plant: size of slips**	**植株：裔芽大小**		
		small	小		3
		medium	中	Queen	5
		large	大	Smooth Cayenne	7
28. **QL**	**VG** **4-M** **(d)**	**Crown: number**	**冠芽：数量**		
		one	1个	Smooth Cayenne	1
		more than one	1个以上	Queen, Red Spanish	2
29. **(+)** **QN**	**VG** **4-M** **(d)**	**Crown: attitude**	**冠芽：姿态**		
		upright	直立	Perola	1
		semi upright	半直立	BRS-Imperial, MD-2, Smooth Cayenne	2
		spreading	平展	BRS Vitoria, Perolera	3
30. **QN**	**VG** **4-M** **(d)**	**Crown: size**	**冠芽：大小**		
		small	小	Rondon	3
		medium	中	Perola, Queen	5
		large	大	Smooth Cayenne	7
31. **(*)** **(+)** **PQ**	**VG** **4-M** **(d)**	**Fruit: shape**	**果实：形状**		
		narrow ovate	窄卵圆形	Gomo de Mel, Perola	1
		medium ovate	中等卵圆形	BRS Imperial, BRS Vitoria	2
		oblong	长椭圆形	MD-2, Perolera	3
		elliptic	椭圆形	Smooth Cayenne	4
		circular	圆形	Red Spanish	5

续表

性状编号	观测方法	英文	中文	标准品种	代码
32. (*) (+) QN	**VG/ MS 4-M (d)**	**Fruit：length**	**果实：长度**		
		short	短	Singapore Canning	3
		medium	中	BRS Imperial，Perolera，Smooth Cayenne	5
		long	长	Perola	7
33. (*) QN	**VG/ MS 4-M (d)**	**Fruit：diameter**	**果实：直径**		
		small	小	Perola	3
		medium	中	BRS Imperial，Singapore Canning	5
		large	大	Perolera，Smooth Cayenne	7
34. (*) PQ	**VG 4-M (d)**	**Fruit：predominant color**	**果实：主色**		
		cream	奶油色		1
		yellow green	黄绿色		2
		green	绿色	Perola	3
		grey green	灰绿色		4
		light yellow	浅黄色	BRS Vitoria	5
		medium yellow	中等黄色	Smooth Cayenne	6
		orange	橙色	MD-2	7
		orange red	橙红色	Manzana，Roxo de Tefe	8
		red	红色		9
		brown	棕色		10
35. (*) QN	**MS/ VG 4-M (d)**	**Fruit：size**	**果实：大小**		
		very small	极小	Victoria	1
		small	小	Aus-Jubilee，Singapore Canning	3
		medium	中	Aus-Carnival，Red Spanish	5
		large	大	Smooth Cayenne	7
		very large	极大	Cabeza de Onca，Pouco conhecida，Sugiro Cabezona	9
36. (*) QN	**VG 4-M (d)**	**Fruit：size of eye**	**果实：果眼大小**		
		small	小	Black Antigua	3
		medium	中	Perola，Smooth Cayenne	5
		large	大	Red Spanish	7
37. (*) (+) QN	**VG 4-M (d)**	**Fruit：fruitlet apex**	**果实：果眼先端相对位置**		
		sunken	凹	Singapore Canning	1
		flat	平	Perola，Smooth Cayenne	2
		prominent	凸	BRS Imperial，Queen	3
38. (+) QN	**VG 4-M (d)**	**Fruit：evenness of color of eyes**	**果实：果眼颜色均匀程度**		
		even or slightly uneven	均匀或轻微不均匀	Queen	1
		moderately uneven	中度不均匀	MD-2	2
		strongly uneven	极不均匀	BRS Imperial，Perola，Smooth Cayenne	3
39. (*) PQ	**VG 4-M (d)**	**Fruit：color of flesh**	**果实：果肉颜色**		
		whitish yellow	泛白黄色	Perola	1
		light yellow	浅黄色	Smooth Cayenne	2
		medium yellow	中等黄色	Perolera	3
		yellowish orange	泛黄橙色	Queen	4

续表

性状编号	观测方法	英文	中文	标准品种	代码
40. QN	VG/ MS 4-M （d）	**Fruit：diameter of core**	**果实：果心直径**		
		small	小	BRS Victoria，Singapore Canning	3
		medium	中	Queen	5
		large	大	Smooth Cayenne	7
41. QN	VG 4-M （d）	**Flesh：evenness of color**	**果肉：颜色均匀程度**		
		even or slightly uneven	均匀或轻微不均匀	MD-2，Queen	1
		moderately uneven	中度不均匀	Smooth Cayenne	2
		strongly uneven	极不均匀	73-50	3
42. （*） QN	VG 4-M （d）	**Flesh：density**	**果肉：密度**		
		loose	疏松	Queen	1
		medium	中等	Smooth Cayenne	2
		dense	致密	Perolera	3
43. （+） QN	MS 4-M （d）	**Flesh：firmness**	**果肉：硬度**		
		soft	软	Perola，Rondon	3
		medium	中	Smooth Cayenne	5
		firm	硬	BRS Imperial，Perolera	7
44. （+） QN	VG 4-M （d）	**Flesh：fibrousness**	**果肉：纤维含量**		
		low	低	Perola	1
		medium	中	Smooth Cayenne	2
		high	高	BRS Imperial，MD-2，Singapore Canning	3
45. QN	VG 4-M （d）	**Flesh：aroma**	**果肉：香气**		
		weak	弱		1
		medium	中	Perola，Smooth Cayenne	2
		strong	强	MD-2，Queen	3
46. （*） QN	VG 4-M （d）	**Flesh：juiciness**	**果肉：果汁含量**		
		low	低	BRS Imperial，Pomare	1
		medium	中	Queen，Smooth Cayenne	2
		high	高	Perola	3
47. （+） QN	MS 4-M （d）	**Flesh：acidity**	**果肉：酸度**		
		low	低	Perola，Queen	3
		medium	中	Rondon	5
		high	高	Red Spanish，Smooth Cayenne	7
48. （*） （+） QN	MS 4-M （d）	**Flesh：sweetness**	**果肉：甜度**		
		low	低	Singapore Canning	3
		medium	中	Perolera，Smooth Cayenne	5
		high	高	BRS Imperial，Queen	7

8 性状表解释

8.1 对多个性状的解释

性状表第二列包含以下标注的性状应按照下述要求观测。

（a）性状 1 至性状 13 应在人工诱导开花时观测（生育阶段 1-T），一般大概在种植后 36～50 周，取决于地点和品种。

（b）性状 14 至性状 18 应在开花期观测 10 个花序和 10 朵花（生育阶段 2-A）。从开花中期选取 10 朵花测量。

（c）性状 19 未成熟的果实应在人工诱导开花 4～6 个月后（未成熟果实，生育阶段 3-I）观测果实成熟前达到最大尺寸的 10 个果实。

（d）性状 20 至性状 48 收获期的植株和果实应观测小区的 10 个植株和 10 个果实。收获期是指果实可以食用时期（成熟期，生育阶段 4-M）。

生育阶段如下。

1-T：定植后到开花前的整个时期。

2-A：开花期。

3-I：未成熟时期，生理成熟前。

4-M：成熟期，生理成熟时。

8.2 对单个性状的解释

性状 1：植株生长习性

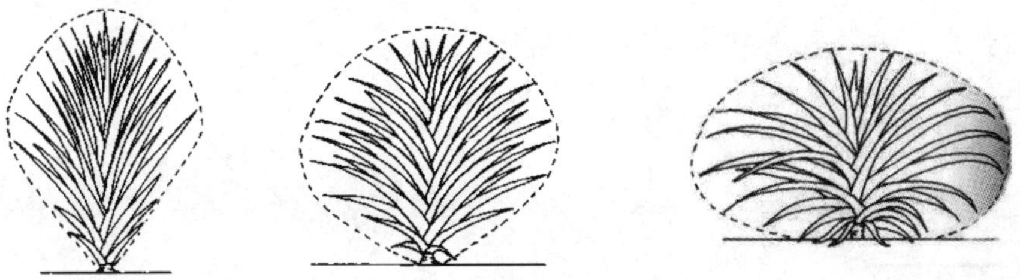

1	3	5
直立	半直立	平展

性状 2：叶片数量

植株开花前长出的叶子。

性状 3：叶长度

性状 4：叶宽度

观测人工诱导开花时最长叶片的长度，共测 10 片叶。

性状 7：叶下表面毛状物密度

毛状物包括叶片下表面的毛。

性状 8：叶褶

“褶”由 Collins 和 Kerns 1946 年命名，是指叶片下表皮沿叶缘卷至上表皮，在叶缘形成一条窄的银色条带。

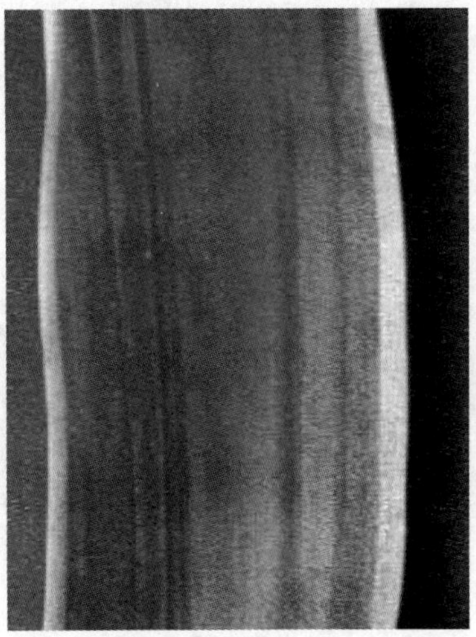

性状 11：叶刺在叶缘的位置

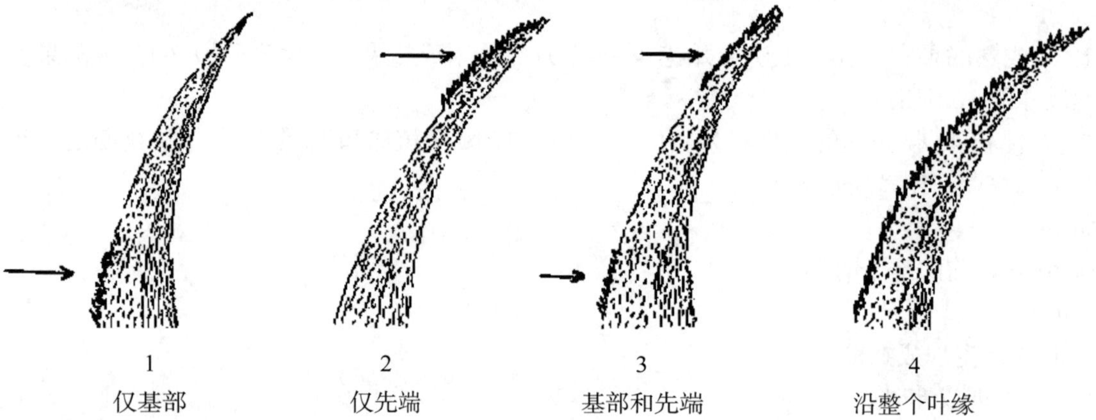

性状 14：花序苞片大小
苞片生长于小果基部。
性状 21：花序梗长度
性状 24：植株吸芽数量
性状 27：植株裔芽大小
性状 29：冠芽姿态

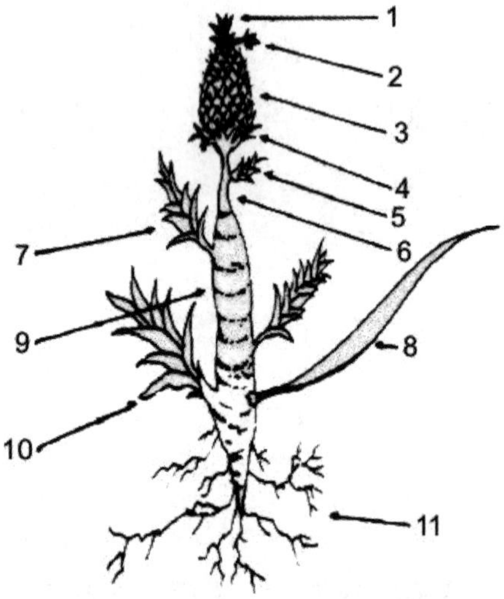

1—冠芽；2—小冠芽；3—果实；4—果实基部裔芽；5—花序梗裔芽；6—花序梗；7—吸芽；8—叶；9—茎；10—块茎芽；11—根。

性状 22：花序梗直径
观测果实发育前花序梗中部。
性状 25：植株吸芽大小
在果实收获期观测。

性状 31：果实形状

观测不包括颈。

		←最宽处位置→		
		中部以下	中部	中部以上
<顶部中间形状>	平面平行		 3 长椭圆形	
	圆形	 2 中等卵圆形	 4 椭圆形  5 圆形	
	尖形	 1 窄卵圆形		

性状 32：果实长度

观测不包括冠芽。

性状 37：果实果眼先端相对位置

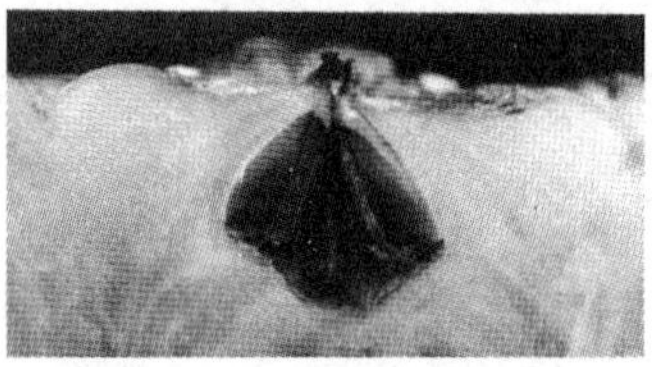

1

凹

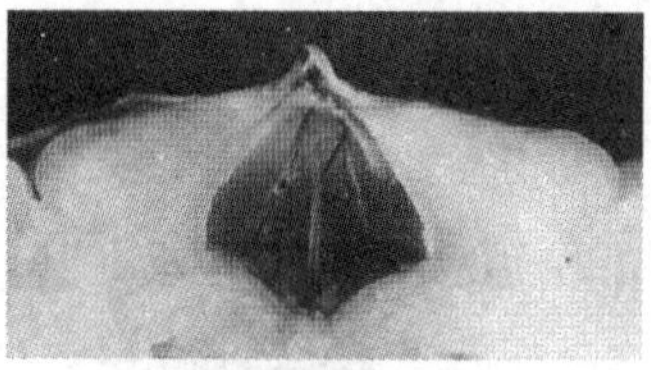

2

平

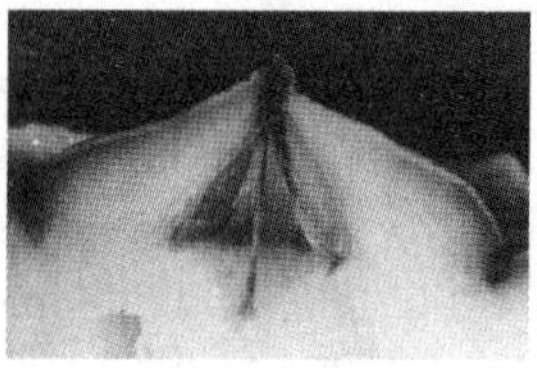

3

凸

性状 38：果实果眼颜色均匀程度

观测果实基部到顶部果眼颜色的均匀度。

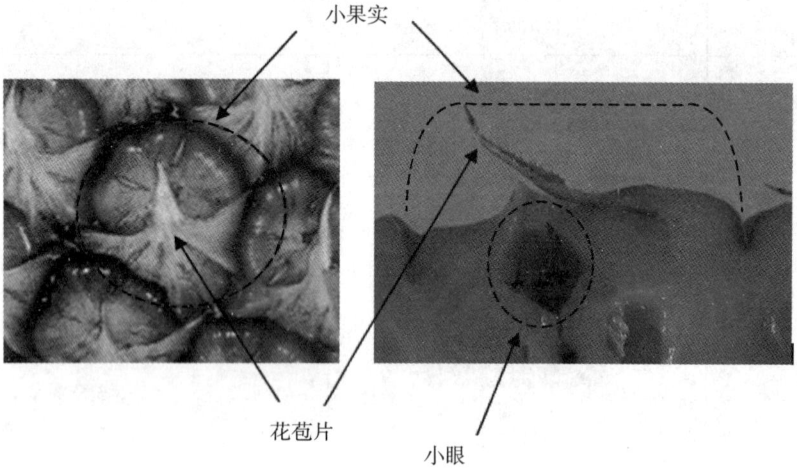

性状 43：果肉硬度

去除果皮和果眼后用透度计测量。

性状 44：果肉纤维含量

去除果皮和果眼后，吃时测量果肉纤维含量。

性状 47：果肉酸度

酸度为可滴定酸度，用滴定法测定。

性状 48：果肉甜度

甜度为完全可溶性固体含量，用折射计测定。

8.3 标准品种同品异名

标准品种	同品异名
Queen	Mc Gregor
Smooth Cayenne	Champaka，Cayenne，F 200，Mc Gregor，Ripley Queen，Alexande，Kew，Giant Kew，Sarawak
MD-2	Golden Ripe，Extra Sweet，Gold
Manzana	Burmenguesa
Singapore Canning	Singapore Spanish，Ruby，Red Pine，Nanas merah，Nangka，Gandul，Betek，Masmerah
Red Spanish	Española Roja / Black Spanish，Key Largo，Havannah，Habanna / Cubana / Cowboy，Bull Head，Cumanesa，Native Philipine Red

TG/302/1
原文：英文
日期：2014-04-09

国际植物新品种保护联盟
植物品种特异性、一致性和稳定性测试指南

荔枝

UPOV 代码：LITCH_CHI

（*Litchi chinensis* Sonn.）

互用名称 *

植物学名称	英文	法文	德文	西班牙文
Litchi chinensis Sonn.	Litchi, Lychee	Litchi	Litschi	Litchi

* 这些名称在指南开始使用时是正确的，但随后可能会修改更新。读者可登录 UPOV 网站（www.upov.int），获取最新资料。

1 指南适用范围

本指南适用于荔枝（*Litchi chinensis* Sonn.）的所有品种。

2 繁殖材料要求

2.1 待测品种繁殖材料的数量和质量要求以及提交的时间和地点由主管机构决定。申请人从测试所在国境外提交繁殖材料的，还应符合海关规定并满足相关植物检疫的要求。

2.2 繁殖材料以高空压条苗或接穗的形式提交。如果以接穗的形式提交，须同时提供该接穗的砧木。

2.3 申请人提交繁殖材料的最小数量为5个植株。

2.4 提供的繁殖材料应外观健康有活力，未受到任何严重病虫害的影响。

2.5 提交的繁殖材料不得进行任何可能影响品种性状表达的处理，除非主管机构允许或要求进行这种处理。如果材料已经处理，必须提供相关处理的详细情况。

3 测试方法

3.1 生长周期

3.1.1 测试的最少周期数量通常为1个生长周期。

3.1.2 1个生长周期是指1个生长季，从萌芽开始，经过开花、果实收获，到完成休眠下一季节芽萌动开始为止。

3.2 测试地点

测试通常在同一个地点进行。在1个以上地点进行测试时，TGP/9《特异性测试》提供了有关指导。

3.3 测试条件

3.3.1 测试的条件应能满足品种正常生长的需要，以确保品种相关性状充分表达和测试的顺利开展。

3.3.2 尤其重要的是，2个生长周期都能正常结果。

3.4 试验设计

每个试验应保证至少有5个植株。

3.5 附加测试

为测试有关性状，可以进行附加测试。

4 特异性、一致性和稳定性评价

4.1 特异性

4.1.1 一般建议

对于本指南的使用者而言，在判定特异性前参照总则中关于特异性判定的一般原则十分重要。为进一步说明和强调特异性判定，本指南特列出特异性判定的要点。

4.1.2 一致的差异

当观测到的品种之间的差异非常明显时，则没有必要种植1个以上生长周期。此外，在某些情况下，环境的影响并不意味着需要1个以上的生长周期来保证品种间观察到的差异是足够一致的。为确保在种植试验中所观测到的性状差异是足够一致的，可以对性状进行至少2个独立生长周期的测试。

4.1.3 明显的差异

两个品种间的差异是否明显取决于很多因素，特别应考虑所测性状的表达类型，即该性状是质量性状、数量性状还是假质量性状。因此，在作出关于特异性的判定前，本测试指南的使用者应熟悉总则中的建议。

4.1.4 植株 / 植株部位的观测数量

除非另有说明，在判定特异性时，对于单株的观测，应观测 5 个植株或分别从 5 个植株取下的植株部位；对于其他观测，应观测试验中的所有植株。观测时应将异型株排除在外。当观测植株部位时，每个植株部位的取样数量为 2 个。

4.1.5 观测方法

性状表第二列以如下符号（见 TGP/9《特异性测试》第 4 部分“性状观测”）的形式列出了特异性判定时推荐的性状观测方法。

MG：对一批植株或植株部位进行单次测量。

MS：对一定数量的植株或植株部位进行逐一测量。

VG：对一批植株或植株部位进行单次目测。

VS：对一定数量的植株或植株部位进行逐一目测。

观测类型：目测（V）或测量（M）。

目测（V）是一种基于专家判断的观测方法。本文中的目测是指专家的感官观察，因此，也包括闻、尝和触摸。目测也包括专家使用参照物（例如图表、标准品种、并排比较）或非线性的图表（例如比色卡）的观测。测量（M）是一种基于校准的、线性尺度的客观观测，例如使用尺、秤、色度计、日期和计数等进行观测。

记录类型：群体记录（G）或个体记录（S）。

以特异性为目的的观测，可被记录为一批植株或植株部位的单个记录（G），或者记录为一定数量的单个植株或植株部位的个体记录（S）。多数情况下，群体记录为一个品种提供一个单个记录，因此不可能或者不必要通过逐个植株的统计分析来判定特异性。

如果性状表中提供了不止一种观测方法（如 VG/MG），可以参考 TGP/9《特异性测试》的 4.2 部分选择合适的观测方法。

4.2 一致性

4.2.1 对于本指南的使用者而言，在判定一致性前参照总则中关于一致性判定的一般原则十分重要。但为进一步说明和强调一致性判定，本指南特列出一致性判定的要点。

4.2.2 评价一致性时，应采用 1% 的群体标准和至少 95% 的接受概率。当样本量为 5 个时，不允许有异型株。

4.3 稳定性

4.3.1 在实际操作中，通常不像测试特异性和一致性那样对稳定性进行测试以得到明确结果。经验表明，对许多类型的品种来说，当一个品种表现一致时，可认为其是稳定的。

4.3.2 适当情况下或者有疑问时，可以采用种植该品种的新的一批种苗对其稳定性进行测试，看其性状表现是否与之前提交的材料表现相同。

5 品种分组和试验组织

5.1 使用分组性状可以帮助选择与申请品种一起进行田间种植试验的已知品种，以及对这些品种进行合适分组以便进行特异性评价。

5.2 分组性状表达状态的数据即使来自不同地点，也可以单独或者与其他此类性状联合使用。

5.2.1 用于特异性测试中筛选排除那些不需要安排在种植试验中的已知品种。

5.2.2 用于组织安排种植试验，使近似品种种植在一起。

5.3 以下性状已被确认为有用的分组性状。

（a）果实：大小（性状 34）。

（b）果实：表皮颜色（性状 39）。

（c）果实：表面（性状 40）。

（d）始花期（性状 50）。

5.4 总则和 TGP/9《特异性测试》中提供了在特异性审查过程中使用分组性状的指导。

6 性状表介绍

6.1 性状类型

6.1.1 标准指南性状

标准指南性状是 UPOV 已同意用于 DUS 审查的性状，UPOV 成员可以从中选择与其特定环境相适应的性状。

6.1.2 星号性状

星号性状（用“*”标记）是测试指南中对于形成国际统一的品种描述十分重要的性状，所有 UPOV 成员都应将其用于 DUS 测试并包含在品种描述中，除非前序性状的表达或区域环境条件所限使其无法测试。

6.2 表达状态及相应代码

6.2.1 为定义性状和统一描述，将每个性状划分为一系列表达状态。每个表达状态赋予一个相应的数字代码，以便于数据记录，以及品种性状描述的建立和交流。

6.2.2 对于质量性状和假质量性状（6.3），性状表中列出了所有表达状态。但对于有 5 个或 5 个以上表达状态的数量性状，可以采用缩略尺度的方法，以缩短性状表格。例如，对于有 9 个表达状态的数量性状，在测试指南的性状表中可采用以下缩略形式。

表达状态	代码
小	3
中	5
大	7

但是应该指出的是，以下 9 个表达状态都是存在的，应采用适宜的表达状态用于品种的描述。

表达状态	代码
极小	1
极小到小	2
小	3
小到中	4
中	5
中到大	6
大	7
大到极大	8
极大	9

6.2.3 TGP/7《测试指南的研制》中提供了表达状态和代码的更详尽的介绍。

6.3 表达类型

总则中对性状表达类型（质量性状、数量性状和假质量性状）进行了解释。

6.4 标准品种

适当时，测试指南中提供了标准品种用于校正性状的表达状态。

6.5 注释

（*）星号性状（6.1.2）。

QL：质量性状（6.3）。

QN：数量性状（6.3）。

PQ：假质量性状（6.3）。

MG、MS、VG、VS：观测方法（4.1.5）。

（a）～（e）性状表解释（8.1）。

（+）性状表解释（8.2）。

7 性状表

性状编号	观测方法	英文	中文	标准品种	代码
1. （*） （+） QN	VG （a）	**Plant：growth habit**	**植株：生长习性**		
		upright	上仰	Baitangying	1
		spreading	斜生	Guiwei	2
		drooping	下弯	Yuanzhi	3
2. （+） PQ	VG （a）	**Plant：shape**	**植株：形状**		
		circular	圆形	Nuomici	1
		elliptic	椭圆形	Baitangying	2
		triangular	三角形		3
3. （*） （+） QN	VG （a）	**Plant：vigor**	**植株：树势**		
		weak	弱	Baitangying	1
		medium	中	Huaizhi	2
		strong	强	Zhuangyuanhong	3
4. QN	VG/ MS （b）	**One-year-old shoot：thickness**	**一年生枝条：粗度**		
		thin	细	Shangshuhuai	3
		medium	中	Guiwei	5
		thick	粗	Sanyuehong	7
5. QN	VG （b）	**One-year-old shoot：attitude**	**一年生枝条：姿态**		
		upwards	上仰	Baitangying	1
		outwards	斜生	Nuomici	2
		downwards	下垂	Yuanzhi	3
6. （+） QN	VG/ MS （b）	**One-year-old shoot：length of internode**	**一年生枝条：节间长度**		
		short	短	Dianbaibaila	3
		medium	中	Sanyuehong	5
		long	长	Yuanzhi	7
7. QN	VG （b）	**One-year-old shoot：size of lenticels**	**一年生枝条：皮孔大小**		
		small	小	Xiapuli	1
		medium	中	Yuanzhi	2
		large	大	Luhebao	3
8. QN	VG （b）	**One-year-old shoot：density of lenticels**	**一年生枝条：皮孔密度**		
		sparse	疏	Baitangying	1
		medium	中	Guiwei	2
		dense	密	Nuomici	3

续表

性状编号	观测方法	英文	中文	标准品种	代码
9. PQ	**VG (b)**	**Young shoot: color**	**嫩枝：颜色**		
		yellow green	黄绿色	Nuomici	1
		green	绿色		2
		reddish green	红绿色	Guiwei	3
		brown	褐色	Sanyuehong	4
10. (+) PQ	**VG (c)**	**Leaf: arrangement of leaflets**	**叶：小叶着生方式**		
		opposite	对生	Nuomici	1
		slightly alternate	略互生	Chenzi	2
		strongly alternate	严格互生	Heiye	3
11. (*) (+) QN	**MS/ VG (c)**	**Leaf: length**	**叶：长度**		
		very short	极短	Ziniangxi	1
		short	短	Huaizhi	3
		medium	中	Xuehuaizi	5
		long	长	Yuanzhi	7
		very long	极长	Tianjiazi	9
12. (*) PQ	**VG (c)**	**Petiole: color of upper side**	**叶柄：上表面颜色**		
		green	绿色	Tianjiazi	1
		green brown	绿褐色	Feizixiao	2
		brown	褐色	Yuanzhi	3
		brown red	褐红色	Guiwei	4
13. (*) (+) PQ	**VG (c)**	**Leaflet: shape**	**小叶：形状**		
		ovate	卵圆形	Heiye	1
		elliptic	椭圆形	Baitangying	2
		oblong	长椭圆形	Lanzhu	3
		obovate	倒卵圆形	Qingpitian	4
		oblanceolate	倒披针形	Yuanzhi	5
14. (*) QN	**VG (c)**	**Leaflet: shape in cross section**	**小叶：横切面形状**		
		convex	外卷	Shangshuhuai	1
		flat	平展	Sanyuehong	2
		moderately concave	中度内卷	Nuomici	3
		strongly concave	重度内卷	Baitangying	4
15. QN	**VG (c)**	**Leaflet: surface of upper side**	**小叶：上表面质地**		
		smooth	光滑	Guiwei	1
		moderately rough	中度粗糙		2
		very rough	极度粗糙	Xuehuaizi	3
16. (+) QN	**MS/ VG (c)**	**Leaflet: length of petiolule**	**小叶：小叶柄长度**		
		short	短	Yuanzhi	1
		medium	中	Huaizhi	2
		long	长	Dianbaibaila	3
17. (+) QN	**VG/ MS (c)**	**Leaflet blade: length**	**小叶叶片：长度**		
		very short	极短	Ziniangxi	1
		short	短	Nuomici	3
		medium	中	Zhongshanzhuangyuanhong	5
		long	长	Heiye	7
		very long	极长	Yuanzhi	9

续表

性状编号	观测方法	英文	中文	标准品种	代码
18. **(+)** **QN**	**VG/** **MS** **(c)**	**Leaflet blade：width**	**小叶叶片：宽度**		
		very narrow	极窄	Ziniangxi	1
		narrow	窄	Shuijingqiu	3
		medium	中	Nuomici	5
		broad	宽	Baitangying	7
		very broad	极宽	Tianjiazi	9
19. **(*)** **(+)** **QN**	**VG/** **MS** **(c)**	**Leaflet blade：ratio length/width**	**小叶叶片：长宽比**		
		low	低	Huaizhi	1
		medium	中	Guiwei	3
		high	高	Yuanzhi	5
20. **(+)** **QN**	**VG** **(c)**	**Leaflet：length of tip**	**小叶：尖端长度**		
		very short	极短		1
		short	短	Baitangying，Huaizhi	2
		medium	中	Guiwei，Nuomici	3
		long	长	Yuanzhi（Shuidong）	4
21. **(+)** **QN**	**VG** **(c)**	**Leaflet：symmetry of base**	**小叶：基部对称性**		
		symmetric or weakly asymmetric	对称或略不对称	Nuomici	1
		moderately asymmetric	中等不对称		2
		strongly asymmetric	极不对称	Guiwei	3
22. **(+)** **PQ**	**VG** **(c)**	**Leaflet：shape of base**	**小叶：基部形状**		
		acute	锐尖	Heiye	1
		obtuse	钝尖	Feizixiao	2
		truncate	平截	Huaizhi	3
23. **(*)** **(+)** **QN**	**VG** **(c)**	**Leaflet：undulation of margin**	**小叶：边缘波状**		
		absent or weak	无或弱	Lanzhu	1
		medium	中	Nuomici	2
		strong	强	Baitangying	3
24. **(*)** **QN**	**VG** **(c)**	**Leaflet：intensity of green color**	**小叶：绿色程度**		
		light	浅	Qingpitian	1
		medium	中	Nuomici	2
		dark	深	Heiye	3
25. **QN**	**VG** **(c)**	**Leaflet：glossiness of upper side**	**小叶：上表面光泽**		
		weak	弱	Heiye	1
		medium	中	Huaizhi	2
		strong	强	Dianbaibaila	3
26. **QN**	**VG** **(c)**	**Leaflet：conspicuousness of lateral veins**	**小叶：侧脉凸显度**		
		weak	弱	Guiwei	1
		medium	中	Nuomici	2
		strong	强	Sanyuehong	3
27. **(*)** **(+)** **QN**	**VG/** **MS** **(d)**	**Inflorescence：length**	**花序：长度**		
		short	短	Ziniangxi	3
		medium	中	Huaizhi	5
		long	长	Chenzi	7

续表

性状编号	观测方法	英文	中文	标准品种	代码
28. (*) (+) QN	VG/ MS (d)	**Inflorescence: width**	**花序：宽度**		
		narrow	窄	Xuehuaizi	1
		medium	中	Guiwei	2
		broad	宽	Chenzi	3
29. (*) (+) QN	VG/ MS (d)	**Inflorescence: ratio length/width**	**花序：长宽比**		
		low	低	Huaizhi	1
		medium	中	Guiwei	3
		high	高	Feizixiao	5
30. QN	VG (d)	**Inflorescence: density of branching**	**花序：分枝程度**		
		sparse	疏	Yuanzhi	3
		medium	中	Guiwei	5
		dense	密	Sanyuehong	7
31. QN	VG (d)	**Inflorescence: density of flowers**	**花序：小花密度**		
		sparse	疏	Chenzi	3
		medium	中	Nuomici	5
		dense	密	Shuijingqiu	7
32. QN	VG (d)	**Inflorescence: intensity of green color of main axis**	**花序：主轴的绿色程度**		
		light	浅	Nuomici	1
		medium	中	Huaizhi	2
		dark	深	Sanyuehong	3
33. (*) (+) QN	VG (d)	**Flower: depth of stigma splitting**	**花：柱头裂开深度**		
		shallow	浅	Chenzi	1
		medium	中	Huaizhi	2
		deep	深	Xuehuaizi	3
34. (*) QN	VG (e)	**Fruit: size**	**果实：大小**		
		very small	极小	Xinxingxiangli	1
		small	小	Chenzi	3
		medium	中	Guiwei	5
		large	大	Sanyuehong	7
		very large	极大	Ziniangxi	9
35. (*) (+) PQ	VG (e)	**Fruit: shape**	**果实：形状**		
		cordiform	心形		1
		ovate	卵圆形		2
		circular	圆形		3
		elliptic	椭圆形		4
36. (*) (+) PQ	VG (e)	**Fruit: shape of shoulder at stalk end**	**果实：果肩形状**		
		rounded	圆形		1
		truncate	平截		2
		symmetrically depressed	对称性凹陷		3
		asymmetrically depressed	非对称性凹陷		4
37. (+) QN	VG (e)	**Fruit: depth at stalk end**	**果实：果洼深度**		
		shallow	浅	Yuanzhi	1
		medium	中	Heiye	2
		deep	深	Xuehuaizi	3

续表

性状编号	观测方法	英文	中文	标准品种	代码
38. (+) QN	VG (e)	**Fruit：conspicuousness of suture**	**果实：缝合线明显度**		
		weak	弱	Yuanzhi	1
		medium	中	Heiye	2
		strong	强	Xuehuaizi	3
39. (*) PQ	VG (e)	**Fruit：color of skin**	**果实：表皮颜色**		
		green	绿色		1
		green and red	绿色和红色	Feizixiao	2
		yellow and red	黄色和红色	Guangming	3
		pink red	粉红色	Kwai May Pink	4
		medium red	中等红色	Nuomici	5
		dark red	深红色	Jizuili	6
		purplish red	紫红色	Ziniangxi	7
40. (*) (+) QN	VG (e)	**Fruit：surface**	**果实：表面**		
		smooth or slight protuberances	光滑或略凸起	Huaizhi	1
		moderate protuberances	中等凸起	Nuomici	2
		strong protuberances	明显凸起	Guiwei	3
41. (+) QN	VG (e)	**Fruit：thickness of skin**	**果实：表皮厚度**		
		thin	薄	Nuomici	1
		medium	中	Baitangying	2
		thick	厚	Ziniangxi	3
42. PQ	VG (e)	**Fruit：color of flesh**	**果实：果肉颜色**		
		whitish	泛白色	Huaizhi	1
		yellowish	泛黄色		2
		yellow	黄色	Guangming	3
43. (+) QN	MG (e)	**Fruit：weight of flesh compared to weight of fruit**	**果实：相对于果实果肉的重量**		
		low	低	Dazao	3
		medium	中	Huaizhi	5
		high	高	Nuomici	7
44. (+) PQ	VG (e)	**Seed：shape**	**种子：形状**		
		circular	圆形		1
		elliptic	椭圆形		2
		ovate	卵圆形		3
		irregular	无规则		4
45. PQ	VG (e)	**Seed：color**	**种子：颜色**		
		red brown	红褐色	Dazao	1
		medium brown	中等褐色	Huaizhi	2
		dark brown	深褐色	Nuomici	3
46. (*) (+) QN	VG (e)	**Fruit：brown color on the inner side of aril**	**果实：果肉内侧的褐色**		
		light brown	浅褐色	Huaizhi	1
		medium brown	中等褐色	Feizixiao	2
		dark brown	深褐色	Yuanzhi	3
47. (+) QN	VG (e)	**Fruit：ratio of abortive embryos**	**果实：胚的败育率**		
		low	低	Heiye	1
		medium	中	Guiwei	2
		high	高	Nuomici	3

续表

性状编号	观测方法	英文	中文	标准品种	代码
48. (+) QN	MG (e)	**Fruit：sweetness of flesh**	**果实：果肉甜度**		
		low	低	Ziniangxi	1
		medium	中	Feizixiao	3
		high	高	Nuomici	5
49. (+) QN	VG (e)	**Fruit：juiciness**	**果实：出汁率**		
		low	低	Baitangying	1
		medium	中	Heiye	2
		high	高	Feizixiao	3
50. (*) (+) QN	MG	**Time of beginning of flowering**	**始花期**		
		early	早	Sanyuehong	3
		medium	中	Heiye	5
		late	晚	Nuomici	7
51. (*) (+) QN	MG (e)	**Time of harvest maturity**	**收获成熟期**		
		early	早	Baitangying	3
		medium	中	Feizixiao	5
		late	晚	Nuomici	7

8 性状表解释

8.1 对多个性状的解释

性状表第二列包含以下标注的性状应按照下述要求观测。

（a）观测整个植株应在休眠期修剪前进行。

（b）枝条的观测应当在秋季所有叶片转绿时，在上部外侧冠层的成熟秋梢上进行。

（c）叶的观测应在上部外侧冠层的成熟秋梢的中部 1/3 处的发育完全的叶片上进行。

（d）花的观测应当 25%～75% 的花开放时，在上部外侧冠层的发育完全的花上进行。

（e）果实的观测应在上部外侧冠层生理成熟的果实上进行。

8.2 对单个性状的解释

性状 1：植株生长习性

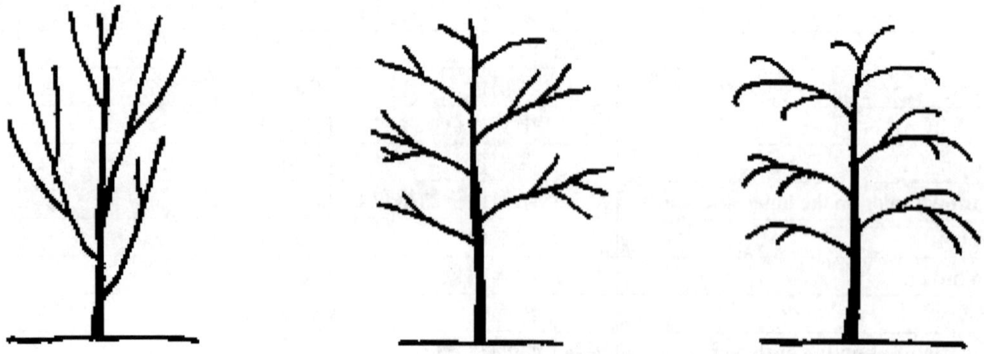

1 上仰　　2 斜生　　3 下弯

性状 2：植株形状

1 圆形　　2 椭圆形　　3 三角形

性状 3：植株树势

植株树势应根据整体营养生长的情况来判定。

性状 6：一年生枝条节间长度

观测秋季末梢的茎，尤其是节点的位置。节间应观测枝条中部 1/3 处。

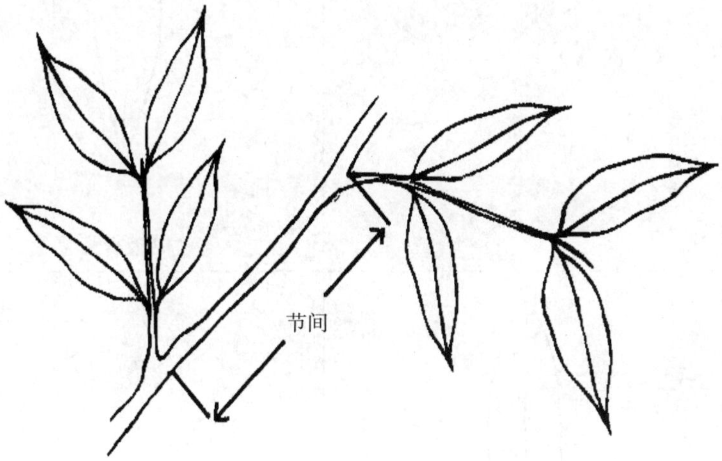

性状 10：小叶着生方式

1 对生　　2 略互生　　3 严格互生

性状 11：叶长度

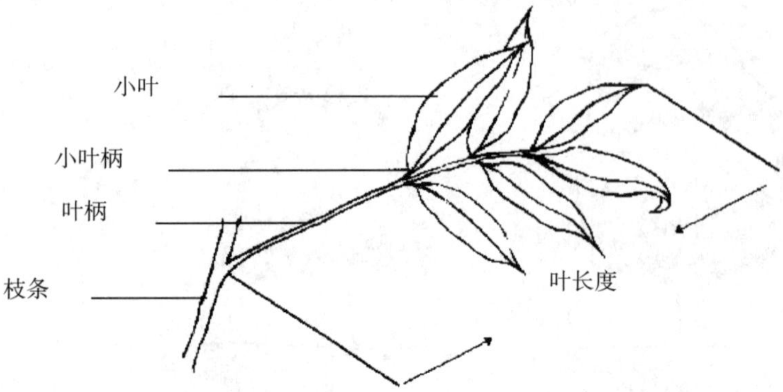

性状 13：小叶形状

宽（低）←宽度（长宽比）→窄（高）	←最宽处位置→		
	中部以下	中部	中部以上
			 5 倒披针形
		 3 长椭圆形	
	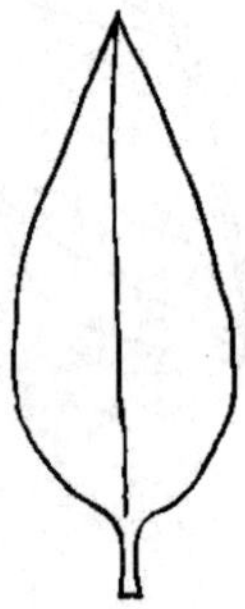 1 卵圆形	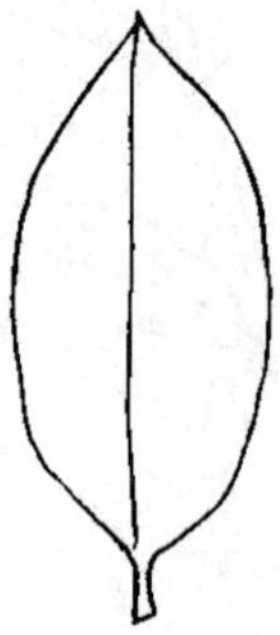 2 椭圆形	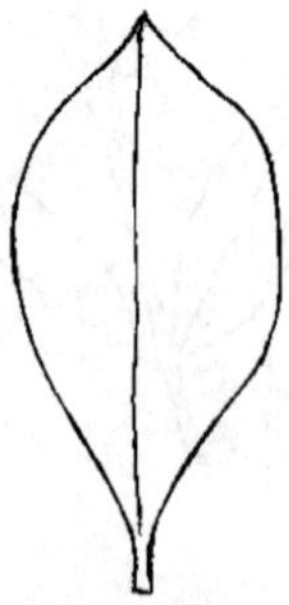 4 倒卵圆形

性状 16：小叶柄长度

性状 17：小叶叶片长度

性状 18：小叶叶片宽度

所有小叶的观测应在最低一对小叶的最大小叶上进行。

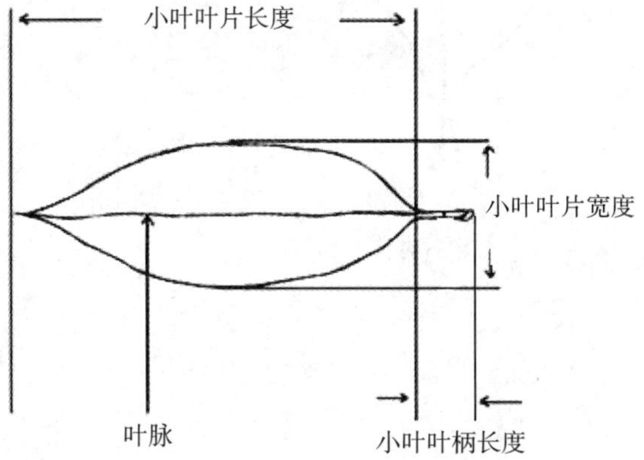

性状 19：小叶叶片长宽比

1	3	5
低	中	高

性状 20：小叶尖端长度

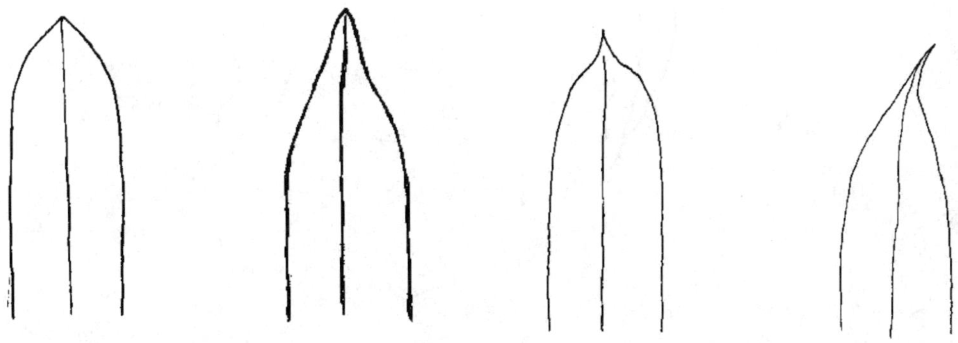

1	2	3	4
极短	短	中	长

性状 21：小叶基部对称性

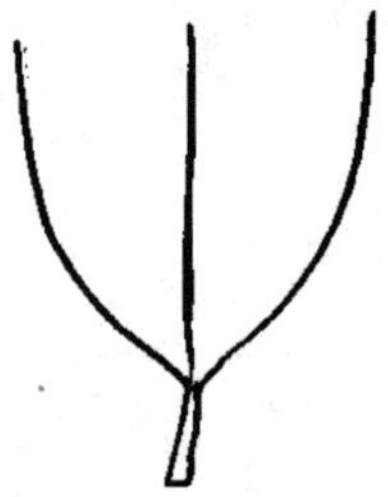

1
对称或略不对称

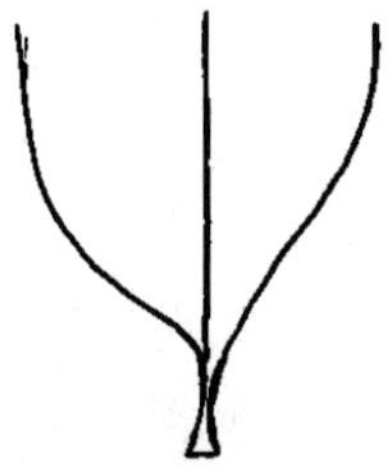

2
中等不对称

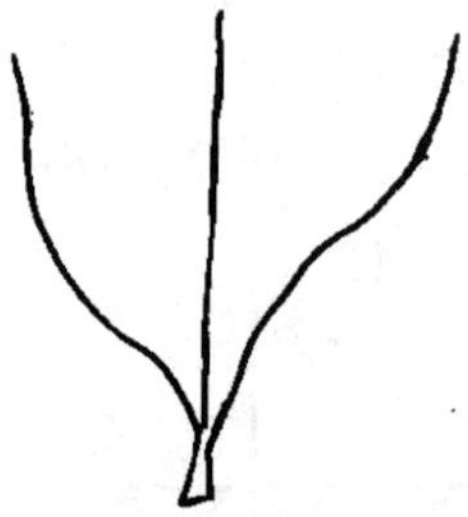

3
极不对称

性状 22：小叶基部形状

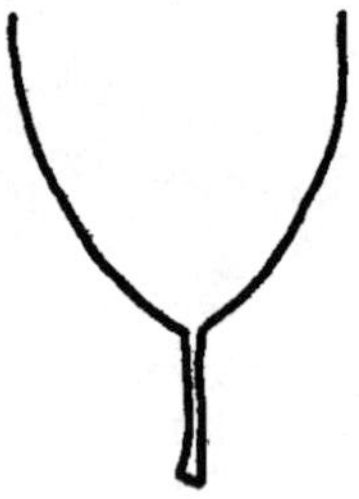

1
锐尖

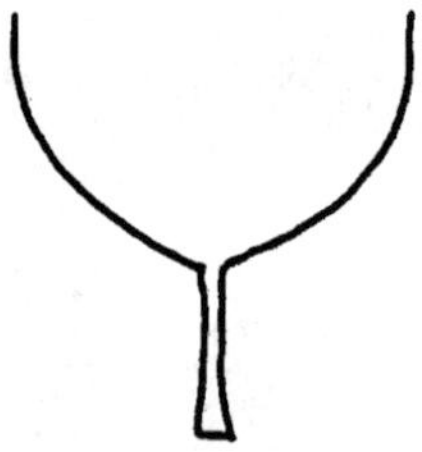

2
钝尖

3
平截

性状 23：小叶边缘波状

1
无或弱

2
中

3
强

性状 27：花序长度
性状 28：花序宽度

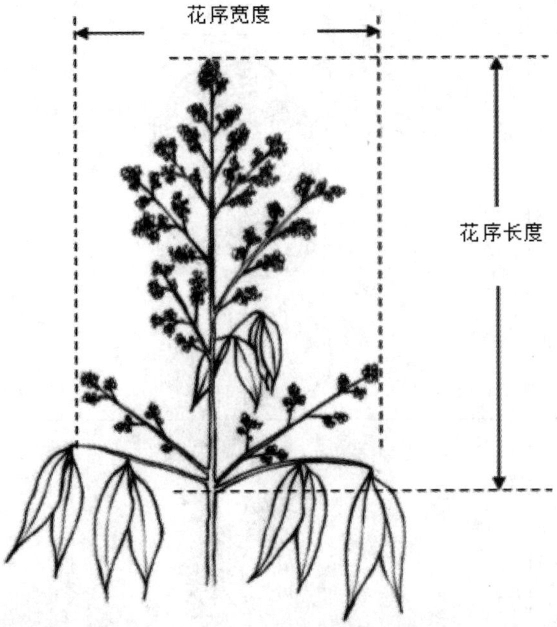

性状 29：花序长宽比

1
低

3
中

5
高

性状 33：花柱头裂开深度
仅适用于雌花。

1
浅

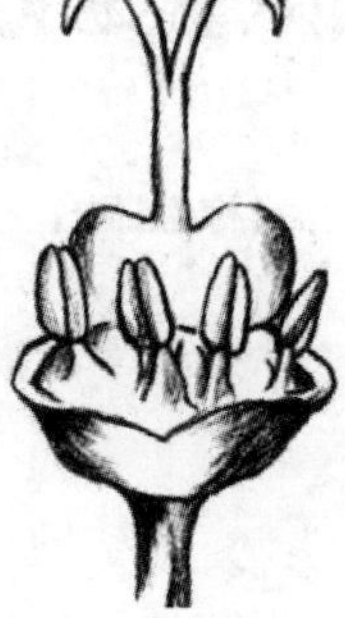
2
中

3
深

性状 35：果实形状

<table>
<tr><td rowspan="2"></td><td colspan="2">←最宽处位置→</td></tr>
<tr><td>中部以下</td><td>中部</td></tr>
<tr><td rowspan="3">宽（低）←宽度（长宽比）→窄（高）</td><td>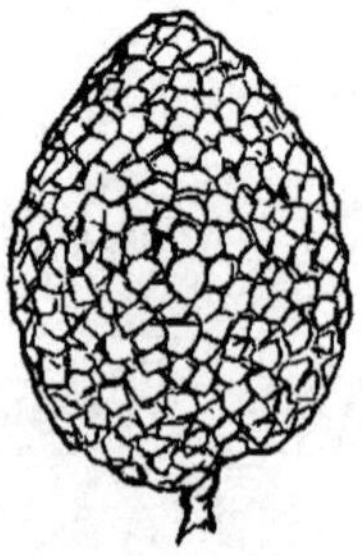
2
卵圆形</td><td>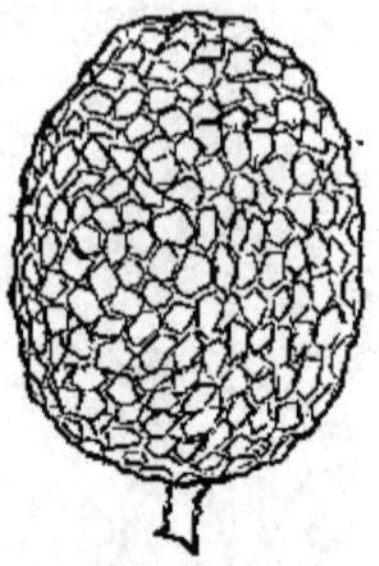
4
椭圆形</td></tr>
<tr><td>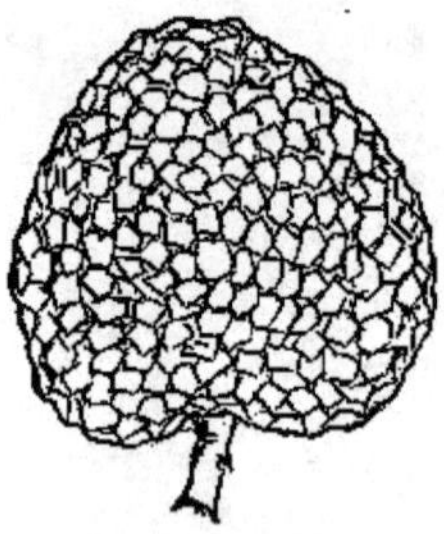
1
心形</td><td></td></tr>
<tr><td></td><td>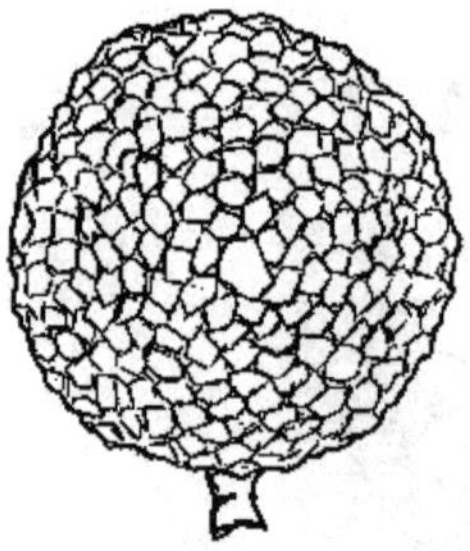
3
圆形</td></tr>
</table>

性状 36：果梗端部果肩形状

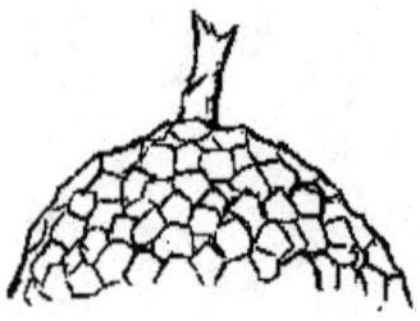

1
圆形

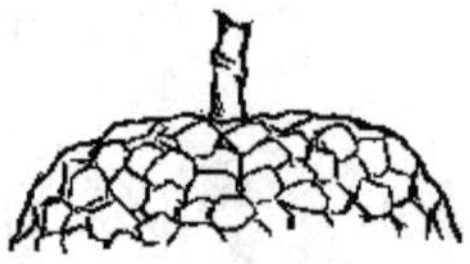

2
平截

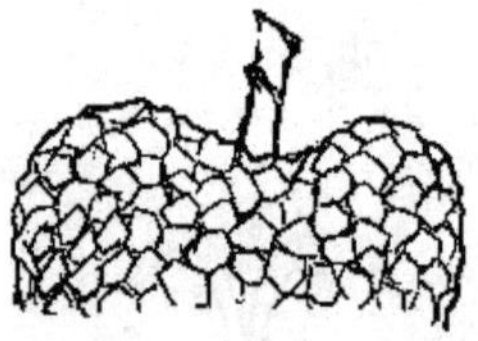

3
对称性凹陷

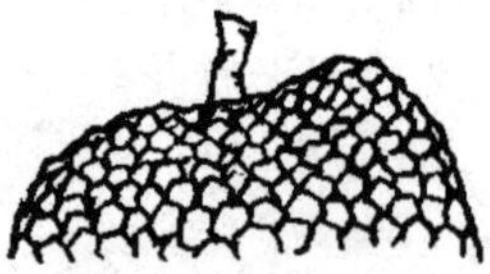

4
非对称性凹陷

性状 37：果洼深度

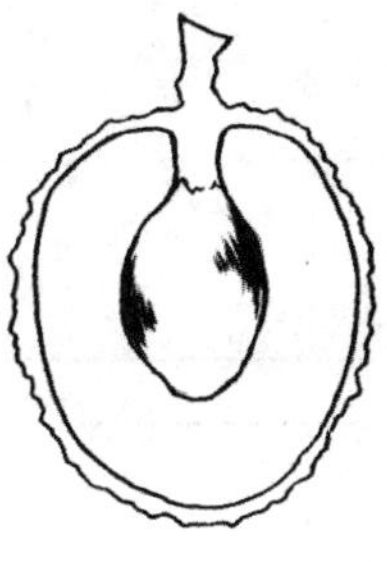

1
浅

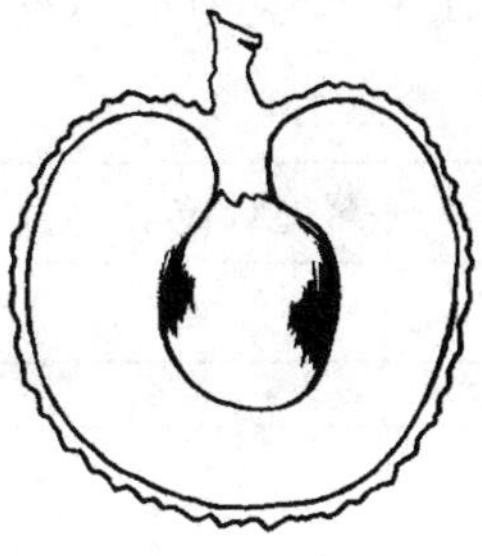

2
中

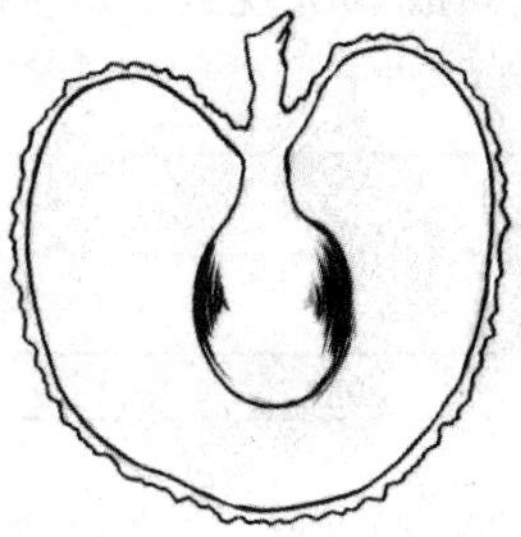

3
深

性状 38：果实缝合线明显度
缝合线的明显度应基于其颜色、宽度和深度来观测。

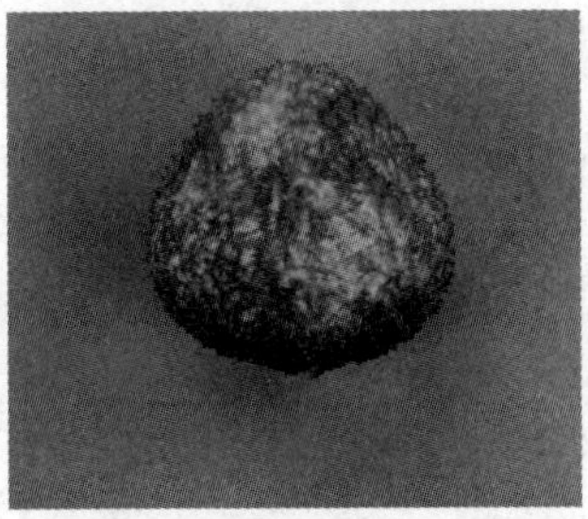

1
弱

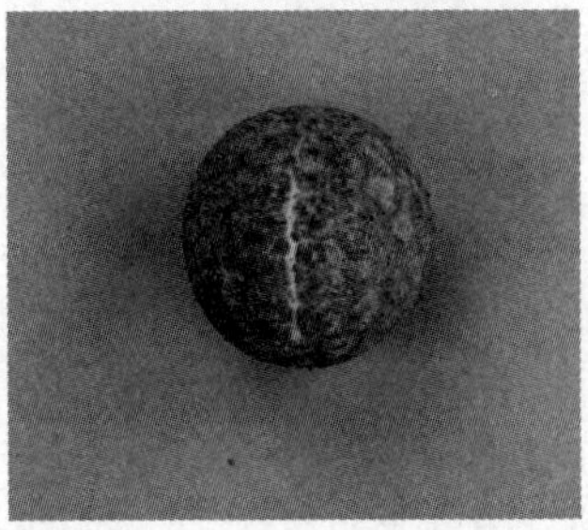

2
中

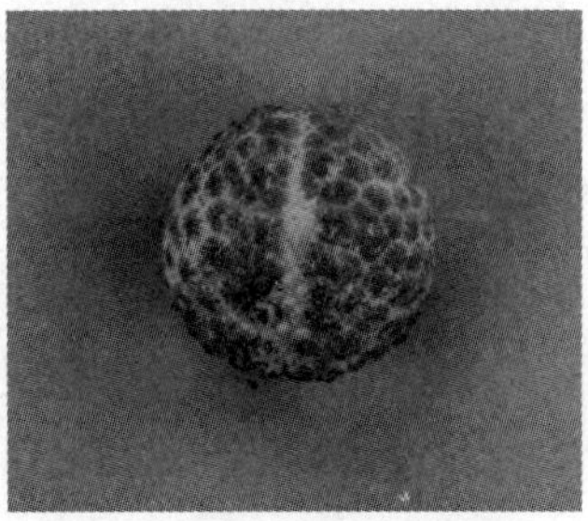

3
强

性状 40：果实表面

1
光滑或略凸起

2
中等凸起

3
明显凸起

性状 41：果实表皮厚度

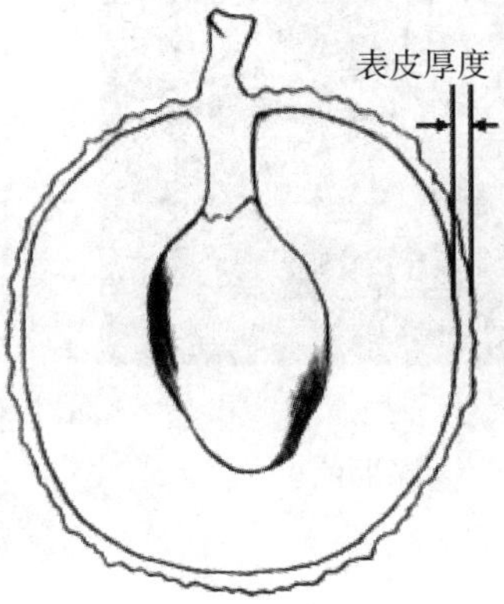

性状 43：相对于果实果肉的重量

应在收获成熟时观测 20 个果实的果肉。在果肉称重时，应去掉果皮和种子。

性状 44：种子形状

	←最宽处位置→	
	中部	中部以上
宽（低）←宽度（长宽比）→窄（高）	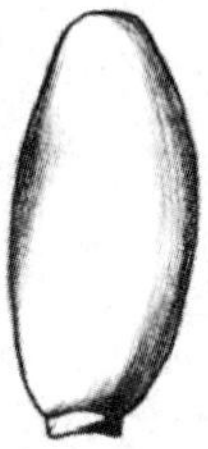 2 椭圆形	 3 卵圆形
	 1 圆形	
其他	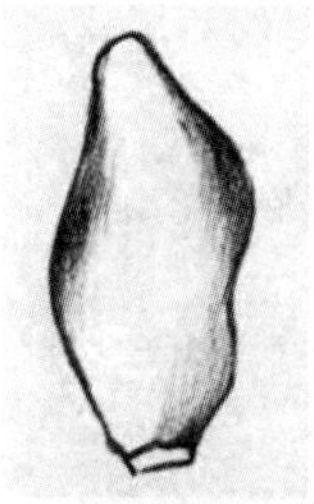 4 无规则	

性状 46：果肉内侧的褐色

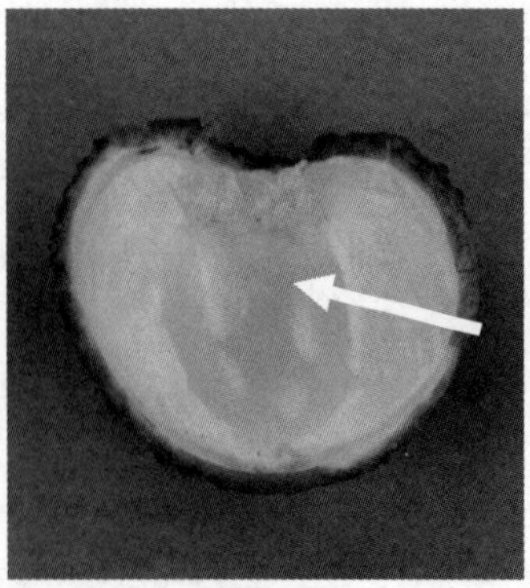	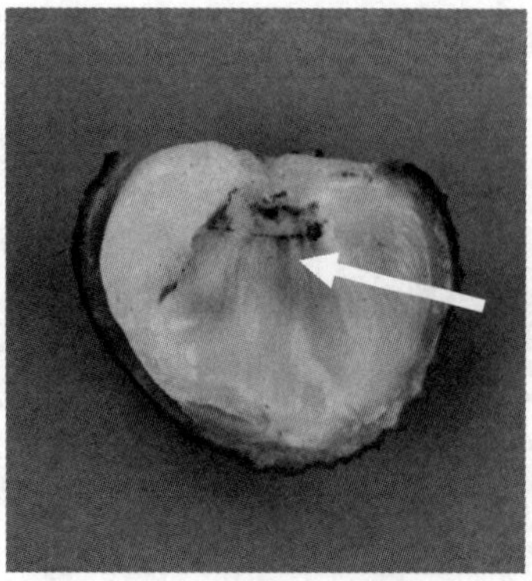	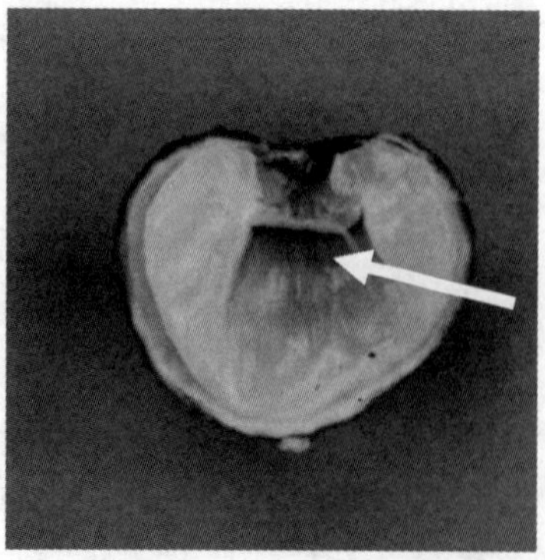
1 浅褐色	2 中等褐色	3 深褐色

性状 47：胚的败育率

随机选取 20 个果实，沿缝合线打开，取出种子，然后垂直切开种子检查胚的败育情况。

低（代码 1）：种子败育数量少于 4 个。

中（代码 2）：种子败育数量 4～16 个。

高（代码 3）：种子败育数量多于 16 个。

性状 48：果实果肉甜度

使用手持糖度仪测定总固形物含量。

性状 49：果实出汁率

用刀沿缝合线将果实切成两半，去掉果皮和种子。然后用 4 层吸水纸包裹 5 秒钟，观测如下。

低（代码 1）：吸水纸未完全湿润。

中（代码 2）：吸水纸完全湿润。

高（代码 3）：吸水纸完全湿润且有果汁自然滴出。

性状 50：始花期

始花期是当每个植株有 10% 的花序开始开花。

性状 51：收获成熟期

收获成熟期是当果实整个外观、硬度和口感都表征其可以食用的阶段。

TG/306/1 Corr.
原文：英文
日期：2015-03-25，
2017-04-05

国际植物新品种保护联盟
植物品种特异性、一致性和稳定性测试指南

菲油果

UPOV 代码：ACCAA_SEL

[*Acca sellowiana* (Berg) Burret.]

互用名称 *

植物学名称	英文	法文	德文	西班牙文
Acca sellowiana (Berg) Burret	Feijoa, Pineapple Guava, Guavasteen	Feijoa	Feijoa	Feijoa

* 这些名称在指南开始使用时是正确的，但随后可能会修改更新。读者可登录 UPOV 网站（www.upov.int），获取最新资料。

1 指南适用范围

本指南适用于菲油果 [*Acca sellowiana*（Berg）Burret.] 的所有品种。

2 繁殖材料要求

2.1 待测品种繁殖材料的数量和质量要求以及提交的时间和地点由主管机构决定。申请人从测试所在国境外提交繁殖材料的，还应符合海关规定并满足相关植物检疫的要求。

2.2 繁殖材料以一年生树的形式提交。测试机构可以用所提交的树进行扦插或按照说明嫁接于砧木上。

2.3 申请人提交繁殖材料的最小数量为 5 株树。

2.4 提供的繁殖材料应外观健康有活力，未受到任何严重病虫害的影响。

2.5 提交的繁殖材料不得进行任何可能影响品种性状表达的处理，除非主管机构允许或要求进行这种处理。如果材料已经处理，必须提供相关处理的详细情况。

3 测试方法

3.1 生长周期

3.1.1 测试的最少周期数量通常为 2 个生长周期。

3.1.2 生长周期是指从开始活跃营养生长或开花，经过活跃营养生长或开花和果实发育至果实收获。

3.1.3 这些树每个生长周期都能正常结果尤其重要。

3.2 测试地点

测试通常在同一个地点进行。在 1 个以上地点进行测试时，TGP/9《特异性测试》提供了有关指导。

3.3 测试条件

3.3.1 测试的条件应能满足品种正常生长的需要，以确保品种相关性状充分表达和测试的顺利开展。

3.3.2 由于日光变化的原因，在利用比色卡确定颜色时应在一个合适的有人工光源照明的小室或中午无阳光直射的房间内进行。人工光源的光谱分布应符合 CIE“理想日光标准 D6500”，且在《英国标准 950：第 1 部分》规定的允许范围内。在鉴定颜色时，应将植株部位置于白色背景前。使用的比色卡及其版本应在品种描述中说明。

3.4 试验设计

3.4.1 每个试验应保证至少有 5 个植株。

3.4.2 试验设计应保证因测量或计数等需要，从小区取走部分植株或植株部位后，不影响生长周期结束前的所有观测。

3.5 附加测试

为测试有关性状，可以进行附加测试。

4 特异性、一致性和稳定性评价

4.1 特异性

4.1.1 一般建议

对于本指南的使用者而言，在判定特异性前参照总则中关于特异性判定的一般原则十分重要。为进一步说明和强调特异性判定，本指南特列出特异性判定的要点。

4.1.2 一致的差异

当观测到的品种之间的差异非常明显时，则没有必要种植 1 个以上生长周期。此外，在某些情况下，环境的影响并不意味着需要 1 个以上的生长周期来保证品种间观察到的差异是足够一致的。为确保在种植试验中所观测到的性状差异是足够一致的，可以对性状进行至少 2 个独立生长周期的测试。

4.1.3 明显的差异

两个品种间的差异是否明显取决于很多因素，特别应考虑所测性状的表达类型，即该性状是质量性状、数量性状还是假质量性状。因此，在作出关于特异性的判定前，本测试指南的使用者应熟悉总则中的建议。

4.1.4 植株 / 植株部位的观测数量

除非另有说明，在判定特异性时，对于单株的观测，应观测 5 个植株或分别从 5 个植株取下的植株部位；对于其他观测，应观测试验中的所有植株。观测时应将异型株排除在外。当观测植株部位时，每个植株部位的取样数量为 2 个。

4.1.5 观测方法

性状表第二列以如下符号（见 TGP/9《特异性测试》第 4 部分"性状观测"）的形式列出了特异性判定时推荐的性状观测方法。

MG：对一批植株或植株部位进行单次测量。

MS：对一定数量的植株或植株部位进行逐一测量。

VG：对一批植株或植株部位进行单次目测。

VS：对一定数量的植株或植株部位进行逐一目测。

观测类型：目测（V）或测量（M）。

目测（V）是一种基于专家判断的观测方法。本文中的目测是指专家的感官观察，因此，也包括闻、尝和触摸。目测也包括专家使用参照物（例如图表、标准品种、并排比较）或非线性的图表（例如比色卡）的观测。测量（M）是一种基于校准的、线性尺度的客观观测，例如使用尺、秤、色度计、日期和计数等进行观测。

记录类型：群体记录（G）或个体记录（S）。

以特异性为目的的观测，可被记录为一批植株或植株部位的单个记录（G），或者记录为一定数量的单个植株或植株部位的个体记录（S）。多数情况下，群体记录为一个品种提供一个单个记录，因此不可能或者不必要通过逐个植株的统计分析来判定特异性。

如果性状表中提供了不止一种观测方法（如 VG/MG），可以参考 TGP/9《特异性测试》的 4.2 部分选择合适的观测方法。

4.2 一致性

4.2.1 对于本指南的使用者而言，在判定一致性前参照总则中关于一致性判定的一般原则十分重要。为进一步说明和强调一致性判定，本指南特列出一致性判定的要点。

4.2.2 评价无性繁殖品种的一致性时，应采用 1% 的群体标准和至少 95% 的接受概率。当样本量为 5 个时，不允许有异型株。

4.3 稳定性

4.3.1 在实际操作中，通常不像测试特异性和一致性那样对稳定性进行测试以得到明确结果。经验表明，对许多类型的品种来说，当一个品种表现一致时，可认为其是稳定的。

4.3.2 适当情况下或者有疑问时，可以采用种植该品种的新的一批种苗对其稳定性进行测试，看其性状表现是否与之前提交的材料表现相同。

5 品种分组和试验组织

5.1 使用分组性状可以帮助选择与申请品种一起进行田间种植试验的已知品种，以及对这些品种进行合适分组以便进行特异性评价。

5.2 分组性状表达状态的数据即使来自不同地点，也可以单独或者与其他此类性状联合使用。

5.2.1 用于特异性测试中筛选排除那些不需要安排在种植试验中的已知品种。

5.2.2 用于组织安排种植试验，使近似品种种植在一起。

5.3 以下性状已被确认为有用的分组性状。

（a）树：生长习性（性状 1）。

（b）叶片：上表面色斑（性状 13）。

（c）果实：重量（性状 23）。

（d）果实：形状（性状 27）。

（e）果实：表皮颜色（性状 32）。

（f）果实：表皮褶皱（性状 33）。

（g）收获成熟期（性状 41）。

5.4 总则和 TGP/9《特异性测试》中提供了在特异性审查过程中使用分组性状的指导。

6 性状表介绍

6.1 性状类型

6.1.1 标准指南性状

标准指南性状是 UPOV 已同意用于 DUS 审查的性状，UPOV 成员可以从中选择与其特定环境相适应的性状。

6.1.2 星号性状

星号性状（用“*”标记）是测试指南中对于形成国际统一的品种描述十分重要的性状，所有 UPOV 成员都应将其用于 DUS 测试并包含在品种描述中，除非前序性状的表达或区域环境条件所限使其无法测试。

6.2 表达状态及相应代码

6.2.1 为定义性状和统一描述，将每个性状划分为一系列表达状态。每个表达状态赋予一个相应的数字代码，以便于数据记录，以及品种性状描述的建立和交流。

6.2.2 对于质量性状和假质量性状（6.3），性状表中列出了所有表达状态。但对于有 5 个或 5 个以上表达状态的数量性状，可以采用缩略尺度的方法，以缩短性状表格。例如，对于有 9 个表达状态的数量性状，在测试指南的性状表中可采用以下缩略形式。

表达状态	代码
小	3
中	5
大	7

但是应该指出的是，以下 9 个表达状态都是存在的，应采用适宜的表达状态用于品种的描述。

表达状态	代码
极小	1
极小到小	2
小	3
小到中	4
中	5
中到大	6
大	7
大到极大	8
极大	9

6.2.3 TGP/7《测试指南的研制》中提供了表达状态和代码的更详尽的介绍。

6.3 表达类型

总则中对性状表达类型（质量性状、数量性状和假质量性状）进行了解释。

6.4 标准品种

适当时，测试指南中提供了标准品种用于校正性状的表达状态。

6.5 注释

（*）星号性状（6.1.2）。

QL：质量性状（6.3）。

QN：数量性状（6.3）。

PQ：假质量性状（6.3）。

MG、MS、VG、VS：观测方法（4.1.5）。

（a）～（c）性状表解释（8.1）。

（+）性状表解释（8.2）。

7 性状表

性状编号	观测方法	英文	中文	标准品种	代码
1. **（*）** **（+）** **QN**	**VG**	**Tree：growth habit**	**树：生长习性**		
		upright	直立	Apollo，Marion	1
		semi-upright	半直立	Kakapo，SCS411 Alcantara，Unique	2
		spreading	平展	Pounamu，SCS412 Helena	3
2. **（+）** **QN**	**VG**	**Tree：vigor**	**树：树势**		
		weak	弱	SCS412 Helena，Unique	3
		medium	中	SCS411 Alcantara，Opal Star	5
		strong	强	Apollo，Gemini	7
3. **（*）** **（+）** **QN**	**VG/ MG/ MS**	**Current season's shoot：length of internode**	**当年生枝条：节间长度**		
		short	短	Unique	3
		medium	中	Marion	5
		long	长	Gemini	7

续表

性状编号	观测方法	英文	中文	标准品种	代码
4.	**VG/**	**Leaf blade：length**	**叶片：长度**		
(*)	**MS**	short	短	Opal Star，Unique	3
QN	**(a)**	medium	中	Apollo，Pounamu	5
		long	长	Kakariki	7
5.	**VG/**	**Leaf blade：width**	**叶片：宽度**		
(*)	**MS**	narrow	窄	Marion	3
QN	**(a)**	medium	中	Unique	5
		broad	宽	Anatoki	7
6.	**VG/**	**Leaf blade：ratio length/width**	**叶片：长宽比**		
(*)	**MS**	very low	极低	Opal Star，SCS412 Helena	1
(+) **QN**	**(a)**	low	低	Apollo，Marion，SCS411 Alca-ntara	2
		medium	中	Pounamu	3
		high	高	Kawatiri	4
7.	**VG**	**Leaf blade：position of broadest part**	**叶片：最宽处位置**		
(+)	**(a)**	below middle	中部以下		1
QN		at middle	中部	Marion，Unique	2
		above middle	中部以上	SCS411 Alcantara，SCS412 Helena，Triumph	3
8.	**VG**	**Leaf blade：shape**	**叶片：形状**		
(*)	**(a)**	ovate	卵圆形		1
(+)		elliptic	椭圆形	Apollo	2
PQ		oblong	长椭圆形		3
		obovate	倒卵圆形	SCS411 Alcantara，SCS412 Helena	4
9.	**VG**	**Leaf blade：shape of apex**	**叶片：先端形状**		
(+)	**(a)**	acute	锐尖	Gemini	1
PQ		obtuse	钝尖	Apollo，SCS411 Alcantara	2
		rounded	圆形	Marion，SCS412 Helena	3
		truncate	平截		4
		retuse	微凹		5
10.	**VG**	**Leaf blade：shape of base**	**叶片：基部形状**		
(+) **PQ**	**(a)**	acute	锐尖	Gemini，Kakapo，SCS412 Helena	1
		obtuse	钝尖	SCS411 Alcantara，Unique	2
		rounded	圆形		3
11.	**VG**	**Leaf blade：profile in cross section**	**叶片：横切面形状**		
(+)	**(a)**	concave	凹形	SCS412 Helena	1
QN		flat	平	Opal Star，SCS411 Alcantara	2
		convex	凸形		3
12.	**VG**	**Leaf blade：main color of upper side**	**叶片：上表面主色**		
(*)	**(a)**	light green	浅绿色		1
(+)		medium green	中等绿色	Opal Star	2
PQ		dark green	深绿色	Apollo	3
		grey green	灰绿色	Marion	4

续表

性状编号	观测方法	英文	中文	标准品种	代码
13. (*) QL	VG (a)	**Leaf blade: variegation on upper side**	**叶片：上表面色斑**		
		absent	无		1
		present	有		9
14. (+) PQ	VG (a)	**Leaf blade: color of lower side**	**叶片：下表面颜色**		
		whitish	泛白色	Apollo，SCS412 Helena	1
		light green	浅绿色	SCS411 Alcantara	2
		medium green	中等绿色	SCS414 Mattos	3
		greyish green	灰绿色	SCS415 Nonante	4
15. QL	VG (b)	**Inflorescence: arrangement**	**花序：排列**		
		terminal only	仅顶生		1
		terminal and lateral	顶生和侧生	SCS411 Alcantara，SCS412 Helena	2
16. QN	VG/ MS (b)	**Petal: length**	**花瓣：长度**		
		short	短	Arhart，Tharfiona	1
		medium	中	Kawatiri，SCS411 Alcantara，SCS412 Helena	2
		long	长		3
17. (*) (+) PQ	VG (b)	**Petal: color of upper side**	**花瓣：上表面颜色**		
		RHS Color Chart (indicate reference number)	RHS 比色卡（注明参考色号）		
18. (*) (+) QN	VG (b)	**Stamens: number**	**雄蕊：数量**		
		few	少	Anatoki	1
		medium	中	Gemini	2
		many	多	Kaiteri	3
19. PQ	VG (b)	**Filaments: color**	**花丝：颜色**		
		pink	粉色		1
		reddish pink	泛红粉色		2
		red	红色	SCS411 Alcantara，SCS412 Helena	3
20. PQ	VG (b)	**Anthers: color**	**花药：颜色**		
		yellowish white	泛黄白色	Unique	1
		reddish white	泛红白色	Apollo，Gemini	2
		medium red	中等红色	SCS411 Alcantara	3
		dark red	深红色	SCS415 Nonante	4
21. PQ	VG (b)	**Style: color of upper half**	**花柱：上表面颜色**		
		green	绿色		1
		reddish green	泛红绿色	Alacantara	2
		red	红色	Apollo，SCS412 Helena	3
22. QN	VG (b)	**Stigma: position in relation to anthers**	**柱头：相对于花药的位置**		
		same level to slightly above	同一水平或略高于	Arhart	1
		moderately above	中等高于	SCS411 Alcantara，SCS412 Helena	2
		strongly above	极度高于	Apollo，Unique	3

续表

性状编号	观测方法	英文	中文	标准品种	代码
23. **(*)** **(+)** **QN**	**MG** **(c)**	**Fruit: weight**	**果实：重量**		
		very low	极低	Tharfiona	1
		low	低	Apollo, Opal Star	3
		medium	中	Pounamu, SCS411 Alcantara	5
		high	高	Anilvinkoru, SCS412 Helena	7
24. **(*)** **(+)** **QN**	**VG/** **MS** **(c)**	**Fruit: length**	**果实：长度**		
		very short	极短		1
		short	短	Unique	3
		medium	中	Apollo, Opal Star	5
		long	长	Gemini, Pounamu	7
		very long	极长	Marion	9
25. **(*)** **(+)** **QN**	**VG/** **MS** **(c)**	**Fruit: width**	**果实：宽度**		
		narrow	窄	Unique	3
		medium	中	Kakapo, Opal Star	5
		broad	宽	Kawatiri	7
		very broad	极宽	Anatoki	9
26. **(*)** **(+)** **QN**	**VG/** **MG** **(c)**	**Fruit: ratio length/width**	**果实：长宽比**		
		low	低	SCS411 Alcantara	3
		medium	中	Pounamu, SCS412 Helena	5
		high	高	Triumph	7
27. **(*)** **(+)** **PQ**	**VG** **(c)**	**Fruit: shape**	**果实：形状**		
		ovate	卵圆形	Pounamu	1
		circular	圆形		2
		elliptic	椭圆形	Opal Star, SCS411 Alcantara	3
		oblong	长圆形		4
		rhombic	菱形		5
		obovate	倒卵圆形	Gemini, Kakapo, SCS412 Helena	6
		oblanceolate	倒披针形		7
28. **(+)** **QN**	**VG** **(c)**	**Fruit: longitudinal symmetry**	**果实：纵向对称性**		
		symmetric or slightly asymmetric	对称或略不对称	Opal Star, SCS411 Alcantara, Unique	1
		moderately asymmetric	中等不对称	Apollo	2
		strongly asymmetric	极度不对称	Triumph	3
29. **(*)** **(+)** **QN**	**VG** **(c)**	**Fruit: slope of shoulder at stalk end**	**果实：果梗末端果肩倾斜**		
		weak	弱	Opal Star, SCS411 Alcantara	1
		medium	中	Kakapo, Pounamu	2
		strong	强	Anilvinkoru, Apollo	3
30. **(+)** **QN**	**VG** **(c)**	**Fruit: point of attachment of stalk**	**果实：果梗着生点**		
		depressed	凹陷	Gemini, SCS412 Helena, Unique	1
		flat	平坦	Opal Star	2
		raised	凸起	Apollo	3

续表

性状编号	观测方法	英文	中文	标准品种	代码
31. (*) QN	VG (c)	**Fruit：attitude of sepals**	**果实：萼片姿态**		
		erect	直立	Kakapo，Opal Star，SCS412 Helena	1
		semi-erect	半直立	Marion，Unique	2
		horizontal	水平	Apollo，Pounamu	3
32. (*) PQ	VG (c)	**Fruit：color of skin**	**果实：表皮颜色**		
		light green	浅绿色	Unique	1
		medium green	中等绿色	Apollo，Opal Star，SCS411 Alcantara	2
		dark green	深绿色	Anilvinkoru，Kakapo	3
		grey green	灰绿色	Marion	4
33. (*) (+) QN	VG (c)	**Fruit：rugosity of skin**	**果实：表皮褶皱**		
		smooth or very slightly rugose	光滑或极微褶皱	Opal Star，SCS412 Helena	1
		slightly rugose	略褶皱	Kakapo，Marion	3
		moderately rugose	中度褶皱	Apollo，SCS411 Alcantara，Triumph	5
		strongly rugose	重度褶皱	Unique	7
34. (+) QN	VG (c)	**Fruit：longitudinal grooving**	**果实：纵沟**		
		absent or weak	无或弱	Pounamu，SCS412 Helena	1
		medium	中	Kakapo	2
		strong	强	Anilvinkoru	3
35. (+) QN	VG (c)	**Fruit：thickness of skin**	**果实：表皮厚度**		
		thin	薄	Arhart	1
		medium	中		2
		thick	厚		3
36. (+) QN	VG (c)	**Fruit：thickness of pericarp**	**果实：果皮厚度**		
		thin	薄	Arhart	1
		medium	中		2
		thick	厚		3
37. PQ	VG (c)	**Fruit：color of outer pericarp**	**果实：外果皮颜色**		
		white	白色	Kakapo	1
		yellowish white	泛黄白色	Gemini，Unique	2
		yellow	黄色	Opal Star	3
38. (*) (+) QN	VG (c)	**Fruit：width of locules relative to fruit**	**果实：心室相对于果实的宽度**		
		very small	极小	Triumph	1
		small	小	Kakapo，Pounamu	3
		medium	中	SCS412 Helena，Unique	5
		large	大	SCS411 Alcantara	7
39. (*) PQ	VG (c)	**Fruit：color of locules**	**果实：心室颜色**		
		transparent	透明	Apollo，Waitui	1
		whitish	泛白色	SCS415 Nonante	2
		reddish	泛红色		3

续表

性状编号	观测方法	英文	中文	标准品种	代码
40. (+) QN	VG (c)	**Seed：size**	**种子：大小**		
		small	小	Unique	1
		medium	中	SCS411 Alcantara，SCS412 Helena	2
		large	大		3
41. (*) (+) QN	VG/ MG	**Time of harvest maturity**	**采收期**		
		very early	极早	Waitui	1
		early	早	Unique	3
		medium	中	Apollo，Gemini	5
		late	晚	Kakapo，Opal Star	7
		very late	极晚	Triumph	9

8 性状表解释

8.1 对多个性状的解释

性状表第二列包含以下标注的性状应按照下述要求观测。

（a）叶的观测应在一年生枝条的中部 1/3 处进行。

（b）花的观测应在树上约有 50% 的花开放时进行。

（c）果实的观测应在收获时进行。

8.2 对单个性状的解释

性状 1：树生长习性

生长习性的观测应在当季生长末期果实收获后进行。

1 直立　2 半直立　3 平展

性状 2：树势

观测应在活跃的营养生长期进行。树势应考虑营养生长的整体丰满度。

性状 3：当年生枝条节间长度

节间长度应观测当年生枝条中部 1/3 处。

性状 6：叶片长宽比

性状 7：叶片最宽处位置

性状 8：叶片形状

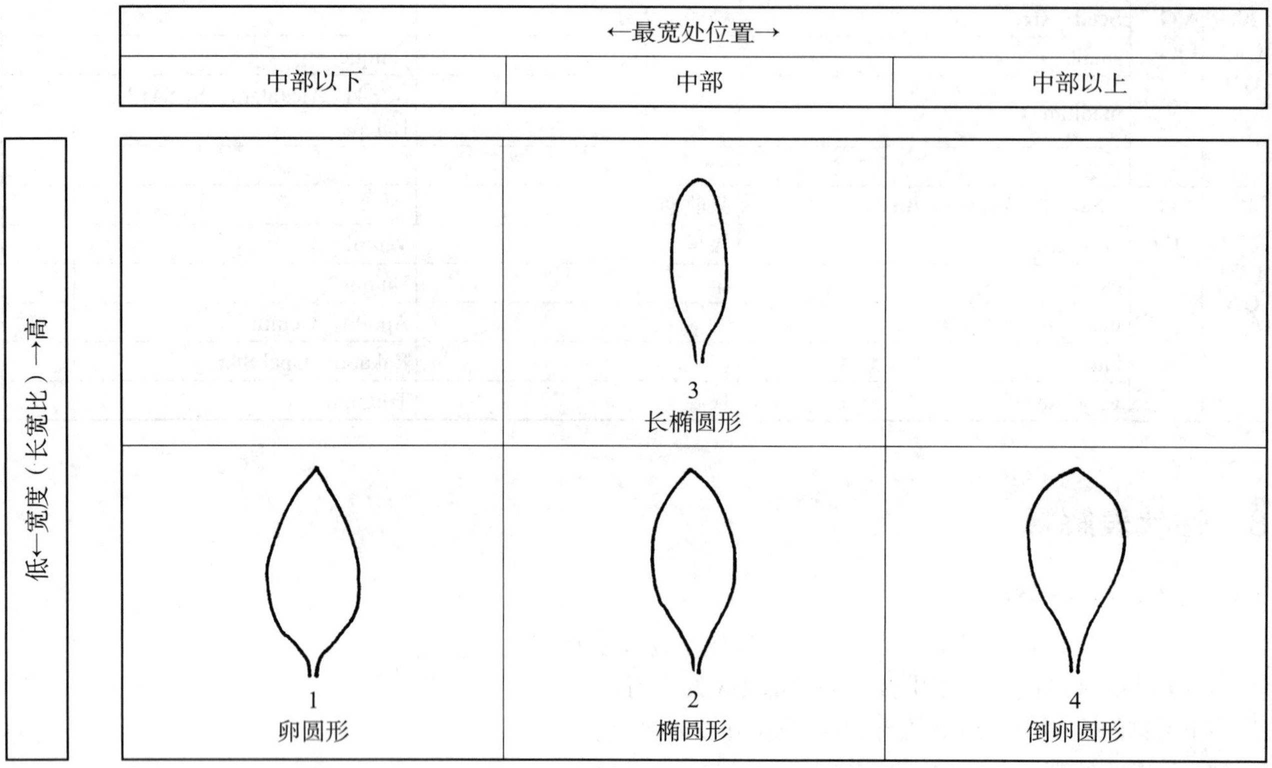

性状 9：叶片先端形状

1	2	3	4	5
锐尖	钝尖	圆形	平截	微凹

性状 10：叶片基部形状

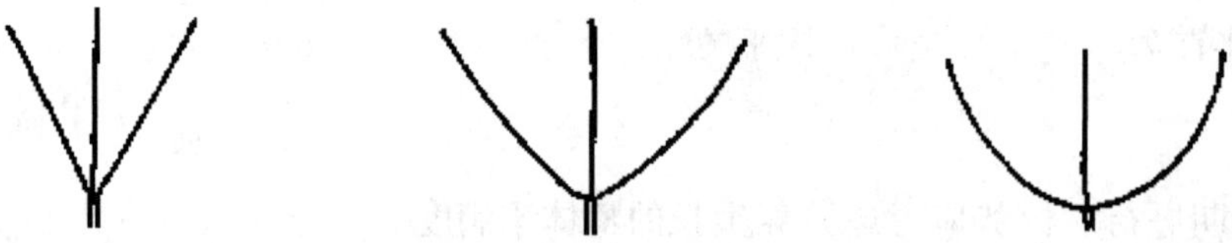

1	2	3
锐尖	钝尖	圆形

性状 11：叶片横切面形状

1	2	3
凹形	平	凸形

性状 12：叶片上表面主色

主色是指叶片内表面覆盖面积最大部分的颜色。当主色与次色的区域十分相近很难区分叶片哪一种颜色区域最大时，最深的颜色被认为是主色。

性状 14：叶片下表面颜色

下表面颜色包括可能存在的毛的颜色。

性状 17：花瓣上表面颜色

应观测花瓣表面覆盖面积最大部分的颜色。

性状 18：雄蕊数量

1
少

2
中

3
多

性状 23：果实重量

果实重量观测样本量为 5 株树上选取的 25 个收获的果实，每株树选 5 个果实。

性状 24：果实长度

性状 25：果实宽度

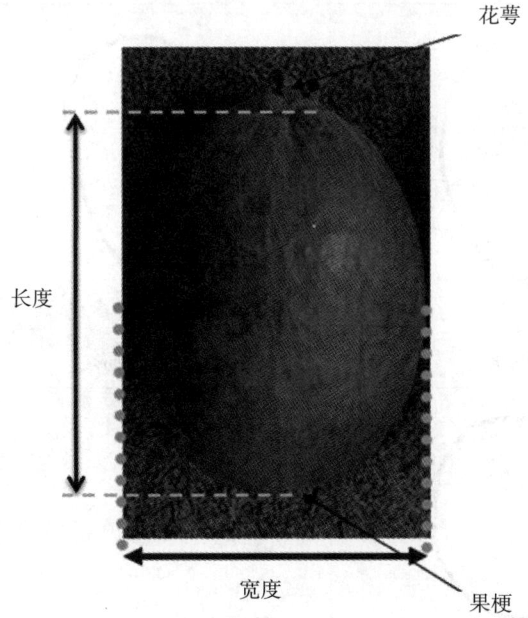

性状 26：果实长宽比

性状 27：果实形状

←最宽处位置→		
中部以下	中部	中部以上
	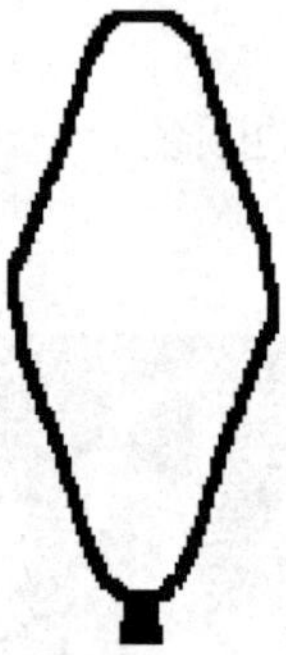 5 菱形	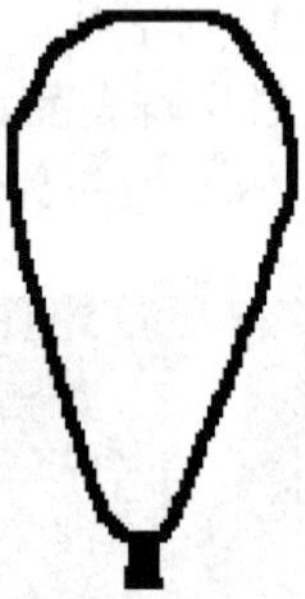 7 倒披针形
	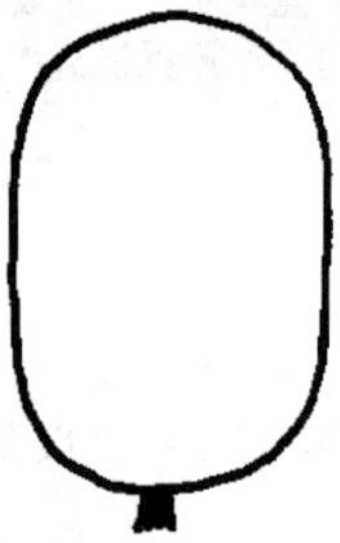 4 长圆形	
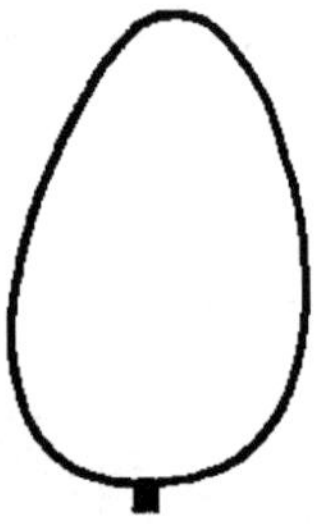 1 卵圆形	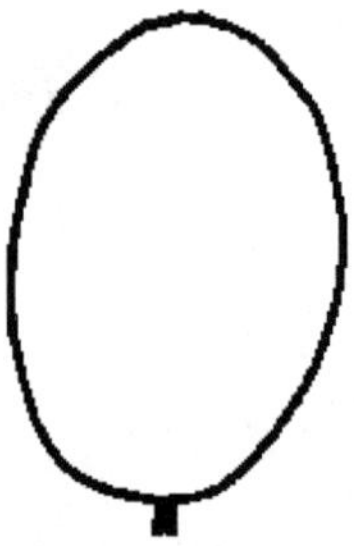 3 椭圆形	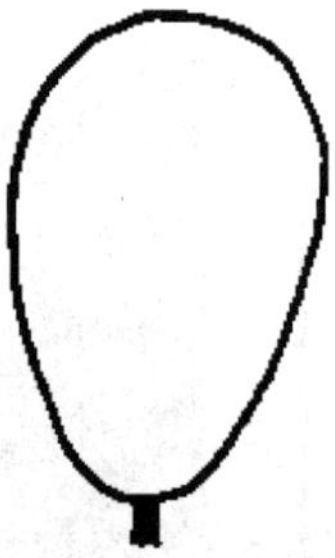 6 倒卵圆形
	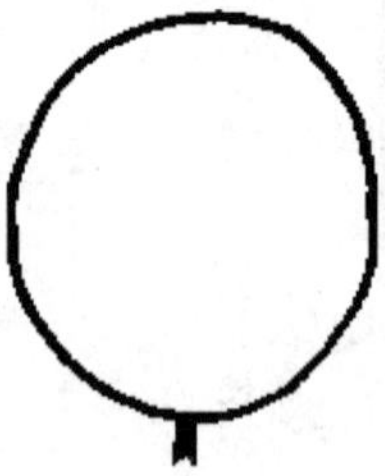 2 圆形	

宽（低←宽度（长宽比）→窄（高）

性状 28：果实纵向对称性

纵向对称性是通过果实的中线来进行判断的。

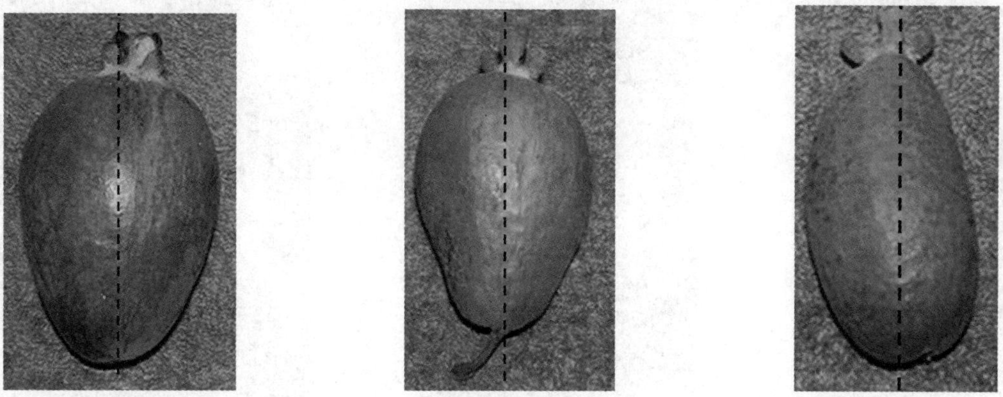

1 对称或略不对称　　2 中等不对称　　3 极度不对称

性状 29：果实果梗末端果肩倾斜

果梗末端果肩倾斜是通过低于果梗部分的果实宽度来进行判断的。

弱肩为宽的宽度；中等肩为中等宽度；强肩为窄的宽度。

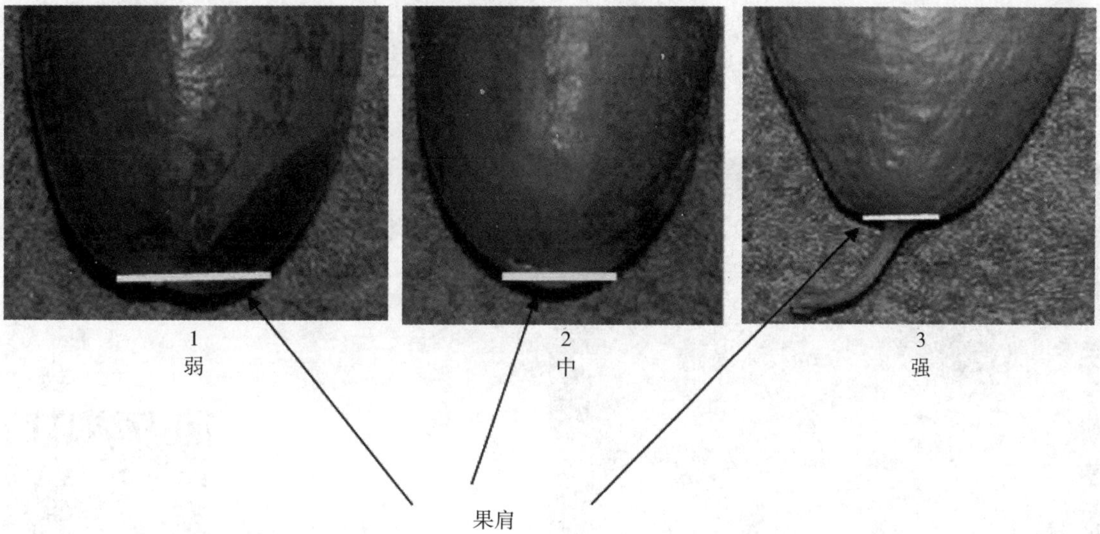

性状 30：果实果梗着生点

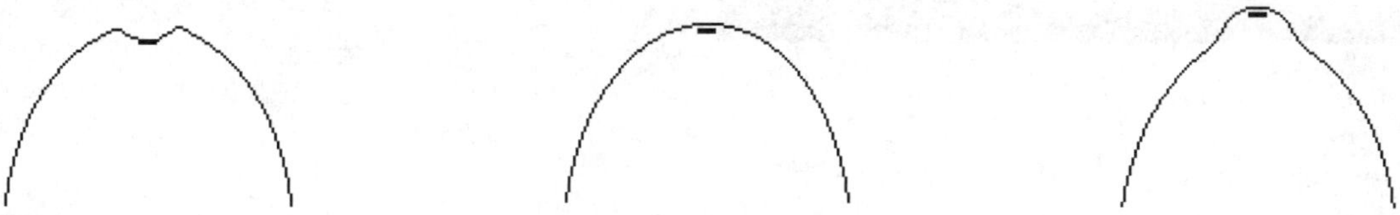

1 凹陷　　2 平坦　　3 凸起

性状 33：果实表皮褶皱

果实褶皱由皱纹的数量和强度来确定。

性状 34：果实纵沟

1 无或弱　　2 中　　3 强

性状 35：果实表皮厚度

性状 36：果实果皮厚度

性状 38：果实心室相对于果实的宽度

果皮厚度是从心室的边缘到果实表皮的果肉的最大宽度。

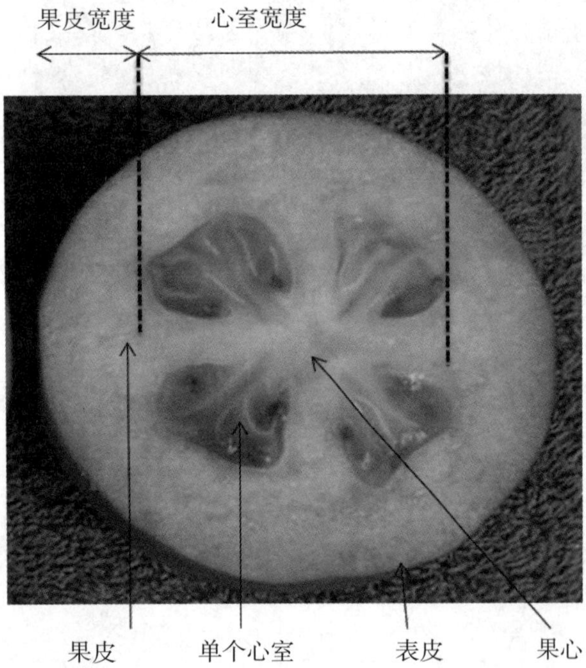

扫码下载原文

如扫描二维码无法下载指南原文，可能是指南版本有更新，可扫描本书封底二维码查看与本文对应的指南版本

性状 40：种子大小

大小通过种子的长度与宽度的比值来判断。

性状 41：采收期

当果实自然从树上掉下或摘取时十分容易与树剥离即达到收获期。当首批少量果实自然掉落时即进入收获期。果实成熟不能只通过观测果实外观性状来判断。

TG/308/1
原文：英文
日期：2015-03-25

国际植物新品种保护联盟
植物品种特异性、一致性和稳定性测试指南

美国山核桃

UPOV 代码：CARYA_ILL

[*Carya illinoinensis* (Wangenh.) K. Koch.]

互用名称 *

植物学名称	英文	法文	德文	西班牙文
Carya illinoinensis (Wangenh.) K. Koch	Pecan nut	Noix de pécan	Pekan, Pekannuß	Nuez pecán, Pecan, Nogal pecanero

* 这些名称在指南开始使用时是正确的，但随后可能会修改更新。读者可登录 UPOV 网站（www.upov.int），获取最新资料。

1 指南适用范围

本指南适用于美国山核桃 [*Carya illinoinensis*（Wangenh.）K. Koch] 的所有品种。

2 繁殖材料要求

2.1 待测品种繁殖材料的数量和质量要求以及提交的时间和地点由主管机构决定。申请人从测试所在国境外提交繁殖材料的，还应符合海关规定并满足相关植物检疫的要求。

2.2 繁殖材料以休眠芽条或嫁接苗的形式提交。

2.3 申请人提交繁殖材料的最小数量为 8 根芽条或 8 株嫁接苗。

2.4 提供的繁殖材料应外观健康有活力，未受到任何严重病虫害的影响。

2.5 提交的繁殖材料不得进行任何可能影响品种性状表达的处理，除非主管机构允许或要求进行这种处理。如果材料已经处理，必须提供相关处理的详细情况。

3 测试方法

3.1 生长周期

3.1.1 测试的最少周期数量通常为 2 个生长周期。

3.1.2 生长周期是指开始活跃的营养生长或开花，经过活跃的营养生长或开花至果实发育并收获的整个阶段。

3.1.3 对于果树而言，确保每个生长周期能正常结果十分重要。

3.2 测试地点

测试通常在同一个地点进行。在 1 个以上地点进行测试时，TGP/9《特异性测试》提供了有关指导。

3.3 测试条件

测试的条件应能满足品种正常生长的需要，以确保品种相关性状充分表达和测试的顺利开展。

3.4 试验设计

3.4.1 每个试验应保证至少有 5 个植株。

3.4.2 试验设计应保证因测量或计数等需要，从小区取走部分植株或植株部位后，不影响生长周期结束前的所有观测。

3.5 附加测试

为测试有关性状，可以进行附加测试。

4 特异性、一致性和稳定性评价

4.1 特异性

4.1.1 一般建议

对于本指南的使用者而言，在判定特异性前参照总则中关于特异性判定的一般原则十分重要。为进一步说明和强调特异性判定，本指南特列出特异性判定的要点。

4.1.2 一致的差异

当观测到的品种之间的差异非常明显时，则没有必要种植 1 个以上生长周期。此外，在某些情况下，环境的影响并不意味着需要 1 个以上的生长周期来保证品种间观察到的差异是足够一致的。为确保在种植试验中所观测到的性状差异是足够一致的，可以对性状进行至少 2 个独立生长周期的测试。

4.1.3 明显的差异

两个品种间的差异是否明显取决于很多因素，特别应考虑所测性状的表达类型，即该性状是质量性状、数量性状还是假质量性状。因此，在作出关于特异性的判定前，本测试指南的使用者应熟悉总则中的建议。

4.1.4 植株 / 植株部位的观测数量

除非另有说明，在判定特异性时，对于单株的观测，应观测 5 个植株或分别从 5 个植株取下的植株部位；对于其他观测，应观测试验中的所有植株。观测时应将异型株排除在外。当观测植株部位时，每个植株部位的取样数量为 2 个。

4.1.5 观测方法

性状表第二列以如下符号（见 TGP/9《特异性测试》第 4 部分“性状观测”）的形式列出了特异性判定时推荐的性状观测方法。

MG：对一批植株或植株部位进行单次测量。

MS：对一定数量的植株或植株部位进行逐一测量。

VG：对一批植株或植株部位进行单次目测。

VS：对一定数量的植株或植株部位进行逐一目测。

观测类型：目测（V）或测量（M）。

目测（V）是一种基于专家判断的观测方法。本文中的目测是指专家的感官观察，因此，也包括闻、尝和触摸。目测也包括专家使用参照物（例如图表、标准品种、并排比较）或非线性的图表（例如比色卡）的观测。测量（M）是一种基于校准的、线性尺度的客观观测，例如使用尺、秤、色度计、日期和计数等进行观测。

记录类型：群体记录（G）或个体记录（S）。

以特异性为目的的观测，可被记录为一批植株或植株部位的单个记录（G），或者记录为一定数量的单个植株或植株部位的个体记录（S）。多数情况下，群体记录为一个品种提供一个单个记录，因此不可能或者不必要通过逐个植株的统计分析来判定特异性。

如果性状表中提供了不止一种观测方法（如 VG/MG），可以参考 TGP/9《特异性测试》的 4.2 部分选择合适的观测方法。

4.2 一致性

4.2.1 对于本指南的使用者而言，在判定一致性前参照总则中关于一致性判定的一般原则十分重要。但为进一步说明和强调一致性判定，本指南特列出一致性判定的要点。

4.2.2 评价无性繁殖品种的一致性时，应采用 1% 的群体标准和至少 95% 的接受概率。当样本量为 5 个时，不允许有异型株。

4.3 稳定性

4.3.1 在实际操作中，通常不像测试特异性和一致性那样对稳定性进行测试以得到明确结果。经验表明，对许多类型的品种来说，当一个品种表现一致时，可认为其是稳定的。

4.3.2 适当情况下或者有疑问时，可以采用种植该品种的新的一批种苗对其稳定性进行测试，看其性状表现是否与之前提交的材料表现相同。

5 品种分组和试验组织

5.1 使用分组性状可以帮助选择与申请品种一起进行田间种植试验的已知品种，以及对这些品种进行合适分组以便进行特异性评价。

5.2 分组性状表达状态的数据即使来自不同地点，也可以单独或者与其他此类性状联合使用。

5.2.1 用于特异性测试中筛选排除那些不需要安排在种植试验中的已知品种。

5.2.2 用于组织安排种植试验，使近似品种种植在一起。

5.3 以下性状已被确认为有用的分组性状。

（a）树：树势（性状 1）。

（b）树：生长习性（性状 3）。

（c）侧小叶：叶柄（性状 11）。

（d）坚果：长度（性状 19）。

（e）坚果：侧视宽度（性状 20）。

（f）坚果：朝向缝合线的侧视宽度（性状 21）。

（g）坚果：侧视形状（性状 22）。

5.4 总则和 TGP/9《特异性测试》中提供了在特异性审查过程中使用分组性状的指导。

6 性状表介绍

6.1 性状类型

6.1.1 标准指南性状

标准指南性状是 UPOV 已同意用于 DUS 审查的性状，UPOV 成员可以从中选择与其特定环境相适应的性状。

6.1.2 星号性状

星号性状（用“*”标记）是测试指南中对于形成国际统一的品种描述十分重要的性状，所有 UPOV 成员都应将其用于 DUS 测试并包含在品种描述中，除非前序性状的表达或区域环境条件所限使其无法测试。

6.2 表达状态及相应代码

6.2.1 为定义性状和统一描述，将每个性状划分为一系列表达状态。每个表达状态赋予一个相应的数字代码，以便于数据记录，以及品种性状描述的建立和交流。

6.2.2 对于质量性状和假质量性状（6.3），性状表中列出了所有表达状态。但对于有 5 个或 5 个以上表达状态的数量性状，可以采用缩略尺度的方法，以缩短性状表格。例如，对于有 9 个表达状态的数量性状，在测试指南的性状表中可采用以下缩略形式。

表达状态	代码
小	3
中	5
大	7

但是应该指出的是，以下 9 个表达状态都是存在的，应采用适宜的表达状态用于品种的描述。

表达状态	代码
极小	1
极小到小	2
小	3
小到中	4
中	5
中到大	6
大	7
大到极大	8
极大	9

6.2.3 TGP/7《测试指南的研制》中提供了表达状态和代码的更详尽的介绍。

6.3 表达类型

总则中对性状表达类型（质量性状、数量性状和假质量性状）进行了解释。

6.4 标准品种

适当时，测试指南中提供了标准品种用于校正性状的表达状态。

6.5 注释

（*）星号性状（6.1.2）。

QL：质量性状（6.3）。

QN：数量性状（6.3）。

PQ：假质量性状（6.3）。

MG、MS、VG、VS：观测方法（4.1.5）。

（a）～（c）性状表解释（8.1）。

（+）性状表解释（8.2）。

7 性状表

性状编号	观测方法	英文	中文	标准品种	代码
1. （*） （+） QN	VG	**Tree：vigor**	**树：树势**		
		weak	弱	Barton，Success	3
		medium	中	Cheyenne	5
		strong	强	Desirable，Western	7
2. （+） QN	VG	**Tree：density of branches**	**树：分枝密度**		
		sparse	疏	Cheyenne	3
		medium	中	Desirable，Mahan	5
		dense	密	Success，Wichita	7
3. （*） （+） QN	VG	**Tree：growth habit**	**树：生长习性**		
		upright	直立	Success	1
		semi-upright	半直立	Desirable，Mohawk	2
		spreading	平展	Shoshoni，Western	3
4. PQ	VG	**One-year-old shoot：color**	**一年生枝条：颜色**		
		greenish brown	绿棕色	Stuart	1
		reddish brown	红棕色	Mahan	2
		brown	棕色	Desirable，Success	3
5. QN	VG/ MS （a）	**Leaf：length of petiole**	**叶：叶柄长度**		
		short	短	Desirable	3
		medium	中	Success	5
		long	长	Mahan，Stuart	7
6. QN	VG/ MS （a）	**Terminal leaflet：length**	**末端小叶：长度**		
		short	短	Desirable	3
		medium	中	Shoshoni，Stuart	5
		long	长	Mahan	7
7. QN	VG/ MS （a）	**Terminal leaflet：width**	**末端小叶：宽度**		
		narrow	窄	Desirable	3
		medium	中	Success	5
		broad	宽		7

续表

性状编号	观测方法	英文	中文	标准品种	代码
8. **(+)** **QN**	**VG/** **MS** **(a)**	**Terminal leaflet: ratio length/width**	**末端小叶：长宽比**		
		low	低	Mahan, Stuart	3
		medium	中	Shoshoni	5
		high	高	Desirable	7
9. **QN**	**VG** **(a)**	**Leaf: intensity of green color**	**叶：绿色程度**		
		light	浅	Desirable	1
		medium	中	Stuart	2
		dark	深		3
10. **QN**	**VG** **(a)**	**Lateral leaflet: curvature along longitudinal axis**	**侧小叶：纵切面卷曲**		
		weak	弱	Desirable	1
		medium	中		2
		strong	强	Mahan	3
11. **(*)** **QL**	**VG** **(a)**	**Lateral leaflet: petiolule**	**侧小叶：叶柄**		
		absent	无	Desirable	1
		present	有	Stuart, Success	9
12. **(+)** **QN**	**VG** **(a)**	**Lateral leaflet: asymmetry at base**	**侧小叶：基部非对称性**		
		absent or weak	无或弱	Desirable	1
		moderate	中		2
		strong	强		3
13. **(*)** **(+)** **QN**	**VG/** **MG**	**Catkin: length**	**柔荑花序：长度**		
		short	短	Desirable	3
		medium	中	Mahan, Stuart	5
		long	长		7
14. **QN**	**VG/** **MS**	**Female inflorescence: number of flowers**	**雌花花序：小花数量**		
		very few	极少		1
		few	少	Success	2
		medium	中	Cape Fear, Harris Super, Stuart	3
		many	多	Mahan	4
		very many	极多		5
15. **(+)** **QN**	**VG** **(b)**	**Stigma: splitting**	**柱头：开裂**		
		absent or weak	无或弱	INTA DELTA Ⅱ, Mahan	1
		moderate	中		2
		strong	强	Cape Fear, Desirable, Stuart	3
16. **(*)** **QN**	**VG** **(b)**	**Stigma: anthocyanin coloration**	**柱头：花青苷显色**		
		absent or weak	无或弱	INTA DELTA Ⅱ, Mahan	1
		medium	中	Desirable, Success	2
		strong	强	Shoshoni	3
17. **QN**	**VG**	**Husk: intensity of green color**	**果壳：绿色程度**		
		light	浅	Shoshoni	1
		medium	中	Desirable	2
		dark	深		3

续表

性状编号	观测方法	英文	中文	标准品种	代码
18. (*) (+) QN	**VG**	**Husk：prominence of ribs**	**果壳：果棱突出**		
		absent or very weak	无或极弱		1
		weak	弱	Shoshoni	3
		medium	中		5
		strong	强		7
19. (*) (+) QN	**VG/ MS (c)**	**Nut：length**	**坚果：长度**		
		short	短	Desirable，Success	3
		medium	中	Harris Super，Stuart	5
		long	长	Mahan	7
20. (*) (+) QN	**VG/ MS (c)**	**Nut：width in lateral view**	**坚果：侧视宽度**		
		narrow	窄	Desirable，Kernodle，Mahan	3
		medium	中	Stuart	5
		broad	宽	Shoshoni	7
21. (*) (+) QN	**VG/ MS (c)**	**Nut：width in lateral view facing the suture**	**坚果：朝向缝合线的侧视宽度**		
		narrow	窄	Mahan	3
		medium	中	Stuart	5
		broad	宽	Shoshoni	7
22. (*) (+) PQ	**VG (c)**	**Nut：shape in lateral view**	**坚果：侧视形状**		
		ovate	卵圆形	Amling，Cheyenne，Elliot	1
		circular	圆形		2
		elliptic	椭圆形	Candy，Chickasaw	3
		oblong	长椭圆形	Curtis，Harris Super，Mahan	4
		obovate	倒卵圆形	Western Schley	5
23. (*) (+) PQ	**VG (c)**	**Nut：shape in lateral view facing the suture**	**坚果：朝向缝合线的侧视形状**		
		ovate	卵圆形	Curtis	1
		circular	圆形	Major	2
		elliptic	椭圆形	Kanza	3
		oblong	长椭圆形	Harris Super，Mahan，Maramec	4
		obovate	倒卵圆形	Chetopa	5
24. (+) PQ	**VG**	**Nut：shape in ventral view facing the attachment**	**坚果：朝向黏附处腹面形状**		
		broad oblate	阔扁圆形		1
		medium oblate	中等扁圆形	Kernodle	2
		circular	圆形	Desirable，Shoshoni	3
25. (*) (+) PQ	**VG**	**Nut：shape of apex in lateral view（excluding tip）**	**坚果：先端侧视形状（尖端除外）**		
		acute	锐尖	Desirable，Stuart	1
		obtuse	钝尖	Success	2
		rounded	圆形	Major	3

续表

性状编号	观测方法	英文	中文	标准品种	代码
26. (*) (+) **QN**	**VG/ MS**	**Nut: length of tip**	**坚果：尖端长度**		
		absent or short	无或短	Major	1
		medium	中	Chetopa	2
		long	长	Curtis，Mahan，Sioux	3
27. (+) **PQ**	**VG**	**Nut: ground color**	**坚果：底色**		
		grey brown	灰棕色	Barton	1
		light brown	浅棕色	Desirable，Mahan，Success	2
		medium brown	中等棕色	Harris Super，Stuart	3
		dark brown	深棕色	Kernodle，Shoshoni	4
28. **QN**	**VG**	**Nut: area covered by spots**	**坚果：斑点覆盖区域**		
		small	小	Desirable，Harris Super，Kernodle	3
		medium	中	Mahan	5
		large	大	Stuart	7
29. (*) **QN**	**VG/ MS**	**Nut: thickness of shell**	**坚果：果壳厚度**		
		thin	薄	Candy，Curtis，Hastings	1
		medium	中	Desirable，Stuart	2
		thick	厚	Elliot，Moneymaker	3
30. (+) **QN**	**VG** (c)	**Kernel: size in relation to size of nut**	**果仁：相对于坚果的大小**		
		small	小	Jackson，Shoshoni	1
		medium	中	Melrose，Kiowa	2
		large	大	Hastings，Stuart	3
31. (*) (+) **QN**	**MS**	**Kernel: weight**	**果仁：重量**		
		light	轻	Mahan	3
		medium	中	Pawnee	5
		heavy	重	Wichita	7
32. **QN**	**VG**	**Kernel: intensity of brown color**	**果仁：棕色程度**		
		light	浅	Desirable	1
		medium	中	Pawnee	2
		dark	深	Stuart	3
33. (+) **QN**	**VG**	**Tree: persistence of husk after nut fall**	**树：坚果脱落后外壳的宿存**		
		not persistent	脱落	Success	1
		partially persistent	部分宿存		2
		fully persistent	全部宿存	Desirable，Stuart	3
34. (+) **QN**	**MG**	**Time of leaf bud burst**	**叶芽萌发时间**		
		early	早	Woodroof	3
		medium	中	Curtis，Kernodle	5
		late	晚	Stuart，Success	7
35. (+) **QN**	**MG**	**Time of leaf fall**	**落叶期**		
		early	早	Dooley，Stuart	3
		medium	中	Colby	5
		late	晚	Comanche，Woodroof	7
36. (+) **QN**	**MG**	**Time of husk opening**	**外壳开裂时间**		
		early	早	Norton，	3
		medium	中	Elliot，Sioux	5
		late	晚	Kernodle	7

8 性状表解释

8.1 对多个性状的解释

性状表第二列包含以下标注的性状应按照下述要求观测。

（a）叶 / 小叶：观测应在全部小叶充分展开的一年生枝条的中部的成熟叶上进行。

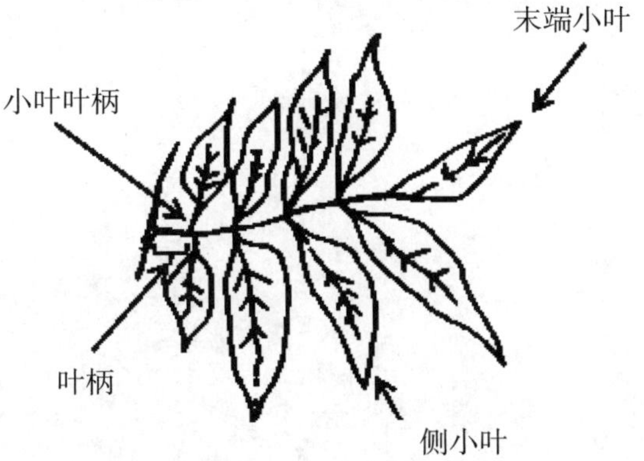

（b）花：观测应在当柱头膨大分泌黏液具可育能力时进行。观测应在一年生枝条的末端进行。

（c）外壳 / 坚果：观测应在一年生枝条末端的外壳开裂的成熟坚果上进行。

8.2 对单个性状的解释

性状 1：树势

树的长势应考虑植株整个营养生长的总体情况。

性状 2：树分枝密度

植株分枝密度应在休眠期观测全部分枝的总体情况。

性状 3：树生长习性

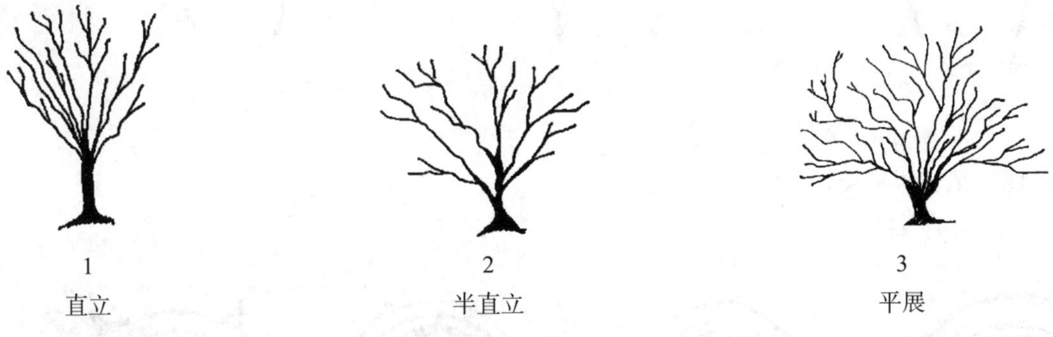

1	2	3
直立	半直立	平展

性状 8：末端小叶长宽比

3	5	7
低	中	高

性状 12：侧小叶基部非对称性

1 无或弱　2 中　3 强

性状 13：柔荑花序长度

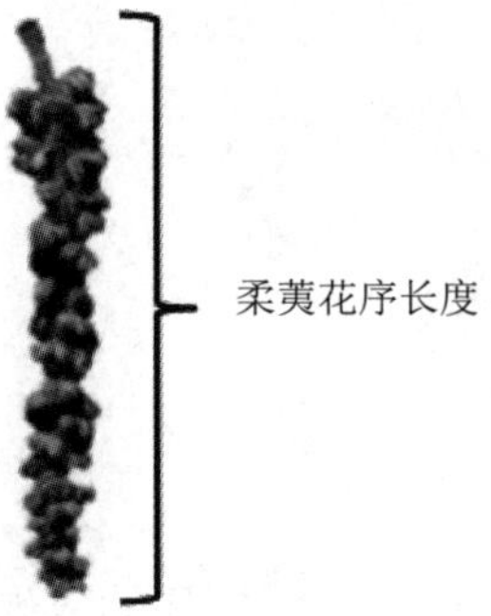

性状 15：柱头开裂

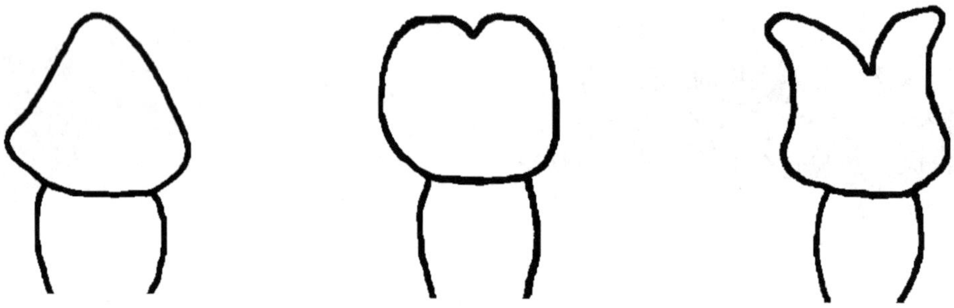

1 无或弱　2 中　3 强

性状 18：果壳果棱突出
在外壳开裂前观测。

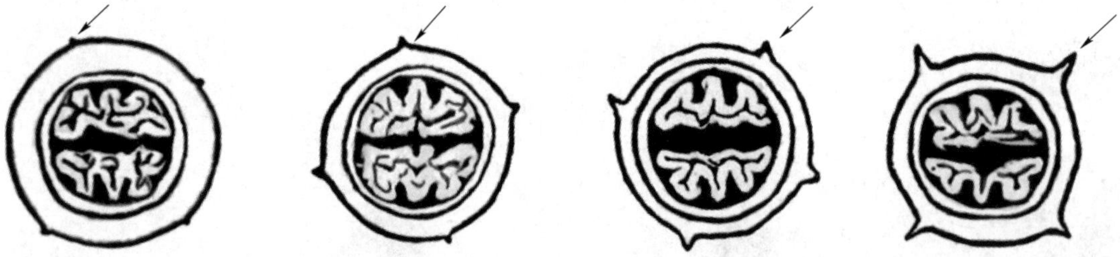

1 无或极弱　3 弱　5 中　7 强

性状 19：坚果长度
性状 20：坚果侧视宽度
性状 21：坚果朝向缝合线的侧视宽度

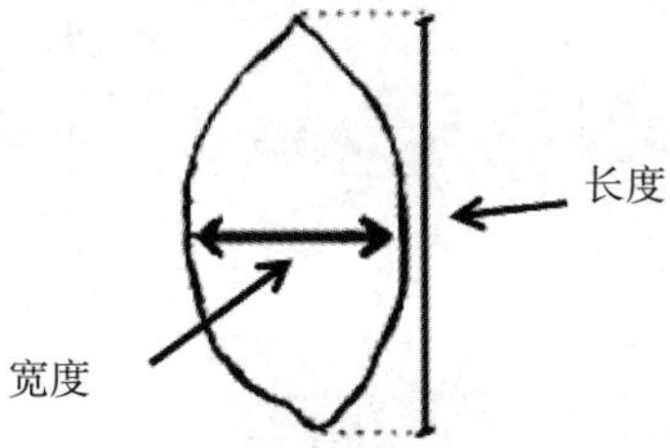

侧视

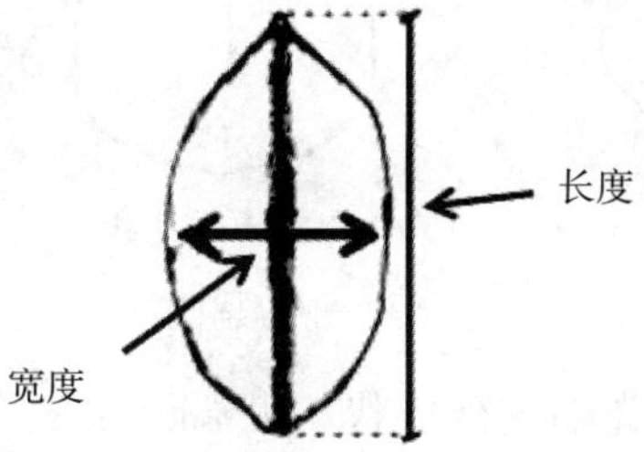

朝向缝合线侧视

性状 22：坚果侧视形状
性状 23：坚果朝向缝合线的侧视形状

宽（低）←宽度（长宽比）→窄（高）	←最宽处位置→		
	中部以下	中部	中部以上
		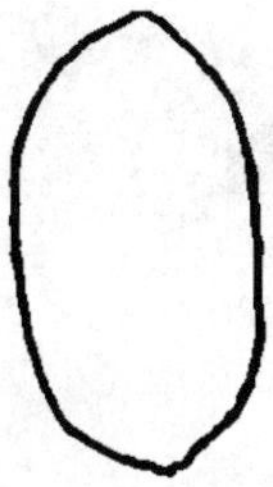 4 长椭圆形	
	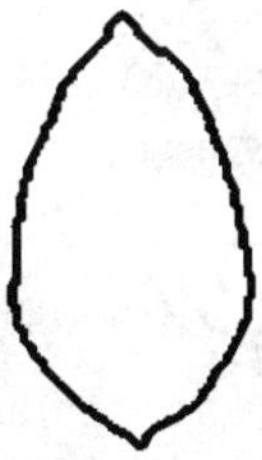 1 卵圆形	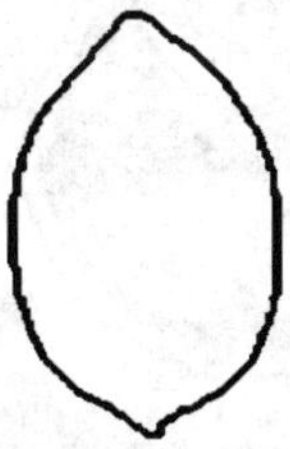 3 椭圆形	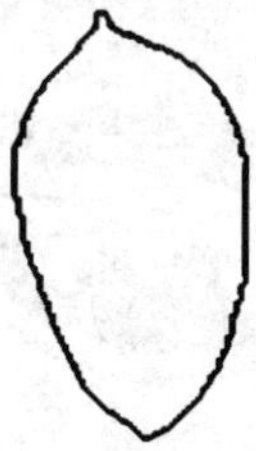 5 倒卵圆形
		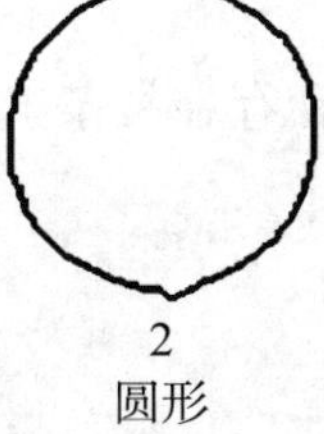 2 圆形	

性状 24：坚果朝向黏附处腹面形状

观测时沿缝合线方向垂直放置。

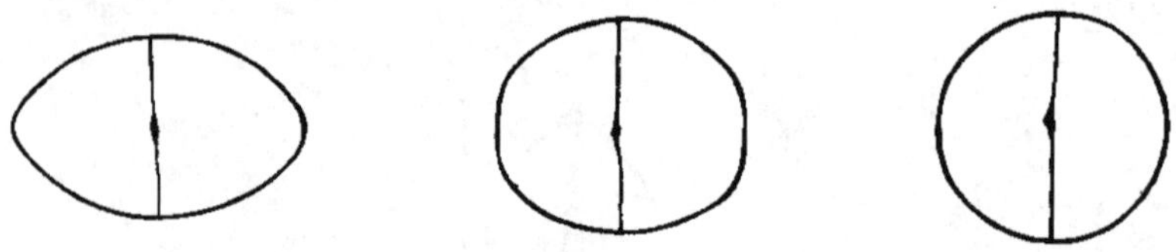

1 阔扁圆形　　2 中等扁圆形　　3 圆形

性状 25：坚果先端侧视形状（尖端除外）

1 锐尖　　2 钝尖　　3 圆形

性状 26：坚果尖端长度

1 无或短　　2 中　　3 长

性状 27：坚果底色

观测坚果表面，不考虑斑点。

性状 30：果仁相对于坚果的大小

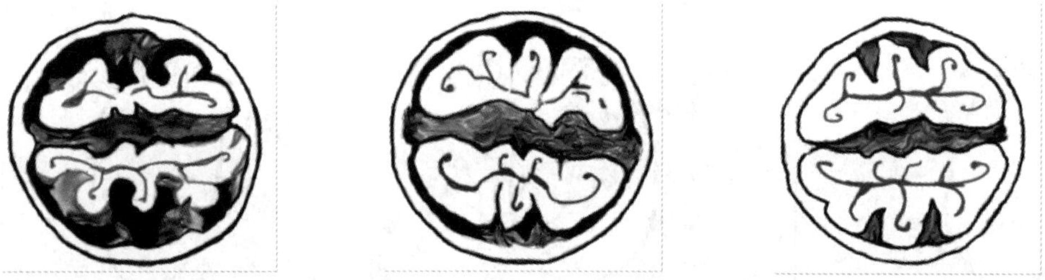

1 小　　2 中　　3 大

性状 31：果仁重量

果仁的重量应观测可用于销售的 10 个果仁的平均重量。

性状 33：坚果脱落后外壳的宿存

外壳的宿存是指坚果脱落后外壳仍留存在枝条上。在晚冬时观测。

性状 34：叶芽萌发期

当 75% 的芽展露时记为叶芽萌发期。

性状 35：落叶期

当 75% 的叶片掉落记为落叶期。

性状 36：外壳开裂时间

当 75% 的外壳裂口记为外壳开裂时间。

扫码下载原文

如扫描二维码无法下载指南原文，可能是指南版本有更新，可扫描本书封底二维码查看与本文对应的指南版本

TG/314/1 Rev.
原文：英文
日期：2016-03-16，
2019-06-14

国际植物新品种保护联盟
植物品种特异性、一致性和稳定性
测试指南

椰子

UPOV 代码：COCOS_NUC

（*Cocos nucifera* L.）

互用名称 *

植物学名称	英文	法文	德文	西班牙文
Cocos nucifera L.	Coconut	Cocotier	Kokosnuß	Cocotero

* 这些名称在指南开始使用时是正确的，但随后可能会修改更新。读者可登录 UPOV 网站（www.upov.int），获取最新资料。

1 指南适用范围

本指南适用于椰子（*Cocos nucifera* L.）的所有品种。

2 繁殖材料要求

2.1 待测品种繁殖材料的数量和质量要求以及提交的时间和地点由主管机构决定。申请人从测试所在国境外提交繁殖材料的，还应符合海关规定并满足相关植物检疫的要求。

2.2 繁殖材料以成熟果实的形式提供。

2.3 申请人提交繁殖材料的最小数量为 20 个成熟果实。

种子应符合主管机关规定的发芽率、品种纯度、健康和含水量的最低要求。种子储存时，发芽率应尽可能高，申请者应提供种子发芽率数值。

2.4 提供的繁殖材料应外观健康有活力，未受到任何严重病虫害的影响。

2.5 提交的繁殖材料不得进行任何可能影响品种性状表达的处理，除非主管机构允许或要求进行这种处理。如果材料已经处理，必须提供相关处理的详细情况。

3 测试方法

3.1 生长周期

3.1.1 测试的最少周期数量通常为 2 个生长周期。

3.1.2 特别注意的是，每个生长周期都必须能结出正常的果实。

3.1.3 2 个生长周期观测可以来自从同一个种植试验，在 2 个单独的生长周期中进行测试。

3.1.4 生长周期为从活跃的营养生长或开花开始，经过持续活跃的营养生长或开花结果、果实发育直至果实收获的整个阶段。

3.2 测试地点

测试通常在同一个地点进行。在 1 个以上地点进行测试时，TGP/9《特异性测试》提供了有关指导。

3.3 测试条件

测试的条件应能满足品种正常生长的需要，以确保品种相关性状充分表达和测试的顺利开展。

3.4 试验设计

每个试验设计至少为 12 个植株，分为 2 个重复。

3.5 附加测试

为测试有关性状，可以进行附加测试。

4 特异性、一致性和稳定性评价

4.1 特异性

4.1.1 一般建议

对于本指南的使用者而言，在判定特异性前参照总则中关于特异性判定的一般原则十分重要。为进一步说明和强调特异性判定，本指南特列出特异性判定的要点。

4.1.2 一致的差异

当观测到的品种之间的差异非常明显时，则没有必要种植 1 个以上生长周期。此外，在某些情况下，环境的影响并不意味着需要 1 个以上的生长周期来保证品种间观察到的差异是足够一致的。为确保在种植试验中所观测到的性状差异是足够一致的，可以对性状进行至少 2 个独立生长周期的测试。

4.1.3 明显的差异

两个品种间的差异是否明显取决于很多因素，特别应考虑所测性状的表达类型，即该性状是质量性状、数量性状还是假质量性状。因此，在作出关于特异性的判定前，本测试指南的使用者应熟悉总则中的建议。

4.1.4 植株 / 植株部位的观测数量

除非另有说明，在判定特异性时，对于单株的观测，应观测 12 个植株或分别从 12 个植株取下的植株部位；对于其他观测，应观测试验中的所有植株，异型株除外。在观测植株部位时，每个植株取样应为 2 个。

4.1.5 观测方法

性状表第二列以如下符号（见 TGP/9《特异性测试》第 4 部分“性状观测”）的形式列出了特异性判定时推荐的性状观测方法。

MG：对一批植株或植株部位进行单次测量。

MS：对一定数量的植株或植株部位进行逐一测量。

VG：对一批植株或植株部位进行单次目测。

VS：对一定数量的植株或植株部位进行逐一目测。

观测类型：目测（V）或测量（M）。

目测（V）是一种基于专家判断的观测方法。本文中的目测是指专家的感官观察，因此，也包括闻，尝和触摸。目测也包括专家使用参照物（例如图表、标准品种、并排比较）或非线性的图表（例如比色卡）的观测。测量（M）是一种基于校准的、线性尺度的客观观测，例如使用尺、秤、色度计、日期和计数等进行观测。

记录类型：群体记录（G）或个体记录（S）。

以特异性为目的的观测，可被记录为一批植株或植株部位的单个记录（G），或者记录为一定数量的单个植株或植株部位的个体记录（S）。多数情况下，群体记录为一个品种提供一个单个记录，因此不可能或者不必要通过逐个植株的统计分析来判定特异性。

如果性状表中提供了不止一种观测方法（如 VG/MG），可以参考 TGP/9《特异性测试》的第 4 部分选择合适的观测方法。

4.2 一致性

4.2.1 对于本指南的使用者而言，在判定一致性前参阅总则一致性判定的一般原则十分重要。为进一步说明和强调一致性判定，本指南特列出一致性判定的要点。

4.2.2 对一致性的评价应根据总则介绍中异花授粉品种的建议而定。

4.3 稳定性

4.3.1 在实际操作中，通常不像测试特异性和一致性那样对稳定性进行测试以得到明确结果。经验表明，对许多类型的品种来说，当一个品种表现一致时，可认为其是稳定的。

4.3.2 适当情况下或者有疑问时，稳定性可以采用如下方法测试：测试该品种新一批材料，看其性状表现是否与之前提交的材料表现相同。

5 品种分组和试验组织

5.1 使用分组性状可以帮助选择与申请品种一起进行田间种植试验的已知品种，以及对这些品种进行合适分组以便进行特异性评价。

5.2 分组性状表达状态的数据即使来自不同地点，也可以单独或者与其他此类性状联合使用。

5.2.1 用于特异性测试中筛选排除那些不需要安排在种植试验中的已知品种。

5.2.2 用于组织安排种植试验，使近似品种种植在一起。

5.3 以下性状已被确认为有用的分组性状。

（a）始花期（性状 3）。

（b）茎：高度（性状 6）。

（c）果实：主色（性状 25）。

（d）果实：形状（性状 27）。

（e）坚果：形状（性状 28）。

5.4 总则中提供了在特异性审查过程中使用分组性状的指导。

6 性状表介绍

6.1 性状类型

6.1.1 标准指南性状

标准指南性状是 UPOV 已同意用于 DUS 审查的性状，UPOV 成员可以从中选择与其特定环境相适应的性状。

6.1.2 星号性状

星号性状（用“*”标记）是测试指南中对于形成国际统一的品种描述十分重要的性状，所有 UPOV 成员都应将其用于 DUS 测试并包含在品种描述中，除非前序性状的表达或区域环境条件所限使其无法测试。

6.2 表达状态及相应代码

6.2.1 为定义性状和统一描述，将每个性状划分为一系列表达状态。每个表达状态赋予一个相应的数字代码，以便于数据记录，以及品种性状描述的建立和交流。

6.2.2 对于质量性状和假质量性状（6.3），性状表中列出了所有表达状态。但对于有 5 个或 5 个以上表达状态的数量性状，可以采用缩略尺度的方法，以缩短性状表格。例如，对于有 9 个表达状态的数量性状，在测试指南的性状表中可采用以下缩略形式。

表达状态	代码
小	3
中	5
大	7

但是应该指出的是，以下 9 个表达状态都是存在的，应采用适宜的表达状态用于品种的描述。

表达状态	代码
极小	1
极小到小	2
小	3
小到中	4
中	5
中到大	6
大	7
大到极大	8
极大	9

6.2.3 TGP/7《测试指南的研制》中提供了表达状态和代码的更详尽的介绍。

6.3 表达类型

总则中对性状表达类型（质量性状、数量性状和假质量性状）进行了解释。

6.4 标准品种

适当时，测试指南中提供了标准品种用于校正性状的表达状态。

6.5 注释

（*）星号性状（6.1.2）。

QL：质量性状（6.3）。

QN：数量性状（6.3）。

PQ：假质量性状（6.3）。

MG、MS、VG、VS：观测方法（4.1.5）。

（a）～（d）性状表解释（8.1）。

（+）性状表解释（8.2）。

7 性状表

性状编号	观测方法	英文	中文	标准品种	代码
1. （+） QN	VG/ MS	**Young plant：number of leaves**	**幼苗：叶片数量**		
		few	少	Capi，Genjah Kuning Nias	3
		medium	中	Genjah Raja Brown，Híbrido Cancún	5
		many	多	Acapulco，Dalam Mapanget	7
2. （*） （+） QN	MG	**Young plant：time of leaf splitting**	**幼苗：叶片分裂时间**		
		early	早	Dalam Sawarna	1
		medium	中	Dalam Tenga，Genjah Kuning Bali	2
		late	晚		3
3. （*） （+） QN	MG	**Time of appearance of first inflorescence**	**始花期**		
		early	早	Brazilian Green Dwarf Jiqui，Genjah Tebing Tinggi，Malayan Red Dwarf，Malayan Yellow Dwarf	3
		medium	中	Dalam Mapanget，MATAG Hybrid Green	5
		late	晚	Brazilian Tall Praia do Forte，Dalam Jepara，Malayan Tall，Tagnanan Tall	7
4. （+） QL	VG （a）	**Stem：bole**	**茎：葫芦头**		
		absent	无	Brazilian Green Dwarf Jiqui，Genjah Kuning Nias，Malayan Red Dwarf，Malayan Yellow Dwarf	1
		present	有	Capi， Donaji，Malayan Tall，Tagnanan Tall	9
5. （*） （+） QN	VG/ MS （a）	**Stem：width of bole**	**茎：葫芦头宽度**		
		small	小	Acapulco，Kelapa Hibrida Indonesia-1	1
		medium	中	Brazilian Tall Praia do Forte，Dalam Mapanget，Híbrido Chactemal，Rennel Tall Green，West African Tall Green	3
		large	大	Dalam Tenga，Felicitos，Malayan Tall，Tag-nanan Tall	5

续表

性状编号	观测方法	英文	中文	标准品种	代码
6. (*) (+) QN	VG/ MS (a)	**Stem: height**	**茎：高度**		
		short	矮	Acapulco, Brazilian Green Dwarf Jiqui, Malayan Red Dwarf, Malayan Yellow Dwarf	3
		medium	中	Híbrido Cancún, Rennel Tall Green	5
		tall	高	Brazilian Tall Praia do Forte, Escondido, Tagnanan Tall	7
7. (*) (+) QN	VG/ MS (a)	**Stem: width**	**茎：宽度**		
		narrow	窄	Brazilian Green Dwarf Jiqui, Malayan Red Dwarf, Malayan Yellow Dwarf	3
		medium	中	Rennel Tall Green	5
		broad	宽	Brazilian Tall Praia do Forte, Malayan Tall, Tagnanan Tall	7
8. (*) (+) QN	VG (a)	**Leaf: attitude of lower leaves**	**叶：下部叶片姿态**		
		upwards	向上		1
		outwards	向外	Malayan Tall, Tagnanan Tall	2
		downwards	向下	Brazilian Green Dwarf Jiqui, Malayan Red Dwarf, Malayan Yellow Dwarf	3
9. (*) (+) QN	VG/ MS (a)	**Leaf: length of rachis**	**叶：叶轴长度**		
		short	短	Acapulco, Brazilian Green Dwarf Jiqui, Genjah Kuning Nias, Pandan Aromatic Dwarf	3
		medium	中	Híbrido Chactemal, Kelapa Hibrida Indonesia3, Malayan Red Dwarf, Malayan Yellow Dwarf	5
		long	长	Brazilian Tall Praia do Forte, Dalam Palu, Escondido, Rennel Tall Green	7
10. QN	VG/ MS (a)	**Leaf: number of leaflets**	**叶：小叶数量**		
		few	少	Acapulco, Brazilian Green Dwarf Jiqui, Genjah Kuning Nias, Malayan Yellow Dwarf	3
		medium	中	Dalam Jepara, Híbrido Ordaz, Rennel Tall Green	5
		many	多	Brazilian Tall Praia do Forte, Dalam Takome, Gigante, West African Tall Green	7
11. (+) QN	VG/ MS (a)	**Leaflet: length**	**小叶：长度**		
		short	短	Brazilian Green Dwarf Jiqui, Costa Chica, Genjah Kuning Nias, Pandan Aromatic Dwarf	3
		medium	中	Dalam Tebing Tinggi, Felicitos, Rennel Tall Green	5
		long	长	Brazilian Tall Praia do Forte	7
12. (+) QN	VG/ MS (a)	**Leaflet: width**	**小叶：宽度**		
		narrow	窄	Acapulco, Brazilian Green Dwarf Jiqui, Genjah Kuning Bali	3
		medium	中	Dalam Mamuaya, Híbrido Cancún	5
		broad	宽	Brazilian Tall Praia do Forte, Costa Chica, Dalam Kima Atas	7
13. QN	VG (a)	**Leaflet: intensity of green color**	**小叶：绿色程度**		
		light	浅		1
		medium	中	Brazilian Green Dwarf Jiqui	2
		dark	深	Malayan Red Dwarf, Malayan Yellow Dwarf, Tagnanan Tall	3

续表

性状编号	观测方法	英文	中文	标准品种	代码
14. (+) QN	VG/ MS (a)	**Petiole：length**	**叶柄：长度**		
		short	短	Acapulco，Brazilian Green Dwarf Jiqui，Genjah Kuning Nias	3
		medium	中	Costa Chica，Kelapa Hibrida Indonesia-1	5
		long	长	Brazilian Tall Praia do Forte，Dalam Tenga，Escondido	7
15. (+) QN	VG/ MS (a)	**Petiole：width**	**叶柄：宽度**		
		narrow	窄	Acapulco，Brazilian Green Dwarf Jiqui，Dalam Mapanget	3
		medium	中	Genjah Raja Brown，Híbrido Ordaz	5
		broad	宽	Brazilian Tall Praia do Forte，Costa Chica，Dalam Kima Atas	7
16. (+) QN	VG/ MS (a)	**Petiole：thickness**	**叶柄：厚度**		
		narrow	细	Acapulco，Genjah Kuning Nias	3
		medium	中	Híbrido Cancún，Kelapa Hibrida Indonesia-2	5
		broad	粗	Dalam Bali，Escondido	7
17. (+) PQ	VG (a)	**Petiole：main color**	**叶柄：主色**		
		yellow	黄色	Genjah Kuning Nias，Malayan Yellow Dwarf	1
		green	绿色	Genjah Salak，Malayana Green Dwarf	2
		red	红色	Dalam Mapanget，Malayan Red Dwarf	3
		brown	棕色	Genjah Raja Brown，Malayan Brown Dwarf	4
18. (+) QN	MS (b)	**Inflorescence：number of spikelets**	**花序：小穗数量**		
		few	少	Brazilian Tall Praia do Forte，Dalam Tenga，Felicitos，Rennel Tall Green	3
		medium	中	Acapulco，Dalam Banyuwang，West African Tall Green	5
		many	多	Dalam Kima Atas，Híbrido Ordaz	7
19. (*) (+) QN	MS (b)	**Inflorescence：number of spikelets with female flowers**	**花序：小穗雌花数量**		
		few	少	Brazilian Tall Praia do Forte，Escondido	3
		medium	中	Gigante，Malayan Red Dwarf，Malayan Yellow Dwarf	5
		many	多	Acapulco，West African Tall Green	7
20. (+) QN	VG/ MS (b)	**Inflorescence：length of spikelet with female flowers**	**花序：小穗雌花长度**		
		short	短	Acapulco，Genjah Raja Brown，Malayan Red Dwarf，Malayan Yellow Dwarf	3
		medium	中	Gigante，Kelapa Hibrida Indonesia-4，Tagnanan Tall	5
		long	长	Brazilian Tall Praia do Forte，Capi，Dalam Mapanget，Rennel Tall Green	7

续表

性状编号	观测方法	英文	中文	标准品种	代码
21. **(+)** **QN**	**VG/** **MS** **(b)**	**Inflorescence: length of central axis**	**花序：中轴长度**		
		short	短	Acapulco, Genjah Raja Brown, Malayan Red Dwarf, Malayan Yellow Dwarf	3
		medium	中	Híbrido Chactemal, Kelapa Hibrida Indonesia4, West African Tall Green	5
		long	长	Brazilian Tall Praia do Forte, Dalam Mapanget, Gigante	7
22. **(+)** **QN**	**VG/** **MS** **(b)**	**Peduncle: length**	**花序梗：长度**		
		short	短	Brazilian Green Dwarf Jiqui, Donaji, Genjah Raja Brown, Malayan Yellow Dwarf	3
		medium	中	Felicitos, Kelapa Hibrida Indonesia-4, Tagnanan Tall, West African Tall Green	5
		long	长	Brazilian Tall Praia do Forte, Dalam Mapanget, Híbrido Ordaz, Rennel Tall Green	7
23. **(+)** **QN**	**VG/** **MS** **(b)**	**Peduncle: width**	**花序梗：宽度**		
		narrow	窄	Acapulco, Genjah Raja Brown	3
		medium	中	Híbrido Ordaz, Kelapa Hibrida Indonesia-4	5
		broad	宽	Brazilian Tall Praia do Forte, Dalam Mapanget, Gigante	7
24. **QN**	**VG/** **MS** **(c)**	**Bunch: number of fruits**	**果穗：果实数量**		
		few	少	Brazilian Tall Praia do Forte, Costa Chica, Dalam Sawarna	3
		medium	中	Capi, Dalam Mapanget	5
		many	多	Brazilian Green Dwarf Jiqui, Dalam Takome, Híbrido Chactemal	7
25. **(*)** **(+)** **PQ**	**VG** **(c)**	**Fruit: main color**	**果实：主色**		
		yellow	黄色	Acapulco, Genjah Kuning Bali	1
		green	绿色	Brazilian Green Dwarf Jiqui, Genjah Hijau Nias	2
		red	红色	Genjah Merah	3
		brown	棕色	Genjah Raja Brown	4
26. **(+)** **QL**	**VG** **(c)**	**Fruit: aroma of coconut water**	**果实：椰汁香味**		
		absent	无	Malayan Red Dwarf, Malayan Yellow Dwarf	1
		present	有	Pandan Aromatic Dwarf, Wenye4	9
27. **(*)** **(+)** **PQ**	**VG** **(d)**	**Fruit: shape**	**果实：形状**		
		ovate	卵圆形	Brazilian Green Dwarf Jiqui, West African Tall Green	1
		circular	圆形	Costa Chica, Tagnanan Tall Green	2
		elliptic	椭圆形	Acapulco, Malayan Red Dwarf, Malayan Yellow Dwarf	3
		obovate	倒卵圆形	Brazilian Tall Praia do Forte	4
28. **(*)** **(+)** **PQ**	**VG** **(d)**	**Nut: shape**	**坚果：形状**		
		oblate	扁圆形	Brazilian Green Dwarf Jiqui, Capi	1
		circular	圆形	Acapulco, Malayan Red Dwarf, Malayan Yellow Dwarf	2
		elliptic	椭圆形	Brazilian Tall Praia do Forte, Donaji, West African Tall Green	3
		obovate	倒卵圆形		4

续表

性状编号	观测方法	英文	中文	标准品种	代码
29. (+) **QN**	**VG/MS** (d)	**Shell: thickness**	**果壳：厚度**		
		thin	薄	Genjah Kuning Nias, Malayan Red Dwarf, Malayan Yellow Dwarf	1
		medium	中	Kelapa Hibrida Indonesia1, Rennel Tall Green	2
		thick	厚	Dalam Tenga, West African Tall Green	3
30. (*) (+) **QN**	**VG** (d)	**Meat: thickness**	**果肉：厚度**		
		thin	薄	Acapulco, Genjah Kuning Jombang, Malayan Yellow Dwarf	1
		medium	中	Dalam Sawarna, Gigante, Rennel Tall Green	2
		thick	厚	Dalam Mapanget, Híbrido Cancún, West African Tall Green	3

8 性状表解释

8.1 对多个性状的解释

性状表第二列包含以下标注的性状应按照下述要求观测。

（a）植株、茎、叶柄、叶片和小叶：当第十一片叶的叶柄痕出现时观测（叶柄痕如图所示）。叶柄、叶片和小叶应观测成熟的叶片。小叶应观测叶轴中间两片对生的小叶。

叶柄痕：

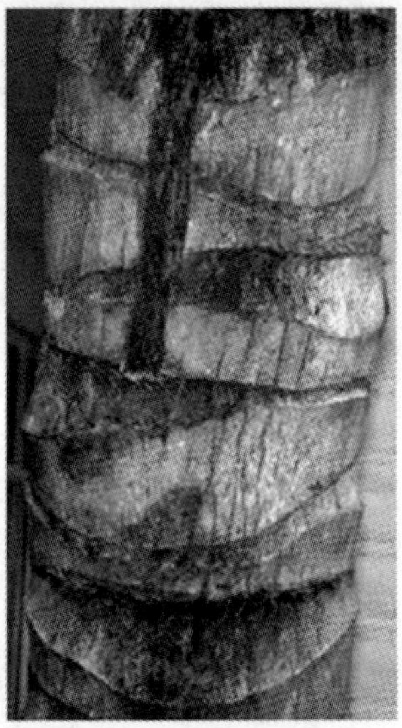

（b）花序梗和花序：应在雌花授粉时，第五次开花后观测。

（c）果穗、果实颜色和果实香气：应在第六果穗长出后，椰子水可食用时（6~7个月大小果实）观测。

（d）果实（坚果、果壳、果肉）：应在第六果穗长出后，在成熟期新鲜椰肉可食用时（11~12个月大小果实）观测。

8.2 单个性状解释

性状1：幼苗叶片数量

应在发芽6个月后观测。

性状 2：幼苗叶片分裂时间

性状 3：始花期

始花期在 50% 植株长出第一朵花序时观测。

性状 4：茎葫芦头

1 无

9 有

性状 5：茎葫芦头宽度

葫芦头宽度应观测最宽部位。

性状 6：茎高度

茎高度应观测从地面到第十一叶柄痕的高度［8.1（a）］。

性状 7：茎宽度

茎宽度应观测从地面到第十一叶柄痕一半高度的宽度。

性状 8：下部叶片姿态

1 向上

2 向外

3 向下

性状 9：叶轴长度
性状 14：叶柄长度
性状 15：叶柄宽度
叶轴长度应观测最从近端小叶到叶轴顶部的距离。
叶柄长度应观测从基部到最近端小叶叶轴的距离。
叶柄宽度应观测第一小叶着生处。

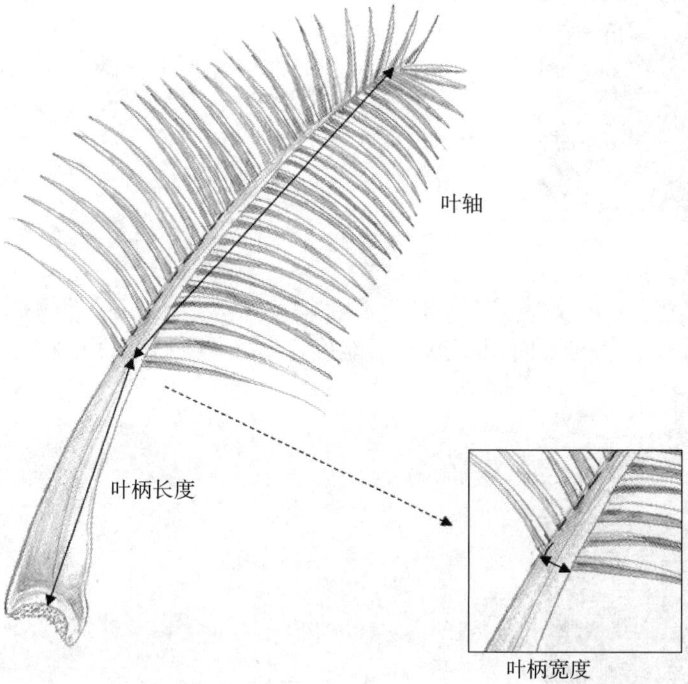

性状 11：小叶长度
小叶长度应观测中部小叶。
性状 12：小叶宽度
小叶宽度应观测中部小叶最宽处。

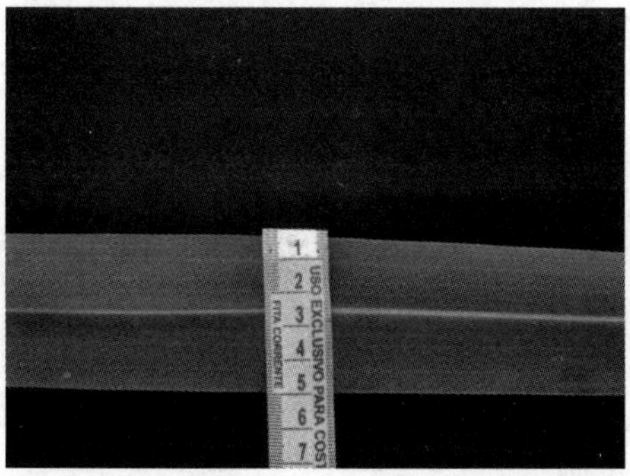

性状 16：叶柄厚度

叶柄厚度应观测第一小叶着生处厚度。

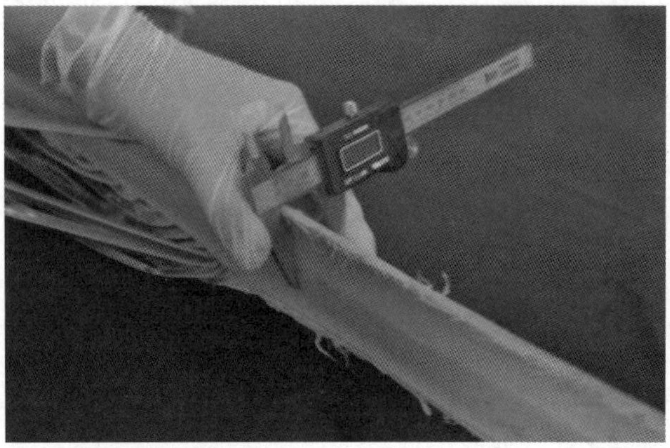

性状 17：叶柄主色

叶柄主色应观测第一小叶着生处大概 10 cm 以下部位。

主色为表面积最大的颜色。如果主色和次色的表面积相近，不能确定哪个颜色表面积最大，那么最深的颜色被认为是主色。

性状 18：花序小穗数量

小穗数量是将小穗从花序取下后进行计数测量。

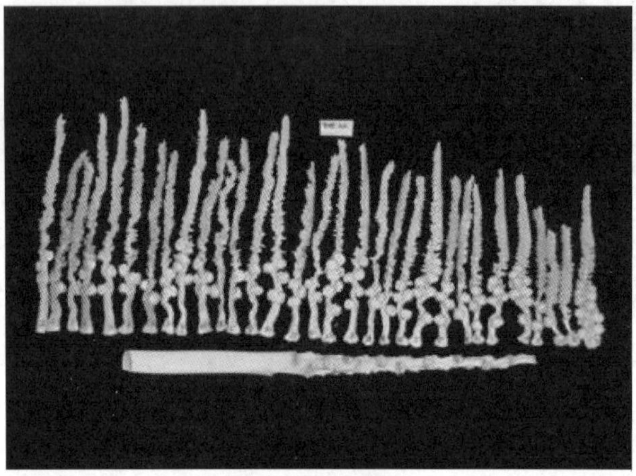

性状 19：花序小穗雌花数量

小穗雌花数量是将雌花从花序取下后进行计数测量。

性状 20：花序小穗雌花长度

小穗雌花长度应测量从基部往上第一朵雌花长度。

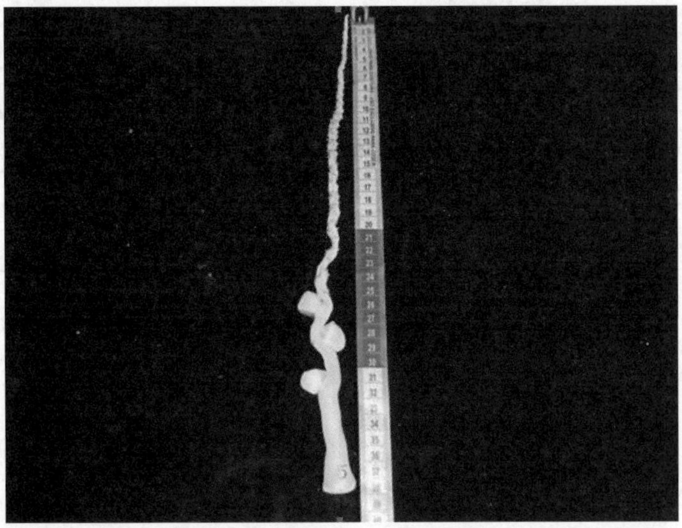

性状 21：花序中轴长度

中轴长度应测量第一小穗着生处到最后小穗着生处的距离。

性状 22：花序梗长度

性状 23：花序梗宽度

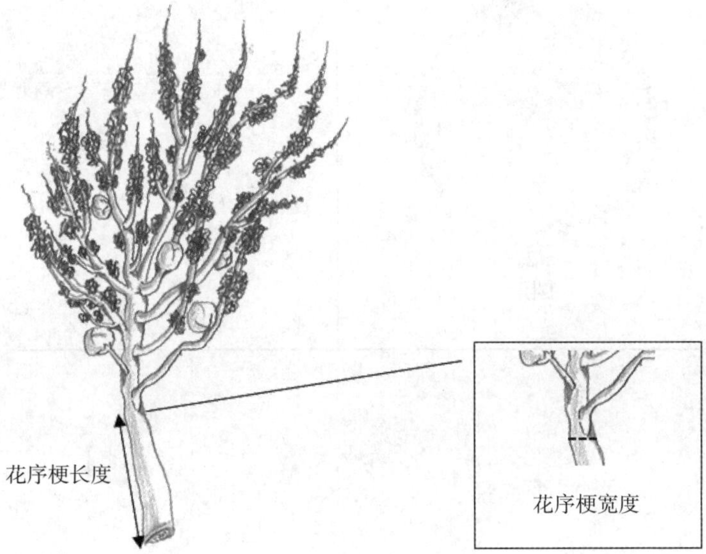

性状 25：果实主色

主色为表面积最大的颜色。如果主色和次色的表面积相近，不能确定哪个颜色表面积最大，那么最深的颜色被认为是主色。

性状 26：椰汁香味

香味是通过闻成熟期可食用的椰子水气味进行测量。

性状 27：果实形状

	←最宽处位置→		
	中部以下	中部	中部以上
→窄（高） 宽度（长宽比） 宽（低）←			
窄（高）	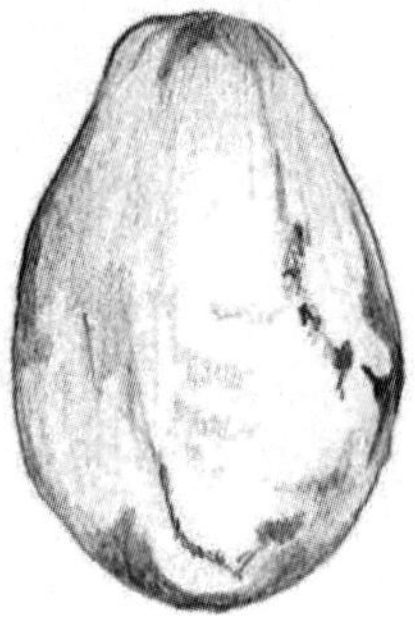 1 卵圆形		
宽度（长宽比）		 3 椭圆形	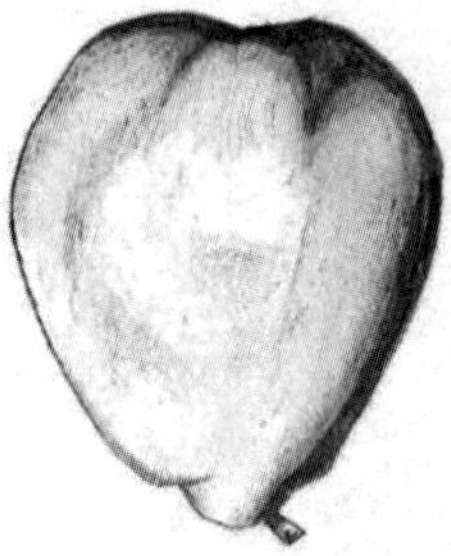 4 倒卵圆形
宽（低）		 2 圆形	

性状 28：坚果形状

	← 最宽处位置 →	
	中部	中部以上
→窄（高）	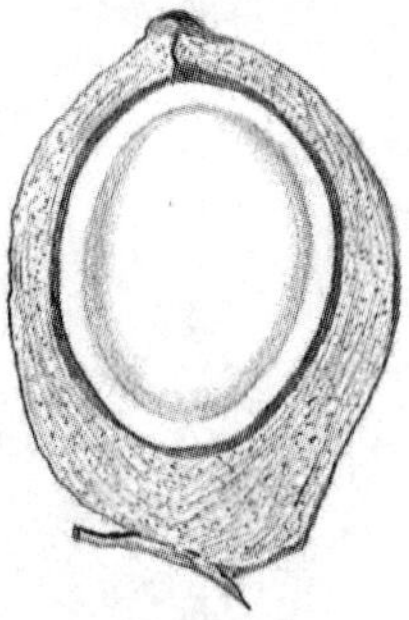 3 椭圆形	
宽度（长宽比）	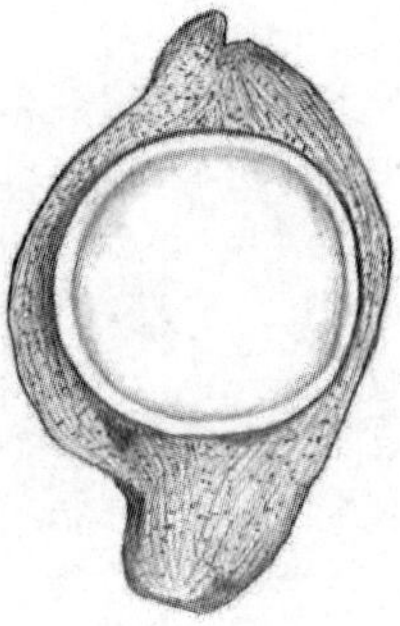 2 圆形	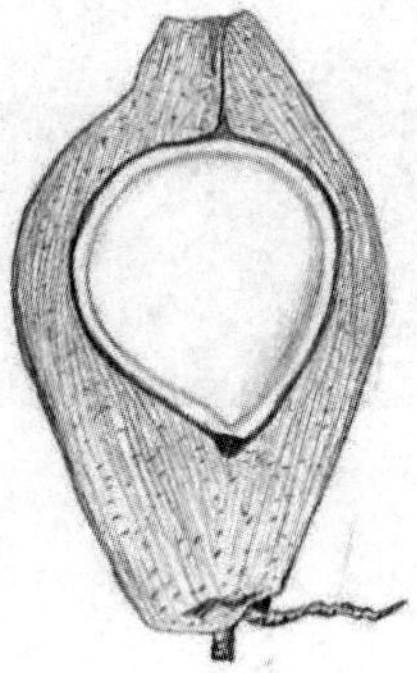 4 倒卵圆形
宽（低）←	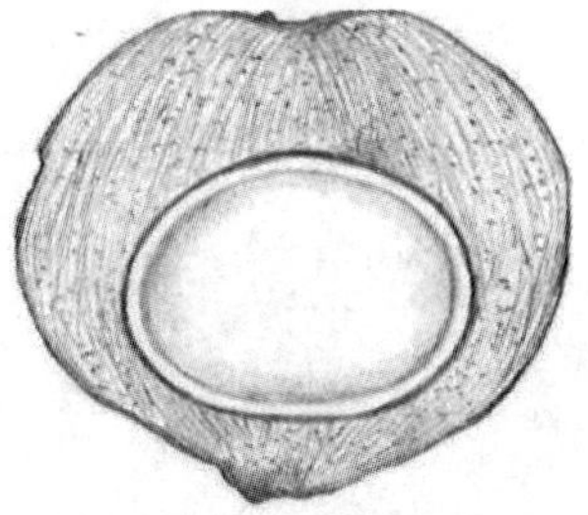 1 扁圆形	

性状 29：果壳厚度

果壳厚度应观测坚果中间部位。

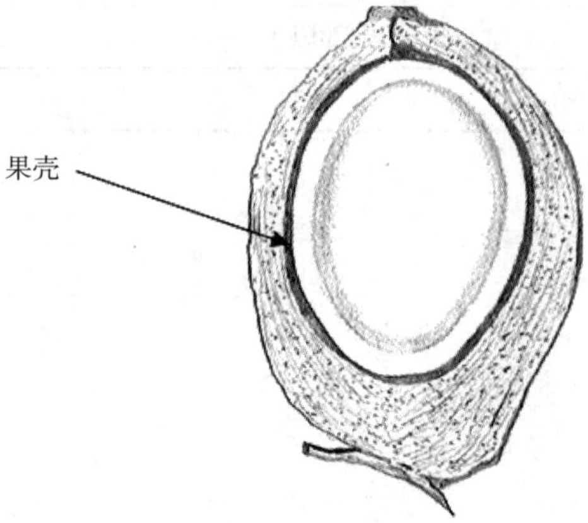

性状 30：果肉厚度

果肉厚度应观测坚果中间部位。

扫码下载原文

如扫描二维码无法下载指南原文，可能是指南版本有更新，可扫描本书封底二维码查看与本文对应的指南版本

TG/318/1 Corr.
原文：英文
日期：2016-03-16，
2017-04-05

国际植物新品种保护联盟
植物品种特异性、一致性和稳定性
测试指南

鳄梨砧木

UPOV 代码：PERSE_AME；PERSE_SCH

（*Persea americana* Mill.
Persea schiedeana Nees.）

互用名称 *

植物学名称	英文	法文	德文	西班牙文
Persea americana Mill.	Avocado	Avocado	Avocado	Avocado
Persea schiedeana Nees.	Coyo avocado		wilde Avocado	wilde Avocado

* 这些名称在指南开始使用时是正确的，但随后可能会修改更新。读者可登录 UPOV 网站（www.upov.int），获取最新资料。

1 指南适用范围

本指南适用于鳄梨砧木（*Persea americana* Mill. 和 *Persea schiedeana* Nees.）的所有品种。

2 繁殖材料要求

2.1 待测品种繁殖材料的数量和质量要求以及提交的时间和地点由主管机构决定。申请人从测试所在国境外提交繁殖材料的，还应符合海关规定并满足相关植物检疫的要求。

2.2 繁殖材料以无性繁殖的具根系的植株形式提交。

2.3 提交的繁殖材料的数量应不少于 5 个植株。

2.4 提供的繁殖材料应外观健康有活力，未受到任何严重病虫害的影响。

2.5 提交的植物材料不应进行任何处理，除非主管机构允许或要求进行这种处理。如果材料已经处理，必须提供处理的详细情况。

3 测试方法

3.1 生长周期

测试的最少周期数量通常为 1 个生长周期。

3.2 测试地点

测试通常在同一个地点进行。在 1 个以上地点进行测试时，TGP/9《特异性测试》提供了有关指导。

3.3 测试条件

测试的条件应能满足品种正常生长的需要，以确保品种相关性状充分表达和测试的顺利开展。

3.4 试验设计

每个试验应保证至少有 5 个植株。

3.5 附加测试

为测试有关性状，可以进行附加测试。

4 特异性、一致性和稳定性评价

4.1 特异性

4.1.1 一般建议

对于本指南的使用者而言，在判定特异性前参照总则中关于特异性判定的一般原则十分重要。为进一步说明和强调特异性判定，本指南特列出特异性判定的要点。

4.1.2 一致的差异

当观测到的品种之间的差异非常明显时，则没有必要种植 1 个以上生长周期。此外，在某些情况下，环境的影响并不意味着需要 1 个以上的生长周期来保证品种间观察到的差异是足够一致的。为确保在种植试验中所观测到的性状差异是足够一致的，可以对性状进行至少 2 个独立生长周期的测试。

4.1.3 明显的差异

两个品种间的差异是否明显取决于很多因素，特别应考虑所测性状的表达类型，即该性状是质量性状、数量性状还是假质量性状。因此，在作出关于特异性的判定前，本测试指南的使用者应熟悉总则中的建议。

4.1.4 植株 / 植株部位的观测数量

除非另有说明，所有单株观测应在 5 个植株或分别来自 5 个植株的部位进行。对所有其他植株观测时，应排除异型株。在进行单株部位观测时，从每个植株上取样数应为 2 个。

4.1.5 观测方法

性状表第二列以如下符号（见 TGP/9《特异性测试》第 4 部分“性状观测”）的形式列出了特异性判定时推荐的性状观测方法。

MG：对一批植株或植株部位进行单次测量。

MS：对一定数量的植株或植株部位进行逐一测量。

VG：对一批植株或植株部位进行单次目测。

VS：对一定数量的植株或植株部位进行逐一目测。

观测类型：目测（V）或测量（M）。

目测（V）是一种基于专家判断的观测方法。本文中的目测是指专家的感官观察，因此，也包括闻，尝和触摸。目测也包括专家使用参照物（例如图表、标准品种、并排比较）或非线性的图表（例如比色卡）的观测。测量（M）是一种基于校准的、线性尺度的客观观测，例如使用尺、秤、色度计、日期和计数等进行观测。

记录类型：群体记录（G）或个体记录（S）。

以特异性为目的的观测，可被记录为一批植株或植株部位的单个记录（G），或者记录为一定数量的单个植株或植株部位的个体记录（S）。多数情况下，群体记录为一个品种提供一个单个记录，因此不可能或者不必要通过逐个植株的统计分析来判定特异性。

如果性状表中提供了不止一种观测方法（如 VG/MG），可以参考 TGP/9《特异性测试》的 4.2 部分选择合适的观测方法。

4.2 一致性

4.2.1 对于本指南的使用者而言，在判定一致性前参照总则中关于一致性判定的一般原则十分重要。为进一步说明和强调一致性判定，本指南特列出一致性判定的要点。

4.2.2 评价一致性时，应采用 1% 的群体标准和 95% 的接受概率。在样本量为 5 个的试验中，不允许存在异型株。

4.3 稳定性

4.3.1 在实际操作中，通常不像测试特异性和一致性那样对稳定性进行测试以得到明确结果。经验表明，对许多类型的品种来说，当一个品种表现一致时，可认为其是稳定的。

4.3.2 适当情况下或者有疑问时，稳定性可以采用如下方法测试：测试一批新枝条，看其性状表现是否与之前提交的材料表现相同。

5 品种分组和试验组织

5.1 使用分组性状可以帮助选择与申请品种一起进行田间种植试验的已知品种，以及对这些品种进行合适分组以便进行特异性评价。

5.2 分组性状表达状态的数据即使来自不同地点，也可以单独或者与其他此类性状联合使用。

5.2.1 用于特异性测试中筛选排除那些不需要安排在种植试验中的已知品种。

5.2.2 用于组织安排种植试验，使近似品种种植在一起。

5.3 以下性状已被确认为有用的分组性状。

（a）植株：树势（性状 1）。

（b）枝条：节间长度（性状 6）。

（c）枝条：顶芽茸毛（性状 15）。

（d）幼叶：颜色（性状 17）。

（e）叶片：长度（性状 19）。

（f）叶片：主叶脉下侧茸毛密度（性状 32）。

5.4 总则和 TGP/9《特异性测试》中提供了在特异性审查过程中使用分组性状的指导。

6 性状表介绍

6.1 性状类型

6.1.1 标准指南性状

标准指南性状是 UPOV 已同意用于 DUS 审查的性状，UPOV 成员可以从中选择与其特定环境相适应的性状。

6.1.2 星号性状

星号性状（用“*”标记）是测试指南中对于形成国际统一的品种描述十分重要的性状，所有 UPOV 成员都应将其用于 DUS 测试并包含在品种描述中，除非前序性状的表达或区域环境条件所限使其无法测试。

6.2 表达状态及相应代码

6.2.1 为定义性状和统一描述，将每个性状划分为一系列表达状态。每个表达状态赋予一个相应的数字代码，以便于数据记录，以及品种性状描述的建立和交流。

6.2.2 对于质量性状和假质量性状（6.3），性状表中列出了所有表达状态。但对于有 5 个或 5 个以上表达状态的数量性状，可以采用缩略尺度的方法，以缩短性状表格。例如，对于有 9 个表达状态的数量性状，在测试指南的性状表中可采用以下缩略形式。

表达状态	代码
小	3
中	5
大	7

但是应该指出的是，以下 9 个表达状态都是存在的，应采用适宜的表达状态用于品种的描述。

表达状态	代码
极小	1
极小到小	2
小	3
小到中	4
中	5
中到大	6
大	7
大到极大	8
极大	9

6.2.3 TGP/7《测试指南的研制》中提供了表达状态和代码的更详尽的介绍。

6.3 表达类型

总则中对性状表达类型（质量性状、数量性状和假质量性状）进行了解释。

6.4 标准品种

适当时，测试指南中提供了标准品种用于校正性状的表达状态。

6.5 注释

（*）星号性状（6.1.2）。

QL：质量性状（6.3）。

QN：数量性状（6.3）。

PQ：假质量性状（6.3）。

MG、MS、VG、VS：观测方法（4.1.5）。

（a）～（c）性状表解释（8.1）。

（+）性状表解释（8.2）。

7 性状表

性状编号	观测方法	英文	中文	标准品种	代码
1. **（*）** **（+）** **QN**	**VG**	**Plant：vigor**	**植株：树势**		
		weak	弱		1
		medium	中	Merensky 2	3
		strong	强	G 755c	5
2. **（*）** **（+）** **QN**	**VG**	**Plant：growth habit**	**植株：生长习性**		
		upright	直立	Bounty	1
		spreading	平展	Borchard，Merensky 2	3
		drooping	下弯	Filtro 9	5
3. **QN**	**VG**	**Plant：branching**	**植株：分枝性**		
		weak	弱	ComCarr 1	3
		medium	中	Velvick	5
		strong	强	Duke 7	7
4. **（+）** **QN**	**VG** **（a）**	**Young shoot：anthocyanin coloration**	**幼枝：花青苷显色强度**		
		absent or very weak	无或极弱	Borchard，Thomas	1
		weak	弱	Uzi	2
		medium	中	Julian	3
		strong	强	Merensky 2	4
		very strong	极强	Zentmyer	5
5. **QN**	**VG** **（b）**	**Shoot：thickness**	**枝条：粗度**		
		thin	细		1
		medium	中	Velvick	3
		thick	粗	G 755c	5
6. **（*）** **QN**	**VG/** **MS** **（b）**	**Shoot：length of internodes**	**枝条：节间长度**		
		short	短		1
		medium	中	Merensky 2	3
		long	长		5
7. **QN**	**VG**	**Shoot：pubescence of internodes**	**枝条：节间茸毛**		
		absent or weak	无或弱	Duke 7	1
		medium	中	Uzi	2
		strong	强	Thomas	3

续表

性状编号	观测方法	英文	中文	标准品种	代码
8. QN	VG (b)	**Shoot: number of lenticels**	**枝条：皮孔数量**		
		few	少	Borchard	1
		medium	中	Steddom	2
		many	多	Thomas	3
9. PQ	VG (b)	**Shoot: color of lenticels**	**枝条：皮孔颜色**		
		green	绿色	G-22	1
		yellow	黄色		2
		red	红色	Bounty，Duke 6	3
		purple	紫色	Merensky 2	4
10. (*) (+) QN	VG (b)	**Shoot: position of vegetative lateral bud in relation to shoot**	**枝条：侧芽相对于茎干的位置**		
		adpressed	紧贴		1
		slightly held out	稍伸出	Thomas	2
		markedly held out	明显伸出	Duke 7	3
11. QN	VG (b)	**Shoot: size of vegetative lateral bud**	**枝条：侧芽大小**		
		small	小	M14	1
		medium	中	Velvick	3
		large	大		5
12. (+) PQ	VG (b)	**Shoot: shape of vegetative lateral bud**	**枝条：侧芽形状**		
		acute	锐尖	ComCarr 1，Velvick	1
		obtuse	钝尖	M14，Thomas	2
		rounded	圆形		3
13. QN	VG (c)	**Shoot: size of terminal bud**	**枝条：顶芽大小**		
		small	小		1
		medium	中		2
		large	大		3
14. PQ	VG (c)	**Shoot: shape of terminal bud**	**枝条：顶芽形状**		
		acute	锐尖	Velvick	1
		obtuse	钝尖	Duke 7	2
		rounded	圆形		3
15 (*) QN	VG (c)	**Shoot: pubescence of terminal bud**	**枝条：顶芽茸毛**		
		absent or very weak	无或极弱	M14	1
		weak	弱	Duke 7	2
		medium	中	Velvick	3
		strong	强	Thomas	4
		very strong	极强	G 755c	5
16. PQ	VG (a)	**Young leaf: color of pubescence of petiole**	**幼叶：叶柄茸毛颜色**		
		white	白色	Bounty	1
		yellow	黄色	Duke 6，Merensky 2	2
		brown	棕色	Thomas	3
		red brown	红棕色		4
17. (*) PQ	VG (a)	**Young leaf: color**	**幼叶：颜色**		
		yellow green	黄绿色		1
		green	绿色	G-22	2
		red	红色	Duke 6	3

续表

性状编号	观测方法	英文	中文	标准品种	代码
18. QN	**VG （b）**	**Leaf：attitude relative to shoot**	**叶片：相对于茎的姿态**		
		upwards	向上	Duke 7，G-6	1
		outwards	向外	Bounty，Merensky 2	2
		downwards	向下		3
19. （*） QN	**VG/ MS （b）**	**Leaf blade：length**	**叶片：长度**		
		short	短	Duke 7	3
		medium	中	Merensky 2	5
		long	长	Filtro 7	7
20. QN	**VG/ MS （b）**	**Leaf blade：width**	**叶片：宽度**		
		very narrow	极窄	Duke 7	1
		narrow	窄	Thomas	3
		medium	中	Merensky 2	5
		broad	宽	Bounty	7
		very broad	极宽	Filtro 9，G 755c	9
21. （*） （+） PQ	**VG （b）**	**Leaf blade：shape**	**叶片：形状**		
		ovate	卵圆形	G 755c，Velvick	1
		lanceolate	披针形	Filtro 7	2
		circular	圆形		3
		medium elliptic	中等椭圆形	Merensky 2	4
		narrow elliptic	窄椭圆形	Thomas	5
		obovate	倒卵圆形		6
22. （*） QN	**MS/ VG （b）**	**Petiole：length**	**叶柄：长度**		
		short	短	Duke 7，Merensky 2	3
		medium	中	Bounty，G 755c	5
		long	长	Filtro 7	7
23. QN	**VG/ MS （b）**	**Leaf blade：length relative to petiole length**	**叶片：相对于叶柄的长度**		
		short	短		1
		medium	中	Duke 7	3
		long	长	Filtro 9	5
24. （+） PQ	**VG （b）**	**Leaf blade：shape of apex（excluding tip）**	**叶片：先端形状（不包括尖端）**		
		acute	锐尖	Duke 7，Thomas	1
		obtuse	钝尖	Day，G 755c，Velvick	2
		rounded	圆形		3
25. （*） （+） QN	**VG （b）**	**Leaf blade：length of tip**	**叶片：尖端长度**		
		very short	极短	Uzi	1
		short	短	Filtro 9	2
		medium	中	Zentmyer	3
		long	长	Velvick	4
26. （+） PQ	**VG （b）**	**Leaf blade：shape of base**	**叶片：基部形状**		
		acute	锐尖	Duke 7，Thomas，Velvick	1
		obtuse	钝尖	Filtro 7	2
		rounded	圆形	G 755c	3
		truncate	平截		4

续表

性状编号	观测方法	英文	中文	标准品种	代码
27. (*) (+) QL	**VG (b)**	**Leaf blade：twisting along whole length**	**叶片：纵向扭曲**		
		absent	无	Duke 7，Thomas	1
		present	有		9
28. (+) QL	**VG (b)**	**Leaf blade：twisting of tip**	**叶片：尖端扭曲**		
		absent	无	Duke 7，Thomas	1
		present	有	Bounty	9
29. (+) QN	**VG (b)**	**Leaf blade：undulation of margin**	**叶片：叶缘波状**		
		absent or very weak	无或极弱	Duke 7	1
		weak	弱	Thomas	3
		medium	中	Velvick	5
		strong	强	Filtro 7	7
		very strong	极强		9
30. QN	**VG (b)**	**Leaf blade：venation on upper side**	**叶片：上表面叶脉**		
		sunken	凹陷	ComCarr 1，G 755c	1
		level	水平	Duke 7	2
		raised	凸起	Merensky 2	3
31. (*) QN	**VG (b)**	**Leaf blade：number of secondary veins**	**叶片：次叶脉数量**		
		few	少	Velvick	1
		medium	中	Duke 7，Thomas	2
		many	多	ComCarr 1，G 755c	3
32. (*) QN	**VG (b)**	**Leaf blade：density of pubescence of lower side of main vein**	**叶片：主叶脉下侧茸毛密度**		
		absent or sparse	无或疏	Day	1
		medium	中	G 755c，Velvick	2
		dense	密	Thomas	3
33. (*) (+) QN	**VG (b)**	**Leaf blade：anise aroma**	**叶片：茴香香气**		
		absent or weak	无或弱	Day	1
		medium	中	Duke 7，Merensky 2	2
		strong	强	Thomas	3
34. (*) QN	**VG (b)**	**Petiole：density of pubescence on upper side**	**叶柄：上侧茸毛密度**		
		absent or sparse	无或疏	Day	1
		medium	中	Duke 7	2
		dense	密	Thomas	3
35. (+) QN	**VG (b)**	**Petiole：depth of groove**	**叶柄：凹槽深度**		
		absent or shallow	无或浅	Duke 7	1
		medium	中	Day	2
		deep	深	Velvick	3
36. (+) QN	**VG (b)**	**Petiole：cross section**	**叶柄：横截面**		
		broader than tall	宽大于高	G 755c	1
		as broad as tall	宽高相同	Duke 7	2
		taller than broad	高大于宽	ComCarr 1	3

8　性状表解释

8.1　对多个性状的解释

性状表第二列包含以下标注的性状应按照下述要求观测。

（a）应在植株生长旺盛期，当季观测。

（b）观测应该在树枝或树干上进行，而不是选择在树冠外围新生长旺盛的树枝和树干，应选择在第三次抽梢稳定的中部靠近芽点的位置进行观测。

（c）观测应该选择不是树冠外围新生长旺盛的树枝和树干，应选择在从上往下的第三枝抽梢稳定靠近芽点的位置进行观测。

8.2　对单个性状的解释

性状 1：植株树势

植株树势应考虑营养生长的总量。

性状 2：植株生长习性

1
直立

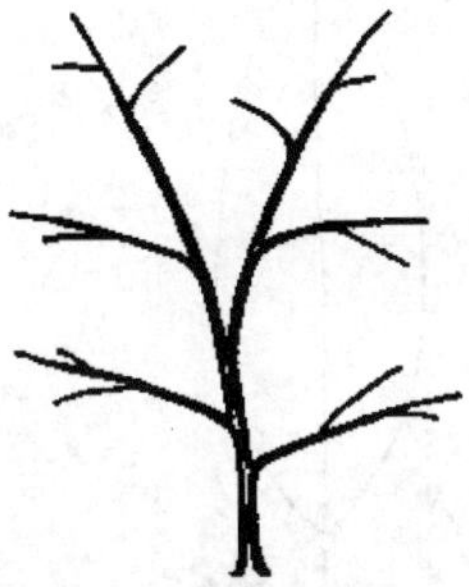

3
平展

5
下弯

性状 4：幼枝花青苷显色强度

应观测从上往下第三个枝条的茎花青苷显色，不考虑皮孔颜色。

性状 10：枝条侧芽相对于茎干的位置

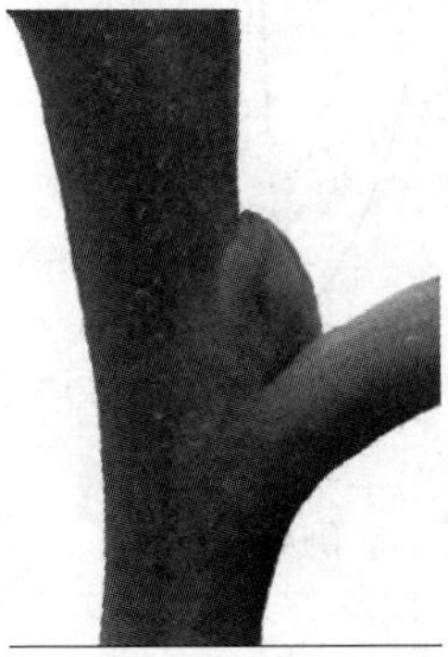

1
紧贴

2
稍伸出

3
明显伸出

性状 12：枝条侧芽形状

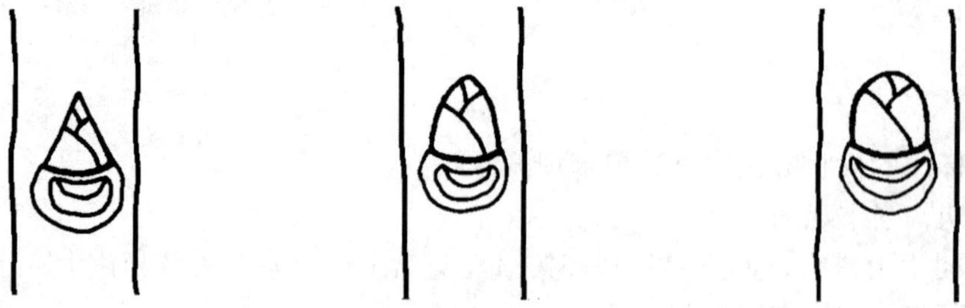

1 锐尖　　2 钝尖　　3 圆形

性状 21：叶片形状

宽度（长宽比）	←最宽位置→ 中部以下	中部	中部以上
→窄（高）	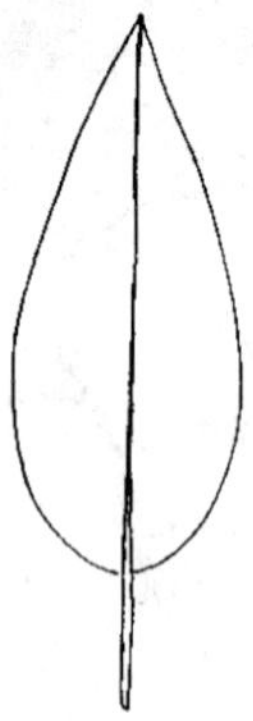 2 披针形	 5 窄椭圆形	
宽度（长宽比）	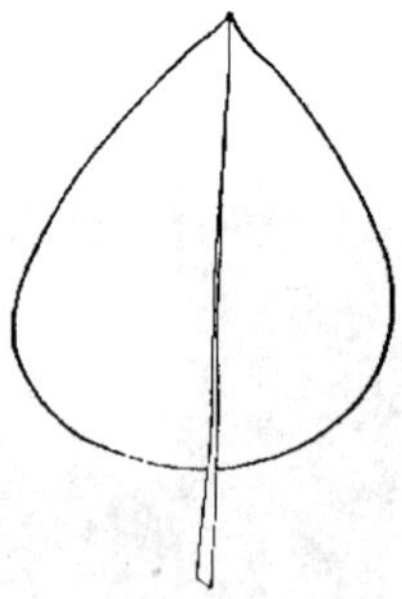 1 卵圆形	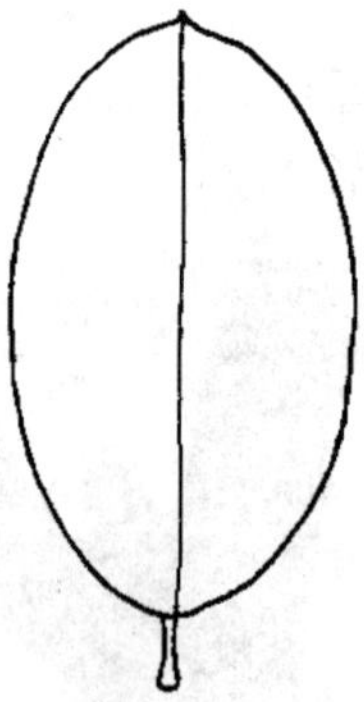 4 中等椭圆形	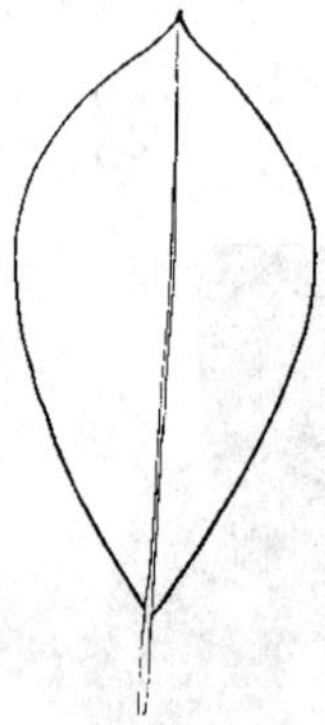 6 倒卵圆形
宽（低）←		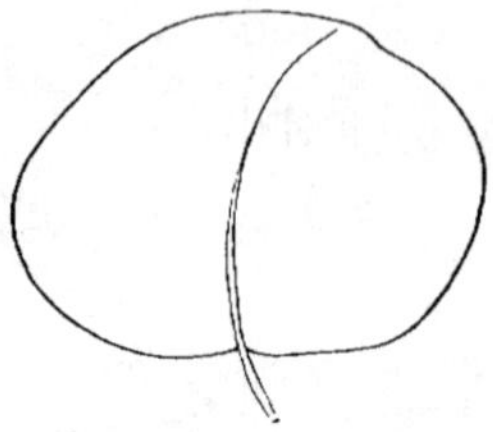 3 圆形	

性状 24：叶片先端形状（不包括尖端）

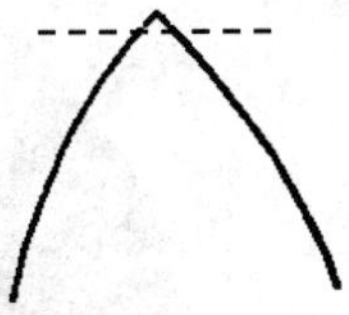
1
锐尖

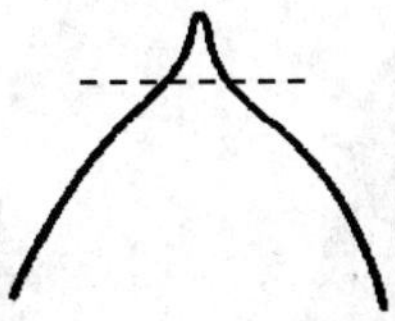
2
钝尖

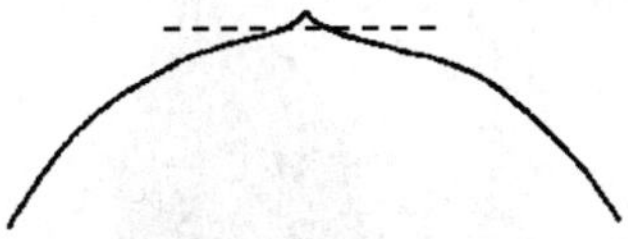
3
圆形

性状 25：叶片尖端长度

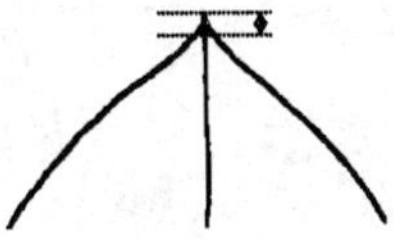
1
极短

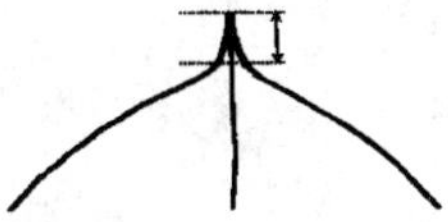
2
短

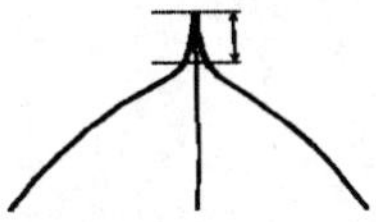
3
中

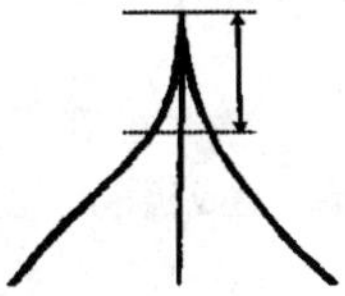
4
长

性状 26：叶片基部形状

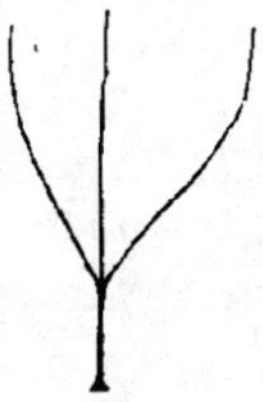
1
锐尖

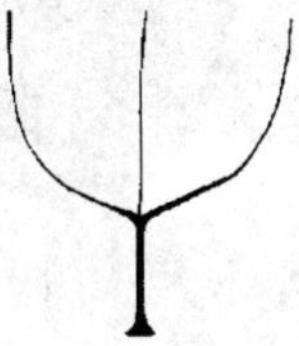
2
钝尖

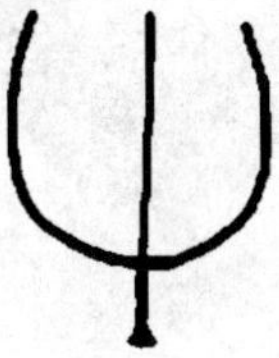
3
圆形

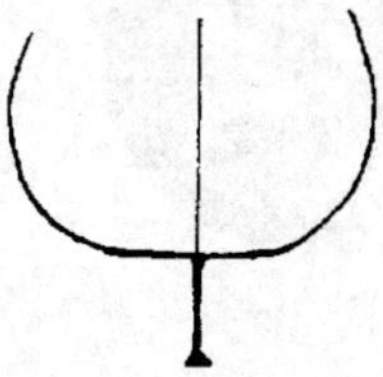
4
平截

性状 27：叶片纵向扭曲

1
无

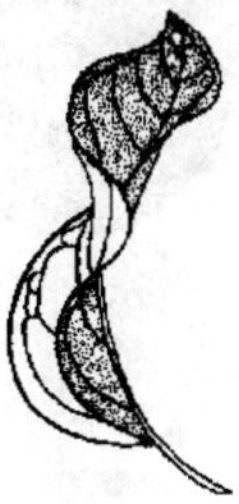
9
有

性状 28：叶片尖端扭曲

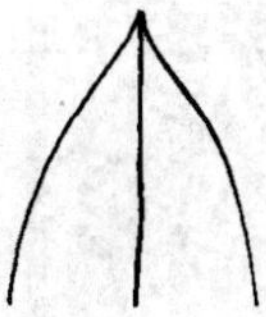
1
无

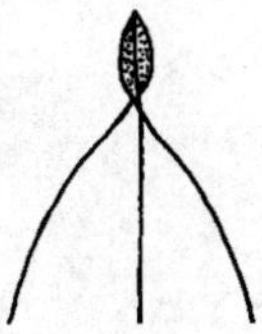
9
有

性状 29：叶片叶缘波状

1 无或极弱　3 弱　5 中　7 强　9 极强

性状 33：叶片茴香香气

通过对揉碎叶片进行嗅觉评估。

性状 35：叶柄凹槽深度

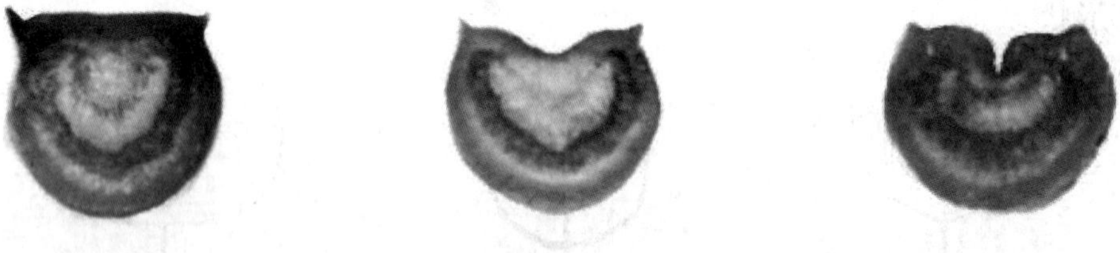

1 无或浅　2 中　3 深

性状 36：叶柄横截面

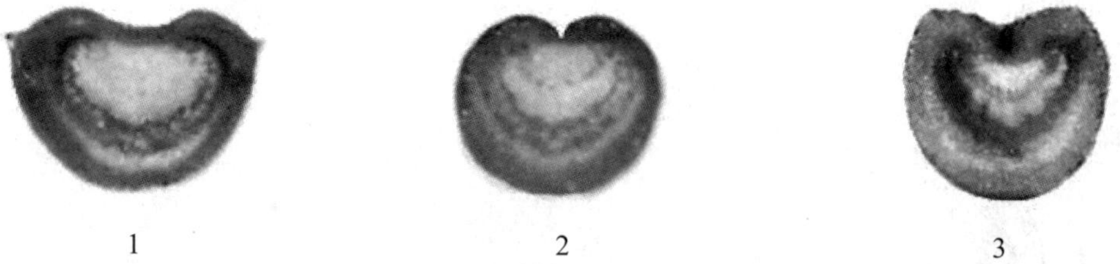

1 宽大于高　2 宽高相同　3 高大于宽

扫码下载原文

如扫描二维码无法下载指南原文，可能是指南版本有更新，可扫描本书封底二维码查看与本文对应的指南版本

TG/332/1
原文：英文
日期：2019-10-29

国际植物新品种保护联盟
植物品种特异性、一致性和稳定性测试指南

黑胡桃

UPOV 代码：JUGLA_HIN；JUGLA_HRE；JUGLA_MAJ；JUGLA_MRG；JUGLA_NIG；JUGLA_NRE

[*Juglans hindsii* (Jeps.) R. E. Sm；*Juglans hindsii* × *Juglans regia*；*Juglans majoe* (Torr.) A. Heller；*Juglans major* × *Juglans regia*；*Juglans nigra* L；*Juglans nigra* × *Juglans regia* L.]

互用名称 *

植物学名称	英文	法文	德文	西班牙文
Juglans hindsii (Jeps.) R. E. Sm.	Hinds's black walnut, Hinds's walnut, Northern California black walnut, Northern California walnut		Kalifornische Walnuss	
Juglans hindsii × *Juglans regia*, *Juglans* × *paradox* Burbank				
Juglans majo (Torr.) A. Heller	Arizona walnut			
Juglans majo× *Juglans regia*				
Juglans nigra L.	Black Walnut	Noyer noir	Schwarznuss	Nogal negro
Juglans nigra ×*Juglans regia* L., *Juglans*×*intermedia Jacques*				

* 这些名称在指南开始使用时是正确的，但随后可能会修改更新。读者可登录 UPOV 网站（www.upov.int），获取最新资料。

1 指南适用范围

本指南适用于黑胡桃[*Juglans hindsii*（Jeps.）R.E.Sm.；*Juglans hindsii* × *Juglans regia*；*Juglans majoe*（Torr.）A.Heller；*Juglans major* × *Juglans regia*；*Juglans nigra* L；*Juglans nigra* × *Juglans regia* L.]的所有品种。

2 繁殖材料要求

2.1 待测品种繁殖材料的数量和质量要求以及提交的时间和地点由主管机构决定。申请人从测试所在国境外提交繁殖材料的，还应符合海关规定并满足相关植物检疫的要求。

2.2 繁殖材料以 1 年生接穗或芽条的形式提供。

2.3 申请人提交繁殖材料的最小数量应为 5 株接穗（一年生）或足以繁殖 10 株树的 5 根芽条。

2.4 提供的繁殖材料应外观健康有活力，未受到任何严重病虫害的影响。

2.5 提交的繁殖材料不得进行任何可能影响品种性状表达的处理，除非主管机构允许或要求进行这种处理。如果材料已经处理，必须提供相关处理的详细情况。

3 测试方法

3.1 生长周期

3.1.1 测试的最少周期数量通常为 2 个生长周期。

3.1.2 生长周期：为期 1 个生长季节，从萌芽开始到休眠期结束。

3.1.3 观测 2 个独立生长周期：一次种植，观测 2 个独立的生长周期。

3.1.4 2 个生长周期中每一个生长周期结出满意的果实至关重要。

3.1.5 主管机构确认测试结果，该品种观测结束。

3.2 测试地点

测试通常在同一个地点进行。在 1 个以上地点进行测试时，TGP/9《特异性测试》提供了有关指导。

3.3 测试条件

3.3.1 测试的条件应能满足品种正常生长的需要，以确保品种相关性状充分表达和测试的顺利开展。

3.3.2 性状判定的最佳物候阶段在性状表中用数字标注。每个数字代表的物候阶段在 8.3 部分中进行了描述。

3.4 试验设计

3.4.1 每个试验应保证至少有 5 个植株。

3.4.2 试验设计应保证因测量或计数等需要，从小区取走部分植株或植株部位后，不影响生长周期结束前的所有观测。

3.5 附加测试

为测试有关性状，可以进行附加测试。

4 特异性、一致性和稳定性测试

4.1 特异性

4.1.1 一般建议

对于本指南的使用者而言，在判定特异性前参照总则中关于特异性判定的一般原则十分重要。为进一步说明和强调特异性判定，本指南特列出特异性判定的要点。

4.1.2 一致的差异

当观测到的品种之间的差异非常明显时，则没有必要种植 1 个以上生长周期。此外，在某些情况下，环境的影响并不意味着需要 1 个以上的生长周期来保证品种间观测到的差异是足够一致的。为确保在种植试验中所观测到的性状差异是足够一致的，可以对性状进行至少 2 个独立生长周期的测试。

4.1.3 明显的差异

两个品种间的差异是否明显取决于很多因素，特别应考虑所测性状的表达类型，即该性状是质量性状、数量性状还是假质量性状。因此，在作出关于特异性的判定前，本测试指南的使用者应熟悉总则中的建议。

4.1.4 植株 / 植株部位的观测数量

除非另有说明，在判定特异性时，对于单株的观测，应观测 5 个植株或分别从 5 个植株取下的植株部位；对于其他观测，应观测试验中的所有植株，观测时应将异型株排除在外。

观测植株部位时，单个植物取样数量应为 2 个。

4.1.5 观测方法

性状表第二列以如下符号（见 TGP/9《特异性测试》第 4 部分“性状观测”）的形式列出了特异性判定时推荐的性状观测方法。

MG：对一批植株或植株部位进行单次测量。

MS：对一定数量的植株或植株部位进行逐一测量。

VG：对一批植株或植株部位进行单次目测。

VS：对一定数量的植株或植株部位进行逐一目测。

观测类型：目测（V）或测量（M）。

目测（V）是一种基于专家判断的观测方法。本文中的目测是指专家的感官观测，因此，也包括闻、尝和触摸。目测也包括专家使用参照物（例如图表、标准品种、并排比较）或非线性的图表（例如比色卡）的观测。测量（M）是一种基于校准的、线性尺度的客观观测，例如使用尺、秤、色度计、日期和计数等进行观测。

记录类型：群体记录（G）或个体记录（S）。

以特异性为目的的观测，可被记录为一批植株或植株部位的单个记录（G），或者记录为一定数量的单个植株或植株部位的个体记录（S）。多数情况下，群体记录为一个品种提供一个单个记录，因此不可能或者不必要通过逐个植株的统计分析来判定特异性。

如果性状表中提供了不止一种观测方法（如 VG/MG），可以参考 TGP/9《特异性测试》的 4.2 部分选择合适的观测方法。

4.2 一致性

4.2.1 对于本指南的使用者而言，在判定一致性前参照总则中关于一致性判定的一般原则十分重要。但为进一步说明和强调一致性判定，本指南特列出一致性判定的要点。

4.2.2 本指南适用于种子繁殖品种。对于其他繁殖类型的品种，应参照总则和 TGP/13《新类型和种的指导》的 4.5 部分一致性测试。

4.2.3 对于无性繁殖品种一致性判定，应采用 5% 的群体标准和至少 95% 的接受概率。当样本量为 5 个时，不允许有异型株。

4.3 稳定性

4.3.1 在实际操作中，通常不像测试特异性和一致性那样对稳定性进行测试以得到明确结果。经验表明，对许多类型的品种来说，当一个品种表现一致时，可认为其是稳定的。

4.3.2 适当情况下或者有疑问时，稳定性的测试通过测试一批新植株，看其性状表现是否与之前提交的材料表现相同。

5 品种分组和试验组织

5.1 使用分组性状可以帮助选择与申请品种一起进行田间种植试验的已知品种，以及对这些品种进行合适分组以便进行特异性测试。

5.2 分组性状表达状态的数据即使来自不同地点，也可以单独或者与其他此类性状联合使用。

5.2.1 用于特异性测试中筛选排除那些不需要安排在种植试验中的已知品种。

5.2.2 用于组织安排种植试验，使近似品种种植在一起。

5.3 以下性状已被确认为有用的分组性状。

（a）叶片：末端小叶（性状 4）。

（b）萌芽时间（性状 16）。

（c）雌花开花时间（性状 18）。

5.4 总则和 TGP/9《特异性测试》中提供了在特异性审查过程中使用分组性状的指导。

6 性状表介绍

6.1 性状类型

6.1.1 标准指南性状

标准指南性状是 UPOV 已同意用于 DUS 审查的性状，UPOV 成员可以从中选择与其特定环境相适应的性状。

6.1.2 星号性状

星号性状（用“*”标记）是测试指南中对于形成国际统一的品种描述十分重要的性状，所有 UPOV 成员都应将其用于 DUS 测试，并包含在品种描述中，除非前序性状的表达状态或区域环境条件所限使其无法测试。

6.2 表达状态及相应代码

6.2.1 为定义性状和统一描述，将每个性状划分为一系列表达状态。每个表达状态赋予一个相应的数字代码，以便于数据记录，以及品种性状描述的建立和交流。

6.2.2 对于质量性状和假质量性状（6.3），性状表中列出了所有表达状态。但对于有 5 个或 5 个以上表达状态的数量性状，可以采用缩略尺度的方法，以缩短性状表格。例如，对于有 9 个表达状态的数量性状，在测试指南的性状表中可采用以下缩略形式。

表达状态	代码
小	3
中	5
大	7

但是应该指出的是，以下 9 个表达状态都是存在的，应采用适宜的表达状态用于品种的描述。

表达状态	代码
极小	1
极小到小	2
小	3

续表

表达状态	代码
小到中	4
中	5
中到大	6
大	7
大到极大	8
极大	9

6.2.3 TGP/7《测试指南的研制》中提供了表达状态和代码的更详尽的介绍。

6.3 表达类型

总则中对性状表达类型（质量性状、数量性状和假质量性状）进行了解释。

6.4 标准品种

适当时，标准品种用于明确每一性状不同表达状态。

6.5 注释

性状编号	英文		中文		标准品种	代码
1	2	3	4	5	6	
	Name of characteristics in English		**性状名称**		**物候阶段**	
	states of expression		表达状态			

表中 1 为性状编号和（*）星号性状（6.1.2）。

表中 2 为表达类型。

QL：质量性状（6.3）。

QN：数量性状（6.3）。

PQ：假质量性状（6.3）。

表中 3 为观测方法（当适用时，包括小区类型）：MG、MS、VG、VS（4.1.5）。

表中 4 为（+）（性状表解释 8.2）。

表中 5 为（a）～（d）（性状表解释 8.1）。

表中 6 为物候阶段（性状表解释 8.3）。

7 性状表

性状编号	英文		中文		标准品种	代码
1. **(*)**	**PQ**	**VG**	**(+)**	**(a)**		
	Tree: growth habit		**树：生长习性**			
	upright		直立			1
	semi upright		半直立		MB Ng-10	2
	spreading		平展		Mj209	3
	drooping		下弯			4

续表

性状编号	英文		中文		标准品种	代码
2.	PQ	VG		(a)		
	Trunk: bark color		**树干：树皮颜色**			
	whitish		白色		Eurowalnut B03, Eurowalnut B07, Mj209	1
	brownish		棕色			2
	blackish		黑色		Beineke 10, Bg23	3
3. (*)	QN	MS/VG	(+)	(b)		
	Leaf: number of leaflets		**叶：小叶数量**			
	very few		极少		IRTA X-80	1
	few		少		Eurowalnut -8	2
	medium		中		Beineke 3, Mj2-2	3
	many		多		Beineke 10	4
	very many		极多		Typpecanoe-1	5
4. (*)	QL	VG		(b)		
	Leaf: terminal leaflets		**叶：末端小叶**			
	absent or rudimentary		无或退化		Emilie, MB Ng-13	1
	fully developed		完全发育		Eurowalnut B07, IRTA X-80	9
5.	QN	VG		(b)		
	Leaf: size of terminal leaflets in relation to lateral leaflets		**叶：末端小叶相对于侧边小叶大小**			
	smaller		更小		Beineke 8, Mj2-2	1
	same size		相同			2
	bigger		更大		Eurowalnut B07, IRTA X-80	3
6. (*)	QN	VG		(c)		
	Female inflorescence: predominant number of flowers		**雌花序：主要花数量**			
	one		1个			1
	two		2个		IRTA X-80, Typpecanoe-1	2
	three		3个		Beineke 5, MB Hd-37, MB Ng-10	3
	four		4个		Beineke 8	4
	five or more		5个及以上			5
7.	QL	VG	(+)	(c)	C_r	
	Female flower: conspicuousness		**雌花：突起**			
	absent		无		MB Ng-10, MB Ng-2	1
	present		有		Beineke 5, Ng23	9
8. (*)	QL	VG		(c)		
	Female flower: anthocyanin coloration of stigma		**雌花：柱头花青苷显色**			
	absent		无		MB Hd-37, MB Ng-10	1
	present		有		Mj209, Typpecanoe-1	9

续表

性状编号	英文		中文		标准品种	代码
9.	**QN**	**VG**		（c）		
	Female flower：length of stigma		**雌花：柱头长度**			
	short		短		IRTA X-80	1
	medium		中		Beineke 5	2
	long		长		MB Hd-37，MB Ng-10	3
10. （*）	**PQ**	**VG**	（+）	（c）	**F_{f2}**	
	Female flower：type of stigma		**雌花：柱头类型**			
	upright		直立		Mj209，Typpecanoe-1	1
	spreading		平展			2
	drooping to one side		下弯到一边		Ng23	3
	drooping to both sides		下弯到两边			4
11.	**QL**	**VG**	（+）	（c）	**B_m-D_m**	
	Plant：fully developed catkins		**植株：完全发育柔荑花序**			
	absent		无		IRTA X-95	1
	present		有		MB Ng-10，Mj209	9
12.	**PQ**	**VG**	（+）	（c）	Bm-Cm	
	Only varieties with Plant：fully developed catkins：present：Catkin：shape		**柔荑花序：形状（仅适用于具完全发育柔荑花序类型品种）**			
	broad oblong		阔长圆形		MB Ng-2，MB Ng-7	1
	narrow oblong		窄长圆形		MB Hd-37，Mj209	2
	ovate		卵形		MB Ng-10，Ng23	3
13. （*）	**PQ**	**VG**	（+）	（d）		
	Nut：shape		**坚果：形状**			
	ovate		卵形			1
	transverse oblong		横向长圆形		Beineke 8	2
	broad elliptic		阔椭圆形		EccoVenner	3
	oblate		扁圆形		MB Ng-2	4
	medium elliptic		中等椭圆形		IRTA X-80	5
	circular		圆形		Mj209	6
	narrow elliptic		窄椭圆形			7
14. （*）	**PQ**	**VG**	（+）	（d）		
	Nut：shape of base		**坚果：基部形状**			
	pointed		尖			1
	cuneate		楔形		Beineke 4	2
	rounded		圆形		MB Ng-2	3
	truncate		平截		Beineke 8	4
	emarginate		微缺		Eurowalnut B07	5
	acuminate		渐尖		MB Hd-37	6
15. （*）	**PQ**	**VG**	（+）	（d）		
	Nut：shape of apex		**坚果：先端形状**			
	pointed		尖		Eurowalnut B07，Purdue-1	1
	obtuse		钝尖		Mj209，Ng23	2
	rounded		圆形		Beineke 7	3
	truncate		平截		Beineke 8	4
	acuminate		渐尖			5
	trapezium		梯形		MB Hd-37	6

续表

性状编号	英文		中文		标准品种	代码
16. (*)	QN	MG	(+)		C_f	
	Time of bud burst		**萌芽时间**			
	very early		极早		IRTA X-80，MB Hd-37	1
	early		早		MB Ng-13	2
	medium		中		MB Ng-2，MB Ng-3，Ng23	3
	late		晚		Beineke 8，Beineke 9	4
	very late		极晚		Eurowalnut-8	5
17. (*)	QN	MG		(c)	F_{m2}	
	Time of male flowering		**雄花开花时间**			
	very early		极早		IRTA X-80，MB Ng-13	1
	early		早		Beineke 1，Mj209	2
	medium		中		Beineke 6，Beineke 7，Ng23	3
	late		晚		Beineke 8，Beineke 9，Purdue-1	4
	very late		极晚		Beineke 2	5
18. (*)	QN	MG		(c)	F_{f1}-F_{f2}	
	Time of female flowering		**雌花开花时间**			
	very early		极早		IRTA X-80，Mj209	1
	early		早		Beineke 6，Ng23	2
	medium		中		MB Ng-13，MB Ng-2	3
	late		晚		Beineke 1，MB Ng-10	4
	very late		极晚		Beineke 10	5
19. (*)	QN	VG		(c)		
	Time of male flowering compared to female flowering		**雄花相对于雌花的开花时间**			
	before		早		Beineke 5，Mj209，Ng23	1
	simultaneous		同时			2
	after		晚		Beineke 1，Beineke 7，MB Ng-10，MB Ng-2	3
20. (*)	QN	MG	(+)			
	Time of leaf drop		**落叶时间**			
	very early		极早		Beineke 6	1
	early		早		Beineke 5	2
	medium		中		MB Ng-2，MB Ng-3，Ng23	3
	late		晚		Beineke 8，IRTA X-80，Mj209	4
	very late		极晚		IRTA X95	5

8 性状表解释

8.1 对多个性状的解释

性状表中有以下标注的性状应按照下述要求观测。

（a）观测休眠季节成熟树。

（b）观测树冠中部侧叶。

（c）分别观测完全盛开雄花和雌花。

（d）观测时面向无果皮生理成熟坚果的缝。

8.2 对单个性状的解释

性状 1：树生长习性

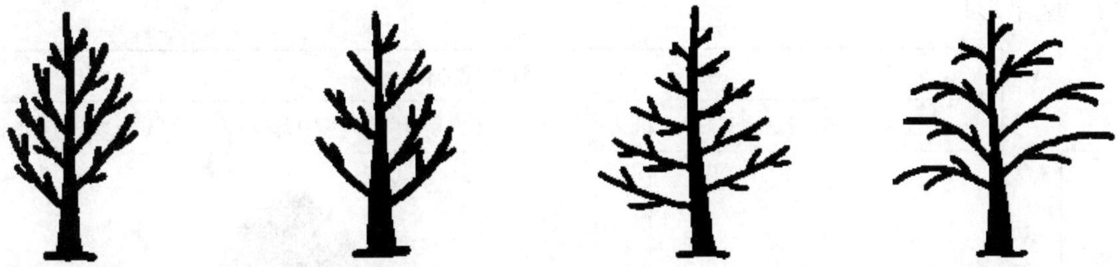

1	2	3	4
直立	半直立	平展	下弯

性状 3：小叶数量

生长季节观测完全发育叶。

极少：小于 9 片小叶。

少：9～13 片小叶。

中：14～17 片小叶。

多：18～21 片小叶。

极多：22 片小叶及以上。

性状 7：雄花突起

当叶完全发育花出现时突起消失。

性状 10：雌花柱头类型

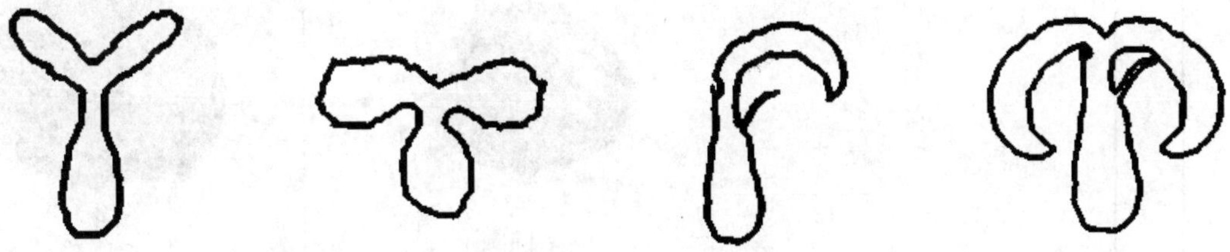

1	2	3	4
直立	平展	下垂到一边	下垂到两边

性状 11：植株完全发育柔荑花序

花粉囊饱满。

性状 12：柔荑花序形状（仅适用于具完全发育柔荑花序类型品种）

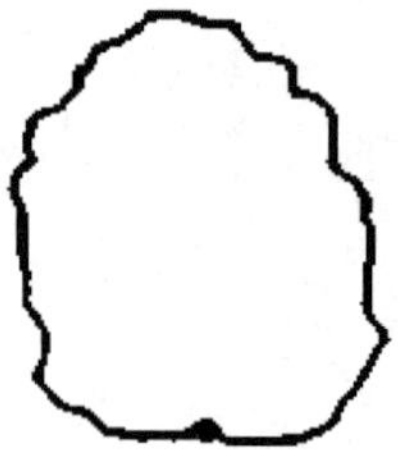		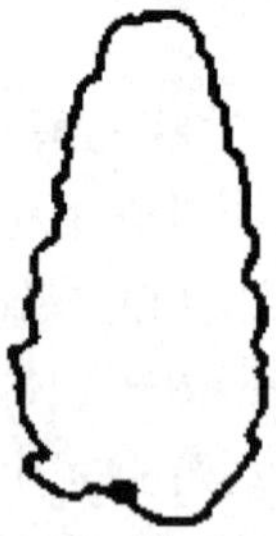
1 阔长圆形	2 窄长圆形	3 卵形

性状 13：坚果形状

宽←相对宽度→窄	←最宽处部位→		
	中部以下	中部	
		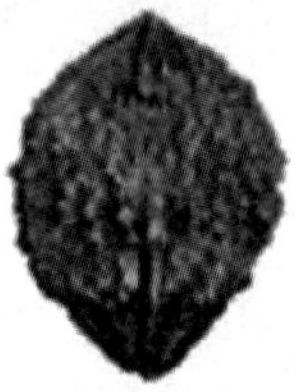 7 窄椭圆形	
	 1 卵形	 5 中等椭圆形	 6 圆形
		 3 阔椭圆形	 4 扁圆形
		 2 横向长圆形	

性状 14：坚果基部形状

1
尖

2
楔形

3
圆形

4
平截

5
微缺

6
渐尖

性状 15：坚果先端形状

1
尖

2
钝尖

3
圆形

4
平截

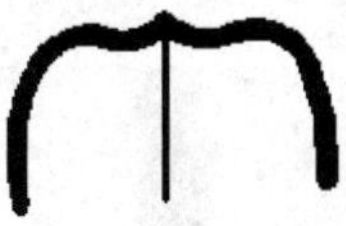

5
渐尖

6
梯形

性状 16：萌芽时间
50% 顶芽打开。
性状 20：落叶时间
50% 叶脱落。

8.3 物候阶段

破芽

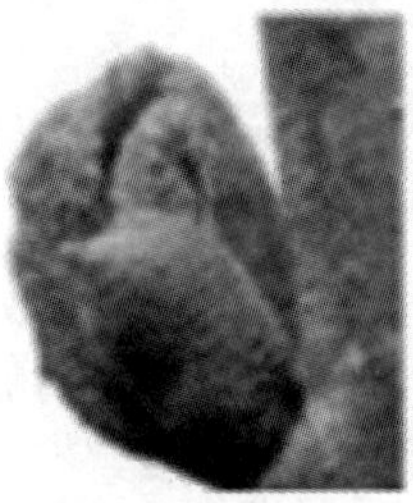

C_f 破芽。鳞片张开，芽出，叶原基明显

D_f 初始小叶发育。

雌花开放

F_{f1} 柱头打开初期。柱头显色。位置显在子房上方。花高峰期。

F_{f2} 柱头打开。雌花授粉减少。

雄花

B_m 发育开始。柔荑花序伸长，色变绿。

C_m 花序明显分化。柔荑花序继续伸长，雄花依旧闭合。

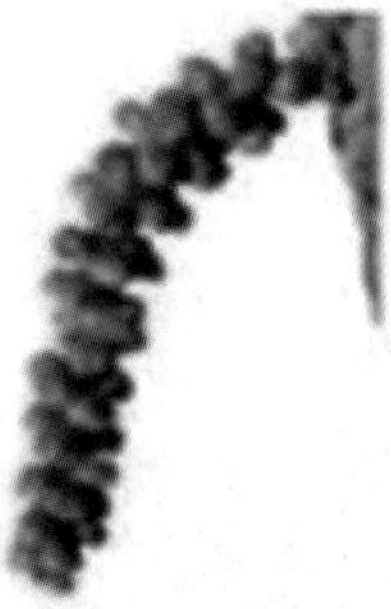

D_m 雄花分离。柔荑花序继续伸长，变软弯曲

F_{m2} 花药完全开裂。传粉高峰，柔荑花序完全为黄色。